国家谷子高粱产业技术体系

内蒙古杂粮杂豆产业技术推广体系

内蒙古自治区草原英才创新团队

通辽市抗旱作物遗传与种质创新重点实验室

通辽杂粮研究文集

王振国　邓志兰　白乙拉图　主编

哈尔滨工业大学出版社

内 容 简 介

　　杂粮是我国重要的粮食作物,我国栽培面积较大的杂粮作物有高粱、谷子、糜子、荞麦、燕麦等,2022年全国杂粮种植面积为905.9万 hm²,总产量为1 971.53万 t。通辽市地处内蒙古东部区,属干旱、半干旱地区,热量资源丰富,气候条件适宜杂粮生长,是我国重要的杂粮生产基地。

　　本书主要对通辽市农牧科学研究所作物与旱作研究团队承担的国家谷子高粱产业技术体系通辽综合试验站、内蒙古杂粮杂豆产业技术推广体系、内蒙古自治区草原英才创新团队(高产高生物黄酮荞麦新品种选育及标准化栽培技术研究创新人才团队、适宜机械化生产高粱品种及配套栽培技术研发创新人才团队)、通辽市抗旱作物遗传与种质创新重点实验室的科研成果进行总结。根据研究内容,本书分为四部分:第一部分,高粱;第二部分,谷子、糜子;第三部分,荞麦、燕麦;第四部分,杂豆类。

　　本书适合对杂粮作物感兴趣的研究人员和从事杂粮相关研究的科研人员阅读。

图书在版编目(CIP)数据

通辽杂粮研究文集/王振国,邓志兰,白乙拉图主编. —哈尔滨:哈尔滨工业大学出版社,2024.4
ISBN 978-7-5767-1357-2

Ⅰ.①通… Ⅱ.①王… ②邓… ③白… Ⅲ.①杂粮-栽培技术-通辽-文集 Ⅳ.①S51-53

中国国家版本馆 CIP 数据核字(2024)第 078980 号

策划编辑　杨秀华
责任编辑　张　颖
出版发行　哈尔滨工业大学出版社
社　　址　哈尔滨市南岗区复华四道街 10 号　邮编 150006
传　　真　0451-86414749
网　　址　http://hitpress.hit.edu.cn
印　　刷　黑龙江艺德印刷有限责任公司
开　　本　787 mm×1 092 mm　1/16　印张 29.5　字数 717 千字
版　　次　2024 年 4 月第 1 版　2024 年 4 月第 1 次印刷
书　　号　ISBN 978-7-5767-1357-2
定　　价　178.00 元

(如因印装质量问题影响阅读,我社负责调换)

编　委　会

主　编　王振国　邓志兰　白乙拉图
副主编　张建华　周景忠　解笑宇　王海锋　高丽娟
　　　　　李　岩　崔凤娟　李　默　徐庆全　周　伟
　　　　　张桂华　呼瑞梅　文　峰　金晓光　崔天宇
编委（按姓氏笔画排序）：
　　　　　马乃娇　王文迪　王振国　王海泽　王海锋
　　　　　王探微　文　峰　邓志兰　石春焱　白乙拉图
　　　　　白福林　包长春　包春光　包雪莲　吕艳霞
　　　　　吕静波　刘伟春　刘　阳　刘　洋　刘晓芳
　　　　　齐金全　关　奎　孙玉堂　孙成成　孙晓梅
　　　　　李　岩　李　哲　李资文　李喜喜　李　默
　　　　　吴国江　余忠浩　张一为　张　石　张金才
　　　　　张建华　张春华　张桂华　张智勇　呼瑞梅
　　　　　罗　巍　金晓光　周亚星　周　伟　周景忠
　　　　　郑庆福　赵凤奎　柳妍娣　候文慧　徐庆全
　　　　　高丽娟　黄前晶　崔天宇　崔凤娟　谢美娟
　　　　　解笑宇　路　宽　魏庆兰

前　言

　　杂粮包括谷子、高粱、糜子、燕麦、荞麦、大麦、绿豆、红小豆等各类粮豆作物。我国素有"杂粮王国"之称,是世界上最主要的杂粮生产国之一。据统计,我国杂粮常年种植面积为1 000多万 hm²,占全国粮食作物种植面积的9% ～10%,主要种植在干旱、半干旱地区,是我国粮食供应体系和农业产业经济的重要组成部分,对于保障区域性粮食安全和全社会食物多样性具有重要意义。杂粮抗旱节水、耐贫瘠,是环境友好型作物,也是应对环境挑战的重要战略储备作物。高粱和糜子的水分利用效率明显高于玉米,被国际上公认为应对气候变暖和日益干旱环境的战略储备作物;荞麦、糜子和绿豆等杂粮生育期短,是典型的救灾作物。杂粮多具有特殊的功能成分,其独特的营养保健功能为人们健康安全保障和改善大众膳食结构所必需。谷子富含微量元素硒、铁和多种维生素,具有防治失眠和心脑血管粥样硬化的作用;荞麦富含生物类黄酮,对软化血管及调节血脂血糖作用显著;豆类则是重要的植物蛋白质来源。

　　通辽市地处内蒙古中东部地区,杂粮在粮食生产中占有重要作用,其中库伦荞麦、左中高粱、扎旗绿豆、奈曼小米等农产品带动了农户增收致富,成为拉动农村经济发展的新引擎和乡村振兴的重要抓手。

　　通辽市农牧科学研究所是2021 年由通辽市农业科学研究院(前身为哲里木盟农业科学研究所)、通辽市畜牧兽医研究所合并而成的通辽市直属处级事业单位,也是学科门类齐全、人才队伍雄厚、设施设备齐全、学术水平高、创新能力强,为全市乃至全区现代农牧业发展提供有力支撑的综合性科研单位,对杂粮的研究已有 70 多年的发展历史,从中华人民共和国成立开始,大批的科研工作者奋斗在西辽河这片沃土上,辛勤地劳作。他们在劳碌的日常工作之余笔耕不辍,将自己的研究成果与思考写成论文,并在专业的学术刊物上公开发表,这不仅是科研工作者的研究成果及对其进行总结、反思的过程记录,更是他们科学研究成果的结晶,是一笔宝贵财富,也为通辽市的经济发展做出了重要的贡献。这些成果同时也凝聚了杂粮科技工作者的智慧与汗水。为纪念研究团队在杂粮产业中做出的不懈努力,以及珍惜这笔财富,加强优秀论文成果的交流与推广,可以让更多人受惠于此，同时，也为了感谢他们的辛勤付出，营造更加浓厚的科研氛围，鼓励更多年轻人积极地、深入地开展杂粮研究，更好地推动杂粮产业的发展，编者将 1999—2023 年的杂粮研究成果汇集成文集，出版《通辽杂粮研究文集》，共收集高粱、谷子、荞麦及食用豆研究的成果论文 100 余篇，约 71.7 万字。由于农业生产和科研中一直将"亩"（1 亩 ≈667 m²）作为播种量、施肥量、施药量、单产等项目的统计单位，本书收录的论文也具有很大的时间跨度，为了使读者有更好的阅读体验，因此在本书出版过程中未将"亩"进行规范化，在此予以说明。

本书的出版将对通辽杂粮科研有较大的推动作用，同时是对过去、现在、未来杂粮产业的总结、策动和展望。我国杂粮研究一定能有一个长足的进步，杂粮产业也一定会快速地发展。

由于时间仓促，书中难免存在不足之处，恳请读者批评指正！

编　者
2024 年 1 月

目 录

第一部分
高　粱

20个高粱新品种在通辽地区的筛选及应用

邓志兰,崔凤娟,王振国,李　岩,吕静波,李　默,徐庆全,王探微,路　宽,刘　洋,周景忠*

（通辽市农牧科学研究所,内蒙古 通辽 028015）

摘要:从全国各地引入高粱新品种20个,通过田间种植调查,对其生育期性状及产量性状进行鉴定,筛选出适合本地区种植的适用于酿造型高粱品种10个,适用于机械化作业的高粱品种4个,这些品种由农业主管部门推荐给农户进行种植,从而加快高粱新品种的推广和应用。

关键词:高粱;新品种;筛选;应用

高粱是我国旱地粮食作物之一,具有适应性广、抗旱、耐瘠、耐盐碱等特性,既是高产稳产的粮食作物,又是优质的饲料和重要的酿造、医药工业原料[1-2]。

通辽市位于内蒙古自治区东部、松辽平原西端,东与吉林省接壤,南与辽宁省毗邻,西与赤峰市、锡林郭勒盟交界,北与兴安盟相连,地处中纬度,属中温带干旱和半干旱大陆性季风气候区。通辽市年平均气温为0~6 ℃,年平均日照时数为3 000 h左右,≥10 ℃积温为3 000~3 200 ℃,无霜期为140~160 d,年平均降水量为350~400 mm。具有发展高粱生产的良好生态环境,是我国高粱的主要产地。近年来,随着市场上高粱价格的不断上涨,高粱种植面积也逐渐扩大,品种不断更新,更需要一些优质、高产、多抗、适应性强的高粱新品种。为此,2020年通辽市农牧科学研究所从辽宁、吉林、山西、四川、贵州、湖南、河北、黑龙江、内蒙古等地区引进20个国内主推的不同类型优质高粱品种,在通辽地区进行田间综合鉴定和品种性状比较试验,筛选出适宜通辽地区种植的特异性优异的高粱新品种,由农业主管部门推荐给农户进行种植,以此优化当地高粱生产的品种结构,使农户达到增产增收的目的[3-8]。

1　材料与方法

1.1　试验材料

供试材料20份,供试品种及其来源见表1。

表 1　供试品种及其来源

品种	种植密度/ （株·亩⁻¹）	供种单位	品种	种植密度/ （株·亩⁻¹）	供种单位
沈杂 5 号	8 000	辽宁省农业科学院高粱研究所	冀酿 3 号	8 000	河北省农林科学院谷子研究所
龙杂 18 号	20 000	黑龙江省农业科学院作物育种研究所	晋杂 34 号	20 000	山西省农业科学院高粱研究所
龙杂 20 号	20 000	黑龙江省农业科学院作物育种研究所	晋糯 3 号	20 000	山西省农业科学院高粱研究所
凤杂 4 号	8 000	吉林省壮亿种业有限公司	辽杂 10 号	8 000	辽宁省农业科学院高粱研究所
辽糯 11	8 000	辽宁省农业科学院高粱研究所	通杂 108	8 000	通辽市农业科学研究院
吉杂 124	8 000	吉林省农业科学院作物资源研究所	锦杂 109	8 000	锦州市农业科学院
吉杂 127	8 000	吉林省农业科学院作物资源研究所	赤杂 106	8 000	赤峰市农业科学院
辽杂 37	8 000	辽宁省农业科学院高粱研究所	金糯粮 5 号	8 000	四川省农业科学院水稻高粱研究所
辽杂 19 号	8 000	辽宁省农业科学院高粱研究所	兴湘梁 2 号	8 000	湖南省农业科学院
辽粘 3 号	8 000	辽宁省农业科学院高粱研究所	红缨子	8 000	贵州地方品种

1.2　试验地概况

试验于 2020—2021 年在通辽市农业科学研究院试验区（海拔 203 m，E122°37′，N43°43′）进行。高粱生育期内年平均日照时数为 1 103.9 h，平均气温为 19.2 ℃，年降水量为 420.2 mm，无霜期为 130 d。土壤有机质含量为 11.61 g/kg，碱基氮含量为 34.99 g/kg、有效磷含量为10.64 g/kg、速效钾含量为 138.5 g/kg，pH 8.39。

1.3　试验设计

小区面积为 15 m²。行长为 5 m，6 个行区，四周设保护行，每个处理重复 3 次，随机排列，共 60 个小区。于 2020 年 5 月 12 日、2021 年 5 月 14 日播种，底肥施磷酸二铵 450 kg/hm²，其他田间管理按通辽地区大田生产的习惯进行。

2　调查方法

调查项目包括出苗期、成熟期、株高、穗长。调查项目及方法根据《全国高粱品种区域试验调查记载项目及标准》的要求进行。成熟期时每个小区取中间行连续 5 株，风干后进行室内考种，单穗粒重、千粒重、小区产量等数据均为两年的平均值。

3 结果与分析

3.1 生育期

20个高粱品种在通辽地区均能正常成熟,生育期变幅在89~131 d,其中生育期最短的是龙杂18,为89 d。生育期最长的是红缨子,为131 d(表2)。根据《全国高粱品种区域试验调查记载项目及标准》,把参试的品种分为3类,极早熟品种共2个:龙杂18号、龙杂20号;中熟品种17个:沈杂5号、风杂4号、辽糯11、吉杂124、吉杂127、辽杂37、辽杂19、辽粘3号、冀酿3号、晋杂34号、晋糯3号、辽杂10号、通杂108、锦杂109、赤杂106、金糯粱5号、兴湘粱2号;晚熟品种为红缨子(由于霜冻来得比较晚,达到了蜡熟末期),这些品种大部分是中熟品种,在通辽地区可以广泛种植。建议生育期短的品种在通辽库伦旗、扎鲁特旗一带种植,生育期长的品种可以在通辽科左中旗、开鲁县一带种植。

表2　生育期调查

品种	出苗时间	成熟时间	生育期/d	品种	出苗时间	成熟时间	生育期/d
沈杂5号	05-12	09-15	116	冀酿3号	05-12	09-22	125
龙杂18号	05-12	08-17	89	晋杂34号	05-12	09-24	127
龙杂20号	05-12	08-19	91	晋糯3号	05-12	09-25	126
风杂4号	05-12	09-11	112	辽杂10号	05-12	09-26	127
辽糯11	05-12	09-21	122	通杂108	05-12	09-14	115
吉杂124	05-12	09-15	116	锦杂109	05-12	09-24	125
吉杂127	05-12	09-11	112	赤杂106	05-12	09-15	116
辽杂37	05-12	09-14	115	金糯粱5号	05-12	09-22	125
辽杂19号	05-12	09-15	116	兴湘粱2号	05-12	09-14	115
辽粘3号	05-12	09-24	125	红缨子	05-12	09-30	131

3.2 株高及穗长

从表3可以看出,引入高粱品种的株高差异显著,为85.5~298.7 cm,最低为龙杂18号,株高仅为85.5 cm。最高为红缨子,株高为298.7 cm。其中,株高在150 cm以下的有3种,适合机械化栽培。株高在151~160 cm的有2种,161 cm以上的有15种。从穗长来看,除了龙杂18号外,多数在30 cm左右,最长的为34.4 cm。

品种	株高	穗长	品种	株高	穗长
沈杂5号	204.6	31.5	冀酿3号	190.5	32.5
龙杂18号	85.5	22.5	晋杂34号	134.4	33.2
龙杂20号	97.7	27.4	晋糯3号	194.6	32.2
凤杂4号	171.1	25.4	辽杂10号	212.6	34.4
辽糯11	171.2	32.2	通杂108	158.9	28.1
吉杂124	167.4	30.2	锦杂109	172.6	29.7
吉杂127	161.6	28.3	赤杂106	163.5	27.3
辽杂37	156.1	30.5	金糯粱5号	182.7	34.5
辽杂19号	193.3	28.5	兴湘粱2号	195.4	28.1
辽粘3号	192.0	29.0	红缨子	298.7	30.2

表3 株高及穗长   cm

3.3 产量

经过小区实际测产,在极早熟、早熟品种中,晋杂34号产量最高,其次是龙杂20号,第三是龙杂18号,这三个品种可以推荐为早熟酿造型高粱品种。在中熟品种中,沈杂5号产量最高,为11 284.4 kg/hm²,2~10位分别为辽粘3号、赤杂106、辽糯11、凤杂4号、辽杂19号、吉杂124、通杂108、锦杂109、兴湘粱2号,产量在10 769.1~9 801.9 kg/hm²,以上10个品种可以推荐为中熟酿造型高粱品种。

单穗粒重差异不大,在22.7~85.0 g之间,最低的是龙杂20号,最高的是通杂108。由表4可以看出,单穗粒重、千粒重、产量大多数呈正相关。

表4 室内考种及产量结果

品种	单穗粒重/g	千粒重/g	产量/(kg·hm⁻²)	品种	单穗粒重/g	千粒重/g	产量/(kg·hm⁻²)
沈杂5号	80.8	32.5	11 284.4	吉杂127	75.0	26.2	9 789.3
辽粘3号	84.4	29.5	10 769.1	晋糯3号	82.3	29.4	9 608.6
赤杂106	72.5	27.3	10 463.9	金糯粱5号	71.8	24.4	9 527.4
辽糯11	82.0	25.6	10 298.7	冀酿3号	77.0	20.8	9 485.6
凤杂4号	78.5	26.0	10 233.2	辽杂37	74.0	22.9	9 264.8
辽杂19号	78.5	30.5	10 127.0	晋杂34号	66.5	21.2	7 876.1
吉杂124	81.2	26.5	9 972.2	辽杂10号	61.7	29.7	7 450.8
通杂108	85.0	25.2	9 966.0	红缨子	51.9	19.1	7 314.8
锦杂109	75.7	26.8	9 816.9	龙杂20号	22.7	23.9	5 061.2
兴湘粱2号	68.9	21.2	9 801.9	龙杂18号	24.5	20.4	4 373.6

4 讨论与结论

从生育期来看,引种的 20 个品种中,除红缨子生育期最长外,其他 19 个品种都能够在通辽地区正常成熟,生育期在 89 ~ 131 d 之间,符合通辽地区的正常气候条件。但是红缨子已连续在通辽地区进行了种植,该品种穗较长,产量高,建议在通辽科左中旗进行覆膜种植。

从株高、产量来看,筛选出适合机械化作业的高粱品种有 3 个:龙杂 18 号、龙杂 20 号、晋杂 34 号。龙杂 18 号和龙杂 20 号株高较矮,但是晋杂 34 号的产量高,更适合机械化种植。生产上可以通过增加种植密度的方法来提高产量。

从产量来看,适合作为酿造型的高粱品种有 13 个:早熟、极早熟品种的龙杂 18 号、龙杂 20 号、晋杂 34 号;中熟品种的沈杂 5 号、辽粘 3 号、赤杂 106、辽糯 11、凤杂 4 号、辽杂 19 号、吉杂 124、通杂 108、锦杂 109、兴湘粱 2 号。

参试的品种都是两年试验结果的平均值,虽然有一定的参考度,但应对参试的品种进行多年多点试验。另外,可以根据通辽地区的气候特点,适当增加引种数量,加快高粱新品种的推广和应用。

参 考 文 献

[1]卢庆善,邹剑秋,朱凯,等.试论我国高粱产业发展:论全国高粱生产试区[J].杂粮作物,2009,29(2):78-80.

[2]卢庆善.中国高粱栽培学[M].北京:农业出版社,1988.

[3]马尚耀,成慧娟,王立新,等.发展高粱产业促进内蒙古农村经济更快发展[J].中国农业科技导报,2009,11(S2):28-30.

[4]翟世宏,白文斌,贺文文,等.我国酿造高粱生产现状及发展趋势[J].现代农业科技,2014(2):93-94.

[5]李泽碧,王培华,高华,等.7 个高粱品种的品比试验初报[J].农业开发与装备,2014,10:69,84.

[6]阿依古丽·艾买提,依再提姑·阿布都克里木.甜高粱品种的引种及品比试验研究[J].新疆农业科学,2006,43(1):206-208.

[7]薛福元,辛春晖,刘忠.7 个高粱新品种(系)在泾川县的品比试验初报[J].新疆农业科学,2006,43(1):206-208.

[8]龙九洲,李星,马荣江,等.8 个高粱品种(系)在黔东南州的性状表现[J].农机服务,2020,37(11):1-2.

不同除草剂对高粱地杂草防除效果

邓志兰,李 默,李 岩,王振国,徐庆全,呼瑞梅,崔凤娟,于春国

(通辽市农业科学研究院,内蒙古 通辽 028015)

摘要:为探索防治高粱地杂草的适宜除草剂类型及其对高粱的安全性,采用田间小区试验,分别进行了 4 种播后苗前封闭除草剂和 9 种苗后除草剂对高粱地杂草的防除效果、高粱生长的安全性评价以及对高粱产量的影响研究。结果表明:播后苗前封闭处理的药剂为 38% 莠去津和二甲戊灵混合组合,使用剂量为(1 995 g+1 950 mL)/hm^2,苗后茎叶处理的有效药剂有 50% 二氯喹啉酸 450 g/hm^2+50% 氯氟吡氧乙酸异辛酯 900 mL/hm^2、10% 乙羧氟草醚 450 mL/hm^2+50% 乙草胺 1 350 mL/hm^2、50% 氯氟吡氧乙酸异辛酯 900 mL/hm^2+50% 乙草胺 1 350 mL/hm^2,或单施 10% 乙羧氟草醚 450 mL/hm^2。以上 5 种药剂对高粱地杂草有很好的防除效果且对高粱生长安全、高粱产量也有显著提高。

关键词:高粱;除草剂;杂草;防除效果

高粱为世界第五大作物,在我国种植历史悠久,是一种重要的粮食、饲料及工业原料作物,具有较强的抗旱涝和耐贫瘠特点,因此在内蒙古东部地区的农业生产中仍占有重要地位[1-2]。高粱地杂草普遍发生、种类繁多,杂草和高粱争光、争肥,严重影响高粱的正常生长,造成其产量和品质下降[3-4]。因此,本研究旨在筛选出对高粱生长无影响并适合通辽地区的除草剂和使用技术,以便应用在高粱生产中。

1 材料和方法

1.1 试验材料

播后苗前处理剂:38% 莠去津悬浮剂(淄博新农基农药化工有限公司);精异丙甲草胺(先正达(苏州)作物保护有限公司);施田补二甲戊灵乳油(有效成分为 33% 二甲戊灵,江苏龙灯化学有限公司);40% 异丙草·莠悬浮剂(异丙草胺含量①为 16%,莠去津含量为 24%,新乡中电除草剂有限公司);乙草胺(有效成分含量为 50%,新乡中电除草剂有限公司)。

茎叶处理剂:氯氟吡氧乙酸异辛酯(重庆双丰化工有限公司);二氯喹啉酸(有效成分含量为 50%,美丰农化有限公司);精喹禾灵(有效成分含量为 15%,山东绿霸化工股份有限公司);乙酸氟草醚(有效成分含量为 15%,NBA 淄博新农基农药化工有限公司)。

---

① 本书中除特殊说明外,含量均指质量分数。

供试作物:高粱,品种为通杂108,田间杂草主要为稗草、马齿苋、反枝苋、打碗花、藜等。

1.2 试验设计及方法

1.2.1 试验地基本概况

试验于2013年、2014年在内蒙古通辽市农业科学研究院试验区进行(N43°43′,E122°37′),试验田土壤为白壤土,前茬作物为蓖麻。2013年试验地20 cm土壤养分状况:土壤有机质含量为11.61 g/kg,碱解氮含量为67.65 mg/kg,速效磷含量为16.68 mg/kg,速效钾含量为138.5 mg/kg,pH 8.62。2014年试验地20 cm土壤养分状况:土壤有机质含量为12.10 g/kg,碱解氮含量为66.95 mg/kg,速效磷含量为15.98 mg/kg,速效钾含量为130.5 mg/kg,pH 8.24。2013年5—10月,≥10 ℃的有效积温为3 346.5 ℃/d,日照时数为1 213.8 h,降雨量为290.2 mm,高粱籽粒灌浆时期降雨量水分充足,没有影响籽粒灌浆结实。全年雨水充足,对高粱生长有利,但全年日照偏少,一定程度上影响了干物质的积累。2014年5—10月,≥10 ℃有效积温为3 096.4 ℃/d,日照时数为1 222.7 h,降雨量为289.6 mm,雨量较为充沛,尤其在5月份降雨充足,保证苗全,无霜期在150 d左右。

1.2.2 试验设计

两年试验设计相同,采用播后苗前封闭和苗后茎叶处理设计(表1),苗前4个处理,苗后17个处理,共21个处理,各设1个清水对照(CK)。试验采用随机区组排列,5个行区,行长为5 m,行距为50 cm,小区面积为15 m²,3次重复,共69个小区。2013年5月6日播种,9月24日收获;2014年5月7日播种,9月27日收获。种肥施磷酸二铵187.5 kg/hm²,尿素225 kg/hm²,于拔节期结合大犁开沟培土一次性追肥施入,播后苗前封闭处理剂于高粱播种2 d后均匀喷施,苗后茎叶处理剂在高粱出苗后4~5叶期,高粱地杂草2~4叶期进行喷雾处理,各处理用药量兑水750 kg/hm²,施药器械为新加坡利农16 L背负式高压手动喷雾器。施药后按当地常规田间管理进行。

表1 试验药剂和剂量处理

	处理	药剂及使用量
	1	38%精异丙甲草胺1 200 mL/hm²
	2	72%精异丙甲草胺1 050 mL/hm²+38%莠去津1 995 g/hm²
苗前	3	38%莠去津1 995 g/hm²+二甲戊灵1 950 mL/hm²
	4	40%异丙草·莠3 750 g/hm²
	CK	清水

处理	药剂及使用量
1	10%乙羧氟草醚 450 mL/hm²
2	10%乙羧氟草醚 450 mL/hm²+50%乙草胺 1 350 mL/hm²
3	10%乙羧氟草醚 450 mL/hm²+50%二氯喹啉酸 450 g/hm²
4	10%乙羧氟草醚 450 mL/hm²+精喹禾灵 450 g/hm²
5	10%乙羧氟草醚 450 mL/hm²+50%氯氟吡氧乙酸异辛酯 900 mL/hm²
6	10%乙羧氟草醚 450 mL/hm²+72%精异丙甲草胺 1 050 mL/hm²
7	50%二氯喹啉酸 450 g/hm²
8	50%二氯喹啉酸 450 g/hm²+50%氯氟吡氧乙酸异辛酯 900 mL/hm²
苗后 9	50%二氯喹啉酸 450 g/hm²+精喹禾灵 450 g/hm²
10	50%二氯喹啉酸 450 g/hm²+50%乙草胺 1 350 mL/hm²
11	精喹禾灵 450 mL/hm²
12	精喹禾灵 450 mL/hm²+72%精异丙甲草胺 1 050 mL/hm²
13	精喹禾灵 450 mL/hm²+50%氯氟吡氧乙酸异辛酯 900 mL/hm²
14	精喹禾灵 450 mL/hm²+50%乙草胺 1 350 mL/hm²
15	50%氯氟吡氧乙酸异辛酯 900 mL/hm²
16	50%氯氟吡氧乙酸异辛酯 900 mL/hm²+50%乙草胺 1 350 mL/hm²
17	50%氯氟吡氧乙酸异辛酯 900 mL/hm²+72%精异丙甲草胺 1 050 mL/hm²
CK	清水

1.3　调查方法

1.3.1　安全性调查

播后苗前安全性调查,高粱出苗后,观察高粱苗是否有药害发生,若有药害,出苗后第 1 天调查出苗率,第 10 天调查药效。采用随机取点法调查苗数、杂草数以及药害等级,施药后第 20 天对各处理小区随机取样 3 点,每点取样 10 株,测量高粱的株高,与对照进行对比,苗后茎叶处理的安全性调查,每个小区定 5 个点,每个点 1 m²,用药后不定期观察杂草中毒症状和死亡情况。根据我国农业行业标准,药害等级划分标准见表2。

表2　药害等级划分标准

药害等级(表示方法)	药害症状描述
0 级(＊)	株高、叶色略与对照不同
1 级(+)	株高、叶色略与对照不同
2 级(++)	植株略显畸形、株高低于对照
3 级(+++)	植株明显矮化、茎秆增粗、叶片略显增厚且颜色加深或叶片变黄
4 级(++++)	植株停止生长、畸形严重、僵死或整张叶片枯黄死亡,植株萎蔫
5 级(+++++)	植株死亡

1.3.2　防除效果调查

播后苗前,施药后第 10 天,每个小区对角线 3 点取样,每个样点 1 m²,调查样点内杂草种类和数量,计算株防除效果,施药后第 25 天,每个小区对角线 5 点取样,每个样点1 m²,调查样点内杂草种类和数量,计算株防除效果。苗后茎叶施药后第 20 天、第 40 天调查样点内单、双子叶杂草的株数,计算防除效果。收获时小区全区测产,并计算增产率,数据为 2013 年与 2014 年数据的平均值。用 DPS 数据软件系统对调查结果进行方差分析。

$$防除效果(\%)=[(CK-PT)/CK]\times100\%$$

式中　CK——空白对照区活草株数;
　　　PT——处理区残存杂草株数。

2　结果与分析

2.1　播后苗前处理剂对高粱的安全性

高粱出苗后第 1 天观察各个处理的目测要害率都为零。进行出苗率的调查,由表 3 可知,施药后第 10 天调查结果表明,只有 40%异丙草·莠 3 750 g/hm² 处理区的出苗率受到影响,其他药剂处理区的植株出苗率与空白对照相比都没有受到影响,且此处理区的株高较对照矮,叶片出现褐色的灼烧斑,发生较重,占 80%左右,药害等级达到 3 级;施药后第 25 天调查发现,所有处理区的药害逐步恢复,叶片均为绿色。

表 3　播后苗前处理防除杂草安全性调查

处理	出苗后第 10 天				出苗后第 25 天			
	叶色	株高/cm	药害等级	出苗率/%	叶色	株高/cm	药害等级	出苗率/%
1	绿色	36.9	*	96	绿色	81.6	*	98
2	绿色	41.3	*	100	绿色	72.8	*	100
3	绿色	38.6	*	92	绿色	75.2	*	94
4	叶片有褐色的灼烧斑,占 80%左右	35.6	+++	10	绿色	74.0	*	20
CK	绿色	39.9	*	100	绿色	68.7	*	100

2.2　播后苗前处理剂对杂草的防除效果

由表 4 可知,施药后第 10 天对高粱田每公顷施用 38%莠去津 1 995 g+二甲戊灵 1 950 mL防除效果达到95.17%;38%精异丙甲草胺 1 200 mL 防除效果达81.58%;72%精异丙甲草胺 1 050 mL+38%莠去津 1 995 g 防除效果达78.13%。以上几个药剂处理对高粱地的禾本科杂草稗草和一年生阔叶杂草马齿苋、反枝苋、藜都有较好的防除效果。药害第25天，各处理剂药效均略有下降，每公顷施用38%莠去津1 995 g+二甲戊灵1 950 mL防除效果达到93.56%;38%精异丙甲草胺1 200 mL防除效果达77.47%;72%精异丙甲草胺1 050 mL+38%莠去津1 995 g防除效果达67.59%（表4）。综合考虑用药量成本及不同杂草的防除效果，可以选用38%莠去津1 995 g/hm^2+二甲戊灵1 950 mL/hm^{2}或38%精异丙甲草胺1 200 mL/hm^{2}进行播后苗前高粱田杂草防除。

表4　播后苗前除草剂除草效果

处理	施药后第10天		施药后第25天	
	株数/(株·m^{-2})	防除效果/%	株数/(株·m^{-2})	防除效果/%
1	2.67^{bBC}	81.58^{abA}	3.27^{bBC}	77.47^{bB}
2	3.17^{bB}	78.13^{abA}	4.70^{bB}	67.59^{cC}
3	0.70^{cC}	95.17^{aA}	0.93^{cC}	93.56^{aA}
4	3.78^{bB}	74.12^{bA}	4.87^{bB}	66.44^{cC}
CK	14.50^{aA}	—	17.17^{aA}	—

注:表中上标字母为各药剂处理间差异性,其中小写字母代表 a = 0.05 水平下差异显著性,大写字母代表 a = 0.01 水平下差异显著性,下同。

2.3　苗后茎叶处理剂对高粱的安全性

由表5可知,施药后第20天调查发现,大部分药剂处理区的高粱都发生不同程度的药害,处理4、9、11、12、13、14的药害等级达到5级,高粱植株全部死亡,因此这6个处理剂均不能应用于高粱地;处理1的药害等级达到3级,高粱叶有红褐色的灼烧斑,占60%左右;处理2、3药害等级达到2级,高粱叶有红褐色的灼烧斑,占10%左右;处理6高粱叶子发红,较轻,占5%;处理5、7、8、10、15、16、17高粱叶色与对照的基本相同,药害等级为0级。

施药后第40天发现,除了处理4、9、11、12、13、14高粱植株死亡外,其他处理的药害逐步恢复,叶色和对照区基本相同。

表5　苗后茎叶处理防除杂草安全性调查

处理	施药后第20天			施药后第40天		
	叶色	株高/cm	药害等级	叶色	株高/cm	药害等级
1	叶子有红褐色的灼烧斑,占60%左右	24	+++	绿色	82	*
2	叶子有红褐色的灼烧斑,占10%左右	31	++	绿色	77	*
3	叶子发红,较轻,占10%	40	++	绿色	86	*
4	植株死亡	—	+++++	植株死亡	—	+++++
5	叶子有红褐色的灼烧斑,占10%左右	43	*	绿色	83	*
6	叶子发红,较轻,占5%	45	+	绿色	89	*
7	绿色	43	*	绿色	85	*

处理	施药后第20天			施药后第40天		
	叶色	株高/cm	药害等级	叶色	株高/cm	药害等级
8	绿色	37	*	绿色	95	*
9	植株死亡	—	+++++	植株死亡	—	+++++
10	绿色	40	*	绿色	86	*
11	植株死亡	—	+++++	植株死亡	—	+++++
12	植株死亡	—	+++++	植株死亡	—	+++++
13	植株死亡	—	+++++	植株死亡	—	+++++
14	植株死亡	—	+++++	植株死亡	—	+++++
15	绿色	47	*	绿色	87	*
16	绿色	45	*	绿色	89	*
17	绿色	42	*	绿色	77	*
CK	绿色	48	*	绿色	84	*

2.4 苗后茎叶处理剂对杂草的防除效果

试验结果(表6)表明:施药后第20天禾本科杂草株防除效果较好的是处理2,其次是处理3和处理8,并与对照达到极显著差异;对阔叶杂草株防除效果较好的是处理16和处理8,其次是处理1和处理2,且与对照达到极显著差异;对高粱田群体杂草防除效果较好的是处理8,其次是处理2,且与对照达到极显著差异。施药后第40天禾本科杂草株防除效果较好的是处理2,其次是处理8,并与对照达到极显著差异;对阔叶杂草株防除效果较好的是处理16和处理8,其次是处理1,且与对照达到极显著差异;对高粱地群体杂草防除效果较好的是处理8,其次是处理2和处理16,且与对照达到极显著差异。因此苗后茎叶处理剂以8、2、16(即50% 二氯喹啉酸450 g/hm² +50% 氯氟吡氧乙酸异辛酯900 mL/hm²,10%乙羧氟草醚450 mL/hm² +50%乙草胺1 350 mL/hm²和50%氯氟吡氧乙酸异辛酯900 mL/hm²+50%乙草胺1 350 mL/hm²、10%乙羧氟草醚450 mL/hm²)对高粱田间杂草群体防除效果较好。

表6 苗后茎叶处理群体杂草防除效果

处理	施药前杂草基数/(株·m⁻²)	施药后第20天						施药后第40天					
		禾本科杂草		阔叶杂草		总草		禾本科杂草		阔叶杂草		总草	
		株数/(株·m⁻²)	防除效果/%	株数/(株·m⁻²)	防除效果/%	株数/(株·m⁻²)	防除效果/%	株数/(株·m⁻²)	防除效果/%	株数/(株·m⁻²)	防除效果/%	株数/(株·m⁻²)	防除效果/%
1	15	3.00^{cdC}	64.00^{abAB}	7.00^{dCD}	78.13^{abAB}	10.00^{cdeC}	75.21^{abA}	5.21^{eDE}	65.86^{eD}	11.25^{eE}	75.00^{bB}	16.46^{eE}	72.69^{cdB}
2	16	1.67^{dC}	80.00^{aA}	7.00^{dCD}	78.13^{abAB}	8.67^{deC}	78.51^{abA}	2.32^{gG}	84.80^{aA}	12.21^{deDE}	72.87^{cBC}	14.53^{FfE}	75.89^{bB}

続表6...

续表6

处理	施药前杂草基数/(株·m⁻²)	施药后第20天						施药后第40天					
		禾本科杂草		阔叶杂草		总草		禾本科杂草		阔叶杂草		总草	
		株数/(株·m⁻²)	防除效果/%	株数/(株·m⁻²)	防除效果/%	株数/(株·m⁻²)	防除效果/%	株数/(株·m⁻²)	防除效果/%	株数/(株·m⁻²)	防除效果/%	株数/(株·m⁻²)	防除效果/%
3	17	2.00^{dC}	76.00^{abA}	7.33^{dCD}	77.08^{abAB}	9.33^{cdeC}	76.86^{abA}	4.25^{dD}	72.15^{cC}	12.45^{deDE}	72.33^{cCD}	16.70^{eE}	72.29^{dB}
4	—	—	—	—	—	—	—	—	—	—	—	—	—
5	24.2	4.67^{bcdABC}	44.00^{abAB}	13.50^{bcBC}	57.81^{abcABC}	18.17^{bcBC}	54.96^{abA}	6.58^{eEF}	56.88^{fE}	15.25^{cC}	66.11^{eE}	21.83^{dD}	63.77^{eCD}
6	28	3.00^{cdC}	64.00^{abA}	16.67^{bcBC}	47.92^{cdBC}	19.67^{bcBC}	51.24^{bcAB}	4.56^{dE}	70.12^{dC}	18.95^{bB}	57.89^{fF}	23.51^{cCD}	60.99^{fCD}
7	23	3.00^{cdC}	64.00^{abAB}	16.33^{bcBC}	48.96^{cdBC}	19.33^{bcBC}	52.07^{bcAB}	5.26^{eDE}	65.53^{eD}	18.52^{bB}	58.84^{fF}	23.78^{cCD}	60.54^{fCD}
8	15	2.00^{dC}	76.00^{aA}	5.33^{dD}	83.33^{aA}	7.33^{eC}	81.82^{aA}	3.25^{fgFG}	78.70^{bB}	7.26^{fF}	83.87^{aA}	10.51^{fF}	82.56^{aA}
9	—	—	—	—	—	—	—	—	—	—	—	—	—
10	28	3.33^{cdBC}	60.00^{abAB}	23.00^{bAB}	28.13^{Cd}	26.33^{bAB}	34.71^{cB}	4.56^{eEF}	70.12^{dC}	25.12^{aA}	44.18^{gG}	29.68^{bB}	50.75^{gE}
11	—	—	—	—	—	—	—	—	—	—	—	—	—
12	—	—	—	—	—	—	—	—	—	—	—	—	—
13	—	—	—	—	—	—	—	—	—	—	—	—	—
14	—	—	—	—	—	—	—	—	—	—	—	—	—
15	28.7	8.67^{aA}	-4.00^{cB}	10.33^{cdCD}	67.71^{abcAB}	19.00^{bcBC}	52.89^{ABbc}	10.85^{bB}	28.90^{hG}	13.25^{Dd}	70.56^{dD}	24.10^{cC}	60.01^{fD}
16	33.7	6.00^{abcABC}	28.00^{abAB}	4.67^{dD}	85.42^{aA}	10.67^{cdeC}	73.55^{abA}	8.25^{cC}	45.94^{gF}	6.58^{Ff}	85.38^{aA}	14.83^{fE}	75.39^{bcB}
17	27.7	4.67^{bcdABC}	44.00^{bcAB}	12.00^{cdCD}	62.50^{bcABC}	16.67^{bcdeBC}	58.68^{bcAB}	6.58^{eD}	56.88^{gF}	15.23^{cC}	66.16^{eE}	21.81^{dD}	63.81^{bcB}
CK	38.8	8.33^{abAB}		32.00^{aA}		40.33^{aA}		15.26^{aA}		45.00^{Aa}		60.26^{aA}	

注:由于处理4、9、11、12、13、14植株已死亡,仅对其他处理进行方差分析。

2.5 不同除草剂对高粱产量的影响

从不同除草剂处理对高粱产量的影响情况来看(表7),播后苗前封闭处理每公顷施用38%莠去津1 995 g+二甲戊灵1 950 mL处理的增产率达到14.55%;72%精异丙甲草胺1 050 mL+38%莠去津1 995 g处理的增产率达到4.53%。苗后茎叶处理剂每公顷施用精喹禾灵450 mL增产率达到27.10%,50%二氯喹啉酸450 g+50%氯氟吡氧乙酸异辛酯900 mL处理的增产率达到24.30%,10%乙羧氟草醚450 mL+50%乙草胺1 350 mL处理的增产率达到23.98%,10%乙羧氟草醚450 mL+50%二氯喹啉酸450 g处理的增产率达到23.52%,10%乙羧氟草醚450 mL+精喹禾灵450 g处理的增产率达到22.61%。综合考虑用药量的成本和对产量的影响,可以选择38%莠去津1 995 g+二甲戊灵1 950 mL、50%二氯喹啉酸450 g+50%氯氟吡氧乙酸异辛酯900 mL、10%乙羧氟草醚450 mL+50%二氯喹啉酸450 g等3种药剂。

· 14 ·

表7　不同除草剂处理对高粱产量的影响

时期	处理	株高/cm	产量/(kg·亩⁻¹)	增产率/%
	1	159.47	548.24^{bAB}	2.17
	2	151.13	560.91^{bAB}	4.53
苗前	3	149.27	614.68^{aA}	14.55
	4	145.93	418.69^{cC}	−21.98
	CK	143.5	536.61^{bB}	—
	1	153.90	528.92^{cdD}	9.21
	2	153.60	600.46^{aAB}	23.98
	3	158.80	598.25^{aAB}	23.52
	4	155.90	593.81^{aAB}	22.61
	5	147.40	544.91^{cdCD}	12.51
苗后	6	159.00	556.90^{bcBCD}	14.99
	7	156.30	580.90^{abABC}	19.94
	8	158.00	602.00^{aAB}	24.30
	9	161.80	519.13^{dD}	7.19
	10	161.30	529.35^{cdD}	9.30
	11	156.60	615.58^{aA}	27.10
	CK	152.13	484.32^{cdD}	—

3　讨论与结论

通过高粱地除草剂筛选试验,综合考虑不同除草剂对高粱植株生长发育、对杂草的防除效果以及产量的影响,筛选出适合播后苗前封闭处理的药剂为38%莠去津和二甲戊灵组合,使用剂量为(1 995 g+1 950 mL)/hm²,苗后茎叶处理的有效药剂有50%二氯喹啉酸450 g/hm²+50%氯氟吡氧乙酸异辛酯900 mL/hm²、10%乙羧氟草醚450 mL/hm²+50%乙草胺1 350 g/hm²、50%氯氟吡氧乙酸异辛酯900 mL/hm²+50%乙草胺1 350 mL/hm²、10%乙羧氟草醚450 mL/hm²。

高粱是一种对化学药剂较为敏感的作物,对多种除草剂表现敏感,一旦选药不当或用药剂量大就会产生药害,甚至整株死亡,严重抑制种子萌发或影响植株正常生长,直接影响高粱产量[5-6]。因此在生产应用中,应根据田间杂草种类和高粱的适应性合理选用药剂[7]。

试验所选用的药剂中,无论是苗前封闭处理还是苗后处理剂,混用型药剂均比单施药剂对田间杂草的防除效果好且杀草谱广。因此,选用混用型除草剂对禾本科和阔叶杂草是一种有效途径[8-10]。

参 考 文 献

[1]工险峰.进口农药使用手册[M].北京:中国农业出版社,2000.

[2]苏少泉,宋顺祖.中国农田杂草化学防治[M].北京:中国农业出版社,1996.

[3]刘志学,刘占江,高振东,等.国内外高粱发展趋势及对策[J].杂粮作物,2002(2):12-14.

[4]石永顺.高粱除草剂的筛选与评价[J].杂粮作物,2009,29(6):403-404.

[5]王丽娟,徐秀德,董怀玉,等.多种除草剂防除高粱田杂草的研究[J].中国植保导报,2013,33(1):51-53.

[6]董海,杨浩,杨眉,等.高粱田苗前化学除草技术初探[J].杂草科学,2007(3):48-49.

[7]李荣云,曾小荣.不同除草剂对玉米田杂草的防除效果研究[J].现代农业科技,2012(10):158,163.

[8]包红霞.不同除草剂在侧金盏花田的除草效果及对产量的影响[J].内蒙古农业科技,2010(5):74-75.

[9]李琰,谷岩,陈喜凤,等.四种除草剂对玉米苗期的杂草防治效果比较[J].吉林农业科学,2010,35(3):41-44.

[10]沙洪林,纪明山,刘宇眉,等.保护性耕作条件下播后苗前除草剂防除玉米田杂草试验[J].吉林农业科学,2007,32(2):36-39.

不同灌水时期对高粱产量及产量构成因素的影响

呼瑞梅[12],陈永胜[1],李国瑞[1],王振国[2],
李 岩[2],李 默[2],邓志兰[2],崔凤娟[2],徐庆全[2]
（1.内蒙古民族大学,内蒙古 通辽 028043；
2.通辽市农业科学研究院,内蒙古 通辽 028015）

摘要:以通杂108、通杂126为材料,分析在不同灌水时期处理下产量及与产量有关的穗长、穗重、穗粒重、千粒重等农艺性状的关系。结果表明:4个处理均比CK增产,差异均达极显著水平,两品种产量及不同灌水时期间产量差异达极显著水平;穗重、穗粒重与产量呈极显著正相关,从直接通径系数分析来看,穗粒重对产量的直接通径系数最大,穗重通过穗粒重对产量影响的间接通径系数正向最大。

关键词:灌水时期;高粱;产量;产量构成

高粱具有低耗水、高水分利用效率特性,作为一种典型抗旱作物,其具有很高的生产及研究价值。水分的供应与作物生长发育有着密切的联系,并最终影响作物的产量[1],该环境下的农业生产必须以水分的高效利用为中心。但作物水分利用效率是由多种因素决定的,应以重视作物自身水分利用效率的提高作为高效用水的关键[2-3]。提高水分利用率,在节水农业发展中具有巨大潜力,因而在农业生产中如何科学用水,研究作物水分利用效率,即作物耗水与干物质积累之间的关系成为热点和难点。其主要目标是以最低限度的用水量获取最大的作物产量或收益[4],从而达到对水分的有效利用。前人对产量与土壤水分和灌水量的关系研究较多,而关于灌水时期对高粱耗水特性与产量形成生理过程的影响报道尚少。本试验通过对粒用高粱品种的产量与产量构成因素间的相关及通径分析,探讨与产量相关及对产量影响较大的性状,为利用高粱的高产栽培提供科学理论依据。

1 材料与方法

1.1 试验材料

试验品种:通杂108、通杂126,通辽市农业科学研究院育成并提供。

1.2 试验设计

试验于2013年在通辽市农业科学研究院农场进行,采用双因素随机区组设计,A因素为品种，A_1 为通杂 108，A_2 为通杂 126；D 因素为灌水时期，每个处理在灌水期内只灌水一次，D_1 为苗期灌水，D_2 为拔节期灌水，D_3 为抽穗期灌水，D_4 为灌浆期灌水，D_5 为不灌水（CK）。共计 2×5 = 10 个处理，3 次重复，6 个行区，小区面积为 18 m^2。

1.3 试验分析

采用 DPS 12.01 和 Excel 2003 软件进行数据分析。

2 结果与分析

2.1 不同灌水时期对产量的影响

2.1.1 不同灌水时期产量差异比较

通杂 108 的 4 个处理均比 CK 增产（表 1），产量差异达极显著水平。苗期灌水产量最高达 8 974.89 kg/hm^2，比 CK 增产 1 317.32 kg/hm^2，增产幅度达 17.2%。次之为灌浆期、抽穗期、拔节期，分别比 CK 增产 4.68%、3.88%、3.04%；通杂 126 的 4 个处理均比 CK 增产，其产量差异均达极显著水平。苗期灌水产量最高达 8 089.70 kg/hm^2，比 CK 增产 1 455.97 kg/hm^2，增产幅度达 17.99%。次之为灌浆期、抽穗期、拔节期，分别增产 10.42%、8.63%、8.35%。在设定的 4 个时期中，增产量的措施顺序相同，依次为苗期>灌浆期>抽穗期>拔节期>不灌水。

表 1　不同灌水时期产量差异显著性

处理		均值 /(kg · hm^{-2})	增产 /(kg · hm^{-2})	增产比例 /%	5%	1%
通杂 108(A_1)	D_1	8 974.89	1 317.32	17.2	a	A
	D_2	7 890.39	232.82	3.04	b	B
	D_3	7 955.06	297.49	3.88	b	B
	D_4	8 016.07	358.5	4.68	b	B
	D_5(CK)	7 657.57	0	0	c	C
通杂 126(A_2)	D_1	8 089.70	1 455.97	17.99	a	A
	D_2	7 238.42	604.69	8.35	b	B
	D_3	7 260.67	626.94	8.63	b	B
	D_4	7 405.53	771.8	10.42	b	B
	D_5(CK)	6 633.73	0	0	c	C

2.1.2 不同灌水时期产量方差分析

品种与灌水时期方差分析（表 2）表明：区组间偏差均方差为 41.165 3，F 值为

1.056 3,显著水平为 0.368 3,即 $P > 0.05$,差异不显著;品种间偏差均方差为 19 927.111 4,F 值为 511.340 4,显著水平为 0.000 0,即 $P < 0.01$,差异达极显著水平;灌水时期偏差均方差为 6 841.714 2,F 值为 175.562 1,显著水平为 0.000 0,即 $P < 0.01$,达极显著水平;品种与灌水时期互作间偏差均方差为 204.546 7,F 值为 5.248 8,显著水平为 0.005 6,即 $P < 0.01$,差异达极显著水平。

表2　不同灌水时期产量方差分析表

变异来源	平方和(SS)	自由度(SD)	均方(MS)	F 值	P 值
区组间	82.330 6	2	41.165 3	1.056 3	0.368 3
品种间(A)	19 927.111 4	1	19 927.111 4	511.340 4 * *	0.000 0
灌水时期间(D)	27 366.856 6	4	6 841.714 2	175.562 1 * *	0.000 0
品种×灌水时期	818.187 0	4	204.546 7	5.248 8 * *	0.005 6
误差	701.466 2	18	38.970 3		
总变异	48 895.951 7	29			

注:* * 表示极显著相关($P < 0.01$)。

2.2　不同灌水时期对产量构成因素的影响

2.2.1　不同灌水时期产量构成因素比较

作物产量是各产量构成因素相互作用的结果,各因素间存在着不同程度的相关,因而对一个因素的选择势必影响到其他因素的遗传效果。从表3可知,通杂108、通杂126灌水时期不同,穗长、穗重、穗粒重、千粒重变化较大,有的灌水时期差异达到了极显著水平。通杂108、通杂126穗长分析在苗期与抽穗、不灌水处理之间差异达极显著水平,拔节与抽穗处理之间差异达极显著水平,抽穗与不灌水处理之间差异达极显著水平。通杂108穗重在苗期与不灌水处理之间差异达极显著水平,通杂126穗重在苗期与拔节、抽穗、灌浆、不灌水处理均达极显著差异。通杂108穗粒重在苗期与拔节、不灌水处理达极显著差异,通杂126在苗期与其他处理均达极显著差异。通杂108千粒重在苗期与拔节、不灌水处理达极显著差异,通杂126在苗期与拔节、抽穗、不灌水处理之间达极显著差异。

表3　不同灌水时期产量构成因素比较

处理		穗长 /cm	穗重 /g	穗粒重 /g	千粒重 /g	产量 /(kg·hm⁻²)
通杂108(A₁)	苗期(D₁)	24.9ᵃᴬᴮ	100.7ᵃᴬ	82.7ᵃᴬ	29.8ᶜᶜ	8 974.95ᵃᴬ
	拔节(D₂)	23.3ᵇᶜᴮᶜ	94.0ᶜᴬᴮ	74.7ᵇᴮ	32.1ᵃᴮ	7 890.45ᵇᴮ
	抽穗(D₃)	25.5ᵃᴬ	95.3ᵇᶜᴬᴮ	78.0ᵃᵇᴬᴮ	31.0ᵇᴮᶜ	7 954.65ᵇᴮ
	灌浆(D₄)	23.5ᵇᴮᶜ	100.0ᵃᵇᴬ	78.0ᵃᵇᴬᴮ	30.8ᵇᶜᴮᶜ	8 016.00ᵇᴮ
	不灌水(D₅)	22.0ᶜᶜ	92.0ᶜᴮ	73.3ᵇᴮ	32.7ᵃᴬ	7 657.50ᶜᶜ

处理		穗长 /cm	穗重 /g	穗粒重 /g	千粒重 /g	产量 /(kg·hm⁻²)
通杂126(A₂)	苗期(D₁)	25.5^{bB}	91.3^{aA}	73.3^{aA}	26.1^{cC}	8 089.65^{aA}
	拔节(D₂)	24.9^{bcBC}	76.7^{cC}	63.3^{bB}	31.0^{abAB}	7 238.40^{bB}
	抽穗(D₃)	27.5^{aA}	84.0^{bB}	64.3^{bB}	30.1^{bB}	7 260.60^{bB}
	灌浆(D₄)	24.9^{bcBC}	84.0^{bB}	69.3^{aAB}	26.9^{cC}	7 405.50^{bB}
	不灌水(D₅)	23.6^{cC}	68.3^{dD}	52.3^{cC}	31.9^{aA}	6 633.75^{cC}

注:小写字母不同表示显著相关($P<0.05$),大写字母不同表示极显著相关($P<0.01$)。

2.2.2 不同灌水时期产量与产量构成因素间的相关分析

从不同灌水时期产量及其产量构成因素间的相关分析结果(表4)可以得出,高粱产量间的相关性状未达到显著水平的性状有两个,其中与千粒重呈不显著负相关,与穗长呈不显著正相关;达到显著水平的性状有穗重、穗粒重,呈极显著正相关,其中与穗粒重的相关系数较大,穗重的相关系数次之;穗重与穗粒重的相关系数达到正向极显著水平。

表4 产量与产量构成因素间的相关分析表

产量性状	穗长 X_1	穗重 X_2	穗粒重 X_3	千粒重 X_4	产量 Y
X_1	1	0.771 8	0.819 2	0.124 1	0.988 0
X_2	−0.105 5	1	0.000 0	0.862 0	0.000 4
X_3	−0.083 2	0.974 2**	1	0.713 7	0.000 1
X_4	−0.519 2	−0.063 4	−0.133 2	1	0.554 7
Y	0.005 5	0.898 2**	0.931 9**	−0.213 0	1

注:**表示极显著相关($P<0.01$)。

2.2.3 不同灌水时期产量构成因素对产量的通径分析

由于各产量相关性状之间存在相互作用,仅用相关系数并不能完整反映出各性状对产量构成的重要性,因此,有必要进一步利用通径分析方法探讨各产量相关要素对不同灌水时期产量构成的影响程度,从直接通径系数分析(表5)来看,穗粒重对产量的直接通径系数最大,穗重通过穗粒重对产量影响的间接通径系数正向最大,因此通过提高穗重可以提高高粱产量。

表5 不同灌水时期产量构成因素对产量的通径分析

产量性状	直接通径系数	间接通径系数			
		通过 X_1	通过 X_2	通过 X_3	通过 X_4
穗长 X_1	0.054 5		0.009 9	−0.082 9	0.028 2
穗重 X_2	−0.103 5	−0.005 2		1.005 9	0.003 6
穗粒重 X_3	1.029 8	−0.004 4	−0.101 1		0.007 3
千粒重 X_4	−0.055 4	−0.027 8	0.006 6	−0.136 0	

3 讨论与结论

通杂 108、通杂 126 的 4 个处理均比 CK 增产,其产量差异均达极显著水平。在设定的 4 个时期中,增产量的措施顺序相同,依次为苗期>灌浆期>抽穗期>拔节期>不灌水。

通过对两品种产量进行方差分析,表明两品种产量及不同灌水时期产量存在极显著差异。

从不同灌水时期产量及其产量构成因素间的相关分析结果可以得出,高粱产量间的相关性状达到极显著水平的有穗重、穗粒重,呈极显著正相关,其中与穗粒重的相关系数较大,穗重的相关系数次之;穗重与穗粒重的相关系数达到正向极显著水平。

从直接通径系数分析来看,穗粒重对产量的直接通径系数最大,穗重通过穗粒重对产量影响的间接通径系数正向最大,因此通过提高穗重可以提高高粱产量。

2013 年春耕前降水充足,春季在未浇水、土壤墒情合适的情况下播种,苗期有效降水少,对苗期生长有一定影响,苗期灌水有蹲苗补水作用,可能出现苗期灌水产量最大的现象,后期降雨较为充足,因此产量增产幅度变化不大。对于灌水时期对高粱产量的影响还需在能够量化用水量以及避免有效降水影响的条件下进一步验证。

参 考 文 献

[1] 刘蕾,罗毅.不同灌溉条件对黄河下游引黄灌区作物水分关系的影响[J].灌溉排水学报,2011,30(1):5-10.

[2] 山仑.节水农业与作物高效用水[J].河南大学学报(自然科学版),2003,33(1):1-5.

[3] 高凯,朱铁霞.不同灌水处理对高羊茅草坪蒸散量和光合特性的影响[J].内蒙古民族大学学报(自然科学版),2007,22(4):4-8.

[4] 郭锐,丁玉川.影响高粱水分利用效率因素研究进展[J].吉林农业,2012(3):234-238.

不同施氮量、种植密度及灌水时期
对高粱产量的影响

呼瑞梅,崔凤娟,王振国,李 岩,邓志兰,李 默,周福荣

(通辽市农业科学研究院,内蒙古 通辽 028015)

摘要:研究施氮量、种植密度及灌水时期对高粱产量的影响,结果表明:通杂 108、通杂 126 在施氮量为 20 kg/亩时产量最高;二者在种植密度为 8 000 株/亩时产量最高,分别为 609.2 kg/亩、530.4 kg/亩,通杂 126 种植密度为 8 000 株/亩、8 500 株/亩时产量相差不大;通杂 108 在抽穗开花期、通杂 126 在拔节孕穗期灌水产量最高。

关键词:高粱;施氮量;种植密度;灌水时期;产量

高粱是内蒙古自治区主要杂粮作物之一,其中通辽市常年种植面积逾 3.33 万 hm²。长期以来,农民沿袭传统栽培方式,耕作粗放,种植密度不合理,田间投入过多或过少,导致单产不高,面积不稳[1-4]。针对上述问题,选用通辽市农业科学研究院育成的高粱新品种通杂 108 和通杂 126 进行了不同施氮量、不同种植密度和不同灌水时期对产量影响的试验,从中筛选出适合两个品种播种的最佳施氮量、种植密度及灌水时期,为高粱高产栽培提供理论依据。

1 材料和方法

1.1 试验地概况

试验设在通辽市钱家店镇通辽市农业科学研究院试验田内,土质为白五花土,地势平坦,肥力中上等,前茬作物为蓖麻。

1.2 试验材料

供试高粱品种为通杂 108、通杂 126;供试肥料为尿素、二铵、硫酸钾。

1.3 试验设计

1.3.1 施氮量试验

氮肥选用尿素,设置 5 个用量水平,分别为 5 kg/亩、10 kg/亩、15 kg/亩、20 kg/亩、25 kg/亩,在作物拔节期作为追肥一次施入,施种肥二铵 10 kg/亩,硫酸钾 17.8 kg/亩。

1.3.2 种植密度试验

设 5 个密度处理,分别为 6 500 株/亩、7 000 株/亩、7 500 株/亩、8 000 株/亩、8 500 株/亩,以当地平均密度 7 500 株/亩作为对照(CK1),以当地平均追肥量进行追肥。

1.3.3 灌水时期试验

分别在苗期、拔节孕穗期、抽穗开花期、灌浆期灌溉 1 次,以不灌溉作为对照(CK2)。

3 次重复,每个小区 6 行,行长为 3.6 m,小区面积为 18 m²。5 月 11 日播种,9 月 28 日收获。田间其他管理措施同大田[5-6]。3 个试验均在秋季收中间 4 行测定产量。

2 结果与分析

2.1 不同处理对产量结构的影响

由表 1 可知,不同施氮量试验中,不同肥力梯度下通杂 108 的穗粒重极差为 38 g,千粒重极差为 5.7 g;通杂 126 穗粒重极差为 28 g,千粒重极差为 8.7 g,其中在施氮量为 20 kg/亩时,2 个品种的产量构成均达到最高水平。不同种植密度试验中,通杂 108 的穗粒重极差为 40 g,千粒重极差为 4.3 g;通杂 126 穗粒重极差为 40 g,千粒重极差为 1.8 g,通杂 108、通杂 126 在种植密度为 6 500 株/亩、7 500 株/亩时,产量构成分别达到最高水平。不同灌水时期试验中,抽穗开花期灌水使通杂 108 穗粒重、千粒重均达到最高水平,穗粒重和千粒重的极差分别为 42 g、8 g;通杂 126 在拔节孕穗期灌水可使穗粒重、千粒重均达到最高水平,穗粒重和千粒重的极差分别为 32 g、7 g。结果表明,不同施氮量、不同种植密度和不同灌水时期均对产量构成有较大影响。

表 1 不同处理对产量构成的影响

处理		穗粒重/g		千粒重/g	
		通杂 108	通杂 126	通杂 108	通杂 126
不同施氮量	5 kg/亩	76	58	27.1	19.1
	10 kg/亩	86	52	22.1	23.7
	15 kg/亩	62	66	26.2	23.1
	20 kg/亩	100	80	27.8	27.8
	25 kg/亩	82	70	24.8	20.1
不同种植密度	6 500 株/亩	100	82	30.5	28.7
	7 000 株/亩	70	84	30.4	27.1
	7 500 株/亩(CK1)	66	108	26.2	28.7
	8 000 株/亩	90	80	29.1	26.9
	8 500 株/亩	60	68	29.4	28.3

处理		穗粒重/g		千粒重/g	
		通杂108	通杂126	通杂108	通杂126
不同灌水时期	不灌水(CK2)	44	70	22.7	22.1
	苗期灌水	60	46	18.3	21.4
	拔节孕穗期灌水	70	78	23.5	28.4
	抽穗开花期灌水	86	64	26.3	27.4
	灌浆期灌水	70	62	26.0	23.0

2.2 不同施氮量对产量的影响

氮肥是农业生产中需要量最大的化肥品种,对提高作物产量、改善农产品的质量有重要作用。了解氮肥的种类、性质及其施入土壤后的变化,从而采用合理的施用技术,对减少氮素损失、减轻氮肥对环境的危害及不断提高氮肥利用率有重要意义。

由图1可以看出,通杂108和通杂126两个品种的产量随施氮量的增加呈先升高后降低的趋势,均在施氮量为 20 kg/亩时实际产量最高,分别达到 576.9 kg/亩、497.00 kg/亩。

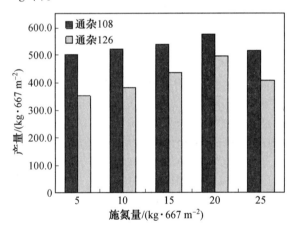

图1 不同施氮量对产量的影响

2.3 不同种植密度对产量的影响

种植密度过大或过小都会对作物产量产生显著的影响。由图2可以看出,通杂108的产量随种植密度的增加大致呈现先升高后降低的趋势,而通杂126的产量在种植密度为8 000株/亩、8 500株/亩时相差不大。二者在种植密度为8 000株/亩时实际产量达到最高,分别为609.2 kg/亩、230.4 kg/亩。

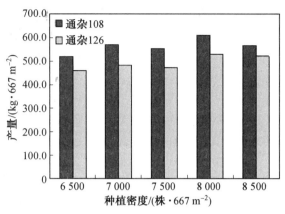

图 2　不同种植密度对产量的影响

2.4　不同灌水时期对产量的影响

适宜的灌水时期既可以提高作物的水分利用率,达到作物高产的目的,又可以节约水资源。由图 3 可以看出,通杂 108 在抽穗开花期灌溉,通杂 126 在拔节孕穗期灌溉产量最大。

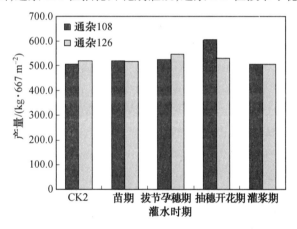

图 3　不同灌水时期对产量的影响

需要说明的是,该试验是在没有控制自然降雨的条件下的实际产量测量值,根据当年通辽地区的降雨状况,在作物生长需水的关键时期(拔节孕穗期)雨量充沛,未严重影响作物生长,两个品种生育期不同步,通杂 108 生育期较通杂 126 长 7 d 左右,两个品种生长期内需水时期不同。

2.5　差异显著性检测

方差分析表明,通杂 108 施氮量为 20 kg/亩时与其他施氮水平产量差异显著,对于通杂 108,施氮量为 5 kg/亩、10 kg/亩、25 kg/亩时产量差异不显著;而通杂 126 的产量在施氮量为 5 kg/亩、25 kg/亩时差异不显著,施氮量为 10 kg/亩、15 kg/亩时产量差异也不显著。不同灌水时期对产量影响的方差分析表明,拔节孕穗期灌水对通杂 126 的产量较其他灌水时期影响显著,而抽穗开花期灌水对通杂 108 的产量较其他时期影响显著。不同种植密度对产量的影响方差分析表明,通杂 108 在密度为 8 000 株/亩时的产量与其他处理差异显著,而通杂 126 的产量在密度为 8 000 株/亩、8 500 株/亩时差异不显著。这可能是由于肥力较好,雨量充足,种植密度的增加并没有对通杂 126 的产量产生显著的影响,但随着种植密度的进一步增加产量变化规律还有待进一步研究。

表 2 不同处理下产量的方差分析

因素	处理	通杂 108	通杂 126
施氮量	5 kg/亩	c	b
	10 kg/亩	bc	c
	15 kg/亩	b	c
	20 kg/亩	a	a
	25 kg/亩	c	b
种植密度	6 500 株/亩	c	bc
	7 000 株/亩	b	c
	7 500 株/亩(CK1)	b	b
	8 000 株/亩	a	a
	8 500 株/亩	b	ab
灌水时期	不灌水(CK2)	b	a
	苗期灌水	b	bc
	拔节孕穗期灌水	b	bc
	抽穗开花期灌水	a	b
	灌浆期灌水	b	c

注:同列不同小写字母表示在 $P<0.05$ 水平下差异显著。

2.6 不同处理与产量的回归分析

回归分析结果表明,不同施氮量与通杂 108 产量的拟合优度 $R^2 = 0.774$,与通杂 126 产量的拟合优度 $R^2 = 0.555$,分别达到极显著和显著水平;不同种植密度与通杂 108 产量的拟合度 $R^2 = 0.685$,与通杂 126 产量的拟合度 $R^2 = 0.705$,均达到极显著水平。

表 3 不同施氮量和不同种植密度与产量的回归分析($n = 15$)

因素	品种	拟合方程	拟合优度
施氮量	通杂 108	$y = -0.77x^2 + 25.95x + 340.1$	$R^2 = 0.774^{**}$
	通杂 126	$y = -0.39x^2 + 16.74x + 266.7$	$R^2 = 0.555^{*}$
种植密度	通杂 108	$y = -0.33x^2 + 52.48x - 1\,503.7$	$R^2 = 0.685^{**}$
	通杂 126	$y = -0.22x^2 + 37.40x - 1\,077.4$	$R^2 = 0.705^{**}$

注:$*$、$**$ 分别表示在 $P<0.05$、$P<0.01$ 水平存在显著差异。

3 讨论与结论

试验结果表明,不同施氮量试验中,通杂 108 和通杂 126 的最高产量分别为 576.9 kg/亩、497.0 kg/亩;不同种植密度试验中,两个品种的最高产量分别达到 609.2 kg/亩、530.4 kg/亩;而不同灌水时期试验中,两个品种的最高产量分别为 604.8 kg/亩、545.4 kg/亩。施氮量为 20 kg/亩,种植密度为 8 000 株/亩,灌水时期为抽穗开花期均使通杂 108 籽粒饱满且达到高产;施氮量为20 kg/亩,种植密度为 8 000 株/亩,灌水时期在拔节孕穗期可使通杂 126 籽粒饱满且达到高产。

参 考 文 献

[1]赵永峰,穆兰海,常克勤,等.不同栽培密度与 N、P、K 配比精确施肥对荞麦产量的影响[J].内蒙古农业科技,2010(4):61-62.

[2]郑彦苏.灌水量对粒用高粱的生长和籽粒产量的影响[J].杂粮作物,1981(3):71-76.

[3]贾东海,王兆木,林萍,等.不同种植密度和施肥量对新高粱 3 号产量及含糖量的影响[J].新疆农业科学,2010(1):47-53.

[4]王岩,黄瑞冬.种植密度对甜高粱生长发育、产量及含糖量的影响[J].作物杂志,2008(3):49-51.

[5]杨苞梅,姚丽贤,李国良,等.不同养分组合对高粱吸收氮磷钾养分的影响[J].中国农学通报,2008(4):282-290.

[6]周开芳,范贵国.氮磷钾不同配比对高粱产量的影响[J].贵州农业科学,2003(S1):65-67.

不同施肥方式对盐碱地土壤特性的影响

崔凤娟,王振国*,李 默,徐庆全,李 岩,邓志兰

（通辽市农业科学研究院,内蒙古 通辽 028015）

摘要:本试验通过不同施肥方式与裸地作为对比研究了生物菌肥对盐碱地土壤特性的影响。结果表明:生物菌肥可降低盐碱地 0~10 cm 及 10~20 cm 土层土壤 pH、土壤可溶性盐含量及碱化度(ESP),裸地 0~10 cm 土层土壤 pH 高于 10~20 cm 土层,其他处理 0~10 cm 土层土壤 pH 低于 10~20 cm 土层,0~10 cm 土层可溶性盐含量高于 10~20 cm 土层,0~10 cm 土层 ESP 低于 10~20 cm 土层,施用生物菌肥可降低 0~10 cm 土层 Na$^+$、Ca^{2+}、CO$_3^{2-}$、Cl$^-$ 含量及 10~20 cm 土层 Mg^{2+}、Cl$^-$、CO$_3^{2-}$、HCO$_3^-$ 的含量,提高土壤 0~10 cm 土层有机质含量。试验结果说明施用生物菌肥可改善盐碱地土壤特性,增加土壤肥力,在通辽地区值得推广应用。

关键词:甜高粱;生物菌肥;盐碱地;土壤特性

当前,全世界碱地面积已达 9.5 亿 hm^2,遍及 100 多个国家和地区,这些盐渍土地面积约为世界总土地面积的 1/10,我国盐渍土面积为 3.47×10^7 hm^2,其中盐土面积为 1.6×10^7 hm^2,碱土面积为 8.7×10^5 hm^2,人类活动对土壤盐碱化起着至关重要的作用,次生盐渍化土壤在逐年加重与扩大[1]。通辽市因其地理位置、气候环境、地下水位及人为等因素的影响,2014 年,盐碱地面积为 12.09×10^4 hm^2,占全区耕地总面积的 18%,且盐碱地面积还在不断增加[2]。盐碱地的改良方法主要有水利、物理、化学、生物 4 种,盐碱地的成因复杂,需因地制宜,多种措施结合,综合治理。而生物化学结合改良措施是在降低土壤 pH、改善土壤环境的同时,通过种植耐盐碱作物吸收部分土壤盐分,再通过收割将盐分转移,此方法因易于实施、脱盐持久稳定且治理后生态环境良好而被广泛采用[3]。

微生物肥料是活体制剂,可提高化肥利用率,改善土壤团粒结构。逄焕成等[4]研究证明,微生物菌剂对土壤中有益菌种类和数量、土壤有机质含量及速效养分均有不同程度的提高。刘艳等[5]在对玉米的研究中发现,施用生物肥可提高中、低度盐碱地玉米穗尾叶生物酶活性,提高玉米净光合速率,从而提高玉米产量。施用菌肥可提高燕麦根际可溶性糖和有机酸的含量,提高土壤酶及微生物活性,并有效降低土壤 pH 和电导率[6]。微生物菌肥可降低土壤耕层盐分含量,提高土壤菌种多样性,改善土壤微生态环境,从而提高食葵产量[7]。星星草因其具有特殊的生理生态结构,在耐盐性方面表现优良,对滨海盐土的改良效果明显[8]。一些野生植物,如猪毛菜、碱蓬、柽柳、羊草等在耐盐碱生理研究及盐碱地种植上广泛应用并取得了一定的成果[9-12]。甜高粱具有耐盐碱、抗逆、抗旱等优点,在世界矿质越来越少的今天,生物质能源的发展越来越重要,可以充分利用盐碱地发展生物能源,因此研究甜高粱种质资源的耐盐性,筛选耐盐碱甜高粱品种对于改良盐碱地发展生物质能源具有重要意义[13]。

目前国内对盐碱地的改良研究方面已有诸多报道,有些地区盐碱地的改良已见成效,

但针对通辽地区盐碱地的改良方法还鲜见报道,本试验采用生物菌肥与裸地作对比,研究其对土壤盐分含量、盐分组成、pH、土壤碱化度、肥力状况等的改良效果,旨在为通辽地区盐碱地改良措施方面提供理论依据。

1 材料与方法

1.1 试验地概况

试验于 2015—2017 年 5—10 月在内蒙古通辽市科尔沁左翼中旗大龙山镇盐碱地进行。该地海拔 156.8 m,E122°52′,N44°13′,属温带大陆性气候,前茬作物为玉米。年平均降雨量为 300~450 mm,降雨多集中在 7 月份,占全年总降雨量的 85% 以上。大于 10 ℃年积温为 1 300 ℃。

1.2 试验设计

以甜高粱杂交种通甜 1 号为材料,试验共设 4 个处理,分别为处理 1:裸地(CK);处理 2:传统耕作,种肥施磷酸二铵 30 kg/亩,拔节期追施尿素 15 kg/亩;处理 3:炭基肥 30 kg/亩,于播前施入;处理 4:生物菌肥 30 kg/亩,于播前施入。每个处理 3 次重复,随机排列。每个小区行宽为 3 m,行长为 5 m,6 个行区,小区面积为 15 m²,总共 12 个小区。种植密度为 9 000 株/亩。采取地膜覆盖种植方式,穴播。全田用莠去津防除杂草,出苗后及时破膜放苗。每穴定苗 1 株。其他管理措施同大田。通甜 1 号由通辽市农业科学研究院高粱研究所提供,生物菌肥由中国农业大学提供,炭基肥由内蒙古民族大学农学院提供。

1.3 样品采集及测定方法

于播前及收后以"S"形取 5 点按 0~10 cm、10~20 cm 土层取样,四分法取 1 kg 封存于自封袋,带回实验室及时置于阴凉处自然风干,过 18 目筛后封存,用于各指标的测试分析。各指标测定方法:采用烘干法测定土壤碱化度;采用电位法测定 pH;采用乙酸钠法测定阳离子交换量;采用醋酸铵-氨水火焰光度法测定土壤交换性钠;采用乙二胺四乙酸(EDTA)滴定法测定 Ca^{2+}、Mg^{2+} 含量;采用火焰光度法测定 Na^+、K^+ 含量;采用硝酸银滴定法测定 Cl^- 含量;采用 EDTA 间接络合滴定法测定 SO_4^{2-} 含量;采用双指示剂-中和滴定法测定 CO_3^{2-} 和 HCO_3^- 含量;采用重铬酸钾容量法(外加热法)测定有机质含量;采用碱解扩散法测定碱解氮含量;采用 0.5 mol/L $NaHCO_3$ 浸提法测定速效磷含量;采用 1 mol/L NH_4Ac 浸提-火焰光度法测定土壤速效钾含量[14]。

计算方法:碱化度(ESP)=(交换性钠/阳离子交换量)×100%。

1.4 数据处理及分析

数据处理采用 Excel 2003 软件,数据统计分析采用 DPS 软件。

2 结果与分析

2.1 不同肥料处理盐碱地 pH 的变化

0～10 cm 土层各处理土壤 pH 差异均达到显著水平,各处理表现为处理1>处理2>处理3>处理4,处理1 在 0～10 cm 土层 pH 最高为 10.22,比其他处理分别高 13.18%、16.00%、17.34%。在 10～20 cm 土层中,各处理表现为处理1>处理2>处理3>处理4,0～10 cm 土层各处理土壤 pH 均达显著水平,10～20 cm 土层处理2 与处理3、处理3 与处理4 之间未达显著水平,其余各处理间均达到显著水平。除处理1 外,各处理 0～10 cm 土层 pH 均低于 10～20 cm 土层。这说明种植作物有利于降低表层土壤 pH。由表1 可以看出,各处理 0～10 cm 和 10～20 cm 土层土壤 pH 均大于 8.5,这是该区域苏打碱化盐渍土壤所致。

表1 不同肥料处理盐碱地 pH

处理	土层/cm	
	0～10	10～20
1	10.22ᵃ	9.63ᵃ
2	9.03ᵇ	9.23ᵇ
3	8.81ᶜ	9.05ᵇᶜ
4	8.71ᵈ	8.91ᶜ

注:同列不同小写字母表示不同处理在 5% 水平上差异显著。

2.2 不同肥料处理盐碱地土壤可溶盐含量的变化

各处理 0～10 cm 土层土壤可溶盐含量表现为处理1>处理2>处理3>处理4(表2),处理3 与处理4 之间未达显著水平,其余各处理间均达显著水平,处理1 在 0～10 cm 土层土壤可溶盐含量最高为 6.15 g/kg,比其他处理分别高 32.26%、71.79%、88.65%。在 10～20 cm 土层中,各处理表现为处理1>处理2>处理3>处理4。处理1 的土壤可溶盐含量最高为 4.45 g/kg,比其他处理分别高30.12%、35.67%、41.72%,处理2 与处理3 未达显著水平,其余各处理间均达到显著水平,且各处理 0～10 cm 土层土壤可溶盐含量均高于 10～20 cm 土层。

表2　不同肥料处理盐碱地可溶盐含量　　　　　　　g/kg

处理	土层/cm	
	0～10	10～20
1	6.15^a	4.45^a
2	4.65^b	3.42^b
3	3.58^c	3.28^b
4	3.26^c	3.14^c

注:同列不同小写字母表示不同处理在5%水平上差异显著。

2.3　不同肥料处理盐碱地 ESP 的变化

0～10 cm 土层各处理土壤碱化度表现为处理1>处理3>处理2>处理4(表3),处理2与处理3 之间未达显著水平,其余各处理间均达显著水平,处理1 在 0～10 cm 土层土壤碱化度最高为49.22%,比其他处理分别高35.82%、39.40%、56.50%。在 10～20 cm 土层中,各处理表现为处理1>处理2>处理3>处理4。处理1 的土壤碱化度最高为54.34%,比其他处理分别高 4.16%、33.64%、40.89% 各处理 0～10 cm 土层土壤碱化度均低于 10～20 cm 土层。

表3　不同肥料处理盐碱地 ESP　　　　　　　　　　%

处理	土层/cm	
	0～10	10～20
1	49.22^a	54.34^a
2	35.31^b	52.17^b
3	36.24^b	40.66^c
4	31.45^c	38.57^d

注:同列不同小写字母表示不同处理在5%水平上差异显著。

2.4　不同肥料处理盐碱地阴离子和阳离子含量的变化

阳离子0～10 cm 土层各处理 K^+ 含量表现为处理1>处理2>处理3=处理4(表4),仅处理1 与其他处理间达显著水平,其他各处理间未达显著水平,处理1 在 0～10 cm 土层 K^+ 含量最高为 0.25 g/kg,比其余各处理分别高 127.27%、136.36%、136.36%。在 10～20 cm 土层中,各处理表现为处理2>处理3>处理1=处理4。处理2 的 K^+ 含量最高为 0.17 g/kg,比其他处理分别高 6.25%、13.33%、13.33%,但各处理间均未达到显著水平。处理1 在 0～10 cm 土层 K^+ 含量高于 10～20 cm 土层,其余各处理 0～10 cm 土层 K^+ 含量均低于 10～20 cm 土层。0～10 cm 土层各处理 Na^+ 含量表现为处理1>处理2>处理3>处理4,除处理2 与处理3 之间未达显著水平,其他各处理间均达显著水平,处理1 在 0～10 cm 土层 Na^+ 含量最高为 0.68 g/kg,比其余各处理分别高 54.54%、61.90%、88.89%。

在 10~20 cm 土层中,各处理表现为处理 1>处理 2 =处理 4>处理 3。处理 1 的 Na$^+$含量最高为 0.70 g/kg,比其他处理分别高 16.67%、16.67%、20.69%,仅处理 1 与其他处理间达显著水平,其他各处理间未达显著水平,各处理在 0~10 cm 土层 Na$^+$含量均低于 10~20 cm 土层。

在 0~10 cm 土层各处理 Ca^{2+}含量表现为处理 1>处理 2>处理 3 =处理 4,其他各处理间均达显著水平,处理 1 在 0~10 cm 土层 Ca^{2+}含量最高为 0.82 g/kg,显著高于其他处理。在 10~20 cm 土层中,各处理 Ca^{2+}含量表现为处理 1>处理 2 =处理 3 =处理 4。处理 1 的 Ca^{2+}含量最高为 0.44 g/kg,显著高于其他处理。仅处理 1 与其他处理间达显著水平,其他各处理间未达显著水平,处理 1 和处理 2 在 0~10 cm 土层 Ca^{2+}含量均高于 10~20 cm 土层,处理 3 和处理 4 在 0~10 cm 土层 Ca^{2+}含量均低于 10~20 cm 土层。0~10 cm 土层各处理 Mg^{2+}含量表现为处理 1>处理 2 =处理 3 =处理 4,仅处理 1 与其他处理间达显著水平,其他各处理间未达显著水平,处理 1 在 0~10 cm 土层 Mg^{2+}含量最高为 0.48 g/kg,显著高于其他处理。在 10~20 cm 土层中。处理 2 的 Mg^{2+}含量最高为 0.20 g/kg,显著高于其他处理。除处理 2 与处理 3 间未达显著水平,其他各处理间均达显著水平,除处理 1 和处理 4 外,其余各处理在 0~10 cm 土层 Mg^{2+}含量均低于 10~20 cm 土层。

表 4　不同肥料处理盐碱地阴离子和阳离子含量　　　　　　　　　　g/kg

项目	土层/cm	处理 1	处理 2	处理 3	处理 4
K$^+$	0~10	0.25^a	0.11^b	0.10^b	0.10^b
	10~20	0.15^a	0.17^a	0.16^a	0.15^a
Na$^+$	0~10	0.68^a	0.44^b	0.42^b	0.36^c
	10~20	0.70^a	0.60^b	0.58^b	0.60^b
Ca$^+$	0~10	0.82^a	0.12^b	0.07^b	0.07^c
	10~20	0.44^a	0.09^b	0.09^b	0.09^b
Mg$^+$	0~10	0.48^a	0.08^b	0.08^b	0.08^b
	10~20	0.20^a	0.13^b	0.10^b	0.07^c
CO$_3^{2-}$	0~10	0.12^a	0.02^b	0.02^b	0.01^b
	10~20	0.08^a	0.04^b	0.02^c	0.02^c
HCO$_3^-$	0~10	0.04^a	0.06^a	0.05^a	0.04^a
	10~20	0.03^c	0.08^a	0.05^b	0.05^b
Cl$^-$	0~10	0.04^b	0.08^a	0.07^a	0.03^b
	10~20	0.14^a	0.06^b	0.03^c	0.04^{bc}
SO$_4^{2-}$	0~10	0.07^a	0.01^b	0.01^b	0.01^b
	10~20	0.10^a	0.08^b	0.07^b	0.07^b

注:同行不同小写字母表示不同处理在 5% 水平上差异显著。

阴离子 0~10 cm 土层 CO$_3^{2-}$含量表现为处理 1 最高,为 0.12 g/kg,处理 2 与处理 3 未达显著水平,其余各处理间均达显著水平。0~10 cm 土层各处理 HCO$_3^-$含量差异不大,在 0.04 ~ 0.06 g/kg, 处理 1 和处理 4 含量略低于其余各处理, 但各处理间未达显著水平。Cl⁻含量 0 ~ 10 cm 土层表现为处理 2 > 处理 3 > 处理 1 > 处理 4, 其中处理 2 与处理 3 之间未达显著水平, 处理 1 与处理 4 之间未达显著水平, 其余各处理间均达显著水平。SO_4^{2-} 在 0 ~ 10 cm 土层含量最高为 0.07 g/kg, 仅处理 1 与各处理间达显著水平, 其他各处理间未达显著水平。

在 10 ~ 20 cm 土层中, 除处理 1、处理 3 外, 其余各处理 CO_3^{2-} 含量均高于 0 ~ 10 cm 土层, 处理 1 最高为 0.08 g/kg, 处理 3 与处理 4 未达显著水平, 其余各处理间均达显著水平。HCO_3^- 含量表现为处理 2 最高为 0.08 g/kg, 其次为处理 3 和处理 4, 处理 1 最低, 除处理 3 和处理 4 之间未达显著差异外, 其余各处理均达到显著差异水平。处理 1 的 Cl⁻含量最高为 0.14 g/kg, 处理 1 与其他处理之间达显著水平, 处理 2 与处理 3 之间达显著水平, 其余处理间未达显著水平。SO_4^{2-} 含量表现为处理 1 > 处理 2 > 处理 3 = 处理 4, 除处理 1 与各处理间达显著差异水平外, 其余各处理未达显著差异水平。

2.5 不同肥料处理盐碱地有机质及速效养分含量的变化

0 ~ 10 cm 土层各处理土壤有机质含量差异达到显著水平(表 5), 各处理表现为处理 1 < 处理 2 < 处理 3 < 处理 4, 处理 4 0 ~ 10 cm 土层有机质含量最高为 19.30 g/kg。在 10 ~ 20 cm 土层中, 各处理表现为处理 1 < 处理 2 < 处理 3 < 处理 4, 且处理间达显著水平。在各土层中, 碱解氮、速效磷、速效钾的含量均为处理 4 最高, 处理 3 次之, 处理 2 再次, 处理 1 最低。处理 2 与处理 3 的碱解氮含量在各土层中均未达显著水平, 其余各处理达到显著水平。10 ~ 20 cm 土层, 处理 2 与处理 3 的速效磷、速效钾含量均未达显著差异, 其余各处理均达到显著差异水平。

表 5 不同肥料处理盐碱地有机质及速效养分的含量

项目	土层/cm	处理 1	处理 2	处理 3	处理 4
有机质/(g·kg⁻¹)	0 ~ 10	14.62ᵈ	17.68ᶜ	18.36ᵇ	19.30ᵃ
	10 ~ 20	11.10ᵈ	12.44ᶜ	15.26ᵇ	17.52ᵃ
碱解氮/(mg·kg⁻¹)	0 ~ 10	34.32ᶜ	37.91ᵇ	38.84ᵇ	41.74ᵃ
	10 ~ 20	16.33ᶜ	18.08ᵇ	18.67ᵇ	19.74ᵃ
速效磷/(mg·kg⁻¹)	0 ~ 10	12.60ᵈ	13.66ᶜ	14.29ᵇ	15.70ᵃ
	10 ~ 20	10.25ᶜ	11.33ᵇ	11.78ᵇ	12.40ᵃ
速效钾/(mg·kg⁻¹)	0 ~ 10	93.25ᵈ	103.33ᶜ	108.21ᵇ	110.63ᵃ
	10 ~ 20	110.36ᶜ	120.27ᵇ	120.57ᵇ	137.37ᵃ

注:表中同行不同小写字母表示不同处理在 5% 水平上差异显著。

3 讨论与结论

经检测, 试验区裸地土壤可交换性钠的比率为 19.2%, 土壤溶液电导率大于 4, 且土壤溶液 pH 大于 8.5, 根据我国盐碱土划分标准属于中度次生盐渍化土地, 与其沙性母质和降水有关,也与当地农牧民放牧和种植习惯有关,针对该类型土壤,我国多采用种植耐盐碱植物进行改良,并取得了一定的效果[15-16]。本试验采用新型复合肥料,在降低土壤盐碱含量的同时,改善土壤结构,培肥地力。西辽河流域盐碱地碱化度都高,大多表现为阳离子以 Na^+ 和 K^+ 为主,阴离子以 CO_3^{2-} 和 HCO_3^- 居多[17]。本试验中裸地的 pH 高于其他处理,这说明耕翻并种植耐盐碱作物可有效降低 pH。施用生物菌肥的效果优于施用炭基肥和传统施肥方式,炭基肥在降低土壤 pH 方面与传统耕作相比未达显著水平,这可能是由于施用量和施用年限的限制,随着生物炭基肥施用量和施用年限的增加对土壤 pH 的改变还有待进一步研究。施用生物菌肥提高了土壤肥力,增加了微生物含量,微生物分解有机质产生的有机酸中和土壤中 HCO_3^- 水解产生的 OH^-,降低了土壤 pH。土壤盐分富集于土壤表层,施用生物菌肥在降低土壤盐分含量的效果上表现最好,其次是施用炭基肥,再次是常规施肥。盐碱地上生长的植物可带走部分盐分,植物根系的伸展可以穿透土壤碱化层,达到疏松碱化层的目的,这利于土壤通气透水,再加上自然降雨的淋洗,可使土壤可溶盐含量有效降低。土壤的碱化度用 Na^+ 的饱和度来表示,它是指土壤胶体上吸附的交换性 Na^+ 占阳离子交换量的百分率。当碱化度达到一定程度时,土壤的理化性质会发生一系列的变化,土壤 pH 为 8.5 ~ 10.0,土粒分散,湿时泥泞,不透气,不透水,干时硬结,耕性极差,施用生物菌肥,微生物分解有机质产生的有机酸使土壤吸附的钙得到活化,加强了对土壤吸附性钠的置换作用,从而脱盐脱碱[18-19]。其特有的有益菌和保水颗粒可改善土壤结构,利于土壤团聚体形成,使土壤通气透水,利于盐分的排出。在阴阳离子含量上,相比于传统施肥方式,施用生物菌肥和炭基肥可有效降低 0 ~ 10 cm 土层 Na^+ 和 Ca^{2+} 的含量,降低 10 ~ 20 cm 土层 Cl^- 和 HCO_3^- 的含量。这可能是肥料中所含硫酸钙中的钙离子代替钠离子,使碱土成为含硫酸钠的盐土,再经过灌溉和降雨的淋洗而得到改良。表 4 中裸地 0 ~ 10 cm 土层 CO_3^{2-} 含量较高,这可能是由于裸地土质黏重,不通水透气,地面上没有作物生长,CO_3^{2-} 水解的正反应受到抑制,从而使 CO_3^{2-} 增多,土壤 pH 增大。经过耕翻的各处理 HCO_3^- 有所下降,这说明土壤经过耕种,土层疏松,通水透气,可降低土壤 pH。影响土壤中碱解氮、速效磷、速效钾含量的因素非常复杂,有成土母质、施肥、植物的选择性吸收、土壤的酸碱性、养分的移动性、土壤的通气性等因素[20]。施用生物菌肥和炭基肥有改善土壤孔隙度、容重等物理性质和含水量的功能,同时可增加土壤速效氮、磷和钾,使土壤的化学性质均得到一定程度的改善,环境向着良性发展。裸地的肥力较其余施肥方式低得多,常规施肥除有机质外,其他养分均普遍高于施用生物菌肥和炭基肥,这种养分状况是人为因素导致的。本试验综合了 3 年的试验数据得出结论,对于作物地上部带走的盐分及阴阳离子的类型和含量、作物根系对土壤碱化层的改善状况,以及降雨量的多少对盐碱地的淋洗情况还有待进一步研究。综合多年的试验数据得出,施用生物菌肥对降低轻度盐碱化的土壤盐分含量、改善土壤碱化状况、提高土壤肥力方面均有一定效果,值得推广应用。

参 考 文 献

[1]张建锋.盐碱地生态修复原理与技术[M].北京:中国林业出版社,2008.
[2]范富,张庆国,邬继承,等.通辽市盐碱地形成及类型划分[J].内蒙古民族大学学报

（自然科学版）,2009,24(4):409-413.

[3]石元春.盐碱土改良:诊断、管理、改良[M].北京:北京农业出版社,1996.

[4]逢焕成,李玉义,严慧峻,等.微生物菌剂对盐碱土理化和生物性状影响的研究[J].农业环境科学学报,2009,28(5):951-955.

[5]刘艳,李波,孙文涛,等.生物有机肥对盐碱地春玉米生理特性及产量的影响[J].作物杂志,2017(2):98-103.

[6]卢培娜,刘景辉,赵宝平,等.菌肥对盐碱地土壤特性及燕麦根系分泌物的影响[J].作物杂志,2017(5):85-92.

[7]王婧,逢焕成,李玉义,等.微生物菌肥对盐渍土壤微生物区系和食葵产量的影响[J].农业环境科学学报,2012,31(11):2186-2191.

[8]王睿彤,孙景宽,陆兆华.土壤改良剂对黄河三角洲滨海盐碱土生化特性的影响[J].生态学报,2017,37(2):425-431.

[9]肖克飚,吴普特,雷金银,等.不同类型耐盐植物对盐碱土生物改良研究[J].农业环境科学学报,2013,31(12):2433-2440.

[10]武春霞,吴海燕,朱文碧,等.盐生植物在不同盐碱土壤中的生理反应及耐盐性[J].安徽农业科学,2008,36(20):8450-8452.

[11]李超峰,葛宝明,姜森颢,等.碱蓬对盐碱及污染土壤生物修复的研究进展[J].土壤通报,2014,45(4):1014-1019.

[12]李晓宇,穆春生.盐碱胁迫及外源植物激素对小麦和羊草生长发育的影响[J].草地学报,2007(2):257-260.

[13]王晨,陈吉宝,庞振凌,等.甜高粱对混合盐碱胁迫的响应及耐盐碱种质鉴定[J].作物杂志,2016(1):56-61.

[14]鲍士旦.土壤农化分析[M].3版.北京:中国农业出版社,2000.

[15]全国土壤普查办公室.中国土壤[M].北京:中国农业出版社,1998.

[16]龚子同.中国土壤系统分类[M].北京:科学出版社,1999.

[17]范富,张庆国,侯迷红,等.玉米秸秆隔离层对西辽河流域盐碱土碱化特征及养分状况的影响[J].水土保持学报,2013,27(3):131-137.

[18]谢承陶,严慧峻,许建新.有机肥改良盐碱土试验研究[J].土壤通报,1987,18(3):97-99.

[19]郭继勋,张宝田,温明章.盐碱化草地的物理及化学方法改良[J].农业与技术,1994(3):9-13.

[20]王军,顿耀龙,郭义强,等.松嫩平原西部土地整理对盐渍化土壤的改良效果[J].农业工程学报,2014,30(18):266-275.

高粱茎秆性状及倒伏系数的研究

崔凤娟,王振国,李　岩,邓志兰,呼瑞梅,李　默,徐庆全,于春国

（通辽市农业科学研究院,内蒙古 通辽 028015）

摘要:通过对高粱茎秆抗倒伏性状(株高、茎粗、地上部重、根重、重心高度、抗折力及茎秆机械强度)的测定,提出高粱倒伏系数评价方法,通过相关分析及通径分析,得出抗折力与倒伏系数呈极显著负相关,抗折力和地上部重对倒伏系数影响最大,地上部重通过抗折力对倒伏系数的间接作用最大。研究结果表明,利用倒伏系数来评价高粱的抗倒伏能力是可行的。生产中应该选用茎秆抗折力大、粗壮、根系发达的品种。

关键词:高粱;抗折力;倒伏系数;通径分析

倒伏是高粱生产中普遍存在的问题,是高粱减产的重要原因,不仅造成收获困难,而且影响籽粒品质。在高粱育种中,提高茎秆抗倒性是一个重要目标[1-3]。高粱倒伏的原因除品种自身因素外,还与其生长环境、不同年份、病害、虫害等因素密切相关。在通辽地区,高粱倒伏多发生在灌浆末期至成熟期,此时植株茎秆基部承重增加,恰遇该地区大风多风期,倒伏现象时有发生。孙守钧等[4]在高粱抗倒伏机理方面进行研究,提出了倒伏指数的概念。蒲定福等[5]从茎倒伏和根倒伏两方面提出了倒伏系数概念,但该测定方法在高粱上的应用鲜见报道。本研究旨在对高粱抗倒伏性评价方法进行进一步研究,对影响高粱倒伏的植株高度、地上部重、茎秆机械强度和根重等因素进行综合分析,以期为高粱高产、抗倒伏品种的选育提供参考。

1　材料与方法

试验于 2012 年在内蒙古通辽市农业科学研究院作物研究所试验基地进行,于 5 月 4 日播种,9 月 15 日收获,土壤肥力中上等。试验材料均为当地主栽品种通杂 108 和哲杂 27,由通辽市农业科学研究院作物研究所提供。小区面积为 18 m²(3 m×6 m),3 次重复,共 6 个小区。整个生育期内病虫草害防治同一般大田生产。在成熟期,每个小区随机取样 4 株,测定指标分别为株高、茎粗、重心高度、地上部重、根重、茎秆基部第 2 节长度、第 2 节抗折力、茎秆机械强度、倒伏系数。每个指标均为 12 个样本的平均数。测定方法如下:

①株高:根部以上至穗顶的高度。

②茎粗:于成熟期用游标卡尺测茎基部第 1 节间中部。

③重心高度(H):从茎秆基部至茎秆基部与穗顶之间的平衡支点的距离。

④地上部重(G):茎秆基部以上带叶片的鲜重。

⑤根重(W):样本地下 0~40 cm 总根量洗净泥沙后的烘干重。

⑥抗折力(S):将样本基部第 2 节去叶鞘,置于两张实验台之间,在节间中部挂一沙

袋,缓缓注入细沙,直至茎秆折断时,记录沙和沙袋的质量。

⑦茎秆机械强度(M):茎秆第 2 节承受的最大力矩,用抗折力与第 2 节 1/2 长度的乘积表示。

⑧倒伏系数(LC):LC = $H \cdot G/(W \cdot M)$。

倒伏系数越大,表示抗倒伏的能力越弱;反之,倒伏系数越小,表示抗倒伏的能力越强,越不容易发生倒伏[6-7]。

数据统计分析采用 Excel 2007 和 SPSS 18.0 完成。

2 结果与分析

2.1 高粱形态特征及倒伏系数分析

高粱抗倒伏性直接取决于茎秆的机械强度和稳定性,茎秆机械强度的综合体现是硬性和弹性。在致倒力作用下,茎秆基部节间所承受的压力最大,所以基部第 2 节间所承受的最大力矩用以表示茎秆机械强度。由表 1 可以看出,通杂 108 在株高、重心高度上明显低于哲杂 27,茎粗和第 2 节长度却明显高于哲杂 27。从形态上,通杂 108 比哲杂 27 低矮粗壮,但两品种间的倒伏系数却没有明显的差异,说明倒伏系数不仅取决于植株形态特征,还有许多其他方面的影响因素,如茎秆抗折力、内部组织结构、组成成分等,还有待于进一步研究。

表 1 高粱形态特征及倒伏系数

材料	株高 /cm	茎粗 /cm	重心高度 /cm	第 2 节长度	倒伏系数
	136.00	2.38	61.33	6.56	0.038
	134.00	2.19	66.33	6.92	0.067
	143.33	2.58	65.33	6.70	0.015
	142.00	2.10	62.67	7.57	0.057
	145.33	2.49	66.00	7.65	0.095
通杂 108	144.33	2.05	67.67	6.70	0.070
	135.67	2.32	64.00	5.97	0.061
	141.33	2.35	63.00	6.02	0.072
	141.67	1.37	67.33	6.60	0.038
	142.33	2.45	80.67	6.38	0.096
	139.67	2.19	66.00	6.48	0.076
	141.33	2.33	66.67	5.63	0.092

材料	株高 /cm	茎粗 /cm	重心高度 /cm	第2节长度	倒伏系数
哲杂27	187.00	1.77	75.23	6.75	0.050
	172.33	1.60	85.33	7.83	0.056
	172.33	1.87	94.00	6.48	0.049
	175.33	1.48	90.00	6.34	0.079
	180.67	1.50	77.67	6.53	0.061
	174.67	1.60	99.67	6.89	0.076
	202.00	1.50	91.33	5.66	0.045
	199.00	1.60	83.00	6.01	0.050
	204.33	1.79	94.00	5.12	0.025
	199.67	1.50	90.33	5.95	0.071
	195.67	1.58	97.00	5.64	0.069
	192.33	1.40	96.00	5.80	0.089

2.2 高粱倒伏构成因素及倒伏系数的相关分析

由表2可知,抗折力与倒伏系数相关程度最高,相关系数为-0.891,达极显著相关水平,地上部重、重心高度、根重及机械强度与倒伏系数的相关系数分别为0.844、-0.062、0.856、-0.351,其中地上部重、根重与倒伏系数的相关性达极显著水平,重心高度、机械强度与倒伏系数未达显著水平,说明增加地上部重及根重,提高茎秆抗折力是增强植株抗倒伏能力的重要因素。重心高度、抗折力与机械强度的相关性均达到极显著水平,说明降低重心高度,提高茎秆抗折力,茎秆的机械强度就会增强。地上部重与根重达极显著相关水平,地上部重、根重与抗折力的相关系数分别为-0.687、-0.804,说明根重的增加促进了地上部重的增加,从而增强了植株的抗折力,抗倒伏能力也随之增强。

表2 抗倒性状的相关系数

指标	1	2	3	4	5	y
x_1	1					
x_2	-0.154	1	1			
x_3	-0.633^{**}	-0.100	-0.804^{**}			
x_4	-0.687^{**}	0.174	-0.390	0.530^{**}		
x_5	0.343	0.747^{**}	0.856^{**}	-0.891^{**}	-0.351	1
y	0.844^{**}	-0.062				

注:x_1表示地上部重,x_2表示重心高度,x_3表示根重,x_4表示抗折力,x_5表示机械强度,y表示倒伏系数,*表示0.05的差异显著水平,**表示0.01的差异显著水平,下同。

2.3 高粱倒伏系数与其构成因素的通径分析

表 3 表明当自变量被逐步引入回归方程时,其相关系数 R 和决定系数 R^2 也在逐渐增大,这说明引入自变量对倒伏系数有逐渐增强的作用。其中,决定系数 $R^2 = 0.942$,剩余因子 $e = \sqrt{1 - R^2} = 0.240\ 83$,该值较大,说明对倒伏系数有影响的自变量不仅有以上 4 个方面,还有一些影响较大的因素没有考虑到,对倒伏系数影响因素的全面分析有待于进一步研究。

表 3 回归分析模型概述输出结果

模型	R	R^2	调整 R^2	标准估计的误差
1	0.891[a]	0.795	0.785	0.009 858
2	0.946[b]	0.896	0.886	0.007 190
3	0.963[c]	0.928	0.917	0.006 135
4	0.971[d]	0.942	0.930	0.005 627

注:a—预测变量,常量,x_4;b—预测变量,常量,x_4、x_1;c—预测变量,常量,x_4、x_1、x_3;d—预测变量,常量,x_4、x_1、x_3、x_5。

由表 4 给出的偏回归系数、通径系数、方程截距、标准误差及显著性检验结果,得到线性回归方程为 $y = -0.018 + 0.034x_1 + 0.196x_3 - 0.005x_4 + 0.001x_5$。由通径系数可以看出自变量 x_1、x_3、x_4、x_5 对 y 的直接作用分别是:$P_1y = 0.387$、$P_3y = 0.292$、$P_4y = -0.466$、$P_5y = 0.143$。显著性检验结果表明,x_1、x_3、x_4、x_5 的偏回归系数的显著性均小于 0.05,说明自变量与因变量之间存在显著性差异。

表 4 回归系数输出结果

模型	非标准化系数		标准系数	t	Sig.
	B	标准误差			
常量	0.018	0.016		1.078	0.295
1	0.034	0.007	0.387	5.012	0.000
3	0.196	0.064	0.292	3.089	0.006
4	-0.005	0.001	-0.466	-4.295	0.000
5	0.001	0.000	0.143	2.184	0.042

由表 5 可知,4 个自变量对倒伏系数 y 的直接影响中,抗折力 x_4 的直接作用最大,地上部重 x_1 次之,根重 x_3 再次,机械强度 x_5 的直接作用最小。通过分析各个间接通径系数发现,地上部重通过抗折力对倒伏系数 y 的间接作用最大,其间接通径系数为 0.320,通过根重对倒伏系数 y 的间接作用次之,其间接通径系数为 0.185,虽然地上部重通过机械强度对倒伏系数 y 产生一定负值的间接作用,其间接通径系数为 -0.049,但是由于地上部对倒伏系数 y 的直接通径系数和地上部重通过根重和抗折力对倒伏系数 y 的间接通径系数的值较大,从而使地上部重对倒伏系数 y 的影响较大,二者的简单相关系数达到 0.844。根重对倒伏系数 y 的简单相关系数为 0.633,根重通过抗折力、地上部重对倒伏

系数 y 的间接作用较大，其间接通径系数分别为 0.375、0.245，而根重通过机械强度对倒伏系数 y 的间接作用可忽略不计，使得根重对倒伏系数 y 的影响也较大。抗折力与倒伏系数 y 呈极显著负相关，且抗折力对倒伏系数 y 的直接作用最大，直接通径系数为 -0.466，说明抗折力通过地上部重、根重、机械强度的间接通径作用，使抗折力与倒伏系数 y 的相关系数达极显著水平，抗折力越大，其倒伏系数越小。机械强度对倒伏系数 y 的直接通径系数较小，其直接通径系数为 0.143，且相关系数未达到显著水平，说明机械强度对倒伏系数 y 不起决定性作用，可不必过多考虑。

表5　倒伏系数及构成因素的通径系数

自变量	与 y 的简单相关系数	通径系数直接作用	间接通径系数（间接作用）			
			1	3	4	5
1	0.844	0.387	—	0.185	0.320	−0.049
3	0.633	0.292	0.245	—	0.375	−0.056
4	−0.687	−0.466	−0.266	−0.235	—	0.076
5	−0.343	0.143	−0.133	−0.114	−0.247	—

3　小结

本试验通过对高粱植株形态、地上部重、重心高度、根重、抗折力、茎秆机械强度 5 项指标进行测定和分析，结果表明，不同品种间的倒伏系数不仅取决于植株形态特征，还取决于植株茎秆的抗折力、机械强度、内部组织结构、组成成分等因素。茎秆抗折力对高粱倒伏的影响最大，达极显著相关水平；其次为地上部重、根重、机械强度，其中地上部重和根重与倒伏系数达到极显著相关水平，抗折力与倒伏系数达到极显著负相关水平。对倒伏构成因素及倒伏系数的回归分析中，得线性回归方程 $y = -0.018 + 0.034x_1 + 0.196x_3 - 0.005x_4 + 0.001x_5$（$x_1$ 表示地上部重，x_3 表示根重，x_4 表示抗折力，x_5 表示机械强度）。对倒伏系数的通径分析中，抗折力的直接作用最大，地上部重次之，根重再次，机械强度的直接作用最小。地上部重通过抗折力对倒伏系数 y 的间接作用最大。抗折力通过地上部重、根重、机械强度的间接通径作用，使抗折力与倒伏系数的相关系数达极显著水平。因此，应该选用茎秆抗折力大、茎秆粗壮、根系发达、机械强度大的品种应用于生产中，以防止或减少高粱倒伏的发生[8]。

参 考 文 献

[1]刘鑫,谢瑞芝,牛兴奎,等.种植密度对东北地区不同年代玉米生产主推品种抗倒伏性能的影响[J].作物杂志,2012(5):15-20.

[2]王海凤,新楠,吴仙花,等.高粱育种的现状、问题与对策[J].作物杂志,2013(2):70-74.

[3]赵威军,张福耀,常玉卉,等.甜高粱品系的抗倒伏性评价及相关分析[J].植物遗传资源学报,2013(1):56-60.

[4]孙守钧,曹秀云,候秀英,等.高粱抗倒机理的研究[J].辽宁农业科学,1999(1):1-4.

[5]蒲定福,李邦发,周俊儒,等.小麦抗倒性评价方法研究初报[J].绵阳经济技术高等专科学校学报,1999(2):1-4.

[6]王莹,杜建林.大麦根倒伏抗性评价方法及其倒伏系数的通径分析[J].作物学报,2001,27(6):941-945.

[7]杨长明,杨林章,颜廷梅,等.不同养分和水分管理模式对水稻抗倒伏能力的影响[J].应用生态学报,2004,15(4):646-650.

[8]郭玉明,袁红梅,阴妍,等.茎秆作物抗倒伏生物力学评价研究及关联分析[J].农业工程学报,2007,23(7):16-19.

高粱杂交制种技术

张桂华,白乙拉图

(通辽市农业科学研究院,内蒙古 通辽 028015)

高粱制种区生产的杂交种,要达到国家规定大田用种二级以上标准种子,即室内检验净度98%以上,纯度93%以上,发芽率不低于80%,含水量不高于14%。

1 隔离区设置及选地要求

1.1 隔离区设置

制杂交种必须建立隔离区,严防非父本高粱花粉飞入串粉,空间隔离要求300 m以上。制种区的地形力求接近方形或长方形并连片,有利于授粉。

1.2 选地要求

土质肥沃、疏松,地力均匀,有井浇条件,排灌方便,制种区的地形力求接近方形或长方形并连片,有利于授粉。尽量避免重茬、地势低洼、土质黏重的盐碱地、涝洼地、贪青恋秋的土地。

2 把好播种质量关

播种时严防父本、母本混杂,父本、母本种子要有标签标明名称,播种工具不能相互混用;如果混用必须清理干净后才能使用,以保持种纯度。当地温稳定在10 ℃左右时即可播种,时间为5月5日前,每块制种田力求在2~3 d内播完。播种作业力求精细,深开沟、浅覆土,均匀播种,踩好底格子,覆土不宜过厚,一般压实后3~4 cm为宜。施底肥二铵187.5~225.0 kg/hm²,毒谷22.5~30.0 kg/hm²,播后及时镇压,力争一次播种抓全苗。播种时父本、母本行一定按规定比例种植,一旦发现播错应及时做标记。

3 田间管理

3.1 查田补苗

出苗时要及时查看苗情,如果发现缺苗断条时,父本行补种同一父本种子,母本行4~6叶时,坐水移栽同母本行幼苗,严防父本、母本行混栽。

3.2　生育期间田间管理

一次播种抓全苗,达到苗匀、苗齐、苗壮。做到早间苗、早定苗,3～4叶疏苗,8叶结合去杂清苗,此期间要做到"三铲两趟一耪"。在拔节期追施尿素225～300 kg/hm²,追肥后结合中耕培土及时浇拔节水,以达到肥水相融增产的目的。此外,要预防病虫害发生。

4　去杂去劣方法

制种田去杂必须树立"严字当头,质量第一"的思想。去杂在苗期、拔节期、抽穗期、开花期、收割、脱粒等不同时期不间断进行。前期要重视父本行去杂,凡不符合亲本典型性状的异常植株,均在植株开花前期拔除干净。去杂时间为每天05:00—06:00,露水下去之前完成当天去杂任务,去掉的杂株要顺垄沟放,坚持每天按时去杂,要求风雨不误,直到没有杂穗散粉为止。

5　加强人工授粉工作

为提高授粉结实率,增加单位面积制种产量,多次人工辅助授粉是一项有效增产措施。在开花盛期,应将父本茎秆向母本行稍微倾斜,用手轻敲父本茎秆,使花粉飞散,落在母本穗上,也可以用拉绳法和拉杆法人工辅助授粉。24 h内授粉时间:晴天在09:00—10:00进行,阴天可以延迟到10:00—11:00进行,早晨露水较大时可适当延迟,待穗上没有露水时再授粉。

6　收割及脱粒

制种田的种子进入蜡熟后期就可以收割了,如果收割太晚,米粒过饱满,呈老红色,会降低芽率或受霜冻。收获时严防割错,先割母本后割父本,收母本时要站秆掐穗,放小薄铺晾晒,父本顺垄放,待母本穗用手摸没有潮气时,才能捆好码堆。拉运入场时应堆小垛,要求宽1.5 m,3个头宽,平行垛起,互不搭接,垛高1.7 m,长条垛。父本、母本垛要挂上标签,避免搞错。当种子水分含量降到14%时可以脱粒,脱粒的场院要彻底清扫。脱完粒后定量包装,放好内外标签。

高粱杂交种通杂 108 选育及栽培技术要点

李　默,石春焱,李　岩,呼瑞梅,邓志兰,周福荣

（通辽市农业科学研究院作物研究所,内蒙古 通辽 028015）

摘要:通杂 108 由通辽市农业科学研究院以自选不育系哲 18A 为母本,自选恢复系哲恢 58 为父本杂交选育而成,该品种通过了国家高粱品种鉴定委员会的鉴定,在各级试验及近 2 年大量生产应用中均表明该品种具有高产、稳定、抗病、抗旱、适应性广等特点。

关键词:高粱杂交种;通杂 108;品种选育;栽培技术

高粱杂交种通杂 108 由通辽市农业科学研究院作物研究中心选育而成,通辽市农业科学研究院已有 50 多年的高粱遗传育种研究历史,历史上曾育成内杂 5 等一系列较有影响的高粱杂品种。通杂 108 是 2008 年审定的目前大面积推广的品种。

1　选育方法与选育经过

1.1　选育方法

通杂 108 是应用高粱杂种优势遗传基础理论,以不育系、保持系、恢复系三系配套,利用杂交 F_1 代选育出的杂交种。

1.2　选育经过

通杂 108 是内蒙古通辽市农业科学研究院作物研究所以哲 18A 为母本,哲恢 58 为父本于 2002 年杂交组配选育而成的,在 2003 年通辽市农业科学研究院内杂交种鉴定中产量和各种性状表现突出,2003 年冬季在海南省进行大量手配杂交,2004—2005 年参加通辽市农业科学研究院内高级产量比较试验,产量和其他性状优良、稳定,2005 年进行了小隔离区制种,2006—2007 年参加国家高粱春播早熟组区域试验,于 2007 年参加国家高粱生产试验,同时在通辽市农业科学研究院进行新品种展示示范,并在通辽各地区进行布点示范种植,该杂交种表现高产、稳产、抗逆性强、适应性广等优点,深受周边农民欢迎。于 2008 年初被国家区域试验和省级试验组织部门推荐"国家高粱品种鉴定委员会"鉴定。

1.3　亲本来源

母本哲 18A 由通辽市农业科学研究院于 1999 年通过人工有性杂交（2001B×404B）后转育而成。

哲恢58由通辽市农业科学研究院通过南心红×9701R 人工有性杂交后自交选育而成。

2 特征与特性

2.1 植物学特征

通杂108幼芽鞘绿色,幼苗绿色。平均株高为153.0 cm,植株整齐,主叶脉白色,穗长为25.9 cm,中紧穗,呈长纺锤形、软壳、黑色、无芒,籽粒椭圆形、红色。穗粒重为82.6 g,千粒重为27.8 g,着壳率为7.8%,角质率为35%。适口性好。

2.2 生育期

通杂108出苗至成熟需124 d左右,全生育期需要≥10 ℃活动积温2 700 ℃左右,属中熟高粱杂交种。

2.3 抗性

芽鞘拱土力强,好抓苗,抗旱性强,抗倒伏,抗叶部病害,抗丝黑穗病,活秧成熟。

3 产量表现

通杂108产量见表1～3。

表1 2004—2005高级产量比较试验产量 kg

2004年				2005年				平均			
亩产	比CK1 ±%	比CK2 ±%	位次	亩产	比CK1 ±%	比CK2 ±%	位次	亩产	比CK1 ±%	比CK2 ±%	位次
607.5	15.7	10.2	2	640.4	27.2	14.3	1	624.0	21.5	12.3	1

表2 2006—2007国家高粱区域试验产量 kg

区域	2006年			2007年		
	亩产	比CK1 ±%	比CK2 ±%	位次	亩产	比CK1 ±%	比CK2 ±%	位次
吉林省农业科学院	485.9	11.7	-5.2	5	690.7	30.4	1.9	1
吉林农业大学	528.3	6.3	-7.9	7	505.3	21.9	6.6	7
吉林省白城市农业科学院	567.7	21.2	3.6	3	472.5	17.4	-19.1	9
黑龙江省农业科学院	653.4	14.1	2.8	5	490.4	19.0	-10.1	10

区域	2006 年				2007 年			
	亩产	比 CK1 ±%	比 CK2 ±%	位次	亩产	比 CK1 ±%	比 CK2 ±%	位次
通辽市农业科学研究院	690.0	20.8	8.2	1	669.5	23.0	4.9	2
赤峰市农牧科学研究所	401.2	2.0	−5.7	6	675.0	19.1	1.8	5
商丘市农业科学研究所					446.0	11.6	23.0	2
全国平均	554.4	13.2	−0.2	4	583.9	22.0	−2.3	7
增产点数		6	4			7	4	
减产点数		0	2			0	3	

表3 2007 年国家高粱生产试验产量   kg

区域	亩产	比 CK1±%	比 CK2±%	位次
吉林市农业科学院	618.1	28.3	−2.1	4
双辽市农业技术推广中心	501.6	31.8	9.5	2
白城市吉城种业有限公司	672.0	28.7	21.0	1
黑龙江省农业科学院	473.6	11.5	−11.5	5
通辽市农业科学研究院	720.8	21.9	1.9	2
赤峰市农牧科学研究所	681.0	24.0	5.8	2
全国平均	611.2	24.3	3.9	2
增产点数		6	4	
减产点数		0	2	

3.1 产量比较试验结果

2 年产量比较试验结果表明,通杂 108 比对照敖杂 1 表现增产,平均增产率为 21.5% ;比对照内杂 5 表现增产,平均增产率为 12.3% ;平均产量为 624.0 kg/亩。

3.2 全国区域试验结果

2 年 13 点次区域试验,通杂 108 有 13 点表现比对照敖杂 1 增产,增产率为 17.6% ;有 8 点表现比四杂 25 增产,5 点减产,增产率为-1.25% ;平均产量为 569.15 kg/亩。

3.3 生产示范

2007 年 6 点次生产示范试验结果表明,4 点增产,2 点减产,比对照敖杂 1 平均增产

24.3%;比四杂25平均增产3.9%,平均产量为611.2 kg/亩,排第2位。

4 栽培技术要点

4.1 合理轮作适时播种

宜与油料作物及其他作物实行2~3年的轮作,最好不要重茬,以免产量降低,病害加重,造成不必要的损失;在通辽地区适宜5月1—15日抢墒播种,覆土严密。

4.2 合理密植与施肥

根据2007年在通辽市农业科学研究院试验地进行的通杂108不同密度试验及高产栽培技术研究表明,通杂108最佳留苗密度为7 500株/亩左右,底肥施二铵10~15 kg/亩,拔节期追施尿素15~20 kg/亩,产量最高可达723.6 kg/亩。

密度试验表明,通杂108在种植密度略低时,单穗粒重具有较强的自我调节能力,如果在群体株数不足时,可以通过单穗粒重补救,使产量提高。

5 制种技术

5.1 杂交制种

母父本同期播种,母父本行比以5∶1为宜,每亩留苗7 500株为宜。

5.2 母本繁殖

母父本同期播种,母父本行比以5∶1为宜,每亩留苗7 500株为宜。

5.3 制种产量

在较好的栽培管理条件下产量为200~225 kg/亩。

适宜推广地区:内蒙古通辽、赤峰地区,吉林省,黑龙江南部和辽宁北部等地区适宜四杂25种植的地区均可种植。

高粱杂交种通杂 120 选育及栽培技术要点

邓志兰,王振国,李 岩,呼瑞梅,李 默,崔凤娟,周福荣

（通辽市农业科学研究院,内蒙古 通辽 028015）

摘要:通杂 120 是通辽市农业科学研究院作物研究所以自选不育系哲 20A 为母本,自选恢复系哲恢 55 为父本组配而成的高粱杂交种。生育期 128 d 左右,品种优良,籽粒白色,2011 年 5 月通过了内蒙古自治区农作物品种委员会审定。各级试验、近两年大量生产应用均表明该品种具有高产、稳产、抗病、抗旱、适应性广等特点。

关键词:高粱杂交种;通杂 120;品种选育;栽培技术

高粱杂交种通杂 120 由通辽市农业科学研究院作物研究中心选育而成,2011 年 5 月通过内蒙古自治区农作物品种委员会审定,是目前正大面积推广的品种。

1 选育方法与选育经过

1.1 选育方法

通杂 120 是应用高粱杂种优势遗传基础理论,以不育系、保持系、恢复系三系配套,利用杂交 F_1 代选育出的杂交种。

1.2 选育经过

通杂 120 是内蒙古通辽市农业科学研究院作物研究所以哲 20A 为母本,哲恢 55 为父本于 2004 年杂交组配选育而成的,在 2005 年院内杂交种鉴定中,产量和各种性状表现突出,2005 年冬季在海南省进行大量手配杂交,2006—2007 年参加院内高级产量比较试验,产量和其他性状优良而稳定,2008 年进行了小隔离区制种,2009—2010 年参加内蒙古自治区高粱春播中熟 A 组区域试验,于 2010 年参加内蒙古自治区高粱生产试验。同时在通辽市农业科学研究院进行新品种展示示范,并在通辽各地区进行布点示范种植,该杂交种表现高产、稳产、抗逆性强、适应性广等优点,深受周边农民欢迎。于 2011 年 5 月通过内蒙古自治区农作物品种委员会审定。

1.3 亲本来源

母本哲 20A 是通辽市农业科学研究院作物所于 2000 年通过人工有性杂交 V4B×404B 后转育而成;父本哲恢 55 是通辽市农业科学研究院作物所于 1999 年通过人工有性杂交 9701R×2004R 后转育而成。

2 特征与特性

2.1 植物学特征

幼芽鞘绿色,幼苗绿色。平均株高为 180.0 cm,植株整齐,主叶脉白色,穗长为 35 cm,中紧穗,呈纺锤形、软壳、粉白色、无芒,籽粒粒圆、白色。穗粒重为 130 g,千粒重为 32.0 g,着壳率为 5.5%,角质中,适口性好。

2.2 生育期

通杂 120 出苗至成熟需 128 d 左右,全生育期需要 ≥10 ℃活动积温 2 800 ℃左右,属中晚熟高粱杂交种。

2.3 抗性

芽鞘拱土力强,好抓苗,抗旱性强、抗倒伏、抗叶部病害、抗丝黑穗病,活秧成熟。

3 产量表现

3.1 内蒙古自治区区域试验结果

2009 年参加内蒙古自治区区域试验,3 个试验点平均产量为 9 253 kg/hm²,比对照内杂 5(CK1)增产 12.75%,比敖杂 1(CK2)增产 20.32%,3 个试验点均增产,无减产;2010 年参加内蒙古自治区区域试验,4 个试验点平均产量为 12 433 kg/hm²,比对照(CK)内杂 5 增产 10.2%,4 个试验点均增产,无减产,结果见表 1。

表 1 2009—2010 年内蒙古高粱区域试验产量结果

承试单位	2009 年产量/ (kg·hm⁻²)	2009 年比 CK1/%	2009 年比 CK2/%	位次	2010 年产量/ (kg·hm⁻²)	2010 年 比 CK/%	位次
通辽市农业科学研究院	9 077	22.4	32.0	1	8 659	6.0	5
赤峰市农牧科学研究所	10 376	6.0	17.0	3	12 704	6.0	5
敖汉种子管理站	8 307	9.9	12.0	11	11 231	14.0	1
通辽市厚德种业有限责任公司					11 257	10.2	1
全区平均	9 253	12.8	20.3	6	12 433	15.0	2
增产点数		3	3		4		
减产点数		0	0		0		

3.2 生产示范

2010 年参加内蒙古自治区生产试验,4 个试验点平均产量为 10 728.6 kg/hm², 比对照内杂 5(CK1)增产 15.07%,比敖杂 1(CK2)增产 18.59,4 个试验点均增产,无减产,结果见表 2。

表 2 2010 年内蒙古生产试验产量结果

承试单位	产量 /(kg·hm⁻²)	比 CK1/%	比 CK2/%	位次
通辽市农业科学研究院	9 281.55	17.35	15.74	2
赤峰市农牧科学研究所	9 612.00	6.45	7.01	2
通辽市厚德种业有限责任公司	11 545.50	21.20	37.00	2
喀喇沁种子管理站	12 475.20	15.29	14.60	1
全区平均	10 728.60	15.07	18.59	1
增产点数		4	4	
减产点数		0	0	

4 栽培技术要点

4.1 合理轮作,适时播种

宜与油料作物及其他作物实行 2～3 年的轮作,在通辽地区适宜 5 月 1—5 日抢墒播种,覆土严密。

4.2 合理密植与施肥

根据 2008 年在通辽市农业科学研究院试验区中进行的通杂 120 不同密度试验及高产栽培技术研究表明,通杂 120 最佳留苗密度为 97 500 株/hm² 左右,底肥施二铵 150～225 kg/hm²,拔节期追施尿素 225～300 kg/hm²,产量最高可达 11 256.6 kg/hm²。

密度试验表明,通杂 120 在种植密度略低时,单穗粒重具有较强的自我调节能力,如果在群体株数不足时,可以通过单穗粒重补救,以维持产量稳定。

5 制种技术

5.1 杂交制种

母父本同期播种,母父本行比以 5∶1 为宜,留苗以 97 500 株/hm² 为宜。

5.2 母本繁殖

母父本同期播种,母父本行比以 5∶1 为宜,留苗以 97 500 株/hm² 为宜。

5.3 制种产量

在较好的栽培管理条件下产量为 3 750~4 125 kg/hm²。

6 适宜推广地区

内蒙古通辽、赤峰地区,吉林省,黑龙江南部和辽宁北部等 ≥10 ℃ 活动积温 2 800 ℃ 以上的地区均可种植。

高粱杂交种通杂126选育报告

李　默,王振国,李　岩,邓志兰,徐庆全,呼瑞梅,崔凤娟,于春国

（通辽市农业科学研究院作物研究所,内蒙古 通辽 028015）

摘要:介绍高粱杂交种通杂126的选育方法与经过,总结其特征与特性、产量表现、栽培技术、制种技术,指出其适宜推广区域,为高粱杂交种通杂126的种植提供指导。

关键词:高粱;通杂126;品种选育;栽培技术

通杂126是内蒙古自治区通辽市农业科学研究院作物研究所以自选不育系哲28A为母本、自选恢复系哲75R为父本杂交选育而成的。2014年通过了国家高粱品种鉴定委员会的鉴定,鉴定编号为2014004。各级试验及近2年试验示范均表明该品种具有丰产、稳定、抗逆性强、适应性广等优点。

1　选育方法与选育经过

1.1　选育方法

通杂126是应用高粱杂种优势遗传基础理论,利用不育系、保持系、恢复系三系配套杂交F_1代选育出的杂交种。

1.2　选育经过

通杂126由内蒙古通辽市农业科学研究院作物研究所以哲28A为母本、哲75R为父本于2006年杂交选育而成,2007年院内杂交种鉴定,性状、产量表现突出,2007年冬季在海南省大量手配杂交,2008—2009年院内试验,性状、产量优良稳定,2009年小隔离区制种,2010—2012年、2013年参加国家高粱春播早熟组区域、生产试验;同年在通辽市农业科学研究院及开鲁、扎鲁特旗等地开展新品种示范。通杂126表现出抗逆性强、产量高、产量稳、适应性广等特点。2014年通过国家高粱品种鉴定委员会鉴定,鉴定编号为国品鉴粱2014004。

1.3　亲本来源

母本哲28A是通辽市农业科学研究院作物所于2000年用哲15B和吉352B人工去雄杂交后,经过南北多代回交转育而成的。哲28A的配合力高、抗性好,是非常优秀的骨干不育系[1]。

哲75R是通辽市农业科学研究院作物研究所于1999年利用忻粱52和南133进行人工有性杂交后,经过多代自交选育而成的,具有抗性好、配合力高的优点。

2   特征与特性

2.1   植物学特征

芽鞘、幼苗、主叶脉绿色。植株整齐,高约为143.0 cm,穗长约为28.0 cm,中紧穗,呈长纺锤形、软壳、黑壳红粒;穗粒重为83.0 g左右,千粒重28.0 g左右,着壳率低,角质率低。

2.2   生育期

通杂126属早熟杂交种,全生育期≥10 ℃活动积温2 400 ℃才能满足生产需要。出苗至成熟约需113 d。

2.3   抗逆性

幼苗拱土力强,叶部病害轻,抗旱、耐涝,抗倒伏,中抗丝黑穗病[2]。

3   产量表现

3.1   产量比较试验结果

2008—2009年通辽市农业科学研究院产量比较试验结果表明,通杂126平均产量为9 642.0 kg/hm²,比对照品种敖杂1、内杂5均增产,增幅分别为19.80%、11.15%。

3.2   国家高粱春播早熟区域试验结果

2010—2012年通杂126经过连续3年22个试验点次的试验,平均产量为9 108.0 kg/hm²,居第4位。与对照敖杂1相比有22个试验点表现增产,增幅为11.8%;与对照四杂25相比,有12个试验点表现增产,10个试验点表现减产,增幅为1.5%。

2012年全国平均产量为9 258.0 kg/hm²,居第6位。与对照敖杂1相比,8个试验点全部增产,增幅为14.5%;与对照四杂25相比,7个试验点增产,1个试验点减产,增幅为6.4%。

2011年全国平均产量为8 796.0 kg/hm²,居第13位。与对照敖杂1相比,7个试验点全部增产,增幅为9.1%;与对照四杂25相比,2个试验点增产,5个试验点减产,减幅为 2.5%。

2010 年全国平均产量为 9 268.5 kg/hm²,居第 9 位。与对照敖杂 1 相比,7 个试验点全部增产,增幅为 11.6%;与对照四杂 25 相比,3 个试验点增产,4 个试验点减产,增幅为 0.9%。

3.3 国家高粱春播早熟生产试验结果

2013 年 7 个试验点次生产试验结果表明:平均产量为 7 924.5 kg/hm²,居第 4 位。与对照敖杂 1 相比,6 个试验点增产,1 个试验点减产,平均增产 17.4%;与对照四杂 25 相比,4 个试验点增产,3 个试验点减产,平均增产 2.9%;与平均值相比 4 个试验点增产,3 个试验点减产,平均增产 1.1%。

4 栽培技术

4.1 适时播种

当 10 cm 耕层地温稳定在 10 ℃以上,土壤含水量在 15% ~ 20% 时播种为宜,通辽地区通常在 5 月 5—15 日抢墒播种,播种深度为 3 ~ 5 cm,覆土严密,播后镇压,播种时施用毒谷防治蝼蛄等地下害虫。

4.2 合理密植与施肥

该杂交种属于矮秆耐密品种,中等肥力地块适宜种植密度为 12.00 万株/hm² 左右,上等肥力地块适宜种植密度为 12.75 万株/hm² 左右。施用农家肥 45 t/hm² 作为底肥,二铵 225 kg/hm² 作为种肥,同时施用适量钾肥,用尿素 300 kg/hm² 进行追肥[3-4]。

4.3 灌水

全生育期遇旱灌水,在抽穗开花期或灌浆期浇丰产水。

4.4 适时收获

蜡熟末期是高粱最佳收获时期,也就是穗下部阴面籽粒刚定浆时收获,及时晾晒、脱粒,以确保籽粒达到最高产量。

5 制种技术

父母本同期播种,母父本行比为 5∶1,留苗 15 万株/hm²,栽培管理条件较好时产量为3 750 ~ 4 500 kg/hm²。

6 适宜推广区域

内蒙古通辽和赤峰,吉林中西部及黑龙江第Ⅰ积温带适宜种植该品种,注意预防丝黑穗病。

参 考 文 献

[1]杜江洪,张立媛,王显瑞,等.赤峰地区旱地高粱高产栽培技术模式[J].内蒙古农业科技,2011(5):102.
[2]刘世兴.丘陵地区杂交高粱高产栽培技术[J].现代农业科技,2011(19):113-114.
[3]邱玉春,陈凤军,吴晓辉.松嫩平原推广杂交高粱应该注意的问题[J].农业与技术,2005(2):13-25.
[4]李鸿雁,张岩,徐晓玲,等.松嫩平原推广杂交高粱应注意的问题及对策[J].种子世界,2005(2):44.

高粱杂交种通杂 126 选育报告及栽培技术要点

李　默,王振国,李　岩,邓志兰,徐庆全,呼瑞梅,崔凤娟,于春国

（通辽市农业科学研究院作物研究所,内蒙古 通辽 028015）

摘要:通杂 126 由内蒙古通辽市农业科学研究院作物研究所以自选不育系哲 28A 为母本、自选恢复系哲 75R 为父本杂交选育而成。2014 年通过了国家高粱品种鉴定委员会的鉴定,鉴定编号为 2014004。各级试验及近两年试验示范均表明该品种具有丰产、稳定、抗逆性强、适应性广等优点。

关键词:高粱;通杂 126;品种选育;栽培技术

1　选育方法与选育经过

1.1　选育方法

通杂 126 是应用高粱杂种优势遗传基础理论,利用不育系、保持系、恢复系三系配套杂交 F_1 代选育出的杂交种。

1.2　选育经过

通杂 126 是内蒙古通辽市农业科学研究院作物研究所以哲 28A 为母本、哲 75R 为父本于 2006 年杂交选育出来的,在 2007 年院内杂交种鉴定中,产量和各种性状表现突出,2007 年冬季在海南省进行大量手配杂交,2008—2009 年参加通辽市农业科学研究院内产量比较试验,产量和其他性状优良稳定,2009 年进行了小隔离区制种,2010—2012 年参加国家高粱春播早熟组区域试验,于 2013 年参加国家高粱春播早熟组生产试验;同年在通辽市农业科学研究院及开鲁、扎鲁特旗等地进行新品种展示示范。该杂交种表现高产、稳产、抗逆性强、适应性广等优点,深受周边农民欢迎。于 2013 年底完成试验程序,被国家高粱品种试验组织部门推荐"国家高粱品种鉴定委员会"鉴定,2014 年通过鉴定,鉴定编号为 2014004。

1.3　亲本来源

母本哲 28A 由通辽市农业科学研究院作物研究所于 2000 年用哲 15B 和吉 352B 进行人工去雄杂交后,经过南北多代回交转育而成。哲 28A 的配合力高、抗性好,是非常优秀的骨干不育系。

哲 75R 是通辽市农业科学研究院作物研究所于 1999 年利用忻粱 52 和南 133 进行人

工有性杂交后经过多代自交选育而成,具有抗性好、配合力高的优点。

2 特征与特性

2.1 植物学特征

通杂 126 芽鞘绿色,幼苗绿色。株高为 143.0 cm 左右,植株整齐,主叶脉绿色,穗长为 28.0 cm 左右,中紧穗,呈长纺锤形、软壳、黑壳红粒;穗粒重为 83.0 g 左右,千粒重为 28.0 g 左右,着壳率低,角质率低。

2.2 生育期

通杂 126 从出苗至成熟 113 d 左右,全生育期需要 ≥10 ℃活动积温 2 400 ℃左右,属早熟高粱杂交种。

2.3 抗性

幼苗拱土力强,叶部病害轻,抗旱、耐涝,抗倒伏,中抗丝黑穗病。

3 产量表现

3.1 产量比较试验结果

2008—2009 年通辽市农业科学研究院产量比较试验结果表明,通杂 126 平均产量为 642.8 kg/亩,比对照敖杂 1 表现增产,平均增产 19.8%;比对照内杂 5 表现增产,平均增产 11.15%。

3.2 国家高粱春播早熟区域试验结果

2010—2012 年通杂 126 经过连续 3 年 22 个试验点次的试验,平均亩产为 607.2 kg,居第 4 位。与对照敖杂 1 相比有 22 个试验点表现增产,增产 11.8%;与对照四杂 25 相比,有 12 个试验点表现增产,10 个试验点表现减产,增产 1.5%。

2012 年全国平均亩产为 617.2 kg,居第 6 位。与对照敖杂 1 相比,8 个试验点全部增产,增产 14.5%;与对照四杂 25 相比,7 个试验点增产 1 个试验点减产,增产 6.4%。

2011 年全国平均亩产为 586.4 kg,居第 13 位。与对照敖杂 1 相比,7 个试验点全部增产,增产 9.1%;与对照四杂 25 相比,2 个试验点增产 5 个试验点减产,减产 2.5%。

2010 年全国平均亩产为 617.9 kg,居第 9 位。与对照敖杂 1 相比,7 个试验点全部增产,增产 11.6% ;与对照四杂 25 相比,3 个试验点增产 4 个试验点减产,增产 0.9% 。

3.3 国家高粱春播早熟生产试验结果

2013 年 7 个试验点次生产试验结果:平均亩产 528.3 kg,居第 4 位。与对照敖杂 1 相比,6 个试验点增产,1 个试验点减产,平均增产 17.4% ;与对照四杂 25 相比,4 个试验点增产,3 个试验点减产,平均增产 2.9% ;与平均值相比 4 个试验点增产,3 个试验点减产,平均增产 1.1% 。

4 栽培技术要点

4.1 适时播种

当 10 cm 耕层地温稳定在 10 ℃以上,土壤含水量在 15% ~20% 时播种为宜,通辽地区通常在 5 月 5—15 日抢墒播种,播种深度为 3 ~5 cm,覆土严密,播后镇压,播种时施用毒谷防治蝼蛄等地下害虫。

4.2 合理密植、合理施肥

通杂 126 杂交种属于矮秆耐密品种,中等肥力地块适宜种植密度为 8 000 株/亩左右,上等肥力地块适宜种植密度为 8 500 株/亩左右。施用农家肥 3 000 kg/亩做底肥,二铵 15 kg/亩做种肥,施用适当钾肥,20 kg/亩尿素做追肥。

4.3 灌水

全生育期遇旱灌水,在抽穗开花期或灌浆期浇丰产水。

4.4 适时收获

在蜡熟末期收获,也就是穗下部阴面籽粒刚定浆时收获,及时晾晒、脱粒,以确保籽粒最高产量。

5 制种技术

5.1 杂交制种

母父本同期播种,母父本行比以 5∶1 为宜,每亩留苗 10 000 株为宜。

5.2 母本繁殖

母父本同期播种,母父本行比以 5∶1 为宜,每亩宜留苗 10 000 株。

5.3 制种产量

在较好的栽培管理条件下产量为 250~300 kg/亩。

6 适宜推广地区

内蒙古通辽和赤峰,吉林中西部,黑龙江第Ⅰ积温带适宜地区种植,注意预防丝黑穗病。

高粱杂交种通杂 130 选育及栽培技术要点

王振国,李 默,李 岩,呼瑞梅,邓志兰,徐庆全

（通辽市农业科学研究院作物研究所,内蒙古 通辽 028015）

摘要:通杂 130 由通辽市农业科学研究院以自选不育系哲 18A 为母本、自选恢复系哲恢 56 为父本杂交选育而成,并于 2012 年通过内蒙古自治区品种审定委员会的审定,在各级试验及近两年大量生产应用中均表现突出,该品种具有高产、稳定、抗病、抗旱、适应性广等特点,特别是株高矮、抗倒伏,适宜机械化作业和规模化种植。

关键词:高粱杂交种;通杂 130;品种选育;栽培技术

通辽市农业科学研究院有着悠久的高粱遗传育种研究历史,曾育成内杂 5、哲杂 27、通杂 108 等一系列高产优质的高粱杂交品种[1-3]。通杂 130 是新育成的适宜机械化作业的高粱中熟品种。

1　亲本来源及选育经过

1.1　亲本来源

母本哲 18A 是通辽市农业科学研究院于 1999 年通过人工有性杂交（2001B×404B）后转育 8 个世代选育而成的,性状稳定。

哲恢 56 是通辽市农业科学研究院通过 9801R×忻粱 52R 人工有性杂交后,自交 8 代选育而成的。

1.2　选育经过

通杂 130 由通辽市农业科学研究院作物研究所以哲 18A 为母本、哲恢 56 为父本于 2004 年杂交组配选育而成,在 2005 年杂交种鉴定中,产量和各性状表现突出,2006—2008 年参加高级产量比较试验,3 年产量均显著高于对照,综合抗性强。2010—2011 年参加内蒙古自治区高粱中熟组区域试验,并于 2011 年同时参加内蒙古自治区高粱中熟组生产试验,产量及其他性状在各承试点表现突出,并在通辽地区各主产区进行大面积示范种植,该杂交种有高产、稳产、综合抗性强、适应性广等特点,特别适合机械化作业,实现从播种到中期管理以及收获全程机械化,为规模化、集约化种植高粱提供了优良栽培品种。通杂 130 于 2012 年 5 月通过内蒙古自治区农作物品种审定委员会六届一次会议的审定[4-5]。

2 特征与特性

2.1 植物学特征

幼芽鞘绿色,幼苗绿色。株高为 145 cm,茎粗为 1.6 cm,植株整齐,主叶脉蜡绿色,穗长为30 cm左右,中紧穗,呈纺锤形,黑壳、黄褐粒、籽粒椭圆,角质中等。穗粒重为 110 g,千粒重为26 g。

2.2 生育期

通杂 130 在内蒙古自治区的通辽、赤峰地区出苗至成熟需 119 d 左右,全生育期需要≥10 ℃活动积温为 2 700 ℃左右,属中熟高粱杂交种。

2.3 抗性

芽鞘拱土力强,易抓苗,抗旱性强,高抗倒伏,叶部病害较轻,中抗丝黑穗病,遗传性状稳定。

2.4 品质分析

通杂 130 含粗蛋白(干基)7.67%,粗淀粉(干基)74.20%,赖氨酸(干基)0.22%,单宁 1.60%。

3 产量表现

3.1 产量比较试验结果

通辽市各试验点 3 年产量比较试验结果显示,通杂 130 比对照内杂 5 表现增产,平均增产率为 8.07%,平均产量为 624.23 kg/亩。

3.2 内蒙古自治区区域试验结果

通杂 130 在 2 年 10 个试验点次内蒙古自治区区域试验中,平均产量为697.92 kg/亩。其中,2010 年 4 个试验点增产,1 个试验点减产,平均产量为724.26 kg/亩,平均增产率为 6.50%;2011 年 5 个试验点全部增产,平均产量为671.58 kg/亩,平均增产率为 3.15%。两年平均增产4.83%。

3.3 生产试验结果

2011年内蒙古自治区生产试验4个试验点增产,1个试验点减产,平均产量为631.97 kg/亩,比对照内杂5平均增产9.64%。

4 栽培技术要点

4.1 合理轮作,适时播种

宜与豆类、向日葵、蓖麻等油料作物轮作,忌重茬。在通辽地区适宜5月1—15日抢墒播种,覆土严密,及时镇压,提倡适时晚播,一般以土壤5 cm地温稳定在10~12 ℃时播种较适宜。

4.2 合理密植与施肥

根据多年高产栽培技术研究表明,通杂130最佳留苗密度为8 000株/亩左右,施底肥磷酸二铵15 kg/亩,拔节期追施尿素15~20 kg/亩。

4.3 加强田间管理

在5~6叶期适时间苗、定苗,确保苗数,机械播种可适当提高预计播量的10%左右,利用品种较强的自我调节能力,保证群体产量。注重加强拔节、孕穗期水肥管理。

5 制种技术

母父本同期播种,母父本行比以5∶1为宜,留苗9 000株/亩。一般生产条件下产量为250~300 kg/亩。

6 适宜推广地区

适宜在≥10 ℃活动积温为2 800 ℃以上的地区种植,如内蒙古东部、吉林省的大部分地区、黑龙江南部和辽宁以及河北北部等地区。

参 考 文 献

[1]邓志兰,王振国,李岩,等.高粱杂交种通杂120选育及栽培技术要点[J].农业科技通讯,2012(4):152-153.

[2]成慧娟,马尚耀,严福忠.国审高粱品种赤杂16号选育报告[J].杂粮作物,2004,24(5):264-267.

[3]徐瑞洋,赵随堂,冯未娥,等.抗4、抗7高粱品种选育及对丝黑穗病抗性的遗传[J].华北农学报,1997,12(4):34-38.

[4]田森林,赵威军,郑丽萍.我国甜高粱育种方法探讨[J].山西农业科学,2011,39(5):419-421.

[5]罗峰,裴忠有,张锦峰,等.在天津生态条件下甜高粱品种引进及适应性研究[J].天津农业科学,2013,19(3):83-87.

高粱杂交种哲杂 27 的选育及推广利用

白乙拉图,张桂华,李　岩,杨秀清,王振国

（通辽市农业科学研究院,内蒙古 通辽 028015）

摘要:哲杂 27 由通辽市农业科学研究院选育而成。该品种属中晚熟杂交种,在通辽市出苗至成熟需 125 d。1998 年参加内蒙古自治区区域试验和生产示范试验,结果表明:哲杂 27 比现推广品种内杂 5 增产 12.5% 以上,抗大斑病、紫斑病、炭疽病、黑穗病,抗倒伏,适应性强,具有较大的增产潜力。适宜在内蒙古自治区的通辽、巴盟临河和吉林长岭、乾安、松源地区种植,也可以在南方春播区种植,一般 4 月 25 日后且地温稳定在 10 ℃ 以上播种为宜。

关键词:高粱;杂交种;哲杂;选育;推广利用

1　品种来源及选育经过

哲杂 27 是通辽市农业科学研究院于 1994 年冬季用外引不育系 1008 为母本、自选恢复系哲恢 50 为父本组配而成的新杂交种。1995 年参加院内初级产比试验,1996—1997 年参加院内高级产比试验,1998—2000 年参加内蒙古自治区区域试验和生产示范试验,2002—2003 年参加国家高粱春播早熟组区域试验。试验结果表明:该杂交种增产潜力大,比对照内杂 5 平均增产 10% 以上,抗逆性强,适应性广,2000 年通过内蒙古自治区农作物品种审定委员会审定推广,正式命名为哲杂 27。

2　特征与特性

哲杂 27 芽鞘为紫色,幼苗为深绿色,拱土力强,株高为 230 cm,茎粗为 2 cm,叶片数为 19 片,穗呈纺锤形,中紧穗,粒浅黄色、椭圆形,壳红色,千粒重为 32 g,单穗粒重为 102 g,着壳率为 0.8%,恢复率为 100%,角质中上等。该品种在通辽市生育期为 125 d,抗大、小斑病,高抗黑穗病,抗紫斑病,抗炭疽病,活秆成熟。

经农业农村部谷物检测中心分析,该品种含粗蛋白 8.90%,粗淀粉 73.21%,赖氨酸 0.22%,单宁 0.88%。

哲杂 27 经几年的人工接种鉴定,高抗黑穗病,国家高粱改良中心鉴定结果显示,黑穗病率为零,属免疫品种。

3 产量表现

3.1 院内初级产比试验

1995 年院内初级产比试验结果显示,平均产量为 652.3 kg/亩,平均比对照内杂 5 增产13.0%,居第一位。

3.2 院内高级产比试验

哲杂 27 产量均在 600 kg/亩以上,深受农户欢迎。2001 年开始在吉林松原市、白城市和黑龙江肇东市等地试种近万亩,表现突出,预计 2004 年在这些地区推广面积可达0.33 万 hm²。

哲杂 27 具有抗逆性强、稳产性好、适应性广、活秆成熟、母父本同期播种、母本长势旺盛、产量高等优点。因此随着该品种的进一步开发,将给农牧民创造更多的经济效益和社会效益。

3.3 内蒙古自治区区域试验

1998—2000 年参加内蒙古自治区区域试验,平均产量为 628.9 kg/亩,平均比对照内杂 5 增产 12.8%,居第一位,达极显著水平。

3.4 内蒙古自治区生产示范试验

1999—2000 年参加内蒙古自治区生产示范试验,平均产量为 624.8 kg/亩,平均比对照内杂 5 增产 12.5%,居第一位。

3.5 国家高粱早熟组区域试验

2002 年参加国家高粱区域试验,全国 7 个点(次)试验。平均产量为608.9 kg/亩,平均比对照敖杂 1 增产 12.8%,在 11 个参试品种中居第三位。

4 栽培要点及适应地区

哲杂 27 属大穗型品种,稳产性好,适应性广,增产潜力大,应选择土质较好的中上等土地种植,底肥施农家肥 2 000 kg/亩以上,磷酸二铵 15 kg/亩,钾肥5～10 kg/亩,生育期间追施尿素 20～30 kg/亩,种植密度以 6 500 株/亩左右为宜。种前要精细整地,当地温稳定在 10 ℃以上才能播种,播种时踩好底格子,覆土2～3 cm,注意镇压,以保证全苗。

哲杂 27 属中晚熟杂交种,可在内蒙古自治区大部分地区、吉林省、黑龙江省南部地区、山西省、河北省及南方春播区种植。

5 推广利用

哲杂 27 于 1999 年开始在通辽市库伦、左中、开鲁、科尔沁、奈曼等地种植近 2 万 hm²,种植范围广,活秆成熟,母父本同期播种,母本长势旺盛,产量高。因此随着该品种的进一步开发,将给农牧民创造更多的经济效益和社会效益。

能源作物甜高粱杂交种通甜1号选育及栽培技术

李　岩,王振国,李　默,呼瑞梅,邓志兰,崔凤娟,徐庆全,于春国

（通辽市农业科学研究院,内蒙古 通辽 028015）

摘要:通甜1号是以自选不育系哲甜112A为母本、自选恢复系哲恢145为父本组配而成的能源甜高粱杂交种。该杂交种含糖量高,出汁率高,生产潜力大,抗病、抗倒伏,适应性强,是青贮型能源甜高粱杂交种。通甜1号是通辽市农业科学研究院培育的新品种,于2012年5月通过了内蒙古自治区农作物品种审定委员会审定,审定编号为蒙审粱2012009号。

关键词:能源作物;甜高粱;杂交种;选育;栽培技术

我国国民经济和社会发展"十二五"规划纲要指出,要有效发展生物质能,促进分布式能源系统的推广应用。开发利用和大力发展生物质能源是我国长期能源发展战略和近期能源结构调整的需要,对建立可持续的能源系统,促进国民经济发展和环境保护具有重大意义[1-3]。甜高粱被誉为"生物能源系统中的最有竞争力者""地面上的油田"。能源甜高粱具有高含糖量、高生物产量、高乙醇转化率和高抗逆性等多重优势,既产秸秆又产籽粒,是理想的能源和饲料作物[4]。

1　亲本来源与选育过程

通甜1号是通辽市农业科学研究院于2007年以自选不育系哲甜112A为母本、自选恢复系哲恢145为父本组配而成的甜高粱杂交种。

母本哲甜112A是通辽市农业科学研究院作物研究所于2001年利用甜秆和哲1B进行去雄杂交,经过南北加代回交转育而成的。哲甜112A一般配合力高,含糖量高,抗病、抗倒伏、抗蚜虫,是非常优秀的甜高粱不育系。

父本哲恢145是通辽市农业科学研究院作物研究所于2000年利用早蔗26R和甜高粱R通过人工有性杂交选育而成的。

通甜1号于2008—2009年在通辽市农业科学研究院进行产量和抗性鉴定试验,2010—2011年参加内蒙古自治区甜高粱试验,2012年完成试验程序,通过内蒙古自治区农作物品种审定委员会审定。

2 品种特征与特性

2.1 植物学特征

通甜 1 号幼苗为紫色,株高为 300~350 cm,茎粗为 2.0 cm,穗长为 33 cm,总叶片数为 21 片,叶长为 85.8 cm,籽粒为红色,穗呈纺锤形,中紧穗,穗重为 108 g,糖锤度为 18.0%~19.5%。

2.2 生物学特性

通甜 1 号出苗至成熟需 125~130 d,属中熟杂交种。抗倒伏,抗叶部病害和黑穗病,抗蚜虫。需≥10 ℃有效积温在 2 800 ℃以上。

2.3 品质性状

通甜 1 号含粗蛋白(干基)3.80%,粗灰分 3.56%,粗脂肪 1.8%,粗纤维 30.7%,可溶性总糖30.9%,水分6.4%。

3 产量表现

3.1 杂交种鉴定试验

2008 年在通辽市农业科学研究院试验区进行鉴定试验,3 个行区,2 次重复,小区面积为 9 m²,小区实收计产,生物产量为 68 004 kg/hm²,各种性状皆优于其他品系。

3.2 品系比较试验

2009 年在通辽市农业科学研究院试验区进行品系比较试验,6 个行区,2 次重复,小区面积为 18 m²,小区收中间 4 行计产,生物产量为 67 800 kg/hm²,籽粒产量为 5 200 kg/hm²,表现出较高的抗逆性和丰产性。

3.3 品种区域试验

于 2010 年参加内蒙古自治区区域试验,生物产量鲜重为 57 042 kg/hm²,居第三位。抗倒伏能力强,在呼和浩特市试点高粱蚜达 2 级。平均倒伏率、平均倒折率均为 0。田间病虫害发生情况:大斑病 0~1 级,锈病 0~3 级,高粱蚜 0~2 级。

2011 年参加内蒙古自治区区域试验,生物产量鲜重为 65 952 kg/hm^2,干重为 20 932.5 kg/hm^2,居第一位。株高为 299.7 cm,叶长为 81.5 cm,平均绿叶片数为 12 片。平均倒伏率、平均倒折率均为 0。田间病虫害发生情况:无大斑病、锈病、高粱蚜发生。

4 主要优点

通甜 1 号属中熟品种,生育期为 125 ~ 130 d,生育期适中,适应区域广。

通甜 1 号属高效品种,既产茎秆,又产籽粒,有 2 个能量储备库,茎秆产量为 55 000 ~ 65 000 kg/hm^2,籽粒产量为 5 000 ~ 6 000 kg/hm^2。

通甜 1 号属能源、饲料兼用品种,茎秆多汁且含糖量高,品质优良,能高效转化燃料乙醇。作为优质饲料,可青贮或鲜饲,易于消化吸收,能够提高畜产品质量,降低养殖成本。

通甜 1 号属抗逆性强品种,抗倒伏,抗病,适应性强。

5 栽培技术要点

5.1 精细整地

忌重茬,前茬以豆类、蓖麻为宜。做好整地保墒,秋整地,及时顶凌春耙。

5.2 提高播种质量

当 5 cm 土层温度达到 10 ℃以上时,开始播种。一般要求浅播,播深以 3 ~ 4 cm 为宜,最深不超过 6 cm。播种有平播和垄播两种,两种方法均可机播。播深一致,下种均匀。播种量一般在 25 kg/hm^2 左右,可根据种子芽率调节。播种后要及时覆土镇压,通常肥地宜稀、薄地宜密,密度一般在 9 万 ~ 11 万株/hm^2。

5.3 科学施肥

有机肥料做底肥,结合秋翻施入土壤,春天可结合顶浆打垄施入,也可用过磷酸钙和有机肥混合做底肥更佳。磷酸二铵做种肥效果好,施用量为 150 ~ 225 kg/hm^2,补充 75 kg/hm^2 K$_2$SO$_4$,注意种、肥分开施。拔节期追施尿素 300 kg/hm^2,条施或穴施,离根 3 cm 左右,然后覆土。

5.4 加强田间管理

出苗后及时查苗,如缺苗宜进行移栽或补苗。3 ~ 4 叶时疏苗,5 ~ 6 叶时定苗。中耕除草一般 3 次,除草和间苗、定苗结合,铲趟结合。

5.5　防治病虫害

在播种时进行种子处理或撒毒谷防治地下害虫,如种子包衣,50%辛硫磷乳油制成毒饵,播种时一同施入。防治高粱蚜虫用质量分数为40%的乐果乳剂,兑水50~80倍药液涂茎;200~400倍液用超低量喷雾器喷雾;2 000倍液用一般喷雾器喷雾。防治高粱黑穗病用质量分数为2%的立克秀可湿性粉剂、质量分数为2.5%的烯唑醇可湿性粉剂、质量分数为12.5%的腈菌唑乳油进行拌种,效果很好。对高粱有害药物有敌百虫、敌敌畏,严禁使用。

6　用途

6.1　饲料

生物产量高,可生产鲜茎叶和籽粒;适口性好,因其易消化,饲料能量价值高,已被世界众多国家作为主要饲料作物;营养指标高。能源甜高粱是很好的青饲料或青贮饲料。

6.2　糖料

能源甜高粱的茎秆富含糖分,其主要成分是蔗糖,可用于制糖浆和结晶糖。茎秆含糖量高达20%。

6.3　能源

能源甜高粱可生产乙醇1 695~6 330 kg/hm^2,生育期短于甘蔗。多数国家选择能源甜高粱作为能源作物种植。

6.4　其他

甜高粱的茎秆制糖或生产乙醇后回收的废渣,通过深加工可以制取高档纸浆、建材板、高密纤维板、优良纸张等,也可用来做食用菌的原料、饲料酒糟和生产味精。

7　适应区域

在我国东北、华北和西北等≥10 ℃有效积温2 800 ℃以上的地区均可种植。

参 考 文 献

[1]马涌,张福耀,赵威军,等.甜高粱育种思路探讨[J].山西农业科学,2011,39(6)：619-621.

[2]田森林,赵威军,郑丽萍.我国甜高粱育种方法探讨[J].山西农业科学,2011,39(5)：419-421,455.

[3]常玉卉,赵威军,张福耀,等.能源用甜高粱晋甜杂 1 号的选育[J].山西农业科学,2012,40(2):99-100,104.

[4]苏申有.甜高粱的综合利用途径[J].山西农业科学,1988,16(10):39-40.

轻度盐碱地青贮高粱高产栽培技术

崔凤娟,周景忠*,王振国,李　岩,邓志兰,徐庆全,李　默,吕静波,刘　洋,路　宽

(通辽市农业科学研究院,内蒙古 通辽 028015)

摘要:针对通辽地区轻度盐碱地状况,以青贮高粱为材料,阐述轻度盐碱地青贮高粱高产栽培技术,包括选地、整地、种子选择及播前处理、播种、田间管理、施肥、病虫害防治、青贮等内容,以期为轻度盐碱地青贮高粱栽培提供技术指导。

关键词:轻度盐碱地;青贮高粱;高产;栽培

　　我国高粱常年种植面积约为 50 万 hm^2,主要集中在吉林、内蒙古、辽宁三地,而青贮高粱种植面积只占高粱总种植面积的 20% 左右,其中大部分集中于通辽地区[1]。青贮高粱具有耐旱、耐瘠薄、耐盐碱的特性,青贮高粱含糖量高,总生物产量达 9.0×10^4 kg/hm^2,其粗蛋白含量为 4.5% ~ 5.1%,与玉米相近,可消化干物质、粗纤维含量均高于青贮玉米[2],但青贮后,酸性洗涤纤维含量下降,综合青贮品质与玉米相当,其所含糖分远高于青贮玉米,是牛、羊的优质育肥饲料[3-5]。

　　受半干旱季风气候、地下水状况以及人类活动等因素的影响,我国已形成了大面积的盐碱土、盐渍化土[6]。通辽市盐碱地面积为 12.09×10^4 hm^2,其中轻度盐碱地占盐碱地总面积的 53.06%,其土壤含盐量为 0.1% ~ 0.2%,pH 通常在 8.0 ~ 8.5 之间[7-9]。盐碱土壤中 HCO_3^-、CO_3^{2-} 和 Na^+ 含量较高,是典型的苏打盐碱土。在对植物的伤害程度上,盐碱混合胁迫最重,其次是碱胁迫,最后是盐胁迫[10-12]。在作物生长阶段,以种子萌发和幼苗生长期对盐碱反应最为敏感[13]。轻度盐碱地种植青贮高粱是北方农牧交错区发展“种养结合”模式的优选途径,轻度盐碱地作为后备耕地资源,对其开发利用是解决人均耕地面积相对不足的重要措施,是改善生态环境的重要举措,对于农民增收和环境治理都具有非常重要的意义[14-16]。通辽市是典型的农牧交错区,“种养结合”的发展模式使得青贮高粱的种植面积逐年增加,而在盐碱地上种植青贮高粱已成为当地农牧民的首选,在增加农牧民收入方面大有助益,是绿色可持续发展的重要途径[17-18]。

　　通辽市本地少数农牧民有在轻度盐碱地种植青贮高粱的尝试,由于粗放式经营管理,没有有效的技术指导,作为牛、羊的青贮饲料,其产量和品质并不理想。因此,作者在提高盐碱地青贮高粱种子发芽率和幼苗成活率方面采取一系列技术手段,并进行过多年试验研究,为轻度盐碱地青贮高粱高产栽培提供了技术支撑。针对通辽地区气候特征及盐碱地的特殊性,结合青贮高粱生物产量高、营养成分足以及耐盐碱等特性制订相应标准,具有现实指导意义。

1　选地

　　青贮高粱具有耐旱、耐瘠薄、耐盐碱的特性,在对地块的选择上并没有严格的要求,但

要注意避免重茬、迎茬,避开有农药残留的地块。以地势平坦、有灌溉条件的轻度盐碱地地块较好。

2 整地

高粱幼苗拱土力弱,需对土壤进行深耕深翻,以利于幼苗出土和根系下扎。前茬作物收获后秸秆还田,及时深翻,耙耢一次完成,耕翻深度不小于 30 cm,有利于培肥地力,改善土壤理化性状,蓄水保墒。春播前整地时,结合耕翻施入腐熟农家肥 30 ~ 45 t/hm^2,同时撒施磷石膏 25 t/hm^2。做到无大土块、残茬和杂草,耕层上虚下实。

3 种子的选择及播前处理

购买高粱良种应在正规的种子销售渠道购买,种子需粒大饱满、光泽度好,无秕粒、破损粒,无土块碎石等杂物,种子质量要达到纯度不低于 95%,净度不低于 98%,发芽率不低于 90%,含水量不高于 16%,有产地检疫说明书,并保留好购种凭证。播前需进行种子清选,在晴天进行晒种 2 ~ 3 d,晒种可有效杀死携带的病原菌,提高种子发芽率并促进种子后熟。用 500 μmol/L γ - 氨基丁酸(GABA)引发剂浸种,种子与溶液的质量比为 1∶3,控制室温约为 16 ℃,30 h 后取出,先用清水除去种子表面的引发剂,再用吸水纸吸干种子的表面水分,在室温下自然晾干。前期试验表明,经 GABA 引发后的青贮高粱种子可提高其发芽率及幼苗成活率,降低盐碱土壤中 OH$^-$ 对种子及幼苗的伤害[19]。

4 播种

适时播种是保证高粱出苗的重要因素。建议适时早播,适当低温可增加幼穗分化期,从而提高产量。当 5 ~ 10 cm 土层平均温度稳定在 10 ℃ 以上,土壤含水量在 16% ~ 20% 即可播种,在通辽地区,一般在 5 月上旬至中旬完成播种。采用浅埋滴灌播种机进行播种,一次性完成播种、施肥、覆土、镇压以及滴灌带铺设作业,忌镇压过实出现硬盖,影响出苗。高粱播种机械都是玉米播种机改装高粱的播种盘,调节株行距和施肥量,减轻镇压强度,即可进行高粱播种。播深以 3 ~ 4 cm 为宜,做到深浅一致,覆土均匀,镇压后播深达到 2 cm 即可,过深容易引起粉种,过浅则根系入土浅,如遇干旱,容易因吸收不到土壤深层水分而死亡。青贮甜高粱种子每亩播种量为 0.25 ~ 0.5 kg。在地下害虫危害严重或土壤低温多湿地区,应适当增加播量。宽窄行(宽行距为 70 ~ 80 cm,窄行距为 30 ~ 40 cm)种植。青贮高粱品种种植密度为 75 000 ~ 90 000 株/hm^2。

5 田间管理

播后及时查苗,缺苗、断垄处应及时采取催芽补种或移苗。在高粱 3 ~ 5 叶、杂草 2 ~ 4 叶期进行。施 25% 二氯喹啉酸 1 500 mL/hm^2 + 38% 莠去津 2 250 g/hm^2 的复配剂防除田间杂草。

6 施肥

高粱生长期对氮、磷、钾的需求比例约为 $1:0.6:1.5$[20]，农家肥作为基肥，春耕整地时施入，磷酸二铵配合硫酸钾按 $3:1$ 的质量比共计 200 kg/hm² 或复合肥每公顷 150 kg/hm² 作为种肥放入。做到种肥分层、深施，种子与肥料间隔 3～5 cm。在高粱拔节期追施尿素 150 kg/hm²，结合中耕施入。

7 病虫害防治

7.1 病害

青贮高粱易发生靶斑病、大斑病、紫斑病，应及早防治。在高粱喇叭口期，用 50% 多菌灵可湿性粉剂或 75% 百菌清可湿性粉剂间隔 7～10 d 喷洒 1 次，连续喷洒 2～3 次。

7.2 虫害

毒谷、毒饵用 50% 辛硫磷乳油 10 m²，拌 50 kg 炒成糊香的饵料（秕谷、麦麸、豆饼等），于傍晚均匀撒在作物行间，每公顷用饵料 22.5～37.5 kg 用于防治地下害虫。黏虫危害初期及早防治。用 20% 氰戊菊酯（速灭杀丁）或 4.5% 高效氯氰菊酯乳油 1 500～3 000 倍液喷雾，或用 2.5% 溴氰菊酯（敌杀死）乳油 3 000～4 000 倍液喷雾。在蚜虫早期点片发生期及为害盛期前进行药剂防治，可用 10% 吡虫啉乳油 2 500 倍液或 50% 抗蚜威乳油 3 000 倍液。

8 青贮

制作青贮饲料宜在高粱蜡熟期进行机械收割。青贮饲料切割长度为 2～3 cm。藏窖青贮或压实堆贮，可根据需要在青贮中添加微生物或与豆科牧草混贮，营养价值更高。

参考文献

[1] 刘惠惠. 中国不同地区能源作物甜高粱规模化生产的可持续性[D]. 北京：中国农业大学，2015.

[2] 丛靖宇. 甜高粱高产栽培及秸秆贮藏研究[D]. 呼和浩特：内蒙古农业大学，2010.

[3] 渠晖. 甜高粱在长江下游农区用作青贮作物的栽培利用技术研究[D]. 南京：南京农业大学，2016.

[4] 何敏. 不同品种高粱饲用价值的研究[D]. 广州：华南农业大学，2016.

[5] 肖银宝. 玉米和饲用高粱青贮优化研究[D]. 兰州：甘肃农业大学，2018.

[6]邵雪娟.盐碱地改良技术研究综述[J].种子科技,2021,39(6):71-72.

[7]张建锋.盐碱地生态修复原理与技术[M].北京:中国林业出版社,2008.

[8]石元春.盐碱土改良:诊断、管理、改良[M].北京:农业出版社,1986.

[9]肖克飚,吴普特,雷金银,等.不同类型耐盐植物对盐碱土生物改良研究[J].农业环境科学学报,2013,31(12):2433-2440.

[10]王晨,陈吉宝,庞振凌,等.甜高粱对混合盐碱胁迫的响应及耐盐碱种质鉴定[J].作物杂志,2016(1):56-61.

[11]范富,张庆国,邰继承,等.通辽市盐碱地形成及类型划分[J].内蒙古民族大学学报(自然科学版),2009,24(4):409-413.

[12]崔凤娟,王振国,李默,等.不同施肥方式对盐碱地土壤特性的影响[J].安徽农业科学,2018,46(26):116-119.

[13]马玉露,侯迷红,范富,等.不同物料改良盐碱地效果研究[J].内蒙古民族大学学报(自然科学版),2017,32(1):70-76.

[14]徐冬平.北方农牧交错区农业可持续发展路径、模式及布局研究[D].西安:西北大学,2018.

[15]巧巧.乡村振兴视角下通辽市半农半牧区农牧产业兴旺研究[D].通辽:内蒙古民族大学,2020.

[16]徐冬平,李同昇,薛小杰,等.北方农牧交错区不同农牧用地格局下的可持续发展研究:以内蒙古通辽市为例[J].水土保持研究,2017,24(1):219-225.

[17]包景慧.通辽市农牧民专业合作经济组织发展模式研究[D].呼和浩特:内蒙古农业大学,2009.

[18]蔡爽,修长百.通辽市"粮改饲"结构调整效益研究[J].内蒙古民族大学学报(社会科学版),2019,45(5):91-97.

[19]崔凤娟,王振国,徐庆全,等.种子引发对碱胁迫下甜高粱种子萌发及幼苗生长的影响[J].中国农学通报,2020,36(7):16-21.

[20]王振国,李默,李岩,等.高粱杂交种通杂130选育及栽培技术要点[J].内蒙古农业科技,2014(6):71-72.

适宜机械化作业及早熟高粱
杂交种通早 2 号选育及栽培技术

李　岩,王振国,李　默,邓志兰,徐庆全,呼瑞梅,崔凤娟,于春国

（通辽市农业科学研究院高粱研究所,内蒙古 通辽 028015）

随着种植业结构的调整和现代农业发展的需要,要求高粱规模化生产的机械化程度必须大幅度提高。农业生产中劳动力成本逐年提高,加大了农产品的生产成本,制约了高粱生产的规模化和标准化。提高机械化生产水平同时也提高了生产效率,提高了农民的生活水平,使农民从繁重的劳动中解放出来。针对内蒙古呼伦贝尔、兴安盟和黑龙江省第Ⅳ、Ⅴ积温带等极早熟区域种植业规模大、机械化水平高、种植品种单一和轮作倒茬需要,2015 年通辽市农业科学研究院育成了杂交种通早 2 号并通过了内蒙古自治区农作物品种审定委员会审定,命名为高粱杂交种通早 2 号。

通早 2 号是以自选不育系哲 44A 为母本、自选恢复系哲恢 61 为父本杂交育成的,审定编号为蒙审粱 2015002。在各级试验中,该品种表现出适宜机械化作业,极早熟,丰产性、稳产性好,抗逆性强,适应性广,籽粒商品品质优良等优点。通早 2 号适宜≥10 ℃活动积温 2 200 ℃以上的地区种植,是大豆、小麦、油菜、马铃薯等早熟作物种植区轮作倒茬的理想高粱品种,在没有水浇条件靠降雨进行农业生产的干旱瘠薄的土地上种植表现优良,具有较好的经济效益。

1　亲本来源与选育经过

1.1　亲本来源

通早 2 号母本哲 44A 是通辽市农业科学研究院利用哲 17B 和忻 33·吉 406B·龙 188B 进行人工有性杂交,经过多代自交选育转育而成,该不育系早熟、矮秆、抗逆性强。父本哲恢 61 是哲 37 恢和 202-9·吉 116 进行人工有性杂交,经过多代自交选育而成的,其恢复性良好,配合力高,抗叶病、抗倒伏、抗丝黑穗病。

1.2　选育经过

通早 2 号是通辽市农业科学研究院高粱研究所以哲 44A 为母本、哲恢 61 为父本于 2008 年杂交组配育成的,于 2009—2011 年进行产量和育性鉴定试验,2012—2014 年参加内蒙古自治区高粱品种试验。经过产比试验、区域试验和生产试验,该品种表现早熟、丰产、稳产、适应性广和抗逆性强,于 2014 年完成全部试验程序,2015 年审定推广。

2 特征与特性

2.1 植物学特征

芽鞘绿色,幼苗绿色,株高为98.3 cm,穗长为21.3 cm,穗粒重为56.4 g,千粒重为22.7 g,黑壳红粒,着壳率低,育性为93.7%。

2.2 生育期

2012—2014年参加内蒙古自治区高粱品种试验,平均生育期为99 d,比对照敖杂1号早7 d,2013年比对照内杂3号早6 d,生育期需要≥10 ℃活动积温2 150 ℃左右,属极早熟高粱杂交种。

2.3 抗性

幼苗拱土力强,叶病轻,抗倒伏,抗旱,耐涝,中抗丝黑穗病。

3 产量表现

3.1 产量比较试验结果

2009年产量为6 952.5 kg/hm²,比对照敖杂1号减产8.7%;2010年产量为6 411 kg/hm²,比对照敖杂1号减产10.6%;2011年产量为7 312.5 kg/hm²,比对照敖杂1号减产7.4%。

3.2 内蒙古自治区区域试验结果

2012年参加内蒙古自治区高粱预备组试验,6个承试点平均产量为7 106.4 kg/hm²。与对照敖杂1号相比,2个承试点增产,4个承试点减产,比对照敖杂1号减产8.63%。平均生育期为108 d,比对照敖杂1号早7 d。平均倒伏率为0,平均倒折率为0。田间病虫害发生情况:叶部病害较轻;黑穗病自然发病率为0。

2013年参加内蒙古自治区高粱早熟组区域试验,6个承试点平均产量为6 319.35 kg/hm²。与对照内杂3号相比,6个承试点均增产,平均增产5.56%,平均生育期为96 d,比对照内杂3号早6 d。平均倒伏率为0,平均倒折率为0。田间病虫害发生情况:叶部病害较轻;黑穗病自然发病率为0。

3.3　内蒙古自治区生产试验结果

2014 年参加内蒙古自治区高粱早熟组生产试验,7 个承试点平均产量为7 300.35 kg/hm²。与平均对照值相比,7 个承试点中 5 个承试点增产,2 个承试点减产,平均增产 1.66%。平均生育期为 97 d,比对照内杂 3 号早 5 d。平均倒伏率为 0,平均倒折率为 0。田间病虫害发生情况:叶部病害较轻;黑穗病自然发病率为 0。

3.4　品质化验和抗性鉴定

品质化验结果表明,籽粒含粗蛋白 7.92%,粗淀粉 66.35%,单宁 1.53%,粗脂肪3.62%,水分 10.8%。丝黑穗病接种发病率为 18.8%,自然发病率为 0,叶病轻,抗旱性强。

4　栽培技术

4.1　选地整地

选择地势平坦或局部平整适合机械作业的地块,春翻灭茬。翻地深度一般为 16～20 cm,耕、耙、压等作业环节紧密结合以确保墒情。

4.2　播种

播种前进行种子精选、晒种,为了防治地下害虫和黑穗病,进行种子包衣处理。在缺少微量元素的地区或地块可施用少量微肥。在通辽地区 5 月上旬抢墒播种,深播浅覆土,播后及时镇压。

4.3　留苗密度及中耕除草

一般保苗 225 000 株/hm² 以上,行距为 40～50 cm。加强田间管理,尽早中耕除草,早间苗、早定苗,去弱留壮,均匀留苗,勤铲勤趟。

4.4　施肥

提倡测土配方施肥,以提高化肥的利用率,播种时施底肥磷酸二铵 225 kg/hm² 左右,拔节期追施尿素 225 kg/hm² 左右。

4.5 灌水

按照高粱生长发育规律进行合理灌水是夺取高产的关键。从生育期上看,浇足底墒水,确保抓全苗,育壮苗;生长中后期遇旱及时灌水。

4.6 收获

高粱蜡熟期及时收获,收获后充分晾晒脱水,适时脱粒、储存。

5 繁、制种技术要点

5.1 繁种技术要点

不育系哲44A繁殖:隔离区隔离距离为500 m以上,哲44A与哲44B行比为5:1,母父本同期播种,生长期间严格去杂去劣。

恢复系哲恢61繁殖:隔离区隔离距离为500 m以上,生长期间严格去杂去劣。

5.2 制种技术要点

隔离区隔离距离为300 m以上,母父本同期播种,母父本种植比例为5:1,母本保苗27万株/hm²,父本保苗3万株/hm²;一般制种产量为3 375～3 750 kg/hm²。生长期间严格去杂、去劣、去保。

6 适宜推广区域

适宜在内蒙古自治区的通辽市、赤峰市、呼伦贝尔市,吉林省的大部分地区,黑龙江省中南部和辽宁省北部等出苗至成熟需要≥10 ℃活动积温2 200 ℃以上的地区种植。

饲用高粱品种品质性状的比较及评价

崔凤娟,田福东,王振国,李　岩,徐庆全,呼瑞梅,李　默,邓志兰,周福荣

(通辽市农业科学研究院,内蒙古 通辽 028015)

摘要:为筛选出适宜通辽地区种植的饲用高粱(*Sorghum bicolor*)品种,2011 年对 8 个饲用高粱品种进行了田间比较试验,系统测定并分析了与动物生产性能相关的粗蛋白、中性洗涤纤维、酸性洗涤纤维含量及鲜草产量、干草产量、干鲜比。结果表明:大力士和甜格雷兹品质性状均优于其他 6 个品种,且品种间差异均达到极显著水平($P<0.01$),通甜 1 号草产量最高,而品质略低于大力士和甜格雷兹,因此大力士、甜格雷兹适合作为青饲利用,通甜 1 号适合作为青贮利用,这 3 个品种在通辽地区均具有推广价值。

关键词:饲用高粱;粗蛋白;中性洗涤纤维;酸性洗涤纤维;草产量

高粱(*Sorghum bicolor*)为禾本科高粱属一年生草本植物,是古老的谷类作物之一。在长期的种植过程中形成了许多的变种和类型。生产上多根据其用途不同而划分成粒用高粱、糖用高粱、饲用高粱、工艺用高粱、香味高粱等[1]。饲用高粱属作物是养殖业不可缺少的基础饲料之一。由于其茎秆鲜嫩、含糖量高、营养丰富、易消化、适口性好、牲畜爱吃,加之产量高和适应性强,并具有一定的再生能力,是一种优良的新兴饲料作物,目前已成为国外一些大型畜牧场青饲、青贮或制作干草的原料,在农业产业结构调整和畜牧渔业发展中有着巨大的潜力。目前,饲用高粱作为高产饲料作物已开始受到广泛关注,并得到了一定的推广[2-3]。通辽地区优质天然草场资源匮乏且牧草品质普遍较差,因而难以满足畜牧业发展的需求。适时地刈割不仅能解决畜牧业发展中的饲料短缺问题,还可以保证饲用高粱品种及其营养品质达到适宜的状态。如何更有效地针对不同品种进行饲草的高效生产是值得研究的课题。作者从刈割时期及鲜、干草产量方面进行研究,确定各饲用高粱品种是否适宜青饲或青贮[4]。为了避免盲目引种,本试验从国内外引进抗逆性强、适应性广、产量高的 8 个品种,旨在选择品质较好且适合当地气候环境的优质品种进行推广,为该地区饲草的高效生产和利用提供参考和帮助。

1　材料与方法

1.1　试验地概况

试验地位于通辽市农业科学研究院试验基地内,海拔 203 m,43°43′ N,122°37′ E。属温带大陆性气候。春季干旱多风;夏季短促温热,降水集中;秋季凉爽;冬季干冷。无霜期为 90～150 d。年降雨量为 350～450 mm,5—8 月降雨量占全年的 80% 以上,年均气温为 7.3 ℃。四季分明,均以干旱为主。土质为白五花土,地势平坦,肥力中上等,前茬作物为蓖麻。

1.2 试验材料

Sweet Virginia(SV)、大力士、辽甜 1 号、甜格雷兹、通甜 1 号、健宝、吉甜 3 号、新苏 2 号(CK)共 8 个高粱品种,均由通辽市农业科学研究院作物研究所提供。

1.3 试验设计

小区面积为 4 m×5 m,随机区组设计,每个小区 6 行,保苗 30 万株/hm²,3 次重复,同时施磷酸二铵 150 kg/hm²,7 月 5 日追施尿素 150 kg/hm²。四周设保护行。行距、密度、田间管理按当地传统种植方式。

1.4 试验处理

于 2011 年 5 月 11 日进行播种。待株高均长至 120 cm 以后(7 月 23 日)进行第 1 次刈割,留茬 15 cm,于 9 月 27 日齐地面进行第 2 次刈割。每个小区单独收获并称重。

1.5 测定项目与方法

每个小区取样 500 g,于 105 ℃杀青 2 h,85 ℃烘干至恒重,测定干物质含量。以鲜草产量和干物质含量计算干草产量。每个小区另取鲜样 200 g,阴干,粉碎机磨碎后过 1 mm 筛,测定各营养成分指标。测定方法依照杨胜[5]1997 年主编的《饲料分析及饲料质量检测技术》。

粗蛋白(CP)含量:采用《半微量凯氏定氮法》(GBG432—86)测定各品种整株中粗蛋白含量。

酸性洗涤纤维(ADF)与中性洗涤纤维(NDF)含量:根据 Van Soest 和 Roberston 方法测定。

干物质(DM)含量:用 105 ℃干燥法测定。

2 结果与分析

2.1 饲用高粱品种 2 次刈割产量

饲用高粱收获时茎叶产量是衡量能否作为饲料作物种植的重要指标之一[6]。不同刈割时期对不同饲用高粱品种的鲜、干草产量影响较为明显[7]。如表 1 所示,第 1 次刈割,通甜 1 号鲜重最高,为 4 508.43 kg/亩,SV、健宝次之,而大力士鲜重最低。新苏 2 号(CK)干重和干鲜比最高,而大力士和健宝的干鲜比较低。第 2 次刈割,通甜 1 号鲜重最高,吉甜 3 号次之且干重、干鲜比也最高。8 个饲用高粱品种中,2 次刈割鲜草、干草总产量最高的均为通甜 1 号,且与其他品种间存在显著差异($P<0.05$)。

表 1 不同饲用高粱品种鲜、干草产量

品种	第 1 次刈割			第 2 次刈割			总产量	
	鲜重/(kg·亩$^{-1}$)	干重	干鲜比/%	鲜重	干重	干鲜比/%	鲜草	干草
SV	3 964.94^{ab}	444.07^{b}	11.20	1 259.89^{d}	225.52^{c}	17.90	5 224.83^{bc}	669.59^{bc}
大力士	2 260.39^{c}	210.22^{d}	9.30	2 089.15^{b}	322.61^{bc}	15.20	4 349.54^{c}	532.83^{cd}
辽甜 1 号	3 680.85^{b}	401.21^{bc}	10.90	889.33^{e}	132.51^{d}	14.90	4 570.19^{bc}	533.72^{cd}
甜格雷兹	2 396.26^{c}	340.27^{c}	14.20	1 939.24^{bc}	259.86^{c}	13.40	4 335.50^{c}	600.13^{cd}
通甜 1 号	4 508.43^{a}	464.37^{b}	10.30	3 878.48^{a}	422.75^{ab}	10.90	8 386.91^{a}	887.12^{a}
健宝	3 890.83^{ab}	346.28^{c}	8.90	1 581.04^{cd}	140.71^{d}	8.90	5 471.87^{b}	487.00^{d}
吉甜 3 号	2 420.96^{c}	242.10^{d}	10.00	2 297.44^{b}	523.82^{a}	21.78	4 718.41^{bc}	765.91^{ab}
新苏 2 号(CK)	2 371.56^{c}	540.71^{d}	22.80	1 877.48^{c}	279.74^{c}	14.90	4 249.04^{c}	820.46^{ab}

注:同列中不同小写字母间差异显著($P<0.05$)。

2.2 不同饲用高粱品种粗蛋白含量比较

CP 是饲料中含氮化合物的总称,既包括真蛋白又包括非蛋白含氮化合物[8]。如表 2 所示,8 个饲用高粱品种中,CP 含量在 6.12% ~ 13.61% 之间,2 次刈割粗蛋白含量的差值在 0.74% ~ 2.30% 之间。其中,大力士 2 次刈割的 CP 平均含量最高,为 12.63%,2 次刈割粗蛋白含量相差 1.94%;其次是甜格雷兹,CP 平均含量为 11.10%,2 次刈割 CP 含量相差 0.74%;新苏 2 号(CK)CP 平均含量最低,仅为 6.73%,2 次刈割 CP 含量相差 1.21%。同时,这 8 个饲用高粱品种 CP 含量均表现为第 1 次刈割高于第 2 次刈割,第 1 次刈割除辽甜 1 号与对照和 SV 与对照之间 CP 含量未达极显著水平外,其余品种间均差异极显著($P<0.01$)。第 2 次刈割,通甜 1 号、辽甜 1 号与健宝、对照之间的 CP 含量不存在极显著差异,SV 与健宝、SV 与对照之间 CP 含量不存在极显著差异,其余品种间均存在极显著差异($P<0.01$)。从单位面积粗蛋白产量来看,不同品种表现相同,第 1 次刈割中,甜格雷兹与 SV、辽甜 1 号、吉甜 3 号及对照的 CP 产量均不存在极显著差异,其余品种间均存在极显著差异。第 2 次刈割,通甜 1 号的 CP 产量与其他各品种均存在极显著差异($P<0.01$)。

表 2 不同饲用高粱品种 CP 含量及产量

品种	粗蛋白含量/%		粗蛋白产量/(kg·亩$^{-1}$)	
	第 1 次刈割	第 2 次刈割	第 1 次刈割	第 2 次刈割
SV	8.27^{E}	6.51^{D}	55.39^{D}	43.59^{BC}
大力士	13.61^{A}	11.66^{A}	80.66^{B}	69.13^{AB}
辽甜 1 号	9.38^{D}	8.79^{C}	50.09^{DE}	46.93^{BC}

品种	粗蛋白含量/%		粗蛋白产量/(kg·亩⁻¹)	
	第1次刈割	第2次刈割	第1次刈割	第2次刈割
甜格雷兹	11.46[B]	10.73[B]	68.80[CD]	64.38[AB]
通甜1号	10.85[C]	8.54[C]	96.22[A]	75.79[A]
健宝	9.11[D]	8.08[CD]	44.38[E]	39.34[C]
吉甜3号	7.33[F]	6.12[E]	56.16[D]	46.86[BC]
新苏2号	8.84[DE]	8.06[CD]	72.51[C]	66.13[AB]

注:同列中不同大写字母间差异极显著($P<0.01$)。

2.3 不同饲用高粱品种中性洗涤纤维含量比较

中性洗涤纤维主要包括纤维素、半纤维素和木质素等成分,主要由不溶性的非淀粉多糖和木质素组成。其成分会影响反刍动物的消化,可以此评判该饲用品种的品质[9]。由图1可知,8个饲用高粱品种中,NDF含量在52.35%~70.92%之间,2次刈割NDF含量的差值在-2.56%~6.62%之间。新苏2号(CK)NDF平均含量最高,为68.45%,2次刈割NDF含量相差4.94%;其次是吉甜3号,NDF平均含量为66.97%,2次刈割NDF含量相差4.23%;大力士NDF平均含量最低,仅为54.82%,2次刈割NDF含量相差6.62%。除通甜1号表现为第2次刈割高于第1次刈割外,其余品种均表现为第1次刈割高于第2次刈割,第1次刈割辽甜1号与通甜1号、甜格雷兹与健宝的NDF含量不存在极显著差异,其余品种间均存在极显著差异($P<0.01$);第2次刈割,SV与辽甜1号、SV与健宝的NDF含量不存在极显著差异,其余品种间均存在极显著差异($P<0.01$)。

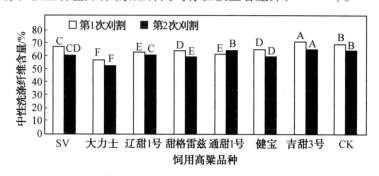

图1 不同饲用高粱品种 NDF 含量
注:柱形图上不同大写字母间差异极显著($P<0.01$),下同。

2.4 不同饲用高粱品种酸性洗涤纤维含量的比较

饲料中最难消化的部分是ADF[10]。由图2可以看出,8个饲用高粱品种中,ADF含量在26.97%~43.46%之间,2次刈割ADF含量的差值在-1.05%~4.63%之间。新苏2

号(CK)ADF 平均含量最高,为 42.13%,2 次刈割 ADF 含量相差 2.66%;其次是吉甜 3号,ADF 平均含量为 40.61%,2 次刈割 ADF 含量相差 4.23%;大力士 ADF 平均含量最低,仅为 28.25%,2 次刈割 ADF 含量相差 2.57%。除通甜 1 号和辽甜 1 号的 ADF 含量表现为第 2 次刈割高于第 1 次刈割外,其余品种均表现为第 1 次刈割高于第 2 次刈割。第 1 次刈割,SV、辽甜 1 号、通甜 1 号、健宝的 ADF 含量不存在极显著差异,辽甜 1 号与甜格雷兹的 ADF 含量不存在极显著差异,其余品种间存在极显著差异($P<0.01$)。第 2 次刈割,通甜 1 号与吉甜 3 号的 ADF 含量不存在极显著差异,其余品种间均存在极显著差异($P<0.01$)。

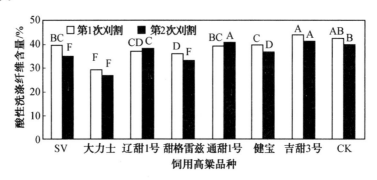

图 2   不同饲用高粱品种 ADF 含量

2.5   饲用高粱品种品质性状及干物质量的聚类分析及评价

综合 CP、NDF 和 ADF 3 个品质性状及总产量对饲用高粱品种进行聚类分析,结果如图 3 所示。SV、辽甜 1 号、甜格雷兹、健宝为一类,通甜 1 号、新苏 2 号(CK)、吉甜 3 号为一类,辽甜 1 号为一类。

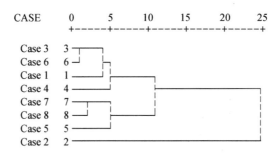

图 3   不同品种品质性状及总产量的聚类分析

注:Case1 ~ 8 分别表示 SV、大力士、辽甜 1 号、
甜格雷兹、通甜 1 号、健宝、吉甜 3 号、新苏 2 号(CK)。

CP 含量越高,而 NDF 和 ADF 含量相对较低的牧草其营养价值越高;相反,CP 含量越低,NDF 和 ADF 含量越高的牧草其营养价值越低[11-13]。根据禾本科牧草质量标准(表3),本试验中 8 个饲用高粱品种除 SV 和吉甜 3 号外,其余 6 个品种均达到了中等水平。

其中,以大力士、甜格雷兹和通甜 1 号最佳,其 CP 含量已达到中等及中等以上水平。尽管大力士、甜格雷兹收获时饲用品质较高,但产量较低,因此这 2 个品种适合作为青饲利用。而通甜 1 号总鲜、干草产量均为最高,且饲用品质略低于大力士和甜格雷兹,因此通甜 1 号适合作为青贮利用。

表3 禾本科牧草质量标准   %

标准	CP	NDF	ADF
高等	>11	<54	<40
中等	8～10	54～65	41～45
低等	<8	>65	>45

注:引自《美国牧草和草地协会牧草质量标准》。

3　讨论与结论

　　刈割是饲用作物有效生产和利用的关键环节,适当推迟刈割时间,充分利用其干物质快速积累的生长期可以尽量提高总干物质产量。本试验的 8 个饲用品种第 1 次刈割(7 月 23 日)的产草量比第 2 次刈割(9 月 27 日)高 1.5～3 倍,这是由于 6 月中旬至 7 月中旬正是生长旺盛阶段,光合面积大,光合效率高,生长速度快,此时植株较第 2 次刈割时有较多的干物质积累。同时生长期较第 2 次刈割长,营养物质含量也高于第 2 次刈割。第 1 次刈割后至第 2 次刈割期间,气温逐渐降低,雨水减少,收获时植株较幼嫩,刈割导致植株用于碳同化和光合产物积累的时间缩短,故其干物质及营养物质成分积累较少。本试验结果显示,CP 含量第 1 次刈割高于第 2 次刈割,除通甜 1 号外,其余品种的 NDF 和 ADF 含量均表现为第 1 次刈割高于第 2 次刈割,这可能是由于通甜 1 号生育期相对较短[14],第 2 次刈割时较其他品种成熟,累积的粗蛋白及纤维含量稍高于第 1 次刈割。

　　饲用高粱品种繁多,且不同品种各方面的表现也存在着明显差异,为避免盲目引种,本试验对通辽地区种植的 8 个品种从草产量和营养品质方面进行比较,得出 SV、辽甜 1 号、甜格雷兹、健宝为一类,通甜 1 号、新苏 2 号(CK)、吉甜 3 号为一类,辽甜 1 号为一类。再根据牧草质量标准,CP 含量越高,而 NDF 和 ADF 含量相对较低的牧草其营养价值越高;相反,CP 含量越低,NDF 和 ADF 含量越高的牧草其营养价值越低。本试验结果表明,大力士和甜格雷兹品质高,但产量较低,适合作为青饲利用。通甜 1 号总鲜、干草产量均为最高,饲用品质略低,适合作为青贮利用。因此这 3 个品种在通辽地区均具有推广价值。

参 考 文 献

[1]渠晖,沈益新.甜高粱用作青贮作物的潜力评价[J].草地学报,2011,5(3):89-94.
[2]陈柔屹,唐祈林,荣廷昭,等.刈割方式对饲草玉米 SAUMZ1 产量和饲用品质的影响[J].四川农业大学学报,2007,25(3):244-248.
[3]冯海生,李春喜,白生贵,等.8 个甜高粱品种在西宁地区的比较试验[J].草业科学,

2009,7(6):97-100.

[4]刘芳,李向林,白静仁,等.川西南农区高效饲草生产系统研究[J].草地学报,2006,14(2):147-151.

[5]杨胜.饲料分析及饲料质量检测技术[M].北京:中国农业大学出版社,1997.

[6]霍成君,韩建国,洪绂曾,等.刈割期和留茬高度对混播草地产草量和品质的影响[J].草地学报,2001,23(4):258-264.

[7]杨恒山,王国君,郭志明,等.健宝、牧特利、科多4号草产量及营养品质比较[J].草业科学,2003,20(10):37-38.

[8]薛建国,刘忠宽,王显国,等.引进BMR饲用高粱在环渤海地区的田间生产性能评价[J].河北农业科学,2011,15(11):9-13.

[9]刘景辉,赵宝平,焦立新,等.刈割次数与留茬高度对内农1号苏丹草产草量和品质的影响[J].草地学报,2005,13(2):93-96,110.

[10]丁成龙,顾洪如,许能祥,等.不同刈割期对多花黑麦草饲草产量及品质的影响[J].草业学报,2011,20(6):186-194.

[11]霍成君,韩建国,洪绂曾,等.刈割期和留茬高度对新麦草产草量及品质的影响[J].草地学报,2000,8(4):319-327.

[12]刘贵波,乔仁甫.几种饲草作物的饲用品质及产草量比较试验[J].作物杂志,2005,3(4):20-22.

[13]孙启忠,韩建国,桂荣,等.科尔沁沙地敖汉苜蓿地上生物量及营养物质累积[J].草地学报,2001,8(5):319-327.

[14]杨恒山,王国君,陈皆辉,等.杂交狼尾草"牧特利"生物学特性及刈割次数对产草量和品质的影响[J].草业学报,2004,4(5):65-71.

提高粒用高粱杂交种子纯度的关键措施

白乙拉图,包春光,包那仁图雅,赵　敏

（通辽市农业科学研究院,内蒙古 通辽 028015）

摘要:高粱是北方地区主要农作物之一,文章针对近年来北方粒用高粱杂交种子纯度的状况,分析了影响种子纯度的原因及问题,提出提高粒用高粱杂交种子纯度的措施。

关键词:粒用高粱;杂交种子;纯度;措施

高粱是北方重要旱粮作物,高粱生产可作为国内外所需饲料和酿造业的原料。近几年随着进出口贸易和国内加工业的快速发展,高粱市场需求量有所提升,其种植面积明显扩大,特别在黑龙江、吉林、内蒙古东部地区的农民种植粒用高粱的积极性倍增,并对高粱种子的纯度要求更加严格。生产出纯度高且让农民放心的高粱杂交种子是各种业公司和种子管理部门面临的难题,也是必须攻关的课题[1-5]。笔者总结多年的经验提出了几点建议供同行参考。

1　严把亲本关

亲本种子的优与劣直接影响杂交种子纯度,亲本(包括父本和母本)种子纯度达不到国家生产用亲本种子标准,其他工作(如隔离、去杂等)做得再好也很难制出国家二级标准以上的杂交种子。因此,严把亲本关是提高杂交种子纯度的关键环节。

1.1　自繁亲本

种业或用种人自己繁殖高粱亲本,首先应清楚不育系、保持系和恢复系的基本概念;其次要掌握繁殖不育系用不育系和保持系,制杂交种用不育系和恢复系的基本方法;在此基础上进一步掌握亲本特征与特性、隔离方法、去杂技术等有关知识,便于实际应用。

自繁亲本技术要点:①繁殖亲本用原原种,最好是育种家提供的套袋授粉种子;②空间隔离距离大于700 m以上;③不能重茬,前茬最好为油料茬;④杜绝播种过程中父母本混杂以及与其他高粱品种的混杂;⑤去杂去保要彻底;⑥父本与母本一样隔离繁殖(或套袋繁殖),不可取父本再利用;⑦严防收割、运输、脱粒过程的机械和人工混杂;⑧做好检验和储存;⑨冬季在海南省进行品种鉴定[6]。

1.2　外调亲本

种业公司或用种人可从外地或外单位调入亲本,补充生产所需的亲本种子缺口。外调亲本要求:①了解供种单位或个人是否从事过高粱育种、繁亲本、制种等工作;②供种单位或个人提供纯度、芽率指标;③双方签订协议并封存样品;④用种单位或个人在海南进行品种鉴定。

2 严把隔离关

外来花粉对高粱杂交种子纯度的影响较大,在高粱生产田看到特殊株型的高粱,来源多数为母本授外来花粉所产生的杂株。因此,制种田田间隔离应大于500 m。

2.1 与四周的高粱隔离

以制种田为中心在500 m以内不允许种植其他高粱(包括亲本和杂交种),发现一棵,去掉一棵,以此绝断外来花粉源,确保种子纯度。

2.2 与四周的笤帚米子、苏丹草、甜高粱隔离

笤帚糜子、苏丹草、甜高粱与粒用高粱无关,实际不然,高粱与它们之间的关系是同种内的不同变种。在高粱制种区内的田间地头发现类似变种必须及时处理。北方农民有在玉米地里撒播笤帚糜子的习惯,技术员播种前要做好宣传工作,预防类似事件发生,以便确保种子纯度。

3 严把连作关

高粱制种不宜连作的原因:①高粱连作易发生病虫害,尤其是提高黑穗病的发病率,导致减产或绝产;②高粱落粒性强,第2年可能长出许多野生高粱,给去杂工作带来不便,从而降低纯度[7]。

4 严把去杂关

在制种过程中去杂是否彻底直接反映在杂交种子纯度上,去杂是细致而不间断的过程。

4.1 去杂株

从拔节期到抽穗期前通过多次去杂株和变异株(包括母本行、父本行),彻底找不到杂株为止。

4.2 去保持系

母本刚开花要观察母本行中的保持系并发现即去掉。根据保持系的比例确定去保方

案。田间发现保持系5%以上，必须增加去杂人员、组建去杂小组，每人控制面积以1 hm²为宜，每天09:00前去保结束，去保工作不间断地轮回循环直到母本开花结束。

4.3 去父本杂株

在整体去杂过程中对父本进行更严格的去杂，现在有的种业进行多年父本再利用，导致父本变异和异株率很高，彻底去掉父本杂株和变异株是提高杂交种子纯度的关键步骤。

5 严把混杂关

5.1 杜绝机械混杂

杜绝机械混杂的要点：①清理运输车辆；②清理脱粒机；③清理精选机、运输机、脱粒机、包装机。

5.2 杜绝人工混杂

杜绝人工混杂要点：①收割时父母本错期收割，并单独放置；②入场院隔离放置，以种子垛为中心在10 m以内不允许堆放其他高粱；③脱粒后定量包装，并放好内外标签；④装卸车时按标签单独装卸。

6 严把播种、收割关

根据气温和土壤温度适时播种是抓全苗的关键，准确预测霜冻，及时收割是保持芽率的技术要点。

6.1 最佳播种期

近几年东北地区的春季低温现象严重，根据以往习惯每年5月1日左右播种，可能出现种子霉烂缺苗现象，播种应根据以下条件：①一般5 cm土层稳定温度大于等于12 ℃时开始播种；②播种量为22.5～30.0 kg/hm²；③播种深度以3～4 cm为宜，播后镇压。

6.2 最佳收割期

根据品种成熟期和气温变化科学掌握收割期：①早熟品种正常成熟即收割，不宜过分成熟；②晚熟品种根据天气预报、霜冻前1～2 d收割，并连秆割倒，晒干后切穗脱粒[8-9]。

7 结语

提高粒用高粱杂交种纯度要做好亲本纯度、隔离条件、栽培技术、去杂、播种收割及脱粒运输、加工、筛选、包装等各个环节的生产流程。把好亲本关是从源头上解决后患的关键,选择好隔离、前茬等条件是避开外来花粉的有效途径。做好去杂、不混杂,适时播种收割是提高纯度的有效方法。

参 考 文 献

[1]石贵山,刘红欣,王江红,等.高粱杂交种吉杂 210 号的选育[J].杂粮作物,2010,30(1):12-13.

[2]石贵山,栾天浩,姚忠贤,等.对提高高粱制种产量与种子纯度的几点建议[J].农业与技术,2007,27(3):102,104.

[3]钱庆华,杨玉文.高粱种子纯度鉴定技术研究[J].辽宁农业职业技术学院学报,2003,5(1):3-5.

[4]吕树立,侯雪梅,任伟,等.高粱杂交种豫粱 8 号高产制种技术[J].安徽农业科学,2004,32(5):1092.

[5]赵丽芳,张福耀.高粱雄性不育系败育机理研究进展[J].杂粮作物,2009,29(1):11-13.

[6]石贵山,刘洪欣,王江红,等.高粱杂交种低芽率原因与对策[J].杂粮作物,2010,30(3):221-222.

[7]张海燕,张桂香,史红梅.高粱种性退化的原因及防止措施[J].杂粮作物,2010,30(5):353-354.

[8]赵增煜,王景升,王凤英,等.玉米、高粱杂交种纯度对产量的影响及分级标准的研究[J].沈阳农学院学报,1983(2):10-21.

[9]李红玉.提高高粱杂交种纯度的做法[J].种子世界,1995(4):11.

通辽地区发展高粱产业前景分析

白乙拉图,塔　娜,包春光,田丽梅

（通辽市农业科学研究院,内蒙古 通辽 028015）

高粱是饲料加工和酿造业的主要原料,酿造名优白酒时高粱是不可缺少的原料;高粱壳是纯天然红色素原料,可用于食品、医药、化妆品等行业;高粱秆既可做高密板材,又可做工艺品和菜篮等生活用品,是无污染的环保型原材料;甜高粱秆中的糖汁的质量分数为50%~70%、锤度（BX）为12%~18%,是一种优质青贮和制糖原料。高粱具有抗旱、耐瘠、耐盐碱、耐涝等特点。通辽地区有广阔的山坡、丘陵、低洼盐碱地构成的中低产田,大力发展高粱产业是改良土壤、促进农民增收和企业发展的有效途径。

1　通辽地区基本情况

通辽地处北纬42°15′~45°41′,东经119°15′~123°43′,属松辽平原西端低山丘陵和倾斜冲积平原地带。北部是大兴安岭余脉,面积为19 349 km²,占总面积的32.5%;中部属西辽河、新开河、教来河冲积平原,面积为12 502 km²,占总面积的21%;南部和西部属辽西山区边缘地带,由浅山、丘陵、沟壑、沙沼构成,面积为27 684 km²,占总面积的46.5%。气候条件属温带大陆性季风气候带,春季干旱多风,夏季短促温热,降水集中,秋季凉爽,冬季干冷,无霜期为90~150 d,年降雨量为350~450 mm,有效耕地面积为103.19万 hm²,其中粮食作物占总耕地面积的77.1%,农业人口占总人口的2/3。

2　发展高粱产业的硬环境

2.1　土地面积

中部冲积平原地势平坦,地力肥沃,灌溉设备齐全,主要种植玉米。占总面积79%的北、西、南部是丘陵、沙沼、沟壑占主导地位,以种植杂粮为主的中低产田,农户随着杂粮市场价格变化随时调整种植结构,是发展高粱产业的主要地区。

2.2　气候条件

大陆性季风气候带的特点是干旱、半干旱。北、西、南部多数土地均属山坡、沙沼、低洼盐碱地,这正对应于高粱抗旱、耐涝、耐盐碱特点,为高粱产业的发展提供了适宜的环境。

2.3 劳动力

通辽市是农业大市,农村人口占总人口的 2/3,粮食作物种植面积占总耕地面积的 77.1%,说明农村劳动力充足,冬季可剩余,为高粱产业多元化、精细化发展提供了劳动力保障。

2.4 原料供应

通辽市无霜期为 90~150 d,说明南北差距大,北部霍林河市、扎鲁特旗可种植极早熟和早熟品种,南部库伦旗、奈曼旗可种植晚熟品种,中部科尔沁区、科左中旗可种植中晚熟品种,为高粱加工业的发展提供原料保障。

3 发展高粱产业的软环境

通辽市是农业大市,我国成立以来政府部门非常重视农业科研和农业推广,每年投入大量的人力、物力、财力,现已建成了规模大、实力雄厚、设备先进的农业科学研究院高粱研究所,在各旗县乡镇设立了农业服务站,形成了科研推广一体化、网络化格局。

3.1 科研优势

经过通辽市农业科学研究院高粱研究所几代人的努力圆满地完成了系统选育和杂优利用。目前已选育出高淀粉、糖用、帚用、色素用、饲草用、板材用系列品种,为高粱深加工、多元化发展提供了技术和物质保障。

3.2 推广服务优势

旗县乡镇农业服务站是推广新项目、新品种的技术支撑。此外,农民技校每年培训大量的农民,并在各村设立了种植大户和农业合作社,为启动深加工项目提供了推广服务保障。

4 高粱产业中存在的问题

4.1 高粱的综合利用开发不足

目前高粱除食用、饲用外,主要用在酿酒和制帚等方面,其深加工和多用途综合利用还未得到开发,这阻碍着高粱产业的发展和提升。

4.2 对高粱潜在价值的认识不足

长期以来,人们受历史的影响,认为高粱属低产而用途单一作物。实际上,高粱作为 C_4 作物,光合效率和净同化率高,具有较大的增产潜力。另外,饲料、制糖、青贮、青饲、制板材、提色素、造纸等多个行业均离不开高粱这一环保型能源。

4.3 企业精细化、多元化、规模化不足

现有企业以酿酒和加工饲料为主,规模小,拉动农村经济产业化程度低。企业发展到精细化、规模化、多元化时农民积极性提高,形成以种植高粱为主的产业结构,对高粱产业的长促发展起到推动作用。

5 发展高粱产业策略

要发展高粱产业首先要发展与高粱相关的加工销售企业。企业发展后会拉动和推动本产业发展。因此,可采用如下策略发展高粱产业:一是大力发展以高粱粒为原料的酿造和饲料企业;二是大力发展以饲草为原料的舍饲养殖企业;三是大力发展以高粱秆为原料的工艺品、造纸、制板企业;四是大力发展以甜高粱为原料的制糖企业;五是大力发展以高粱壳为原料的色素、化妆品加工企业;六是大力发展为企业源源不断提供新技术、新产品的科技创新企业。

同异分析方法在高粱品种评价中的应用研究

李　默,王振国,李　岩,邓志兰,徐庆全

（通辽市农业科学研究院,内蒙古 通辽 028015）

摘要:文章阐述了同异分析的原理与方法。对 2014 年国家高粱品种区域试验运用该方法进行了分析评价。结果表明:金果 2 号的综合性状最好,其次是吉杂 145、辽杂 14-1、吉杂 225、H101、赤 A6 * 8511 等,除对照外凤杂 20 的综合性状最差。说明同异分析法的评价结果与田间鉴评结果基本一致,而且同异分析法运算简便,结果全面客观,可应用于高粱品种评价。

关键词:高粱;同异分析;品种综合评价

目前,高粱品种的评价只单一考虑产量性状,而其他性状对产量结果对稳产性、丰产性、适应性也有一定的影响[1-2]。对影响高粱产量的其他性状因素进行分析,能够较为全面、客观、有效地评价一个品种[3-4]。同异分析方法简便,综合考虑多个性状,目前在水稻、小麦、玉米、甘蔗、大豆、绿豆等作物的品种评价中已广泛应用,并取得了较好的效果[5]。笔者运用同异分析方法分析了 2014 年国家高粱春播早熟组区域试验通辽承试点的参试品种性状数据。

1　同异分析原理与方法

设有 n 个待评价品种,构成评价对象集合 $V = (v_1, v_2, \cdots, v_n)$;有 m 个考察性状,构成评判性状集合 $R = (r_1, r_2, \cdots, r_n)$;每个性状均有 1 个调查值,记为 $x_{gk}(g = 1, 2, \cdots, n; k = 1, 2, \cdots m)$,表示第 g 个品种第 k 个性状值。应用同异分析方法对高粱品种试验进行分析的方法与步骤如下:

(1)确定各性状的理想值。

对于“越小越好”的性状取 n 个品种各个性状的最小值;对于“越大越好”的性状的理想值取 n 个品种各个性状的最大值;对于“不大也不小”的性状的理想值取适中值。这样,各个性状的理想值构成理想性状集合,记第 k 个性状的理想值为 x_{0k}。

(2)计算被评价品种各个性状 x_{gk} 与理想性状集中各对应性状值 x_{0k} 的同一度,构成被评价品种各性状与理想性状的性状矩阵。

$$P = \begin{vmatrix} a_{11} & a_{12} & \cdots & a_{1m} \\ a_{21} & a_{22} & \cdots & a_{2m} \\ \vdots & \vdots & \vdots & \vdots \\ a_{n1} & a_{n2} & \cdots & a_{nm} \end{vmatrix}$$

矩阵中的元素 $a_{gk}(g = 1, 2, \cdots, n; k = 1, 2, \cdots, m)$ 称为被评价品种性状 x_{gk} 与理想性状

中各对应性状 x_{0k} 的同一度。其具体计算公式为

$$a_{gk} = x_{0k}/x_{gk} \quad (\text{当} \ x_{gk} > x_{0k} \text{时})$$
$$a_{gk} = x_{gk}/x_{0k} \quad (\text{当} \ x_{gk} \leqslant x_{0k} \text{时})$$
$$a_{gk} = x_{0k}/(x_{0k} + \mid x_{0k} - x_{gk} \mid) \quad (\text{当} \ x_{0k} \text{适中时})$$

（3）权重的确定。

根据专业知识和专家经验确定各性状的权重 $W = (w_1, w_2, \cdots, w_m)$，根据公式 $U = P \times W$ 计算各被评价品种与理想性状集的性状联系矩阵 U。U 中元素 A_g 是第 g 个品种与理想性状集的综合同一度。计算公式是 $A_g = \sum (a_{gk} \times w_k) \ (g = 1, 2, \cdots; k = 1, 2, \cdots, m)$。

（4）计算差异度 $b_g = 1 - a_g$。

（5）计算品种联系度。

根据联系度公式 $\mu(w) = a + ib$ 计算品种联系度，对于品种区域试验分析来说，一般取 i 值为 -1。

（6）对各个品种做出优劣评价。

2 高粱同异分析应用实例

2.1 材料来源

材料数据来源于 2014 年通辽市农业科学研究院承试国家酿造高粱春播早熟组区域试验。

2.2 分析方法

按照上述原理的方法进行高粱同异分析。

2.2.1 构造理想品种

根据高粱杂交种的育种目标和实际情况确定各性状的理想值 x_{0k}（表 1）。

表 1　参试高粱品种的主要性状、理想值和权重值

品种	生育期/d	倾斜率/%	抗旱性	育性/%	叶病/%	其他病害/%	株高/cm	穗长/cm	穗粒重/g	千粒重/g	着壳率/%	产量/(kg·hm⁻²)
吉杂 142	116	1.6	3	95	无	0	147	28.6	86	32.75	10	8 604
辽杂 14-1	114	0	3	90	轻	0	183	26.0	116	34.85	5	10 626
金果 3 号	113	3	3	95	轻	0	177	23.2	98	30.75	2	10 239
吉杂 145	117	0	3	90	轻	0	168	28.8	114	33.2	0	10 613
凤杂 20	117	6	3	90	轻	0	141	27.2	94	28.35	10	8 307

品种	生育期/d	倾斜率/%	抗旱性	育性/%	叶病/%	其他病害/%	株高/cm	穗长/cm	穗粒重/g	千粒重/g	着壳率/%	产量/(kg·hm⁻²)
C7A/H28	112	1.6	3	95	轻	0	154	29.6	118	32.95	10	9 995
赤A6*8511	103	3	3	95	轻	0	170	30.0	106	33.35	10	10 839
H101	116	0	3	95	无	0	175	25.6	86	26.55	10	9 582
金果2号	114	0	3	90	轻	0	124	30.6	92	30.85	2	11 090
5049A*9115	109	0	3	95	轻	0	175	28.0	100	31.15	10	9 038
BL301	112	8	3	95	中	0	170	24.4	74	27.55	2	8 045
吉杂225	110	8	3	95	轻	0	132	25.8	102	30.15	2	10 055
敖杂1（CK1）	102	10	3	95	轻	0	136	22.4	78	28.25	1	7 655
四杂25（CK2）	105	5	3	95	轻	0	149	22.6	62	30.45	10	8058
理想值	109	0.520 8	3	100	0.434 8	0	145	30.6	118	34.85	4	11 090
权重	0.067 3	0.039 7	0.055 1	0.055 4	0.046 9	0.055 1	0.060 8	0.074 2	0.075 1	0.074 2	0.046 1	0.350 0

2.2.2 计算待评价品种各性状值与理想值的同一度

参试高粱品种主要性状的同一度见表2。

表2 参试高粱品种主要性状的同一度

品种	单产	生育期	倾斜率	抗旱性	育性	叶病	其他病害	株高	穗长	穗粒重	千粒重	着壳率
吉杂142	0.775 9	0.892 2	0.347 22	1.000 0	0.950 0	1.000 0	1.000 0	0.939 0	0.934 6	0.728 8	0.939 7	0.055 6
辽杂14-1	0.958 2	0.907 9	1.000 00	1.000 0	0.900 0	0.138 9	1.000 0	0.859 1	0.849 7	0.983 1	1.000 0	0.111 1
金果3号	0.923 3	0.915 9	0.185 18	1.000 0	0.950 0	0.138 9	1.000 0	0.888 2	0.758 2	0.830 5	0.882 4	0.277 8
吉杂145	0.957 0	0.884 6	1.000 00	1.000 0	0.900 0	0.138 9	1.000 0	0.935 8	0.941 2	0.966 1	0.952 7	1.000 0
凤杂20	0.749 1	0.884 6	0.092 59	1.000 0	0.900 0	0.138 9	1.000 0	0.906 5	0.888 9	0.796 6	0.813 5	0.055 6
C7A/H218	0.901 3	0.924 1	0.347 22	1.000 0	0.950 0	0.138 9	1.000 0	0.980 0	0.967 3	1.000 0	0.945 5	0.055 6
赤A6*8511	0.977 4	0.995 2	0.185 18	1.000 0	0.950 0	0.138 9	1.000 0	0.924 8	0.980 4	0.898 3	0.957 0	0.055 6
H101	0.864 1	0.892 2	1.000 00	1.000 0	0.950 0	1.000 0	1.000 0	0.898 4	0.836 6	0.728 8	0.761 8	0.055 6
金果2号	1.000 0	0.907 9	1.000 00	1.000 0	0.900 0	0.138 9	1.000 0	0.825 6	1.000 0	0.779 7	0.885 2	0.277 8
5049A*9115	0.815 0	0.949 5	1.000 00	1.000 0	0.950 0	0.138 9	1.000 0	0.898 4	0.915 0	0.847 5	0.893 8	0.055 6
BL301	0.725 4	0.924 1	0.069 44	1.000 0	0.950 0	0.046 3	1.000 0	0.924 8	0.797 4	0.627 1	0.790 5	0.277 8
吉杂225	0.906 7	0.940 9	0.069 44	1.000 0	0.950 0	0.138 9	1.000 0	0.861 8	0.843 1	0.864 4	0.865 1	0.277 8
敖杂1	0.690 2	0.985 7	0.055 56	1.000 0	0.950 0	0.138 9	1.000 0	0.881 1	0.732 0	0.661 0	0.810 6	0.555 6
四杂25	0.726 6	0.985 7	0.111 11	1.000 0	0.950 0	0.138 9	1.000 0	0.950 3	0.738 6	0.525 4	0.873 7	0.055 6

2.2.3 待评价品种与理想品种综合同一度、差异度和联系度

计算品种综合同一度、差异度和联系度,见表3。

表3 参试高粱品种主要性状的同异分析

品种	综合同一度	差异度	联系度	同异分析	方差分析
吉杂 142	0.808 7	0.191 3	0.617 3	10	10
辽杂 14-1	0.871 3	0.128 7	0.742 6	3	3
金果 3 号	0.812 5	0.187 5	0.625 0	7	5
吉杂 145	0.917 0	0.083 0	0.833 9	2	4
凤杂 20	0.735 9	0.264 1	0.471 8	13	11
C7A/H218	0.840 1	0.159 9	0.680 1	8	7
赤 A6 * 8511	0.855 9	0.144 1	0.711 8	6	2
H101	0.842 5	0.157 5	0.685 0	5	8
金果 2 号	0.878 9	0.121 1	0.757 9	1	1
5049A * 9115	0.813 4	0.186 6	0.626 7	9	9
BL301	0.717 9	0.282 1	0.435 8	11	12
吉杂 225	0.809 7	0.190 3	0.619 5	4	6
敖杂 1(CK1)	0.722 9	0.277 1	0.445 7	12	13
四杂 25(CK2)	0.714 0	0.286 0	0.427 9	14	14

2.2.4 结果与分析

由表3可以看出,14 个参试品种同异分析的优劣次序为金果 2 号>吉杂 145>辽杂 14-1>吉杂 225>H101>赤 A6 * 8511>金果 3 号>C7A/H218>5049A * 9115>吉杂 142>BL301>敖杂 1>凤杂 20>四杂 25。同异分析的结果都优于四杂 25(CK),同异分析排序与方差分析排序不同,究其原因是方差分析只考虑 1 个性状(产量),而同异分析考虑 12 个性状。综合比较分析使用 2 种方法所得到的结果,金果 2 号、辽杂 14-1、5049A * 9115、吉杂 142 和四杂 25(CK)品种的排名基本一致,赤 A6 * 8511、H101、金果 3 号、吉杂 145、吉杂 145、凤杂 20 和吉杂 225 品种的排名有较大差异:产量排名第二的赤 A6 * 8511 由于综合性状较差,同异分析中排名第六,与田间鉴评结果基本一致,可见同异分析法应用多因素分析法评价结果更全面合理。

3 讨论与结论

同异分析方法运算简单,方便快捷,评价品种较全面、客观、合理,与方差分析相比,由于其分析各品种的多个性状,避免了考虑产量单个因素的局限性,能比较客观、全面、合理地评价,在高粱品比试验中是可行的。同异分析法应用时,确定各性状的权重系数是关键环节,应根据生产实际、育种目标确定,且性状的选择也很关键。因此,在综合评价高粱品

种时,应同时考虑同异分析和方差分析的结果。

参 考 文 献

［1］郭瑞林.农业模糊学［M］.郑州:河南科学技术出版社,1991.

［2］郭瑞林.作物灰色育种学［M］.北京:中国农业科学技术出版社,1995.

［3］王阔,郭瑞林.同异分析方法在绿豆品种区域试验中的应用研究［J］.杂粮作物,2004,24(1):15-18.

［4］郭瑞林,刘亚飞,王景顺,等.同异理论及其在小麦育种中的应用［J］.麦类作物学报,2010,30(5):970-975.

［5］郭瑞林,刘亚飞,吴秋芳,等.小麦品种区域试验四种分析方法的比较研究［J］.麦类作物学报,2011,31(4):776-779.

早熟区高粱高产栽培技术

李 岩

（通辽市农业科学研究院，内蒙古 通辽 028015）

高粱具有抗旱、耐涝、耐盐碱、适应性强等特点，由于近年人们膳食结构的改变，高粱再度"受宠"，成为人们比较喜欢的主食之一，适当扩大高粱种植面积可实现农作物的轮作倒茬，均衡利用土壤养分，减轻病虫害发生。主要栽培技术措施如下。

1 选地

高粱对土壤适应能力较强，但对各地高产地块的土壤分析发现，这些高产地块都具备土壤耕层深厚、结构良好、土壤有机质含量高、土壤质地和酸碱度适宜等特点。

2 整地

根据高粱对土壤的要求，应在秋季前作物收获后抓紧进行整地，以利蓄水保墒，延长土壤熟化时间，达到"春墒秋保，春苗秋抓"的目的，耕深以 20 cm 为宜。

3 选择优良品种

根据本地区的土壤及气候条件，选择适合当地的品种作为主栽品种。要求该品种具有品质好、籽粒整齐、根系发达、茎秆粗壮、抗叶锈病、抗倒伏和产量高等特点。

4 种子处理

（1）发芽试验。播前进行发芽试验是确定播种量的依据，种子发芽率在 95% 以上时才能播种。

（2）选种、晒种。播前应将种子进行风选或筛选，选出粒大饱满的种子，并进行晒种，播后出苗率高、发芽快、出苗整齐，幼苗生长健壮。

（3）浸种催芽用 55~57 ℃温水浸种 3~5 min，晾干后播种，有添墒保苗与防治疾病的作用。

（4）药剂拌种。为了防止高粱患黑穗病，可用拌种霜拌种，1 kg 种子用量为 5 g。

5 一次播种保全苗

一般土壤 5 cm 内，地温稳定在 12~13 ℃，土壤湿度在 16%~20% 播种为宜。5 月初为适宜播种期,播种量与发芽率和单位面积保苗率有关;发芽率在95%以上,保苗率在6 000株/亩左右,播种量为1.5~2.0 kg/亩。播深以3~4 cm为宜,播种时要深浅一致,踩好底格子,覆土薄厚一致,镇压保墒。

6 配方施肥

根据高粱生长需要,施农家肥2 500 kg/亩,加5 kg钾肥一次施入作为底肥。种肥用10 kg磷酸二铵,种子与化肥分开,防止烧种。追肥在拔节期和出穗期各施用1次。拔节期用尿素20 kg结合中耕培土一起施用。抽穗期可施硫铵8~10 kg作为穗肥。

7 加强田间管理

(1)间苗、定苗。出苗后3至4叶期时进行间苗,5至6叶期时定苗,这样可以减少水分和养分的消耗,促进幼苗健壮、早发。

(2)中耕。苗期中耕2次。第1次结合定苗进行,10~15 d后进行第2次中耕可保墒提温,发根壮苗,消灭杂草,减轻杂草危害,拔节后在营养生长过程中进行中耕培土,促进须根早发、快发,增强抗风抗倒、抗旱保墒能力。

(3)蹲苗。一般从定苗开始到拔节结束,可促进根系下扎,使高粱生长健壮,抗旱抗倒伏能力增强,能获得较高产量。

8 综合防治病虫害

高粱的主要病虫害有高粱黑穗病、蚜虫和地下害虫。防治地下害虫用质量分数为5%的甲拌磷1.5 kg拌细土15 kg,播种时均匀撒在垄沟内即可。防治蚜虫可用质量分数为3%的乐果粉剂,2.5 kg/亩进行叶面喷施,也可以用质量分数为5%的甲拌磷1.5 kg拌细土15 kg,撒于田间。

9 适时收获

高粱适宜收获期为蜡熟末期,此时籽粒饱满,淀粉含量高,一般在10月1日左右进行收获。

种植方式对土壤水分及高粱生长的影响

崔凤娟,李　默,王振国,李　岩,邓志兰,徐庆全[*]

(内蒙古通辽市农业科学研究院,内蒙古 通辽 028015)

摘要:为明确种植方式与土壤水分含量、高粱生长发育、产量及产量构成因素的关系,以高粱杂交种"通杂139"为试验材料,采用大田试验方法,研究了不同种植方式对土壤含水量、高粱生长、产量及其构成因素的影响。试验采用随机区组设计,3次重复。试验设3个处理方式,分别为等行距50 cm(种植密度为10.5万株/hm²)、二比空1(行距50 cm种2行空1行,种植密度为10.5万株/hm²)和二比空2(行距50 cm种2行空2行,种植密度为7.0万株/hm²)。结果表明:等行距种植平均株高最高,二比空2种植平均茎粗最大,且各处理差异显著。二比空1种植可显著提高0~40 cm垄上土壤含水量,提高整个生育期内土壤平均含水量,显著增加叶面积指数和显著提升籽粒产量。结果表明:"通杂139"种植方式为种2行空1行,种植密度为10.5万株/hm²,株距为10.58 cm×50 cm时,能更好地协调群体结构,使籽粒产量达到较高水平。

关键词:高粱;种植方式;叶面积指数;土壤含水量;籽粒产量

1　目的意义

不同种植方式是影响高粱产量的重要因素之一[1],由于近几年来,随着全球气候的变化,干旱成为农业生产中经常遇到的问题,是影响农业可持续发展的重要因素。合理的种植方式是高粱实现高产稳产的重要保障[2-3]。有研究表明,合理的种植方式可以提高玉米穗位层叶片数,减少叶茎夹角,获得更多的光截留量,改善棵间通风透光情况,通过人为创造的边行效应达到增产的目的[4-6]。玉米双株错位种植模式提高了冠层竞争空间,从而达到增产的目的[7-9]。笔者在研究了高粱等行距最适宜种植密度后,提出了合理的种植方式,以期达到促进高粱生长,提高土壤水分含量,改善群体空间分布和植株姿态,增加群体内透光率,增大叶面积指数且延长持绿时间,进而显著提高高粱籽粒产量的目的,探索"通杂139"高产高效的栽培模式,为其在通辽地区农业推广种植、提升群体质量及高粱单产提供理论依据及技术支撑。

2　试验设计

2.1　试验地概况及试验材料

试验于2018年5—10月在内蒙古通辽市科尔沁区钱家店镇通辽市农业科学研究院试验基地进行。该基地海拔203 m,E122°37′,N43°43′,属温带大陆性气候。0~20 cm土层的土壤有机质含量为11.61 g/kg,碱解氮含量为67.65 mg/kg,速效磷含量为

16.68 mg/kg,速效钾含量为 138.5 mg/kg,pH 为 8.62。土质为白五花土,前茬作物为蓖麻。年平均降雨量为 371.8 mm,6—8 月份降雨占全年的 80% 以上,年平均气温为 7.3 ℃。供试材料为高粱杂交种"通杂 139",由通辽市农业科学研究院高粱研究所提供。

2.2 试验设计

试验设 3 种种植方式,分别是:

(1)B1:等行距 50 cm,种植密度为 105 000 株/hm²,株距为 15.87 cm。

(2)B2:二比空 1(行距 50 cm 种 2 行空 1 行),种植密度为 105 000 株/hm²,株距为10.58 cm。

(3)B3:二比空 2(行距 50 cm 种 2 行空 2 行),种植密度为 70 000 株/hm²,株距为15.87 cm。

小区面积为 15 m²,行长为 5 m,6 个行区,四周设保护行。每个处理重复 3 次,随机排列,共 9 个小区。底肥施二铵 450 kg/hm²,其他田间管理按当地传统种植方式。

2.3 测定项目及方法

2.3.1 高粱形态及生长指标

株高:每个小区于苗期选择 10 株生长比较均匀的连续植株挂牌标记,在拔节期、孕穗期、开花期和灌浆期测量高粱自然株高。

茎粗:每个小区于苗期选择 10 株生长比较均匀的连续植株挂牌标记,在开花期用游标卡尺测定茎基部直径。

叶面积:每个小区选取 10 株生长比较均匀、有代表性的连续植株挂牌标记,分别在拔节期、孕穗期、开花期、灌浆期和成熟期测定叶面积。

单株叶面积(LA):采用长宽系数法[10]量取高粱叶片长度和宽度(垂直主叶脉的最大距离),计算见公式为

$$LA = 0.75 \times 长 \times 宽 \tag{1}$$

叶面积指数(LAI):是指单位土地面积上植物叶片总面积占土地面积的倍数,计算公式为

$$LAI = (LA \times 单位土地面积内株数)/单位土地面积 \tag{2}$$

2.3.2 高粱产量和穗部性状的测定

在成熟期收获测产的植株中,每个处理随机取 20 株风干后进行考种。考种指标包括单穗穗重、千粒重、单株穗粒数、单穗粒重、全区测产量。

2.3.3 土壤含水量的测定

在孕穗期、开花期、灌浆期和成熟期,两试验均采用土钻取土,按照 0 ~ 20 cm、20 ~ 40 cm 两层分别取土,用 105 ℃烘干法求土壤含水量。其中,种植方式试验等行距种植在

行间取土;二比空种植在两垄行间及空垄分别取土,分别计算再求平均数。

2.4 数据统计与分析

采用 Microsoft Excel 2007 和 DPS 15.0 数据处理系统对试验数据进行处理及统计分析。

3 结果分析

3.1 种植方式对苗期高粱株高和茎粗的影响

不同种植方式,高粱的株高和茎粗不同。从表 1 可以看出,等行距种植(B1)平均株高最高,拔节期各处理差异不明显。孕穗期二比空 1 种植的株高最高,较等行距种植、二比空 2 种植分别提高 3.15%、6.78%,等行距种植与二比空 2 种植的株高无显著差异。开花期、灌浆期二比空 2 种植株高较等行距种植和二比空 1 种植分别低 5.80%、4.76%、2.28%、2.89%,且等行距种植与二比空 2 种植无显著差异,但二者均与二比空 2 种植差异显著。二比空 2 种植平均茎粗最大,较等行距、二比空 1 种植分别提高 25.48%、18.53%。三种种植方式均达到显著差异水平。这说明二比空种植通过合理利用光能和水肥条件可达到壮苗的目的。

表 1　种植方式对苗期高粱株高和茎粗的影响

处理	株高			茎粗	
	拔节期	孕穗期	开花期	灌浆期	开花期
B1	92.33 ± 7.51^a	133.33 ± 21.73^a	155.67 ± 3.79^a	160.67 ± 1.15^a	19.3 ± 0.06^b
B2	95.33 ± 2.89^a	137.67 ± 14.29^a	154.00 ± 6.93^a	161.67 ± 4.16^a	21.1 ± 0.03^b
B3	83.33 ± 5.77^a	128.33 ± 16.29^b	146.67 ± 2.89^b	157.00 ± 7.55^b	25.9 ± 0.10^a

3.1.2 种植方式对土壤含水量的影响

(1)种植方式对垄上土壤含水量的影响。

图 1 显示,孕穗期二比空 1 种植 0~20 cm 土层和 20~40 cm 土层垄上土壤含水量均最高,较等行距种植和二比空 2 种植 0~40 cm 土层垄上平均含水量分别提高 16.70%、24.22%,三种种植方式分别达显著水平。开花期由于降雨较少,作物吸水处于亏缺状态,等行距种植和二比空 1 种植 0~20 cm 土层和 20~40 cm 土层垄上土壤含水量均未达显著水平,0~20 cm 土层二比空 1 种植与二比空 2 种植达显著水平,20~40 cm 土层二比空 2 与二比空 1 和等行距种植均达到显著水平,其中二比空 1 种植方式 0~40 cm 土层平均含水量较等行距种植和二比空 2 种植分别提高 5.09%、10.81%。灌浆期雨水充足,等行距种植和二比空 2 种植垄上含水量差异不显著,二比空 1 种植由于株距较小,叶片荫蔽,减少了水分蒸发,垄上含水量相对较高,比等行距种植和二比空 2 种植分别提高 8.48%、

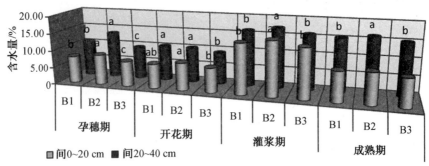

图1 种植方式对垄上土壤含水量的影响

4.74%,且与这两种种植方式均有显著差异。成熟期,二比空 1 种植与等行距种植、二比空 2 种植含水量差异显著,0~40 cm 土层垄上平均含水量较二者分别提高 4.75%、8.23%。

(2)种植方式对垄间土壤含水量的影响。

种植方式对垄间土壤含水量的影响如图 2 所示。

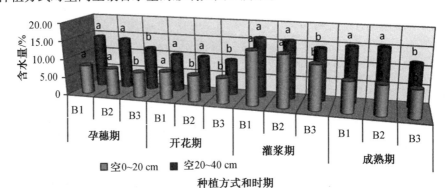

图2 种植方式对垄间土壤含水量的影响

由图 2 可见,孕穗期等行距种植和二比空 1 种植 0~20 cm 和 20~40 cm 土层垄间土壤含水量差异不显著,与二比空 1 种植均差异显著,在 0~40 cm 土层,等行距种植垄间土壤平均含水量较高,较二比空 1 种植、二比空 2 种植分别高 3.95%、16.22%。开花期 0~20 cm 土层二比空 1 种植与二比空 2 种植差异不显著,20~40 cm 土层等行距种植与二比空 1 种植差异不显著,其他处理间均差异显著,在 0~40 cm 土层,等行距种植垄间土壤平均含水量较高,较二比空 1 种植、二比空 2 种植分别高 2.85%、14.65%。灌浆期至成熟期降雨增多,日照减弱,使得耕层水分始终保持在较高水平,0~20 cm 和 20~40 cm 土层,等行距种植与二比空 1 种植差异不显著,与二比空 2 种植差异显著,在 0~40 cm 土层,等行距种植垄间土壤平均含水量较高,比二比空 1 种植、二比空 2 种植分别高 0.82%、18.39%。

(3)种植方式对垄间土壤含水量的影响。

如图 3 所示,综合整个生育期 3 种种植方式 0~40 cm 土层平均含水量,3 种种植方式平均含水量均达显著水平,其中二比空 1 种植平均含水量最高,较等行距种植和二比空 2 种植分别高 2.84%、12.21%。这说明二比空 1 种植由于加大了棵间密度,减少了垄上水分的蒸发,二比空1种植更有利于作物充分利用光能,叶片生长较旺盛,减少了垄间漏光现象。综合整个生育期来看,二比空1种植可提高0~40 cm土层的平均含水量。

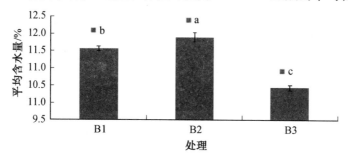

图3　种植方式对垄间土壤含水量的影响

3.1.3　种植方式对高粱各生育期叶面积指数的影响

叶面积指数是衡量作物群体生产规模的主要指标,也是衡量株间光照的重要标准[11-13]。从图4可以看出,在整个高粱生长期,各处理的叶面积指数均呈现先升后降的变化趋势,二比空1种植的叶面积指数均高于等行距种植和二比空2种植,其中等行距种植的叶面积指数在生育后期下降的速度高于二比空1和二比空2两种种植方式,二比空1种植最大叶面积指数较等行距种植持续时间长。整个生育期内,二比空1种植平均叶面积指数最高,较等行距种植和二比空2种植分别高6.10%、34.94%,说明二比空1种植方式对叶片生长最有利,并且对延长叶片持绿时间有明显促进作用。

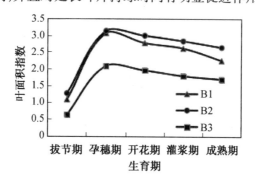

图4　种植方式对高粱各生育期叶面积指数的影响

3.1.4　种植方式对高粱产量及其构成因素的影响

由表2可以看出,3种种植方式的单穗穗重、千粒重、单株穗粒数、单穗粒重二比空2种植均高于二比空1种植和等行距种植,二比空1种植和二比空2种植与等行距种植相比,单穗穗重分别提高13.71%、24.95%;千粒重分别提高2.44%、3.59%;单株穗粒数分别提高10.08%、18.07%;单穗粒重分别提高9.86%、14.17%;二比空2种植与其他两种种植方式相比在产量构成因素方面具有明显优势,但由于种植密度过低,产量下降,二比空1种植在保证种植密度的同时充分利用光能条件,产量较等行距种植和二比空2种植分别高7.13%、27.04%,各处理间达显著水平,二比空1种植与二比空2种植达极显著水平。3种种植方式相比,二比空1种植产量增幅最大。

表2 种植方式对高粱产量及其构成因素的影响

处理	单穗穗重/g	千粒重/g	单株穗粒数	单穗粒重/g	产量/(kg·hm^{-2})
B1	123.33^{cB}	27.22^{cB}	2 769.69^{bB}	74.67^{cC}	7 854.19^{bAB}
B2	131.33^{bB}	27.90^{bB}	2 968.83^{bAB}	82.83^{bB}	8 256.83^{aA}
B3	151.00^{aA}	28.23^{aA}	3 258.51^{aA}	87.00^{aA}	6 170.16^{cB}

4 讨论与结论

本试验所设计的种植方式是在研究了"通杂139"最适种植密度的前提下,提出"二比空1"的种植方式,其基础是种植密度不变而增加株距。有前人研究表明,玉米二比空种植方式与同密度种植方式相比可以提高穗位层叶片数,减少叶茎夹角,获得更多的光截留量,改善棵间通风透光情况,通过人为创造的边行效应达到增产的目的[14-16]。

本试验结果表明,二比空1种植通过改变高粱的种植方式,能够明显地改善群体空间分布和植株的姿态,增加群体内透光率,增大叶面积指数且延长持绿时间,显著提高垄上土壤水分含量,进而显著提高高粱产量。等行距种植和二比空1种植的株高和茎粗在生育期内差异不显著,这说明在种植密度相同的情况下,对株高和茎粗没有显著影响,而整个生育期内,二比空1平均叶面积指数最高,说明二比空1种植对叶片生长最有利,其能合理地利用光能条件,并且对延长叶片持绿时间有明显促进作用。二比空1种植由于增大了株距,叶片生长繁茂荫蔽,减少了水分蒸发,垄上土壤含水量高于其他处理,空1行种植更有利于作物充分利用光能,获得更多的光截留量,为后期籽粒灌浆"扩源"。由于叶片生长较旺盛,减少了垄间漏光现象[17-18],综合整个生育期来看,二比空1种植可能提高0~40 cm土层平均含水量。二比空2种植与其他两种种植方式相比在产量构成因素方面具有明显优势,但种植密度过低,导致产量下降。二比空1种植在保证种植密度的同时能充分利用光能条件,产量较等行距种植和二比空2种植分别高7.13%、27.04%,各处理间达显著水平。因此,二比空1种植是高粱杂交种"通杂139"在通辽地区推广的最佳种植模式。

参考文献

[1]郭天文,谢永春,张平良,等.不同种植和施肥方式对旱地春玉米土壤水分含量及其水分利用效率的影响[J].水土保持学报,2015,29(5):231-236.

[2]李宗新,陈源泉,王庆成,等.密植条件下种植方式对夏玉米群体根冠特性及产量的影响[J].生态学报,2012,32(23):7391-7397.

[3]范厚明,余莉,余慧明,等.不同种植方式对玉米生长发育及产量的影响[J].贵州农业科学,2003,31(4):25-26.

[4]朱自芬,周美兰,李仕华,等.不同种植方式对高粱产量的影响[J].云南农业科技,2009,1(2):17-22.

[5]辛宗绪,赵术伟,孔凡信,等.不同种植方式对高粱生长发育及产量的影响[J].中国种

业,2014,1(6):40-43.

[6]李锐,刘瑜,褚贵新,等.不同种植方式对绿洲农田土壤酶活性与微生物多样性的影响[J].应用生态学报,2015,26(2):490-496.

[7]赵甘霖,丁国祥,刘天朋,等.宽窄行和等行距栽培条件下高粱种植密度与产量的关系研究[J].农学学报,2013,3(8):11-13.

[8]辛宗绪,刘志,赵术伟,等.辽西地区高粱不同种植模式试验初报[J].辽宁农业科学,2012(3):57-58.

[9]刘丽华,郑桂萍,钱永德,等.垄上单、双行种植及施肥量对杂交甜高粱产量和品质的影响[J].河南农业科学,2010,3(14):15-18.

[10]李洪岐,蔺海明,梁书荣,等.密度和种植方式对夏玉米酶活性和产量的影响[J].生态学报,2012,32(20):6584-6589.

[11]颜世海,吴晓丹,王俊国,等.彰武县高粱适宜种植密度及种植方式研究[J].现代农业科技,2012,1(5):78-82.

[12]吴霞,陈源泉,隋鹏,等.种植方式对华北春玉米密植群体冠层结构的调控效应[J].生态学杂志,2015,34(1):18-24.

[13]王文鹏,毛如志,陈建斌,等.种植方式对玉米不同生长期土壤微生物群落功能多样性的影响[J].中国生态农业学报,2015,23(10):1293-1301.

[14]付健,杨克军,王玉凤,等.种植方式和密度对寒地高产玉米品种产量及光合物质生产特性的影响[J].玉米科学,2014,22(6):84-90.

[15]张倩,张洪生,宋希云,等.种植方式和密度对夏玉米光合特征及产量的影响[J].生态学报,2015,34(4):1235-1241.

[16]魏珊珊,王祥宇,董树亭,等.株行距配置对高产夏玉米冠层结构及籽粒灌浆特性的影响[J].应用生态学报,2014,25(2):441-450.

[17]王劲松,杨楠,董二伟,等.不同种植密度对高粱生长、产量及养分吸收的影响[J].中国农业通报,2013,29(36):253-258.

[18]邓志兰,呼瑞梅,王振国,等.种植密度对杂交甜高粱通甜1号生长发育、品质及产量的影响[J].内蒙古农业科技,2013(1):20-23.

种植密度对高粱群体生理指标及产量的影响

崔凤娟,李　岩*,王振国,邓志兰,李　默,徐庆全

（通辽市农业科学研究院,内蒙古　通辽 028015）

摘要:合理密植是高粱生产中构建合理群体结构、充分发挥高粱品种增产潜力的重要栽培措施。文章以极早熟高粱杂交种"通早 2 号"为试验材料,在大田试验条件下研究了不同种植密度（15 万株/hm²、18 万株/hm²、21 万株/hm²、24 万株/hm² 和 27 万株/hm²）对高粱农艺性状、群体光合生理指标、产量及其构成因素的影响。结果表明:随种植密度的增加,株高增高,茎粗变细;高粱的干物质量、群体净同化率、群体生长率呈递减趋势,而叶面积指数、叶片光合势及总光合势呈递增趋势;种植密度在 15 万 ~ 21 万株/hm² 时,籽粒产量随种植密度的增加而增加,种植密度持续增加,籽粒产量呈下降趋势,且各处理之间籽粒产量差异显著。随种植密度增加,亩穗数呈相应增加趋势,单株穗粒重、千粒重随种植密度的增加而逐渐降低,且各处理之间达到显著水平。"通早 2 号"种植密度为 21 万株/hm²,株行距为 9.5 cm×60 cm 能更好地协调群体结构,使籽粒产量达到较高水平。

关键词:高粱;种植密度;群体光合生理指标;籽粒产量

高粱是短日照异花授粉作物,抗旱、抗涝、耐盐碱、耐瘠薄,光合效率高,适应性广。主要分布在我国的内蒙古、吉林、四川西部、辽宁、山西等省区的干旱或半干旱地区[1-2]。高粱原产于热带,是 C4 作物,喜温、喜光,全生育期都需要充足的光照,在获得较高的生物学产量的同时也能获得较高的经济产量[3-4]。"通早 2 号"是由通辽市农业科学研究院高粱研究所育成并于 2015 年通过内蒙古自治区农作物品种审定委员会审定的极早熟高粱杂交种,该杂交种适宜机械化作业、抗性强、适应性广,在东北地区极具推广价值[5]。

高粱产量大小受品种、环境、栽培措施等因素影响。随着栽培技术水平的提高,高粱单产大幅提升,其中种植密度是提升产量的关键技术之一。种植密度影响不同时期高粱的群体结构,从而影响高粱群体对光温资源的利用率、干物质积累能力以及生物和籽粒产量的高低。而穗数、穗粒数和千粒重是产量构成的关键因素,因此,依靠群体力量发挥增产潜力,协调种植密度与各因素之间的关系一直是农业科研人员研究和探索的重要领域。国内外许多研究表明,有限度地增加种植密度可使作物产量增加,密度过低,植株间漏光,光能利用率低,合成有机产物的量少,不能达到高产的目的;而密度过高,则导致农田小气候环境恶劣,光照及营养不足,同样不能达到高产的目的。国内外关于其他作物种植密度对品质方面及生理生化方面的研究较多,而对高粱种植密度与产量构成因素的研究报道较少[6-8]。

本试验以"通早 2 号"为研究材料,结合通辽地区的气候及环境因素,研究不同种植密度对高粱主要农艺性状、群体结构、产量及其构成因素的影响,在选用耐密品种的同时合理提高种植密度,探索"通早 2 号"的高产高效栽培模式,为通辽地区农业推广种植、提

升群体质量及高粱单产提供理论依据和技术支撑。

1 材料与方法

1.1 供试材料

试验于 2016 年 5—10 月在内蒙古自治区通辽市科尔沁区钱家店镇通辽市农业科学研究院试验基地进行。该基地海拔 203 m，E122°37′，N43°43′，属温带大陆性气候。0 ~ 20 cm 土层土壤的有机质含量为 11.61 g/kg，碱解氮含量为 67.65 mg/kg，速效磷含量为 16.68 mg/kg，速效钾含量为 138.5 mg/kg，pH 为 8.62。土质为白五花土，前茬作物为蓖麻。年平均降雨量为 371.8 mm，6—8 月份降雨量占全年的 80% 以上，年均气温为 7.3 ℃。供试材料为高粱杂交种"通早 2 号"，由通辽市农业科学研究院高粱研究所提供。

1.2 试验设计

试验设 5 个密度处理，分别为 D1:15 万株/hm²，株行距为 13.3 cm×50 cm；D2:18 万株/hm²，株行距为 11.1 cm×50 cm；D3:21 万株/hm²，株行距为 9.5 cm×60 cm；D4:24 万株/hm²，株行距为 8.3 cm×50 cm。D5:27 万株/ hm²，株行距为 7.4 cm×60 cm，小区面积为 15 m²，行长为 5 m，行距为 0.5 m，6 个行区，四周设保护行。每个处理 4 次重复，随机排列，共 20 个小区。底肥施二铵 30 kg/亩。行距、密度、田间管理按当地传统种植方式。

1.3 测定项目及方法

株高、茎粗测定:各小区选取有代表性植株 10 株，分别在拔节期(播后第 39 天)、挑旗期(播后第 50 天)、抽穗期(播后第 72 天)、灌浆期(播后第 80 天)、成熟期(播后第 95 天)挂牌标记进行测定，用卷尺定点调查株高，用游标卡尺测定其茎基部直径，并于 5 个生育期内分别取样 10 株，于 105 ℃杀青 30 min，80 ℃烘干至恒重称取干物质量。于收获期每个小区取 10 株有代表性植株进行室内常规考种，每个小区单独收获并测定产量。

其他高粱光合生理指标的测定及计算方法如下[9]:

单株叶面积(LA)，采用长宽系数法，量取高粱叶片长度和宽度(垂直主叶脉的最大距离)公式为:LA = 0.75×长×宽。

叶面积指数(LAI)，指单位土地面积上植物叶片总面积占土地面积的倍数，即 LAI = 单株叶面积×单位土地面积内株数/单位土地面积。

叶片光合势(LAD)，指植物某一生育时期的平均绿叶面积乘以绿叶持续的日数，公式为 $LAD = 1/2 \times (LA_2 + LA_1) \times (T_2 - T_1)$。

群体净同化率，即单位叶面积在单位时间内的干物质积累量，公式为群体净同化率 = $[(M_2 - M_1)/(T_2 - T_1)] \times [(\ln LA_2 - \ln LA_1)/(LA_2 - LA_1)]$。

作物生长率，指在一定时间内单位土地面积上作物群体的干物质总重的增长率。公式为 CGR = $(M_2 - M_1)/(T_2 - T_1)$。式中,LA$_1$ 和 LA$_2$ 分别代表两次测定时间间隔(即 T_1、T_2)的叶面积;M_1、M_2 分别代表两次测定时间间隔的干物质。

1.4 数据统计与分析

采用 Microsoft Excel 2007 和 DPS 数据处理系统对试验数据进行处理及统计分析。

2 结果与分析

2.1 不同密度对高粱生长的影响

2.1.1 不同密度对高粱株高和茎粗的影响

不同密度对高粱株高和茎粗的影响见表1。

表 1　不同密度对高粱株高和茎粗的影响

测定指标	密度	拔节期	挑旗期	抽穗期	灌浆期	成熟期
株高/cm	D1	53.63±0.35^e	80.57±1.27^e	84.57±1.23^d	88.73±0.50^d	90.10±1.67^d
	D2	54.75±0.73^d	81.87±1.50^d	89.37±5.06^b	90.53±1.00^c	92.43±0.57^c
	D3	55.82±0.78^c	85.53±0.68^c	87.30±0.36^c	92.10±0.20^{bc}	93.27±0.68^{bc}
	D4	56.03±0.31^b	86.97±0.55^b	89.80±1.14^b	93.40±0.78^b	95.03±0.65^{ab}
	D5	57.53±0.40^a	88.45±0.98^a	91.63±0.59^a	95.27±1.00^a	97.07±0.98^a
茎粗/mm	D1	12.50±0.17^a	15.17±0.23^a	15.75±0.35^a	16.60±0.77^a	16.90±0.13^a
	D2	11.92±0.23^b	13.71±0.64^b	14.92±0.45^b	14.97±0.25^b	15.20±0.19^b
	D3	11.41±0.26^c	12.79±0.21^c	14.43±0.06^c	14.69±0.06^b	14.80±0.13^c
	D4	10.94±0.09^d	12.31±0.36^d	12.82±0.38^d	13.34±0.21^c	13.64±0.23^d
	D5	10.67±0.16^e	11.60±0.21^e	11.97±0.21^e	12.65±0.41^d	13.09±0.07^e

注:同列不同小写字母表示不同密度处理间差异达到0.05显著水平。

由表1可以看出,随着生育进程的推进,株高的增长趋势表现为先快速增长后趋于平缓;随着密度的增加,各生育期的株高也呈递增趋势,各处理之间基本达到显著水平,尤其在拔节期、挑旗期,密度对株高的影响较为明显。茎粗随生育进程的推进也呈现先快后平缓增长的趋势,随着密度的增加,茎粗呈降低趋势,且各处理之间达到显著水平。以上表明,种植密度对高粱株高和茎粗有显著影响,密度越大,株高越高,茎粗越细。

2.1.2 不同密度对高粱干物质积累量的影响

不同密度对高粱干物质积累量的影响如图 1 所示。

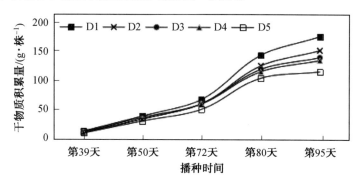

图 1 不同密度对高粱干物质积累量的影响

由图 1 可知,随生育进程的推进,干物质的积累量呈递增趋势,抽穗期和灌浆期干物质积累量迅速增长,增长率分别为 133.56% ~ 186.68%、108.45% ~ 127.32%。拔节期、挑旗期和成熟期增长相对缓慢,增长率分别为 17.74% ~ 22.66%、30.35% ~ 58.26% 和 75.74% ~ 96.63%。第 72 天(灌浆期)以前,各处理之间干物质积累量没有达到显著差异,灌浆期以后各处理之间差异显著。其中,抽穗期以 D1 处理(15 万株/hm²)的增长率最大,为 127.32%,较 D2、D3、D4、D5 分别高 5.83%、9.48%、15.45%、17.59%。灌浆期 D1 的增长率最大为 186.68%,较 D2、D3、D4、D5 分别高 11.98%、14.72%、31.69%、40.60%。结果显示,种植密度越大,干物质积累量越小。

2.2 不同密度对高粱群体特征的影响

2.2.1 不同密度对高粱叶面积指数的影响

叶片是高粱光合产物的主要合成器官,环境是影响其大小的重要因素。叶面积指数是反映单位土地面积上植物叶片总面积占土地面积的倍数。从图 2 可以看出,随生育进程的推进,叶面积指数呈先升高后下降的趋势,在挑旗期达到最大值,之后各处理叶面积指数以不同程度下降,但下降幅度较小。在拔节期,各处理之间叶面积指数并无显著差异。挑旗期以后,各处理叶面积指数的大小依次为 D3>D4>D2>D5>D1,其中 D2 和 D5 处理间无显著差异。D3 处理(21 万株/hm²)的叶面积指数最高,为 5.60,较 D4、D2、D5、D1 处理分别高 8.42%、23.26%、23.69%、40.16%。灌浆期以后,D1、D2 处理下降幅度相对较小,而 D3、D4、D5 处理叶面积指数下降幅度较大,这可能是种植密度增加,植株之间水肥竞争激烈,营养供给不足,导致叶片掉落。

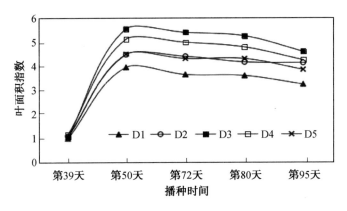

图 2　不同密度对高粱叶面积指数的影响

2.2.2　不同密度对高粱群体光合势的影响

光合势是生育期内高粱进行光合生产的绿叶面积的积数。光合势越大,干物质积累量也就越多。从表 2 可以看出,不同的生育阶段群体光合势不同,在整个生育进程中,呈先增加后下降再增加的趋势。随种植密度的增加,群体光合势先增后降,在挑旗-抽穗阶段达到最大值。出苗-拔节期,各处理之间差异不明显。拔节期以后,各处理光合势表现为 D3 处理(21 万株/hm²)最大,D4 处理次之,D2 和 D5 处理之间差异未达显著水平,D1 处理群体光合势最弱。整个生育期内,D3 处理总光合势最大,分别较 D4 处理高 7.80%,D2 和 D5 处理差异不显著,较 D3 处理分别低 19.5% 和 17.02%。D1 处理总光合势最低,较 D3 处理低 28.72%。密度越大,植株下部叶片越容易早衰,从而使高密度处理群体光合势迅速下降。

表 2　不同密度对高粱群体光合势的影响　　　　　　　　　$\times 10^4$ m²/(d·hm²)

处理	出苗-拔节期	拔节-挑旗期	挑旗-抽穗期	抽穗-灌浆期	灌浆-成熟期	总光合势
D1	8.58±0.02[b]	27.52±0.02[d]	84.52±1.25[d]	51.88±2.02[c]	29.32±0.87[b]	201.82±5.26[d]
D2	9.42±0.23[ab]	28.78±1.35[c]	94.34±0.98[c]	59.92±1.35[b]	34.63±0.74[ab]	227.09±3.64[c]
D3	9.11±0.08[b]	36.68±2.22[a]	121.52±0.86[a]	73.84±1.85[a]	41.79±0.66[a]	282.93±4.12[a]
D4	9.98±0.05[a]	32.66±0.51[b]	107.80±1.41[b]	70.71±0.65[ab]	39.48±1.03[a]	260.63±2.85[b]
D5	9.10±0.19[b]	30.87±1.02[c]	97.91±1.35[c]	61.82±1.36[b]	34.84±1.18[ab]	234.55±3.33[c]

注:同列不同小写字母表示不同密度处理间差异达到 0.05 显著水平。

2.2.3　不同密度对高粱群体净同化率的影响

高粱群体净同化率受群体叶面积系数的影响较大,种植密度过大,则叶片相互荫蔽,群体净同化率降低。由图 3 可知,随着生育进程的推进,高粱群体净同化率呈"双峰形"曲线变化。种植密度下对高粱群体净同化率的影响表现为随着种植密度的增加,高粱群体净同化率呈下降的趋势,其中挑旗期和灌浆期的群体净同化率最大,分别为 2.70 g/(m²·d)、2.40 g/(m²·d),其余生育期较小,在 1.01 ~ 1.18 g/(m²·d)之间。但 21 万 ~ 27 万株/hm² 的处理之间差异不明显。在挑旗期,D1 处理群体净同化率较 D2 处理高 4.81%,较其余处理高 20.37% ~ 24.07%。在灌浆期,D1 处理群体净同化率较 D2

处理高 16.25%,较其余处理高 24.58% ~ 30.00%。

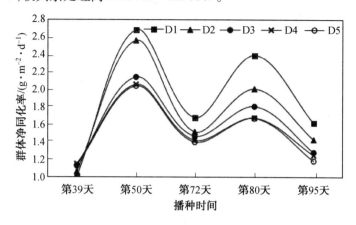

图 3 不同密度对高粱群体净同化率的影响

2.2.4 不同密度对高粱群体生长率的影响

从图4可以看出,随着生育进程的推进,高粱群体生长速率表现各不相同。在灌浆期高粱的群体生长率达到最大值,且各处理之间表现为 D1>D2>D3>D4>D5,在播种后第72天至第80天(扬花期-灌浆期)高粱群体生长率迅速增长并达到最大值,D1 处理群体生长率为9.63 g/d,较其余各处理分别高 14.54%、21.81%、26.79%、42.47%。而在其余生育时期内,各处理差异不明显。这与高粱群体净同化率的变化曲线相似。

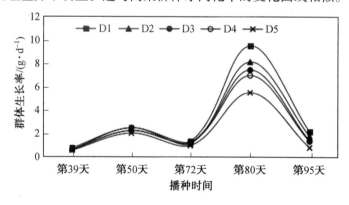

图 4 不同密度对高粱群体生长率的影响

2.3 不同密度对高粱产量及其构成因素的影响

不同种植密度条件下,协调高粱各性状间的关系,考察高粱最适宜种植密度尤为关键。由表3可知,随种植密度的增加,各处理的穗长、穗柄长之间未达显著差异。从产量构成因素分析,随种植密度增加,亩穗数呈相应增加趋势,单株穗粒重、千粒重随种植密度的增加而逐渐降低,且各处理之间达到显著水平。种植密度在 15 万 ~ 21 万株/hm² 时,籽粒产量随种植密度的增加而增加,种植密度持续增加,籽粒产量呈下降趋势,且各处理之间籽粒产量差异显著。综合种植密度对产量构成因素的影响,通早 2 号最适宜的种植密度为 21 万株/hm^2。

表 3　不同密度对高粱产量及其构成因素的影响

种植密度	穗长/cm	穗柄长/cm	亩穗数/万个	穗粒重/g	千粒重/g	籽粒产量/kg
D1	19.98±0.05^a	30.00±0.82^c	1.00±0.06^a	41.25±0.96^a	21.75±0.31^a	463.52±7.45^d
D2	19.90±0.08^{ab}	30.50±1.73^{bc}	1.21±0.02^b	38.50±2.52^b	20.10±0.27^b	488.32±4.78^b
D3	19.80±1.47^{ab}	30.75±0.96^{ab}	1.42±0.08^c	35.00±2.59^c	19.00±0.41^c	508.95±1.12^a
D4	19.40±0.49^{ab}	33.75±0.96^b	1.63±0.02^d	33.50±2.92^d	18.48±0.44^d	477.14±4.86^c
D5	19.50±0.58^b	35.00±0.87^a	1.80±0.03^e	29.00±1.16^e	18.25±0.31^e	438.58±7.84^e

注:同列不同小写字母表示不同密度处理间差异达到 0.05 显著水平。

3　小结

高粱干物质量的 95% 来自光合作用形成的有机物质,因此,提高光合效率是增加作物产量的关键因素。提高叶面积指数、叶片光合势和群体净同化率是提高作物光合效率的重要指标。合理的种植密度是作物高产的关键因素。过度密植致使作物中下部叶片及功能器官迅速衰老,而合理密植可有效提高植株生理活性,延缓叶片光合性能的衰退,延长光合同化产物的积累时间。本研究结果表明,通早 2 号种植密度为 21 万株/hm^2 时,叶面积指数最大,光合作用最强,植株积累干物质量最多;低于该密度时,由于没有合理利用土地和光照资源,植株间漏光,光能利用率降低,合成有机产物的量少,不能达到高产的目的;而高于该密度,则导致田间荫蔽,光照不足,植株之间水肥竞争激烈,营养供给不足,叶片早衰,光合产物在灌浆期以后供给不足,最终导致减产[6-8]。

群体净同化率、光合势、群体生长率等综合生理指标是评价作物最优生长的群体光合指标,是光合产物积累量和积累速度的体现。本研究结果表明,高粱群体净同化率和群体生长率在种植密度为 15 万株/hm^2 时最大,而叶片总光合势在密度为 21 万株/hm^2 时最大,但差异不显著,说明密度对叶片光合势的影响比对净同化率和生长率的影响大,这与杨楠等[9]的研究结果一致。

株高和茎粗是较为直观的观测指标,常被用于衡量作物耕作栽培措施效果。随着密度的增加,各生育期的株高也呈递增趋势,而茎粗呈降低趋势,各处理之间基本达到显著水平,尤其在拔节期、挑旗期,密度对株高和茎粗的影响较为明显。这是由于密植以后,植株间对光照水肥的激烈竞争,对个体植株养分和光照供给不足,因此作物高而细弱[10-13]。

穗数、穗粒数和穗粒重是作物高产的决定性因素,根据高粱品种特性及环境条件寻找合理的种植密度,协调群体和个体之间的关系,优化群体结构,是高粱高产的必备条件。本研究表明,随种植密度的增加,高粱的穗长和穗柄长未达显著差异,说明其受品种特性的影响较大。种植密度增加,亩穗数相应增加,千粒重、穗粒重均表现为低密度较高密度时大,且各处理之间达显著差异水平。过度密植会导致农田小气候环境恶劣,通风透光性变差,作物间水肥、光照、空间等竞争激烈,致使穗粒数和千粒重随种植密度的增加而下降[14-15]。

年际降雨量的多少及分布情况以及光照条件对作物的群体生理指标影响较大,不同年份对高粱群体指标的影响状况还需进一步研究。文章综合一年的试验数据得出高粱早熟杂交种"通早2号"的最适种植密度为21万株/hm²,该密度能更好地协调植株个体与群体间的关系,充分利用资源和空间优势,有机产物合成量最大,作物产量增加。

参 考 文 献

[1] 王劲松,杨楠,董二伟,等.不同种植密度对高粱生长、产量及养分吸收的影响[J].中国农业通报,2013,29(36):253-258.

[2] 李鲁华,陈树宾,王友德,等.密度对高油玉米群体生理特性的影响[J].石河子大学学报,2006,24(2):183-186.

[3] 邓志兰,呼瑞梅,王振国,等.种植密度对杂交甜高粱通甜1号生长发育、品质及产量的影响[J].内蒙古农业科技,2013(1):20-23.

[4] 焦少杰,王黎明,姜艳喜,等.不同栽培密度对甜高粱产量和含糖量的影响[J].中国农学通报,2010,26(6):115-118.

[5] 李岩,王振国,李默,等.适宜机械化作业极早熟高粱杂交种通早2号选育及栽培技术[J].黑龙江农业科学,2016(9):158-159.

[6] 庞云,刘景辉,郭顺美,等.饲用高粱品种群体光合性能指标变化的研究[J].西北农业学报,2007,16(5):180-183.

[7] 王艳秋,邹剑秋,张飞,等.不同糯性高粱光合物质积累特点及源库关系分析[J].西南农业学报,2014,27(6):59-62.

[8] 淮贺举,陆洲,秦向阳,等.种植密度对小麦产量和群体质量影响的研究进展[J].中国农学通报,2013,29(9):1-4.

[9] 杨楠,丁玉川,焦晓燕,等.种植密度对高粱群体生理指标、产量及其构成因素的影响[J].农学学报,2013,3(7):11-17.

[10] 李小勇,唐启源,李迪秦,等.不同种植密度对超高产稻田春玉米产量性状及光合生理特性的影响[J].华北农学报,2011,26(5):174-180.

[11] 刘战东,肖俊夫,于景春,等.春玉米品种和种植密度对植株性状和耗水特性的影响[J].农业工程学报,2012,28(11):212-216.

[12] 刘伟,吕鹏,苏凯.种植密度对夏玉米产量和源库特性的影响[J].应用生态学报,2010,21(7):1737-1743.

[13] 王瑞,刘国顺,倪国仕,等.种植密度对烤烟不同部位叶片光合特性及其同化物积累的影响[J].作物学报,2009,35(12):2288-2295.

[14] 白志英,李存东,郑金风,等.种植密度对玉米先玉335和郑单958生理特性、产量的影响[J].华北农学报,2010,25(增刊):166-169.

[15] 星耀武,王慷林,史新海,等.不同株型玉米杂交种的产量及农艺性状的研究[J].玉米科学,2005,13(4):92-94.

种植密度对甜高粱冠层结构光合特性和产量形成的影响

邓志兰[1],王振国[1],崔凤娟[1],李　岩[1],吕艳霞[2],李　默[1],徐庆全[1],呼瑞梅[1],刘　菲[1]

（1.通辽市农业科学研究院,内蒙古 通辽 028015；

2.内蒙古经济作物工作站,呼和浩特 010000）

摘要:文章研究了内蒙古自治区首个甜高粱品种通甜 1 号在不同种植密度下冠层结构特征和光合特性的差异。结果表明:同一生育期内,群体叶面积随着密度的增加而增加,抽穗期以后高密度处理下的叶面积指数迅速下降,低密度处理下的叶面积指数下降较为缓慢。整个生育期内密度为 12.0 万株/hm^2 时干物质的积累量最大,各器官的同化物分配量最高,有利于生物产量的积累。高密度冠层顶部叶倾角小,叶向值大,叶片相对挺直。

关键词密度;甜高粱;冠层结构;光合特性;产量形成

冠层结构是影响作物群体截获和光合效率的重要因素,对其太阳总辐射和净光和效率都有显著影响。而甜高粱的生物产量是指群体条件下所获得的产量,因此建造良好的群体冠层结构有利于甜高粱群体对光能的利用和群体内的气体交换,有利于甜高粱生物产量的积累。提高作物群体的光合作用效率和物质生产能力主要在于改善冠层的通风透光能力,增强群体的光合性能。在生产中常通过调整株型和叶片的方位等来影响冠层结构,从而改善光的有效截获,提高群体生产力。

研究表明,选用高产品种和合理密植是未来高粱高产栽培的发展趋势,不同密度条件下,改善作物群体冠层结构的研究多集中在玉米、小麦、大豆、棉花等作物,目前对甜高粱的群体冠层结构研究甚少。文章旨在研究不同密度条件下甜高粱冠层特性及其对生物产量的影响,明确甜高粱群体的冠层结构特点,为甜高粱高产栽培提供理论依据。

1　材料与方法

1.1　试验设计

试验分别于 2014 年、2015 年在通辽市农业科学研究院试验区进行,5 月 2 日播种,9 月 27 日收获,土壤肥力中上等。试验材料为甜高粱杂交种通甜 1 号,由通辽市农业科学研究院作物所提供。试验设 5 个密度处理,分别为 D1:4.5 万株/hm^2;D2:7.5 万株/hm^2;D3:9.0 万株/hm^2;D4:10.5 万株/hm^2;D5:12.0 万株/hm^2。小区面积为 18 m^2(3.6 m×5 m),3 次重复,共 15 个小区,随机排列。整个生育期病虫草害防治与大田管理一致。

1.2 测定项目及方法

1.2.1 叶面积指数(LAI)

从出苗期开始,分别在小区的测产区内选取 10 株有代表性植株,对样株进行标记,分别于苗期、拔节期、挑旗期、抽穗期和成熟期进行测定。采用长宽系数法进行测定:量取高粱叶片中心最长主脉的长度为长和主脉相垂直的两叶脉间最大距离为宽,即叶面积=长×宽×0.75(校正系数),根据叶面积换算出叶面积指数,公式为 LAI=单株叶面积×株数/小区面积。

1.2.2 单株干物质积累

于拔节期、挑旗期、开花期、成熟期每个处理选取代表性植株 10 株,按根、茎、叶、穗等器官分样,鲜样 105 ℃杀青 30 min,80 ℃烘干、称重。

1.2.3 冠层结构性状

于挑旗期和灌浆初期每个处理选择有代表性植株 5 株,测定各叶位叶片的叶长、叶宽,参照张宪政的方法用量角器进行叶倾角的测量,并计算叶向值(LOV)。$LOV = \sum \theta (L_f/L)/n$。式中,$\theta$ 为叶倾角;L_f 为叶基部到叶片最高处的长度;L 为叶片全长;n 为叶片数。

挑旗期测定甜高粱上数第 1、2、3、6、9 片叶的叶倾角;灌浆初期测定甜高粱上数第 2、3、5 片叶的叶倾角。

1.2.4 冠层叶片叶绿素含量

于苗期、拔节期、挑旗期、抽穗期、成熟期使用 SPAD-502 叶绿素仪(日本产)测定冠层叶片的叶绿素相对含量(SPAD 值),每个处理选取 3 株,取叶片上、中、下 3 个不同点读数,取其平均值。

1.2.5 光合速率(P_n)

于开花期用便携式 LI-6400 光合系统测定仪在晴天上午 09:00—11:00 对冠层叶片上、中、下部的光合速率($\mu mol\ CO_2 \cdot m^{-2} \cdot s^{-1}$)进行测定,每片叶重复读数 3 次,每个小区重复 3 次。

1.2.6 产量测定

于成熟期每个处理取中间 4 行测产,植株分成茎秆和叶片(含叶鞘)两部分称鲜重,甜高粱种子晒干后称重即为籽粒产量。

1.3 数据统计分析

试验数据为 2012 年、2013 年的平均值,用 Excel 2003 进行数据处理及图表的绘制,用 DPS 软件进行统计分析。

2 结果与分析

2.1 种植密度对冠层叶片结构性状的影响

2.2.1 对叶面积指数的影响

叶面积指数(LAI)影响作物群体大小。叶面积指数既是影响群体密度、株间光照的主要因素,又是肥水充足与否和个体的生长状况如何的直接因子。

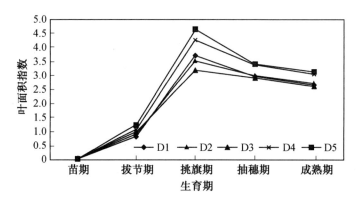

图 1 不同生育时期各处理叶面积指数的变化

由图 1 可见,在甜高粱的整个生育期,各处理不同生育期叶面积指数均呈抛物线变化,且均在挑旗期达最大值。在不同密度下,同一生育期叶面积指数随着密度的增加而增,即 D5>D4>D3>D2>D1,从苗期到拔节期,各处理间相差不大,其他生育期间差异较为明显,拔节期到挑旗期叶面积指数迅速上升,增长幅度随着密度的增加而增大,挑旗期 D5 处理较 D1、D2、D3 和 D4 处理分别高 20.19%、24.43%、31.68%、8.64%。挑旗期后叶面积指数开始下降,高密度处理下的叶面积指数下降较为迅速,低密度处理下的叶面积指数下降较为缓慢,从抽穗期到成熟期叶面积指数变化不大。成熟期叶面积指数减小,因底部叶片枯萎、脱落造成。

2.2.2 对干物质积累的影响

甜高粱生育期内单株干物质积累属于 Logistic 函数,以出苗后的天数(t)为自变量,干物质重(Y)为因变量,用 Logistic 函数 $Y=K(1+ae^{-bt})$(其中,a、b 为参数,K 为生长终值量)对甜高粱在不同密度下单株干物质积累过程进行模拟。

从表 1 可以看出,Logistic 函数能很好地拟合甜高粱干物质积累过程,相关系数在 0.938 7~0.996 0 之间,函数模拟与实际观测值拟合较好,相关系数均达到极显著水平。

表1 不同处理下单株干物质积累的模拟方程

处理	模拟方程	相关系数
D1	$Y=986.453\ 2/[1+\mathrm{EXP}(4.024\ 6-0.047\ 690X_1)]$	0.993 7**
D2	$Y=1\ 285.543\ 6/[1+\mathrm{EXP}(4.317\ 9-0.041\ 360X_1)]$	0.986 6**
D3	$Y=820.471\ 8/[1+\mathrm{EXP}(5.376\ 3-0.073\ 806X_1)]$	0.987 0**
D4	$Y=817.648\ 6/[1+\mathrm{EXP}(5.154\ 2-0.063\ 385X_1)]$	0.938 7**
D5	$Y=1\ 036.427\ 8/[1+\mathrm{EXP}(5.314\ 2-0.061\ 542X_1)]$	0.996 0**

注:**表示极显著相关($P<0.01$)。

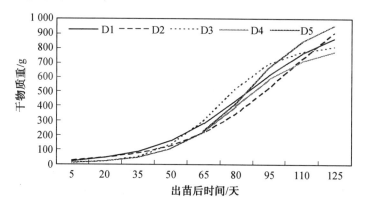

图2 不同处理下单株干物质积累的变化

全生育期内,不同种植密度下甜高粱单株干物质积累呈慢-快-慢的"S"形曲线变化,由图 2 可知,拔节期前单株干物质积累较慢,此期出苗到出苗后 35 天左右主要是叶和叶鞘的增加和积累。拔节期以后随着叶面积的增加和叶片光合作用的加强,干物质积累量迅速增加,出苗后 125 天单株的干物质积累量仍增加,此时增长幅度不大,到成熟期,由于叶片衰落及其光合功能的下降,穗和茎、叶生长并进时间较长,干物质增长较慢。整个生育期内密度为 12.0 万株/hm² 时单株干物质的积累量最大。

2.2.3 对干物质在各器官中分配量的影响

各处理干物质在叶片+鞘中的分配量均表现为 D3>D1>D2>D4>D5,D3 处理的干物质在叶片+鞘中的分配量高于其他处理,D1 和 D2 处理间无显著差异,高于 D4 和 D5 处理,D5 处理最低;干物质在茎秆中的分配量表现为 D3>D4>D2>D1>D5,D3 处理的干物质在茎秆中的分配量高于其他处理,D4 和 D2 处理间无显著差异,高于 D1 和 D5 处理,D5 处理最低;干物质在穗中的分配量表现为 D3>D4>D2>D5>D1,D3 处理的干物质在穗中的分配量高于其他处理,D1 处理最低(图 3)。各器官的分配量均表现为茎>叶>鞘>穗,其中 D3 处理各器官同化物的分配量提高,有利于生物产量的积累。

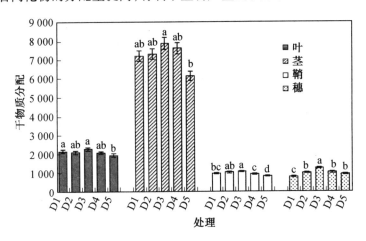

图 3 不同处理成熟期干物质在各器官中的分配量

注:误差线上不同字母表示处理间差异显著(LSD,$P<0.05$)。

2.2.4 对叶倾角和叶向值的影响

叶倾角是指叶平面伸展方向与茎秆的夹角。高粱植株的叶倾角是构成优良株型的主要性状之一,是作物冠层结构的重要组成部分,决定植株叶片的空间分布,关系着作物群体对光能的截获与作用。

由表 2 可见,挑旗期同一处理不同叶位的空间分布存在着差异,随着叶位的下降,叶片上、下部叶位的叶倾角较大,而中部叶位叶倾角较小,以上数第 6 片叶的叶倾角最小,这样的植株上部叶片受光强度较强,而下部叶片受光强度较弱。叶向值呈增大的趋势。相同叶位不同处理的空间分布也存在着差异,上数第 1 位叶 D2 处理叶倾角显著高于其他处理,第 2 位叶倾角 D3 处理高于其他处理,第 3、6 位叶倾角 D1 处理显著高于除 D2 处理外的其他处理,第 9 位叶倾角 D4 处理高于其他处理,并与 D1 处理达到显著水平。各叶位的叶向值表现为 D5>D4>D3>D2>D1。

由表3可见,灌浆期同一处理不同叶位的空间分布也存在着差异,随着叶位的下降,叶片的叶倾角开始减小,各处理叶片均为上平展、下紧凑,这样的植株上部叶片光照强,底部光照弱,不利于光能的吸收和利用,进而影响茎秆的生物产量和糖分积累。叶向值呈变大趋势。相同叶位不同处理的空间分布也存在着差异,上数第2、5位的叶倾角表现为 D1>D2>D5>D4>D3,上数第3位的叶倾角为 D5>D2>D4>D1>D3,各叶位的叶向值都以 D5 处理最大。

说明随密度的增加单位面积叶片数也随之增多,在一定程度上促使叶片趋向直立,随着生育进程的推进,灌浆期叶片逐渐枯萎,叶倾角降低。高密度冠层顶部叶片叶面积较少,导致上层光截获面积较其他处理小,叶倾角小,下层叶片的叶向值大,叶片相对挺直,致使该群体中下层叶片受光照条件相对较好。

2.2.5　对冠层叶片叶绿素含量的影响

由图4可见,苗期、拔节期、挑旗期、抽穗期处理间大小变化趋势基本一致,均为 D5 处理的 SPAD 值高于其他处理,与其他处理达到显著或不显著差异。成熟期各处理的差异较大,表现为 D3>D4>D1>D2>D5,D5 处理与 D1、D3、D4 处理间差异显著,与 D2 处理间无显著差异。由此可见,不同群体结构引起的冠层叶绿素含量差异,抽穗期之前各处理叶绿素含量随着密度的增加均表现为递增的趋势,各处理间差异变化不大。成熟期各处理间差异加大,这可能是群体内部竞争加剧引起的。

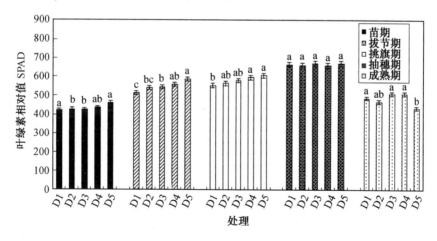

图4　高粱不同处理群体冠层叶绿素(SPAD 值)比较

表 2 挑旗期不同种植密度下不同叶位叶倾角和叶向值

处理	上数叶位 1st		上数叶位 2nd		上数叶位 3rd		上数叶位 6th		上数叶位 9th	
	叶倾角/(°)	叶向值	叶倾角/(°)	叶向值	叶倾角/(°)	叶向值	叶倾角/(°)	叶向值	叶倾角/(°)	叶向值
D1	38.71^{bC}	1.77^{Aab}	32.22^{aA}	3.97^{cB}	31.62^{aA}	6.03^{dD}	28.17^{aA}	13.15^{bB}	33.76^{bB}	16.75^{aA}
D2	45.66^{aA}	1.57^{Bb}	30.67^{aA}	3.97^{cB}	31.50^{aA}	6.45^{cdCD}	26.45^{bAB}	13.76^{bAB}	40.29^{aA}	16.86^{aA}
D3	39.37^{cdC}	1.91^{aA}	32.75^{aA}	4.33^{bA}	28.44^{bB}	6.84^{bcBC}	25.46^{bB}	14.69^{abAB}	39.60^{aA}	17.01^{aA}
D4	42.54^{bC}	1.82^{aA}	32.60^{aA}	4.43^{bA}	29.35^{bAB}	7.11^{abAB}	25.68^{bB}	14.76a^{bB}	40.38^{aA}	17.51^{aA}
D5	39.84^{cC}	1.94^{aA}	31.38^{aA}	4.68^{aA}	29.21^{bAB}	7.52^{aA}	25.28^{bB}	16.46^{aA}	40.08^{aA}	17.56^{aA}

注：表中同列数据后不同小写字母表示不同种植密度在 0.05 水平上差异显著(LSD 法)。下表同。

表 3 灌浆期不同种植密度下不同叶位叶倾角和叶向值

处理	上数叶位 2nd		上数叶位 3rd		上数叶位 5th	
	叶倾角/(°)	叶向值	叶倾角/(°)	叶向值	叶倾角/(°)	叶向值
D1	49.58^{Aab}	1.70^{cdBC}	33.33^{bA}	3.43^{abA}	27.93^{aA}	6.27^{bA}
D2	45.83^{abAB}	1.33^{dC}	36.25^{abA}	3.22^{bA}	26.53^{bB}	6.36^{bA}
D3	39.50^{Cc}	2.10b^{AB}	32.83^{bA}	3.69^{abA}	24.53^{dCD}	6.96^{abA}
D4	43.25^{bcBC}	1.86^{bcBC}	36.00^{abA}	3.54^{abA}	24.23^{dD}	7.02^{abA}
D5	45.62^{bAB}	2.55^{aA}	37.10^{aA}	4.15^{aA}	25.60^{bB}	8.56^{aA}

2.2.6　对光合速率的影响

甜高粱光合速率是表示对其光合作用的影响程度,是反映光合效率的指标。作物体内、外 CO_2 和 H_2O 通过气孔进行交换,同时气孔起着调节蒸腾和光合过程作用。

由表 4 可知,甜高粱开花期不同处理间 D1 处理和 D2 处理光合速率均高于其他处理,并达到显著水平,D1 处理的叶片具有较好的光合性能。

表 4　开花期不同处理的甜高粱光合特性变化

处理	光合速率/ (mg · dm^{-2} · h^{-1})	气孔导度/ (mg · dm^{-2} · h^{-1})	胞间 CO_2 浓度/ (μmol · mol^{-1})	蒸腾速率/ (mg · dm^{-2} · h^{-1})
D1	35.70^{aA}	0.09^{abA}	368.00^{bB}	2.76^{cC}
D2	33.87^{aA}	0.07^{abA}	575.33^{aA}	2.85^{cC}
D3	21.41^{bB}	0.05^{abA}	329.33^{bB}	4.08^{bB}
D4	19.07^{bB}	0.04^{bA}	408.00^{bB}	4.88^{aA}
D5	14.34^{cB}	0.14^{aA}	349.67^{bB}	4.96^{aA}

气孔是植物体 CO_2 和 H_2O 进出的主要通道,因此气孔导度的变化将直接影响甜高粱的生长发育。D5 处理的气孔导度最大,均大于其他处理,但差异不显著,因此 D5 处理气孔导度较大,气孔阻力小有利于更好吸收 CO_2,进行光合作用。

CO_2 是作物进行光合作用的原始材料,胞间 CO_2 浓度高对作物产量产生很大的影响。处理 D2 胞间 CO_2 浓度最高,且与其他处理达到显著水平。

蒸腾是作物生长发育过程中所伴随的生理现象,是计量蒸腾作用强弱的一项重要的生理指标[91]。D1 处理的蒸腾速率最小,蒸腾速率的减少可以减少水分无限消耗造成的浪费现象,从而减少营养的流失。

由表 5 可知,光合速率与胞间 CO_2 浓度呈极显著正相关($r = 0.525\,4$);与蒸腾速率呈极显著负相关($r = -0.980\,8$)。随着密度增加,光合速率和胞间 CO_2 浓度逐渐增加,蒸腾速率逐渐减少。因此合理密植才能协调好群体与个体的光合关系,以期使光合速率持续更长时间,以积累更多的同化产物,得到更高的生物产量。

表 5　光合特性间的相关系数

光合特性	光合速率	气孔导度	胞间 CO_2 浓度	蒸腾速率
光合速率	1			
气孔导度	−0.174 7	1		
胞间 CO_2 浓度	0.525 4**	−0.176 9	1	
蒸腾速率	−0.980 8**	0.094 6	−0.488 4	1

注:*代表显著相关,**代表极显著相关。

2.2.7　种植密度对高粱产量及其构成因素的影响

从表 6 可以看出,不同种植密度对高粱的产量及其产量构成因素有明显的影响。生物产量和籽粒产量随着密度的增加呈显著性增加,当密度增加到一定程度,生物产量和籽粒产量相应下降,在 9.0 万株/hm² 出现最大值。穗数随着种植密度的增加呈先升高后下降的趋势,并且存在着一定的显著差异,种植密度为 9.0 万株/hm² 时穗数最大。各处理的千粒重差异不大,均在 25.6 g 左右,差异不显著。穗粒数随着密度的增加呈现先下降后上升的趋势。从产量构成因素来看,随着密度的增加,单位面积的穗数先增加后下降,穗粒数先降低后增加,而对千粒重没有显著的影响。这说明高密度下高粱增产的主要原因是增加了单位面积的穗粒数。从种植密度与甜高粱产量及构成因素结果来看,通甜 1 号适宜种植密度为 9.0 万株/hm²。

表 6   不同种植密度下高粱产量及其构成因素

处理	生物产量/ (kg·hm⁻²)	籽粒产量/ (kg·hm⁻²)	穗数/个 10⁴ hm⁻²	穗粒数/个	千粒重/g
D1	5 077.35 bB	4 380.52 bBC	7.8 bB	4 492.8 cC	26.2 aA
D2	5 156.64 bB	4 908.61 aAB	9.0 aA	4 331.8 dD	25.8 aA
D3	5 510.97 aA	5 319.48 aA	10.2 aA	3 927.5 dCD	25.6 aA
D4	4 669.50 cC	4 349.69 bBC	6.9 cC	4 661.2 bB	26.1 aA
D5	4 153.91 dD	4 283.69 bC	7.1 cC	4 758.2 aA	25.4 aA

3   讨论

合理的群体结构是提高作物光能利用率获得高产的必要条件,抽穗到开花这段时期能维持较大的光合面积是作物获得高产群体结构的重要指标之一[1]。因此合理密植可以有效地构建群体结构,建立良好的生育群体,单位面积内有合理的密度、光合面积、空间分布等,使作物群体充分利用自然资源。叶面积是植物截获光能的物质载体[2],其在冠层中的分布是反映作物冠层结构性能的重要指标。而叶面积指数是反映植物群体生长的一个重要指标,其大小直接与最终产量高低有关。在一定范围内,作物的产量随叶面积指数的增大而提高。当叶面积指数达到一定临界点时,由于田间遮蔽,光照不足,光合作用减弱,产量随之下降。

群体叶面积发展动态是直接影响光合效率重要因子之一[3]。本研究结果表明,同一生育期内,群体叶面积随着密度的增加而增加,抽穗期以后高密度处理下的叶面积指数迅速下降,低密度处理下的叶面积指数下降较为缓慢。这与黄瑞冬等[4]研究结果一致,即叶面积指数从苗期到拔节期逐渐升高,而后逐渐下降。但与王岩等[3]研究结果不同,他们认为,叶面积指数是从苗期到开花期逐渐升高,而后逐渐下降。

叶面积指数与干物质积累有着极为密切的关系,生育后期适当提高群体的叶面积指数,可以增加干物质的积累量[5]。本研究结果为甜高粱的积累过程,属 Logistic 模型,表现为慢-快-慢"S"形曲线变化,生育后期积累速度快,峰值高,在整个生育时期,甜高粱茎秆干物质分配率逐渐增加。与李淮滨等[6]研究结果一致,本试验的研究结果显示,整个生育期内密度为 12.0 万株/hm² 时干物质的积累量最大,各器官的分配量均表现为茎>叶>鞘>穗,且以密度为 12.0 万株/hm² 时各器官的同化物分配量最高,有利于生物产量的积累。

叶倾角和叶向值是高粱群体结构的主要参数,改善冠层结构特征能增加光的有效截获,增强群体光合能力[7]。叶角是直接从田间测量得到的一级参数,而叶向值是综合影响直立上冲的主要因素而得到的二级参数。从叶向值的计算公式可见,叶角只是衡量叶片上冲挺直程度的一个参数。叶角越小,叶向值越大,叶片越上冲挺直,所以叶向值更能准备表现叶片上挺的程度[8]。本研究结果表明,挑旗期同一处理不同叶位的空间分布存在差异,以上数叶位的第6片叶的叶倾角最小,叶向值最大,相同叶位不同处理的空间分布也存在差异,各叶位的叶向值均表现为处理D5最高;灌浆期同一处理不同叶位的空间分布表现为随着叶位的下降,叶片的叶倾角开始减小,叶向值呈增大的趋势,相同叶位不同处理的叶倾角有区别,叶向值均表现为D5处理最大。说明随密度的增加单位面积叶片数也随之增大,在一定程度上促使叶片趋向直立,随着生育进程的推进,灌浆期叶片逐渐枯萎,叶倾角降低。高密度冠层顶部叶片叶面积较小,导致上层光截获面积较其他处理小,叶倾角小,下层叶片的叶向值大,叶片相对挺直,该群体中下层叶片受光条件相对较好。

增加种植密度是进一步提高甜高粱生物产量的有效途径,然而密度的增加会造成生育后期叶片的早衰,生育后期绿叶面积减小,光合能力下降[9-11]。冠层通过对光合有效辐射的截获和吸收而影响作物光合作用。光合速率是光合作用的量度,光合速率与产量之间存在显著的相关性[12]。汪由等研究认为种植密度较生育进程对光合色素含量的影响不明显,本研究结果表明抽穗期各处理叶绿素含量差异不大,而成熟期差异加大。本试验研究结果表明:光合速率与胞间CO_2浓度呈极显著正相关,与蒸腾速率呈极显著负相关。随着种植密度的增加,光合速率和胞间CO_2浓度逐渐增加,蒸腾速率逐渐减少。

甜高粱生物产量是指除根、籽粒以外茎、叶、穗等物质总量[13],是经济产量的重要指标之一,对平衡各器官产量有重要意义。甜高粱属高秆作物,其生物产量受密度影响比矮秆作物明显。Thorat[14]研究表明,甜高粱"CV-SSV84"在密度为184 000株/hm²时干茎叶和籽粒产量达到最大。Saheb等[15]认为,种植密度为120 000株/hm²时可以显著提高甜高粱的干物质产量。王岩等[16]研究表明高密度(8.25万株/hm²)下甜高粱籽粒产量和鲜株产量均达到最高。罗利红[17]研究表明,种植密度对"吉大104"的茎秆产量和籽粒产量影响较大;本研究表明:生物产量和籽粒产量随着种植密度的增加显著增加,当种植密度增加到一定程度,生物产量和籽粒产量相应下降,在9.0万株/hm²出现最大值。单位面积的穗粒数是高粱增产的主要原因。从种植密度与甜高粱产量及构成因素结果来看,通甜1号适宜的种植密度为9.0万株/hm²。

参 考 文 献

[1]董振国主编. 农田作物层环境生态[M]. 北京:中国农业科技出版社,1994.

[2]黄振喜,王永军,王空军,等. 产量15 000 kg·ha⁻¹以上夏玉米灌浆期间的光合特性[J]. 中国农业科学,2007,40(9):1898-1906.

[3]王岩,黄瑞冬. 种植密度对甜高粱生长发育、产量及含糖量的影响[J]. 作物杂志,2008(3):49-51.

[4]黄瑞冬,周宇飞,李卓. 不同密度对帚用高粱生长发育农艺性状的影响[J]. 作物杂志,

2003(5):13-14.

[5]张小燕,杜吉到,郑巅峰,等.大豆不同群体叶面积指数及干物质积累与产量的关系
[J].中国农学通报,2006(11)161-163.

[6]李淮滨,翟婉萱,于贵,等.甜高粱和粒用高粱干物质积累分配与产量形成的比较研究
[J].作物学报,1991,17(3):204-212.

[7]MADDONNI G A,OTEGUI M E,CIRILO A G. Plant population densitt,rows spacing and
hybrid effects on maize canopyarchitecture and light attenuation [J]. Field Crops
Research,2001,71(3):183-193.

[8]周紫阳,徐国安,马忠良,等.高粱不同株型叶角和叶向值的分析[J].吉林农业科学,
1998,1:28-30.

[9]GAN S,AMASINO R M. Making sense of senescence(molecular genetic regulation and
manipution of leaf sen-escence)[J]. plant physiolopy,1997,113:313-319.

[10]PASTORI G M,DELRIO L A. Naturalsenescence of pea leaves-An activated oxgen-
mediated function for peroxisomes[J]. plant physiolopy,1997,113:411-418.

[11]PROCHAZKOVA D,SAIRAM R K,SRIVASTAVA G C,et al. Oxidative stress and antiox-
idantactivity as the basia of senescence in maize leaves[J]. plant Science,2001,161:
765-771.

[12]刘建国,李俊华,张煌新,等.大豆群体冠层结构及光合特性的研究[J].石河子大学
学报(自然科学报),2003,7(3):398-401.

[13]卢庆善.高粱学[M].北京:中国农业出版社,1999.

[14]HORAT B P. Response of sweet sorghum to plant population,nitrogen and phosphorus
[J]. Indian journal of agronomy . 1995,40(4):601-603.

[15]SAHEB S D. Effect of plant population and witrogen on biomass and juice jelds of sweet
sorghum[J]. Indian Journal of agronomy,1997,42(4):634-636.

[16]王岩,黄瑞冬.种植密度对甜高粱生长发育、产量及含糖量的影响[J].作物杂志,
2008(3):48-52.

[17]罗利红.密度及氮磷钾肥料配施对甜高粱含糖量和生物产量影响的研究[D].长春:
吉林大学,2012.

种植密度对土壤水分及高粱生长发育的影响

徐庆全,李　默,王振国,李　岩,邓志兰,刘　洋,路　宽,石　磊,崔凤娟

（通辽市农业科学研究院,内蒙古 通辽 028015）

摘要:为了进一步明确不同高粱品种种植密度与土壤含水量、生长发育、生物产量及产量构成因素的关系,以通辽市农业科学研究院高粱研究所选育的高粱杂交种通杂 139 为试验材料,采用随机区组试验设计,设 3 个密度,分别为 7.5 万株/hm²、10.5 万株/hm²、13.5 万株/hm²。结果表明:株高随种植密度的增加呈现增高的趋势,茎粗则随种植密度的增加而变细。密度为 10.5 万株/hm² 的处理平均土壤含水量较 7.5 万株/hm² 和 13.5 万株/hm² 分别提高1.58、1.03 百分点,且差异显著。叶面积指数随种植密度的增加显著上升。种植密度在7.5 万~10.5 万株/hm² 时,籽粒产量随之增加,种植密度在10.5 万~13.5 万株/hm² 时,籽粒产量呈下降趋势,且各处理之间籽粒产量差异显著。单穗重、单穗粒重、千粒重及单株穗粒数均随种植密度的增加而逐渐降低,各处理之间差异显著。通杂 139 的种植密度为 10.5 万株/hm²,株行距为 15.87 cm×50.00 cm 时能很好地均衡土壤水肥条件,合理设置空间结构,最大限度地提高产量水平。

关键词:高粱;种植密度;叶面积指数;土壤含水量;产量

高粱是抗逆性强、适应性广、高光合速率的 C4 作物。种植密度是影响高粱产量的重要因素之一。合理的种植密度是高粱实现高产、稳产的重要保障[1-2]。准贺举等[3]在研究了种植密度与小麦群体质量的关系后得出,合理种植密度可有效协调单位面积内的源库关系。李小勇等[4]研究认为,春玉米密度越大,冠层截获的有效光辐射能越高,但光能转化率低。许多研究表明,种植密度对高粱农艺性状有显著影响,合理密植对产量有良好的促进作用[5-7]。农业科研人员一直对密度如何影响群体结构及产量进行不断地探索,研究多集中于玉米、小麦等作物[8-10],对高粱的研究较少[11],且关于种植密度对群体光合效率及对土壤水分含量的影响研究更是少有报道。由通辽市农业科学研究院育成的高粱杂交种通杂 139 品质优、适应性广,适合机械化操作,在通辽市及其周边地区具有很好的推广价值。本试验通过设置不同的密度梯度,经反复试验探索通杂 139 的合理种植密度,以期达到合理调配高粱群体与个体的关系,促进个体发育健壮而不早衰,使高粱群体发挥增产潜力,旨在为通杂 139 在东北地区的推广提供理论依据和数据支撑。

1　材料和方法

1.1　试验地概况及试验材料

试验于 2017—2018 年在通辽市科尔沁区钱家店镇通辽市农业科学研究院试验基地

（海拔 203 m,E122°37′,N43°43′）进行。该地土壤有机质含量为 11.61 g/kg,碱解氮含量为67.65 mg/kg,速效磷含量为 16.68 mg/kg,速效钾含量为 138.5 mg/kg,pH 为 8.62。高粱生长期内降雨量为 332.8 mm,有效积温为 3 100 ℃,日照时数为 1 105.3 h。

供试品种为高粱杂交种通杂 139,由通辽市农业科学研究院高粱研究所提供。

1.2 试验设计

试验设 3 个种植密度,分别为 A1:7.5 万株/hm²,株行距为 22.22 cm×50.00 cm;A2:10.5 万株/hm²,株行距为 15.87 cm×50.00 cm;A3:13.5 万株/hm²,株行距为 12.34 cm×50.00 cm。小区面积为 15 m²,行长为 5 m,设 6 个行区,四周设保护行。每个处理 3 次重复,随机排列,共 9 个小区。底肥施磷酸二铵 450 kg/hm²,其他田间管理按当地传统种植方式。

1.3 测定项目及方法

1.3.1 高粱形态及生长指标

株高:每个小区于苗期选择 10 株生长比较均匀的连续植株挂牌标记,在拔节期、孕穗期、开花期和灌浆期测量自然株高。

茎粗:每个小区于苗期选择 10 株生长比较均匀的连续植株挂牌标记,在开花期用游标卡尺测定茎基部直径。

叶面积:每个小区选取 10 株生长比较均匀、有代表性的连续植株挂牌标记,分别在拔节期、孕穗期、开花期、灌浆期和成熟期测定叶面积。

单株叶面积(LA):采用长宽系数法[12],量取高粱叶片长度和宽度(垂直主叶脉的最大距离),计算公式为

$$LA = 0.75 \times 长 \times 宽 \tag{1}$$

叶面积指数(LAI):单位土地面积上植物叶片总面积占土地面积的倍数,计算公式为

$$LAI = (LA \times 单位土地面积内株数) / 单位土地面积 \tag{2}$$

1.3.2 高粱产量和穗部性状的测定

在成熟期收获测产的植株中,每个处理随机取 20 株风干后进行考种。考种指标包括单穗重、千粒重、单株穗粒数、单穗粒重、全区产量。

1.3.3 土壤含水量的测定

在孕穗期、开花期、灌浆期和成熟期采用土钻按照 0～20 cm、20～40 cm 两层分别取土,用 105 ℃烘干法计算土壤含水量。

1.4 数据统计与分析

采用 Microsoft 2007 和 DPS 15.0 数据处理系统对试验数据进行处理及统计分析。

2 结果分析

2.1 种植密度对高粱株高和茎粗的影响

由表1可以看出,株高的增长趋势在整个生长期内前期快速增长,后期增长缓慢。密度越大,株高也越高,除拔节期外各处理之间基本达到显著差异水平,尤其在孕穗期、开花期密度对株高的影响较为明显;孕穗期、开花期、灌浆期均表现为A3处理株高最高,分别为144.33 cm、165.67 cm、170.33 cm,A3处理较A1处理、A2处理分别高6.13% ~ 17.03%、2.47% ~ 6.88%、3.23% ~ 7.80%。开花期茎粗随密度的增加而逐渐变细,且各处理之间达到显著差异水平,A1处理茎粗最大,为21.3 mm,较A2处理(茎粗19.3 mm)、A3处理(茎粗17.7 mm)分别提高10.36%、20.34%。结果表明,株高和茎粗受种植密度的影响较显著,随密度的增加,株高逐渐增高,茎粗逐渐变细。

表1 种植密度对高粱株高和茎粗的影响

处理	株高/cm				开花期茎粗/mm
	拔节期	孕穗期	开花期	灌浆期	
A1	93.33±5.77^a	123.33±2.89^c	155.00±2.00^c	158.01±6.24^b	21.3±0.15^a
A2	93.33±5.77^a	136.00±4.15^b	161.67±2.89^b	165.00±7.01^{ab}	19.3±0.10^b
A3	89.33±7.64^a	144.33±3.03^a	165.67±1.13^a	170.33±3.61^a	17.7±0.06^c

注:同列不同小写字母表示差异达到5%的显著水平。

2.2 种植密度对土壤含水量的影响

由图1可见,孕穗期至开花期降水偏少,田间土壤水分蒸发量大,作物生长旺盛,使土壤含水量偏低;灌浆期由于降水增多,土壤含水量大幅提升;成熟期有少量降水,且高粱接近成熟,耗水减少,土壤含水量保持在相对高的水平。孕穗期0 ~ 20 cm土层随种植密度的增加土壤含水量呈递增趋势,A1、A2、A3处理在0 ~ 20 cm土层土壤含水量分别为6.24%、7.65%、8.88%,各处理差异显著;20 ~ 40 cm土层A2处理土壤含水量最高,为11.77%,与A1处理(9.84%)差异显著,与A3处理(10.50%)差异不显著;孕穗期A2处理平均土壤含水量为9.71%,较A1处理(8.04%)、A3处理(9.69%)分别提高1.67百分点、0.02百分点。开花期0 ~ 20 cm和20 ~ 40 cm土层A2处理土壤含水量均最高,分别为7.09%、10.57%,A1处理在0 ~ 20 cm和20 ~ 40 cm土层土壤含水量分别为6.69%、6.37%,A3处理在0 ~ 20 cm和20 ~ 40 cm土层土壤含水量分别为7.92%、8.10%,且A2处理与A1、A3处理均达显著差异,A1与A3两处理间未达显著差异,这是由于这段时期降雨减少,而A3处理种植密度又大,作物对水分需求总量增加,导致土壤含水量降低,开花期A2处理平均土壤含水量为8.83%,较A1处理(7.31%)、A3处理(7.23%)分别提高1.52百分点、1.60百分点。

灌浆期降雨增加,作物对水分的需求得到满足,A2、A3 处理在 0～20 cm 和 20～40 cm 土层土壤含水量均未达显著差异,A1 处理种植密度小,蒸发较快,在 0～20 cm 土层土壤含水量为 12.54% ,与 A2 处理(13.65%)、A3 处理(14.18%)均达显著差异;在 20～40 cm 土层 A1 处理土壤含水量为 14.79% ,A2 处理、A3 处理分别为 17.75%、17.23% ,A1 处理与 A2、A3 处理均达显著差异;灌浆期 A2 处理平均土壤含水量为 15.70% ,较 A1 处理(13.67%)提高 2.03 百分点,较 A3 处理(15.71%)降低 0.01 百分点,A2 与 A3 处理未达显著差异,与 A1 处理达显著差异。成熟期,0～20 cm 和 20～40 cm 土层 A2 处理土壤含水量较高,分别为 8.81%、16.08% ,A1 处理分别为 6.49%、7.38% ,A3 处理分别为 15.24%、15.44% ,A2 处理与 A1、A3 处理均达显著差异,A2 处理平均土壤含水量为 12.44% ,较 A1 处理(10.86%)、A3 处理(11.41%)分别提高 1.58 百分点、1.03 百分点。由此可以看出,合理密植才能使植株得到最充分的水分和养分的供应,从而达到增产的目的(图 1)。

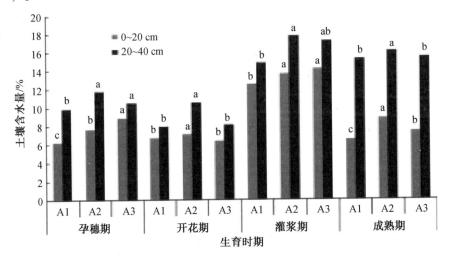

图 1 种植密度对土壤含水量的影响

2.3 种植密度对高粱各生育时期叶面积指数的影响

由图 2 可以看出,随着高粱植株早期的快速生长,叶面积指数相应增加,到孕穗期,高粱叶面积指数达最高,随后呈现下降的趋势。随着种植密度的增加,在开花期前,高粱的叶面积指数呈上升的趋势,尤其在拔节期,各处理差异明显。整个生育期内,A3 处理的叶面积指数最高,为 2.37,A1 处理、A2 处理叶面积指数分别为 1.73、2.32,A3 处理较 A1、A2 处理分别提高 37.0%、2.16% 。灌浆期至成熟期,A3 处理的叶面积指数下降明显,这可能是种植密度过大,个体之间争水争肥,叶片的遮挡导致单位面积内光能获得不足,从而叶落早衰。

2.4 种植密度对高粱产量及其构成因素的影响

由表 3 可以看出,单穗重、千粒重、单株穗粒数及单穗粒重均随种植密度的增加而逐

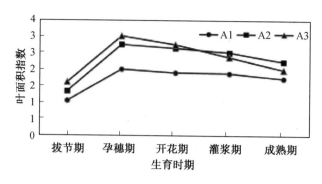

图2　种植密度对高粱不同生育时期叶面积指数的影响

渐降低。A1 处理的单穗重为 122.33 g,A2、A3 处理的单穗重分别为 116.83 g、100.67 g,A1 处理较 A2、A3 处理分别提高 4.70%、21.52%,各处理间达显著差异,A1 处理与 A3 处理达极显著差异。A1 处理、A2 处理、A3 处理千粒重分别为 28.47 g、27.43 g、26.40 g,A1 处理的千粒重较 A2 处理、A3 处理分别提高 3.79%、7.84%,A1 处理与 A2、A3 处理达极显著差异,A2 与 A3 处理差异显著。A1、A2、A3 处理的单株穗粒数分别为 2 774.74 粒、2 679.23 粒、2 507.44 粒,A1 处理较 A2、A3 处理分别提高 3.56%、10.66%,A2 处理与 A1、A3 处理差异显著,A1 与 A3 处理达极显著差异。A1、A2、A3 处理单穗粒重分别为 84.00 g、73.50 g、66.17 g,A1 处理较 A2、A3 处理分别提高 14.29%、26.95%,处理间达显著或极显著差异。籽粒产量随种植密度的增加呈先上升后下降趋势,A1、A2、A3 处理籽粒产量分别为 5 677.05 kg/hm²、7 862.09 kg/hm²、7 023.95 kg/hm²,A2 处理产量较 A1、A3 处理分别提高 38.49%、11.93%,且各处理之间籽粒产量达显著或极显著差异。通过分析得出,通杂 139 种植密度为 10.5 万株/hm² 时能更好地协调高粱各性状之间的关系,获得较高的籽粒产量。

表3　种植密度对高粱产量及其构成因素的影响

处理	单穗重/g	千粒重/g	单株穗粒数	单穗粒重/g	产量/(kg·hm⁻²)
A1	122.33ᵃᴬ	28.47ᵃᴬ	2774.74ᵃᴬ	84.00ᵃᴬ	5 677.05ᶜᴮ
A2	116.83ᵇᴬᴮ	27.43ᵇᴮ	2679.23ᵇᴬᴮ	73.50ᵇᴮ	7 862.09ᵃᴬ
A3	100.67ᶜᴮ	26.40ᶜᴮ	2 507.44ᶜᴮ	66.17ᶜᶜ	7 023.95ᵇᴬ

注:同列不同小写字母表示差异达 5% 的显著水平,大写字母表示差异达 1% 的极显著水平。

3　讨论与结论

种植密度是影响高粱产量的重要因素之一。合理的种植密度是高粱实现高产稳产的重要保障。提高作物光合效率的有效途径之一是提高单位面积内叶面积指数[13-15]。本研究结果表明,种植密度在 7.5 万 ~10.5 万株/hm² 时,叶面积指数随种植密度的增加而增加,当密度为 13.5 万株/hm² 时,个体间叶片的遮挡导致单位面积内光能获得不足,叶片早衰而使叶面积指数迅速下降。株高和茎粗是衡量栽培措施对作物生长影响最直观的指标。随着种植密度的增加,高粱株高呈递增趋势,而茎粗呈降低趋势,各处理之间达到显著差异。当种植密度为 10.5 万株/hm² 时平均土壤含水量最高,且各处理差异显著,因此,合理密植才能使植株得到最充分的水分和养分的供应,达到增产的目的。单穗重、穗粒数和穗粒重及千粒重均表现为低密度较高密度时大,且各处理之间达显著差异。密度偏低时,单株营养吸收充分,通风透光条件好,单穗发育完好,穗大,千粒重和穗粒重均较高,但由于没有合理利用土地水肥条件,浪费光照资源,群体合成有机物质的总量少,不能达到高产的目的[16]。而密度过高,对于水分和肥料竞争过于激烈,营养供给不足,荫蔽的空间使植株个体获得的光辐射能不充分,最终导致减产[17]。

本试验通过研究得出,高粱杂交种通杂 139 的最适种植密度为 10.5 万株/hm²,在此条件下水肥和光能的利用最为适宜,单位面积内植株个体均能充分利用资源和空间优势,合理地协调与群体的关系,使合成的有机物质达到最大值,从而提高高粱产量。

参 考 文 献

[1]邓志兰,呼瑞梅,王振国,等.种植密度对杂交甜高粱通甜 1 号生长发育、品质及产量的影响[J].内蒙古农业科技,2013(1):20-23.

[2]王劲松,杨楠,董二伟,等.不同种植密度对高粱生长、产量及养分吸收的影响[J].中国农学通报,2013,29(36):253-258.

[3]淮贺举,陆洲,秦向阳,等.种植密度对小麦产量和群体质量影响的研究进展[J].中国农学通报,2013,29(9):1-4.

[4]李小勇,唐启源,李迪秦,等.不同种植密度对超高产稻田春玉米产量性状及光合生理特性的影响[J].华北农学报,2011,26(5):174-180.

[5]李鲁华,陈树宾,王友德,等.密度对高油玉米群体生理特性的影响[J].石河子大学学报,2006,24(2):183-186.

[6]陈传永,侯海鹏,李强,等.种植密度对不同夏玉米品种叶片光合特性与碳氮变化的影响[J].作物学报,2010,36(5):871-878.

[7]焦少杰,王黎明,姜艳喜,等.不同栽培密度对甜高粱产量和含糖量的影响[J].中国农学通报,2010,26(6):115-118.

[8]杨吉顺,高辉远,刘鹏,等.种植密度和行距配置对超高产夏玉米群体光合特性的影响[J].作物学报,2010,36(7):1226-1233.

[9]刘伟,张吉旺,吕鹏,等.种植密度对高产夏玉米登海 661 产量及干物质积累与分配的影响[J].作物学报,2011,37(7):1301-1307.

[10]曹彩云,李伟,党红凯,等.不同种植密度对夏玉米产量、产量性状及群体光合特性的影响研究[J].华北农学报,2013,28(S):161-166.

[11]李岩,王振国,李默,等.适宜机械化作业极早熟高粱杂交种通早 2 号选育及栽培技术[J].黑龙江农业科学,2016(9):158-159.

[12]张广富,赵铭钦,王冬,等.不同种植密度烤烟净光合速率日变化与生理生态因子的关系[J].中国烟草学报,2011,17(1):54-61.

[13]赵黎明,李明,郑殿峰,等.灌溉方式与种植密度对寒地水稻产量及光合物质生产特性的影响[J].农业工程学报,2015,32(6):159-169.

[14]王瑞,刘国顺,倪国仕,等.种植密度对烤烟不同部位叶片光合特性及其同化积累的

影响[J].作物学报, 2009,35(12):2288-2295.

[15]吴文革,张洪程,吴桂成,等.超级稻群体籽粒库容特征的初步研究[J].中国农业科学,2007,40(2):250-257.

[16]要娟娟,薛泽民,赵萍萍,等.施肥与种植密度对春玉米SPAD值的影响[J].山西农业科学,2011,39(10):1060-1063.

[17]顾学文,王军,谢玉华,等.种植密度与移栽期对烤烟生长发育和品质的影响[J].中国农学通报,2012,28(22):258-264.

种植密度对杂交甜高粱"通甜1号" 生长发育、品质及产量的影响

邓志兰[1],呼瑞梅[2],王振国[2],李志刚[1],徐庆全[2],崔凤娟[2],李　岩[2],李　默[2],周福荣[2],于春国[2]

(1. 内蒙古民族大学农学院,内蒙古 通辽 028042;

2. 通辽市农业科学研究院,内蒙古 通辽 028015)

摘要:文章研究了不同种植密度对杂交种甜高粱"通甜1号"生长发育、品质及产量的影响。结果表明,不同种植密度下单株分蘖数在生育前期消长明显,株高、茎粗、茎叶比、叶面积、光和色素含量和单株干物质积累在后期均呈显著差异,且品质、生物产量和含糖量受种植密度影响较大,处理间生物产量显著增加($P<0.05$)。综合分析,种植密度为11.67万株/hm²、株行距为10 cm×60 cm时可较好地协调群体与个体的生长,使生物产量和营养含量都达到较高水平。

关键词:种植密度;甜高粱;生长发育;营养品质;产量

甜高粱起源于非洲,是高粱[*Sorghum bicolor* (L.) Moench]的一个变种,属禾本科,为一年生草本植物。由于其茎秆富含糖分,故称为甜高粱或糖高粱。[1]高粱在我国有悠久的栽培历史,但因其种植条件差、籽粒产量低,长期以来种植面积有限[2],甜高粱作为糖料、饲料、原料和能源作物越来越受到人们的重视。甜高粱属于C4作物,具有茎秆糖分含量高、分蘖能力强、生长旺盛、抗旱、耐涝、耐盐碱、产量高、光合效益高等优点,在一般耕地、荒地、山地、盐碱地均可种植[3]。传统种植过程中普遍存在甜高粱籽粒产量低、生物产量低、茎秆干物质积累少、糖分含量低等现象,种植密度不但影响单位面积茎秆产量和汁液产量,而且影响汁液锤度、蔗糖含量,为了确定甜高粱的最适行、株距[4],种植密度对饲用高粱的研究已有报道[5-6],但对能源高粱的种植密度研究很少报道,研究不同种植密度对杂交甜高粱"通甜1号"生长发育、品质及产量的影响可以确定其适宜种植密度,为通辽地区农业推广种植提供技术支撑。

1　材料和方法

1.1　试验区基本概况

试验于2012年5—10月在通辽市农业科学研究院试验区进行,(N43°43′, E122°37′),该地区土质为五花土,前茬作物为蓖麻,蓖麻收获后未施肥前取0~20 cm 土层的土壤样品,化验分析结果,土壤有机质含量为11.61 g/kg,碱解氮含量为67.65 mg/kg,速效磷含量为16.68 mg/kg,速效钾含量为138.5 mg/kg,pH 为8.62。试验年度5—10月≥10 ℃有效积温为3 384.2 ℃,日照时数为1 060.6 h,降水量为371.8 mm,其中6月份降雨

量为 89.9 mm,7 月份降雨量为 125.1 mm,9 月份降雨量为 81.2 mm,8 月份和 10 月份雨水较缺乏,无霜期为 150 d。

1.2 试验设计

供试材料为通辽市农业科学研究院作物研究所选育的甜高粱杂交种"通甜 1 号" (2012 年通过内蒙古自治区品种委员会审定,审定编号为盟审粱 2012009 号)。试验设 5 个密度处理,分别为 D_1:9.26 万株/hm^2,株行距为 18 cm×60 cm;D_2:10.42 万株/hm^2,株行距为16 cm×60 cm;D_3:11.89 万株/hm^2,株行距为 14 cm×60 cm;D_4:13.88 万株/hm^2,株行距为 12 cm×60 cm。D_5:16.67 万株/hm^2,株行距为 10 cm×60 cm,3 次重复,随机排列,小区面积为 18 m^2,行长为 5 m,行距为 0.67 m,6 个行区。

2012 年 5 月 2 日播种,施底肥二铵 187.5 kg/hm^2,拔节期趟地,追施尿素 225 kg/hm^2,整个生育期内浇水 4 次。

1.3 测定项目及方法

(1)株高、茎粗、分蘖数、主茎叶片数、主茎节数测定:各小区连续标记 10 株,分别在苗期、拔节期、抽穗期、开花期、灌浆成熟期进行测定。

(2)叶面积、茎叶比:分别于苗期开始,不同处理选取 10 株有代表性植株,对样株进行挂牌标记株号,按高粱的 5 个不同生育期进行测定。测定方法采用长宽系数法:量取高粱叶片中心最长主脉的长度和主脉相垂直的最大距离,两者相乘计算面积与高粱叶面积的校正系数 0.75 乘积即为实际叶面积。公式:叶面积=长×宽×0.75。

(3)干物质测定:苗期每个处理取 10 株,拔节期、挑旗期、开花期、灌浆成熟期每个处理取代表性植株 5 株,按根、茎、叶、穗等器官分样,105 ℃杀青 30 min,80 ℃烘干至恒重(一般为72 h)后分别测定不同器官的干重,计算茎叶比。

(4)光和色素含量测定:在拔节期(7 月 27 日)、抽穗期(9 月 14 日)、灌浆期(10 月 8 日)每个处理取代表性植株 3 株,取从上向下数旗叶下第三片叶,用打孔器打孔取 5 个孔点叶片放入乙醇、丙酮、蒸馏水体积比为 4.5:4.5:1 的混合液 24 h 后提取叶绿素,用岛津 UV-240 紫外分光光度计测定 D(470 nm)、D(645 nm)、D(663 nm)的光密度,计算叶绿素 a、叶绿素 b、叶绿素 a+b、叶绿素 a/b 和类胡萝卜素含量[7]。

(5)收获时,分样取地上部分(茎、叶、穗)烘干粉碎后,用酸碱煮沸法测定粗纤维含量,用凯氏定氮法测定粗蛋白含量,用索氏提取法测定粗脂肪含量,并计算无氮浸出物;用手持糖锤度仪测定茎秆糖锤度,于灌浆末期取有代表性植株从主茎秆在近地面 10 cm 处用压榨器榨取汁液,将汁液滴于锤度计的棱镜上,迅速盖上盖板,使溶液均匀地分布于棱镜表面,对着阳光观测视野中明暗交界处达到清晰时的读数,即为糖锤度,10 次重复。

(6)产量的测定:于生理成熟期(穗基部籽粒达乳熟末期)将每个小区植株称重,并用 DPS 软件分析处理。

2 结果与分析

2.1 种植密度对通甜 1 号农艺性状的影响

生育时期记载见表1。

表1 生育时期记载

生育时期	播种	始间苗	全苗	拔节	抽穗	开花	灌浆	收获
日期	05-02	05-10	05-13	07-02	08-16	08-26	09-04	09-22

2.1.1 对株高的影响

不同种植密度下,拔节前期株高无明显差异(图1),拔节后期株高差异增大。出穗期,D4 处理的株高优势表现较明显,达 276.3 m,开花期 D1 处理的株高呈上升趋势,株高最大为 361.1 m,随后各处理的株高趋于减小,从整个生育期看,D1 处理的株高除了在出穗期矮于 D4 处理,在其他各个时期均高于其他各密度处理,这主要是拔节后期肥水的影响和生物的自身调节作用,因此对产量的影响较小。

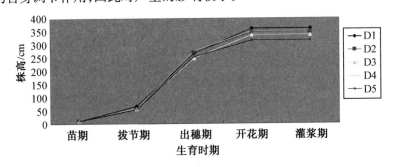

图1 不同种植密度下株高在各生育时期的动态

2.1.2 对单株分蘖的影响

不同种植密度单株分蘖数差异在苗期至拔节期最为显著(图2),尤以 D3 处理表现突出。其中,苗期密度处理间单株分蘖数平均相差 0.2 个/株,拔节期密度处理间分蘖数平均相差 0.4 个/株。拔节期之后由于密度影响,茎分蘖营养缺失以及遮阴影响而导致分蘖迅速消失,D1、D2、D3 和 D4 处理的降幅较 D5 处理多 0.56 个/株、0.52 个/株、0.46 个/株、0.4 个/株,在一定范围内,个体数量多,群体才能获得高产。群体越密,个体越弱,拔节后趋于稳定,表现为 D1>D2>D3>D4>D5。处理间最终群体密度较 D1 处理的种植密度增加12%、30%、35%、51%和51%,这是影响产量的主要原因。

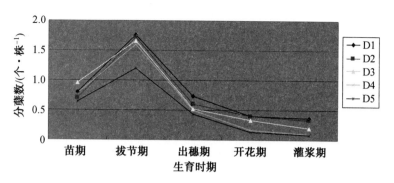

图 2　不同种植密度下单株分蘖动态

2.1.3　对茎粗的影响

从各处理在三个时期的动态变化(图3)可以看出,出穗到灌浆期间,D1 处理茎粗基本处于稳定,D2 处理茎粗在出穗期大于其他两个时期,但差别不大,D3 处理在出穗期表现最大,达 2.333 mm,D4、D5 处理基本趋于稳定。表明在 D3 处理下,出穗期需要的养分最大,对茎秆的生物产量起到一定作用。

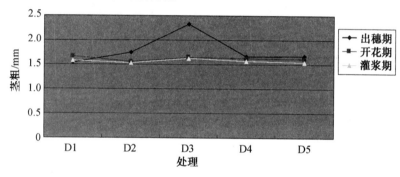

图 3　不同种植密度下茎粗动态

2.1.4　对叶面积的影响

叶片是甜高粱群体光合作用的主要器官,叶面积的大小反映了甜高粱的光合能力,进而影响甜高粱的生物产量。各种植密度对单株叶面积影响较大(图4),在出穗期以前,各密度处理的单株叶面积均呈直线上升趋势,且 D2 处理在拔节期增长速度最快,之后增长缓慢,出穗期 D4 处理达最大,出穗期之后,各处理开始下降,开花到灌浆期基本趋于持平阶段。

2.1.5　对茎叶比的影响

各处理的茎叶比在出穗期之前均逐渐增加(图5),其中拔节期差异较小,拔节期后差异显著变化,D2 处理最高,出穗期到开花期增加幅度较缓慢,之后处于下降趋势。原因主要是由于后期群体内竞争激烈,营养生长向生殖生长转移,但鉴于甜高粱的特性,穗形成较晚,营养物质大部分集中在茎秆中。

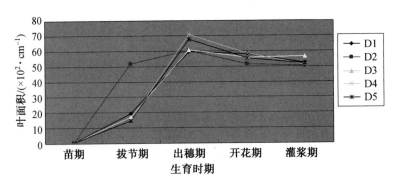

图 4　不同种植密度下单株叶面积动态

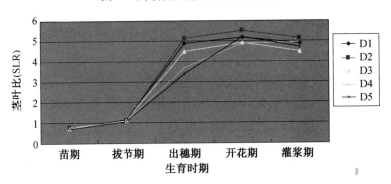

图 5　不同种植密度下茎叶比动态分布

2.2　种植密度对光合色素含量的影响

光合色素含量是作物生长发育的一个重要指标,叶绿素含量的多少与叶片光合速率密切相关[8-9],直接影响高粱对光能的吸收和利用,在相同条件下,叶绿素含量越高,光合作用越强。叶绿素 a、叶绿素 b、叶绿素 a+b、叶绿素 a/b 和类胡萝卜素均呈下降趋势(表2);从拔节到灌浆期间,出穗期各光和色素含量表现最高,此时的光合作用最强,叶绿色 a和叶绿素 b 随密度增加而减小,类胡萝卜素含量变化不大,原因是其有光保护和传递光能的作用。叶绿素 a 先于叶绿素 b 出现,叶绿素 b 是由叶绿素 a 转化而成的,叶绿素 b 具有吸收和传递光能的作用,叶绿素 b 的缺少会导致总的叶绿素含量降低,从而光合速率下降。另外,由于叶绿素 b 吸收蓝光,阴生植物能强烈地利用蓝光,适宜在遮阴处生长。由此表明,种植密度越大,光合速率越小。

表 2　不同种植密度下光合色素含量动态　　　　　　　　　　　mg/g

时期	密度处理	叶绿素 a	叶绿素 b	叶绿素 a+b	叶绿素 a/b	类胡萝卜素
拔节期	D1	1.97	0.53	2.50	3.75	3.55
	D2	1.87	0.52	2.39	3.63	3.73
	D3	1.74	0.47	2.21	3.71	3.85
	D4	1.69	0.45	2.14	3.72	4.21
	D5	1.52	0.44	1.96	3.47	3.84
	平均	1.76	0.50	2.24	3.66	3.83

时期	密度处理	叶绿素 a	叶绿素 b	叶绿素 a+b	叶绿素 a/b	类胡萝卜素
	D1	10.00	5.53	15.53	1.81	0.91
	D2	8.96	5.12	14.08	1.75	0.88
出穗期	D3	9.88	5.11	14.99	1.93	0.87
	D4	9.82	4.98	14.80	1.97	0.84
	D5	9.18	4.9	14.08	1.87	0.83
	平均	9.62	5.13	14.74	1.88	0.87
	D1	1.61	0.33	1.94	4.85	3.61
	D2	1.56	0.31	1.87	5.01	3.60
灌浆期	D3	1.56	0.31	1.86	5.09	3.53
	D4	1.53	0.30	1.83	5.18	3.58
	D5	1.53	0.29	1.82	5.27	3.54
	平均	1.54	0.31	1.85	5.03	3.57

2.3 营养物质含量比较

种植密度对通甜 1 号营养品质的比较和相关分析见表 3 和表 4,单株粗脂肪、无氮浸出物的含量随着种植密度的加大而升高,而粗蛋白、粗纤维和粗灰分含量则有所降低。经相关分析和逐步回归分析可知:种植密度与单株粗蛋白和粗纤维含量呈极显著负相关 ($r_1 = -0.97, r_2 = -0.98, r_{0.01} = 0.96$),其线性回归方程分别为 $y_1 = 7.35 - 0.24x_1, y_2 = 24.12 - 0.13x_2$,表明随着种植密度的增大,粗蛋白、粗纤维有所降低;种植密度与无氮浸出物含量呈极显著正相关 ($r_3 = 0.99 > r_{0.01} = 0.96$),线性方程为 $y_3 = 71.20 + 0.15x_3$,与粗脂肪呈正相关 ($r_{0.05} = 0.87 < r_4 = -0.92 < r_{0.01} = 0.96$),线性方程为 $y_4 = -0.44 + 0.07x_1$,表明随着种植密度的增大,粗脂肪和无氮浸出物含量升高。说明随着种植密度增大,在后期的营养不能供应群体生长,造成根系不发达,叶片发黄脱落,茎秆纤细,单株整体生长发育受到影响,从而导致粗蛋白和粗纤维含量下降。

表3 不同种植密度下通甜 1 号营养品质的比较

密度 /(万株·hm^{-2})	粗蛋白 /%	粗纤维 /%	粗脂肪 /%	粗灰分 /%	吸附水 /%	无氮浸出物 /%	糖锤度
9.26	5.15	22.96	0.25	4.85	3.25	72.65	14.56
10.42	4.96	22.74	0.48	4.67	3.46	72.86	14.25
11.89	4.15	22.42	0.42	4.31	3.96	73.01	14.16
13.88	3.95	22.2	0.57	4.29	4.45	73.5	15.13
16.67	3.36	21.96	0.9	4.14	4.01	73.78	16.54

表4 不同种植密度下通甜1号营养品质相关分析

相关系数	密度 (X_1)	粗蛋白 (X_2)	粗纤维 (X_3)	粗脂肪 (X_4)	粗灰分 (X_5)	吸附水 (X_6)	无氮浸出物 (X_7)	糖锤度 (X_8)
X_1	1							
X_2	-0.97**	1						
X_3	-0.98**	0.99**	1					
X_4	0.95*	-0.87*	-0.89*	1				
X_5	-0.92*	0.98**	0.97**	-0.8	1			
X_6	0.74	-0.81	-0.85	0.56	-0.86	1		
X_7	0.99**	-0.95*	-0.97**	0.93*	-0.90**	0.8	1	
X_8	0.25	-0.19	-0.25	0.09	-0.14	0.54	0.37	1

注:$\alpha=0.05,r=0.87$;$\alpha=0.01,r=0.96$。

2.4 种植密度对单株干物质积累的影响

甜高粱的生长过程实际上是光合作用所形成的干物质在作物器官积累与分配的过程,因此,干物质积累量是形成甜高粱生物产量的物质基础。不同种植密度下,在不同生育时期"通甜1号"单株干物质积累基本呈持续增长趋势(图6),在灌浆期D5处理的干物质积累最大,D1处理最小,这是D5处理下产量较高的一个重要原因。

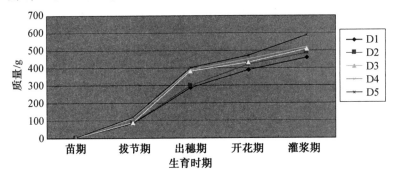

图6 不同种植密度在不同生育时期的干物质积累动态

2.5 种植密度对生物产量的影响

经多重比较分析(表5),D5、D3处理与D1、D4、D2处理间的平均产量有极显著差异($P<0.05$);D1与D4处理间差异不显著,D1、D4处理与D2处理间差异显著。分析结果表明:"通甜1号"不同种植密度处理下,D5处理(11.67万株/hm²)为最佳种植密度,其生物产量最高,达157.54 t/hm²。

表5 种植密度对通甜1号产量的影响 t/hm²

处理	平均产量	5%显著水平	1%极显著水平
D5	163.98	a	A
D3	163.50	a	A
D1	142.50	b	B
D4	142.25	b	B
D2	139.27	c	B

2.6 种植密度对含糖量的影响

甜高粱有多种用途,主要用于制糖、发酵生产乙醇,其中甜高粱茎秆汁液获取乙醇比甘蔗容易。茎秆中的含糖量是甜高粱的一个重要生理指标。从不同密度处理下的含糖量(图7)可以看出随着密度的增加含糖量增加,而D5处理的含糖量最高,达16.54%。

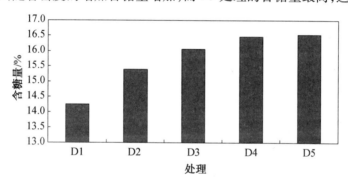

图7 不同种植密度下通甜1号含糖量的变化

3 小结

种植密度对通甜1号生物产量的影响显著,其中以高密度处理的生物产量最高,产量达163.98 t/hm²,且与D1、D2、D4处理差异显著。原因可能是群体密度加大,限制了无效分蘖生长,从而减少主茎的营养消耗。分析结果表明,高种植密度(11.67万株/hm²)可较好地发挥甜高粱杂交种的群体结构,有效地协调群体与个体的生长,使生物产量达到最高。此时糖锤度也高达16.54,甜高粱由营养生长转向生殖生长后,茎不断贮藏可溶性糖,这是由甜高粱生理特性所决定的。高密度下糖分很好地积累在主茎的茎秆中。

种植密度对通甜1号营养品质的影响,通过对营养成分的分析,在高密度下,单株不同部位的粗脂肪、无氮浸出物含量升高,而粗蛋白、粗纤维和粗灰分含量则有所下降,因此,拔节期后需加强田间管理和肥水的投入才能有效增加个体的营养物质,从而使群体水平达到最高。

种植密度对通甜1号农艺性状的影响,株高、茎粗、茎叶比、叶面积、光和色素含量和单株干物质积累在后期均呈显著差异。

参 考 文 献

[1]黎大爵.甜高粱研究进展[J].世界农业,1998(5):21-23.

[2]曹玉瑞,曹文伯,王孟杰.我国能源作物甜高粱综合开发利用[J].杂粮作物,2002,22(5):296-298.

[3]卢庆善.甜高粱研究进展[J].世界农业,1998(5):21-23.

[4]卢庆善,毕文博,刘河山,等.高粱高产栽培研究[J].辽宁农业科学,1994(1):24-28.

[5]郑庆福,李凤山,杨恒山,等.种植密度对杂交甜高粱"甜格雷兹"生长、品质及产量的影响[J].草原与草坪,2005,111(4):61-65.

[6]刘丽华,吕艳东,李红宇,等.种植密度对饲用甜高粱生长发育及产量的影响[J].黑龙江八一农垦大学学报,2006(1):27-29.

[7]苏正淑,张宪政.几种测定植物叶绿素含量的方法比较[J].植物生理学通讯,1989(5):77-78.

[8]孙璐.持绿型高粱形态、生理及生化特性研究[D].沈阳:沈阳农业大学,2008.

[9]陈柔屹.不同栽培条件下玉草1号产量和品质的动态变化研究[D].雅安:四川农业大学,2007.

种子引发对碱胁迫下甜高粱种子萌发及幼苗生长的影响

崔凤娟,王振国,徐庆全,李　默,李　岩,邓志兰

（通辽市农业科学研究院,内蒙古 通辽 028015）

摘要:为了研究碱胁迫下种子引发对萌发及幼苗生长的影响,以甜高粱杂交种"通甜1号"为试验材料,利用500 μmol/L γ-氨基丁酸(GABA)对种子进行引发处理。采用盆栽土培试验,将 $NaHCO_3$ 与 Na_2CO_3 质量比为5∶1 的混合碱胁迫液设3个水平(0 mmol/L、50 mmol/L、100 mmol/L)模拟碱胁迫,研究 GABA 种子引发处理对碱胁迫下高粱种子萌发状况及幼苗生长的影响。结果表明:随着碱胁迫强度的增加,无论是经过引发处理的种子还是未经过引发处理的种子,其吸水量、萌发指数、出苗率和成苗率均显著下降,幼苗生长受到限制,生物量积累降低。同等碱胁迫浓度下,经过引发处理的种子与未经过引发处理的种子相比,种子吸水量、萌发指数、胚的生长及幼苗叶面积均显著提高。低浓度碱胁迫条件下,经过引发处理的种子与未经过引发处理的种子相比,幼苗的出苗率和存活率较高,生长至第7天的株高和茎粗及总生物量均显著增加。试验表明,引发处理可以不同程度地提高碱胁迫下甜高粱种子的萌发指数,缓解碱胁迫对幼苗的不利条件,促进幼苗生长,提高耐碱性。

关键词:γ-氨基丁酸;种子引发;碱胁迫;耐碱性;萌发和生长

种子引发是一项有效的种子播前处理方法,多项研究表明其有助于提高作物的抗逆性[1-3]。种子引发通过缓控种子吸水过程,逐步回干至种子引发前质量的处理技术,通过控制引发条件,提前进行生理准备,以达到促进种子萌发、苗齐苗壮和增强抗逆性的目的,该过程又被称为渗透调节。研究表明,经过引发的种子,内部会发生储存物质分解及细胞活化和复制等一系列生理生化反应,种子发芽和出苗时间以及出苗不齐得到有效改善,逆境存活力提高。

γ-氨基丁酸(GABA)参与碳素和氮素代谢途径,其作为一种主要的胞内信号分子,在植物遭受逆境胁迫时,通过调节渗透平衡及诱导逆境乙烯的产生从而维持细胞生理活性[4-6]。抗盐碱试验表明,GABA 可通过提高作物根系中有机酸的含量,中和碱性土壤中的 OH^-,调节土壤 pH,增强作物抗盐碱能力。外源 GABA 还可以降低活性氧水平及膜脂过氧化程度,提高抗氧化酶活性,使光合系统 Ⅱ 维持较高的活性,同时可促进幼苗的生长和生物量积累,缓解逆境状况下作物生长受到抑制的状况[7-9]。

GABA 作为引发剂可提高小麦、玉米种子活力和幼苗素质,提高种子萌发期抗盐能力[10-11],但 GABA 引发处理对甜高粱萌发期和幼苗期耐碱性的影响尚未见报道。笔者在总结前人研究成果的基础上,提出 GABA 对甜高粱种子进行引发的技术手段,研究不同碱胁迫条件下甜高粱种子萌发指数和幼苗生长态势,以期提高种子和幼苗的耐碱性,促进苗全苗壮,从而达到改良盐碱地的目的。本试验旨在为种子引发技术在甜高粱生产上应

用提供理论依据,同时为盐碱地种植甜高粱提供有价值的借鉴。

1 材料与方法

1.1 试验时间、地点

室内试验于 2018 年 5—7 月在通辽市农业科学研究院农业生物工程实验室进行,田间试验于 2018 年 7—9 月在通辽市农业科学研究院试验田进行。

1.2 试验材料

试验所用药品 γ-氨基丁酸分子式为 $C_4H_9NO_2$,纯度大于 99.0%,为分析纯,购于某化学(深圳)有限公司。试验所用材料"通甜 1 号"由通辽市农业科学研究院高粱研究所提供。试验所需土壤取自通辽市农业科学研究院试验田(土壤盐分质量分数小于0.1%)。

1.3 碱胁迫设计

采用室内发芽和室外盆栽的方法,2 因素裂区设计,主区设未引发处理(A_0)和500 μmol/L GABA 引发(A_1)2 个水平。根据通辽地区盐碱地构成及甜高粱杂交种"通甜1 号"的耐碱程度,副区按 $NaHCO_3$ 与 Na_2CO_3 质量比为 5∶1 的比例设浓度为 0(无碱胁迫B_1)、50 mmol/L(低碱胁迫 B_2)、150 mmol/L(高碱胁迫 B_3)3 个水平。

1.4 引发处理

挑选匀粒、饱满的甜高粱种子适量,经次氯酸钠消毒后,按种子与溶液体积比为 1∶3的比例加入 500 μmol/L GABA 溶液作为引发剂,控制室温约为 16 ℃,30 h 后取出,先用清水除去种子表面引发剂,再用吸水纸吸干种子的表面水分,在室温下自然晾干至引发前的质量。以未引发的种子作为对照材料。

1.5 胁迫处理方法

取引发和未引发的种子各 50 粒放置于铺有 2 层滤纸的玻璃皿中,加入 10 mL 不同浓度碱溶液,上盖 1 层滤纸,以减少水分蒸发。每个处理重复 4 次,定时补充水分。分别在处理 24 h、48 h、72 h 后记录发芽种子数、胚根长、胚芽长,发芽结束后测胚根鲜重。试验在培养箱中进行,于 25 ℃人工气候箱进行暗培养,每个处理 4 次重复。人工气候培养箱参数为 28 ℃/24 ℃,相对湿度为 70%,光照/黑暗时间为 12 h/12 h,光照强度为150 μmol/(m² · s),种子萌发 7 d(连续 3 d 没有新萌发的种子)后视为发芽结束。测定种子萌发阶段的相关指标。

将取自试验区的土壤称取 2 000 g 装入直径 18 cm、高 20 cm 的花盆内,每个处理 6 钵,播种前每盆灌 200 mL 含相应浓度的碱溶液,挑选匀粒、饱满的引发和未引发的甜高粱种子,每盆播种 30 粒,此后依需水状况每次定量浇水 150 mL 保证生长所需,并保持各处理一致。种子出苗后,测定幼苗阶段的相关指标。

1.6 指标测定

1.6.1 萌发期指标的测定

(1)种子吸水率的测定。

挑选 50 粒匀粒、饱满的引发和未引发的种子,称干重后将其浸入相应碱溶液中,处理 6 h、12 h、24 h 后分别取出种子,用吸水纸吸干表面水分后称重并记录。每个处理 3 次重复。

(2)种子发芽指标。

种子发芽以胚芽突破种皮为准,以发芽 7 d 后为发芽结束时间,统计发芽种子数、胚根长、胚芽长、胚根鲜重。发芽势体现种子的发芽速度和发芽整齐度,以 48 h 的发芽粒数在供试种子总数中的占比为计(规定时间是根据发芽状态指定的时间,本试验是发芽 48 h 后进行发芽势的统计。如未经引发的种子 4 d 后发芽种子数达到总数的 95%,而经过引发的种子在 2 d 后其发芽种子数达到总数的 95%)。发芽率为正常发芽粒数在供试种子总数中的占比。发芽指数为发芽后第 t 天的发芽数与相应的发芽时间之比的和。活力指数为发芽指数与胚根鲜重的乘积。

(3)胚的测定。

在处理 24 h、48 h、72 h 后在各处理选择有代表性的芽苗 30 株,10 株为 1 次重复,分别测定其胚根长、胚芽长,发芽结束后测定胚根鲜重。

1.6.2 幼苗期指标的测定

于播种后第 7 天、14 天、21 天每个处理取 10 株有代表性植株,分为地上和地下 2 个部分,测量第一叶的叶长、叶宽、叶面积、株高和茎粗。于 105 ℃ 杀青 30 min,80 ℃ 烘干至恒重称取干物重。

1.6.3 数据统计与分析

采用 Microsoft Excel 2007 和 DPS 数据处理系统对试验数据进行处理及统计分析。

2 结果与分析

2.1 GABA 引发对碱胁迫下甜高粱种子萌发的影响

2.1.1 GABA 引发对碱胁迫下甜高粱种子吸水率的影响

从表1可以看出,快速吸水期出现在24 h左右,随着碱胁迫浓度的增强,各处理种子的吸水量均呈下降趋势。随吸水时间的延长,各处理种子吸水量呈递增趋势,其中12～24 h为种子的吸水高峰期。种子吸水6 h后,同等碱胁迫浓度,相同吸水时间,只有无碱胁迫时经过引发处理的种子吸水量大于未经引发处理的种子,且达显著差异水平($P<0.05$)。种子吸水12 h时,无碱胁迫和低碱胁迫下引发处理的种子吸水量与未引发种子达到显著差异水平($P<0.05$)。吸水24 h,同等碱胁迫条件下,经过引发和未经引发种子吸水量差异显著($P<0.05$),这说明经过引发处理的种子在萌发初期对吸水量的影响效果不明显,在吸水24 h后,引发处理促进种子对水分吸收的效果较好。

表1 GABA 引发对碱胁迫下甜高粱种子吸水率的影响　　　　　g/g

处理	6 h	12 h	24 h
A_0B_1	$0.281\pm0.011\ 2^{cb}$	$0.357\pm0.005\ 7^{bc}$	$0.589\pm0.004\ 9^{b}$
A_1B_1	$0.302\pm0.004\ 7^{a}$	$0.393\pm0.005\ 7^{a}$	$0.669\pm0.006\ 0^{a}$
A_0B_2	$0.265\pm0.009\ 1^{c}$	$0.351\pm0.010\ 3^{c}$	$0.547\pm0.004\ 3^{b}$
A_1B_2	$0.288\pm0.013\ 0^{c}$	$0.372\pm0.004\ 2^{b}$	$0.634\pm0.004\ 1^{a}$
A_0B_3	$0.162\pm0.003\ 7^{d}$	$0.227\pm0.009\ 6^{c}$	$0.411\pm0.008\ 5^{d}$
A_1B_3	$0.174\pm0.003\ 9^{d}$	$0.262\pm0.003\ 1^{bc}$	$0.480\pm0.001\ 1^{c}$

注:同列不同小写字母表示差异达到5%的显著水平,下同。

2.1.2 GABA 引发对碱胁迫下甜高粱种子发芽的影响

发芽势是指在特定天数内种子的发芽率,它体现了种子在特定天数内发芽的快慢和数量。由表2可见,随着碱胁迫浓度的增大,种子的发芽率和发芽势均显著降低。无碱胁迫时,引发处理的种子发芽率较未引发处理高5.14%,但未达到显著差异水平。在低碱胁迫和高碱胁迫时,引发处理与未引发处理种子发芽率均达到显著差异水平,其中低碱胁迫引发处理比未引发处理的种子发芽率高8.00%,高碱胁迫引发处理比未引发处理的种子发芽率高16.31%,这说明 GABA 引发有利于碱胁迫时种子发芽。

表 2　GABA 引发对碱胁迫下甜高粱种子发芽的影响

处理	发芽率/%	发芽势/%	发芽指数	活力指数
A_0B_1	92.33[a]	86.00[b]	47.13[a]	0.81[a]
A_1B_1	97.33[a]	89.33[a]	49.13[a]	0.82[a]
A_0B_2	74.67[c]	59.33[d]	29.60[c]	0.63[c]
A_1B_2	81.33[b]	66.67[c]	38.27[b]	0.75[b]
A_0B_3	51.33[e]	42.00[f]	24.27[d]	0.49[d]
A_1B_3	67.33[d]	48.00[e]	29.47[c]	0.58[c]

由表 2 可以看出,无论种子是否受到碱胁迫或受碱胁迫大小,GABA 引发均能提高种子的发芽势,且相同碱胁迫浓度下,各处理均达到显著差异水平($P<0.05$)。发芽指数和活力指数均是种子活力的体现,两者呈正相关。在受到碱胁迫时,低碱浓度下,引发处理比未引发处理种子发芽指数和活力指数分别高 22.42%、17.65%;高碱浓度下,引发处理比未引发处理的种子发芽指数和活力指数分别高 16.00%、15.52%,碱胁迫下各处理差异显著($P<0.05$)。

2.1.3　GABA 引发对碱胁迫下甜高粱种子胚根、胚芽的影响

由表 3 可见,随着碱胁迫浓度的增加,甜高粱种子胚根及胚芽的长度均呈显著下降趋势,GABA 引发可以有效促进种子胚根胚芽的生长。在无碱胁迫下,引发处理胚根长及胚芽长均高于未引发处理,其中引发处理胚根长、胚芽长平均值比未引发处理分别高 19.11%、8.16%,处理间达显著差异水平。低碱胁迫时,引发处理胚根长及胚芽长均高于未引发处理,其中引发处理胚根长、胚芽长平均值比未引发处理分别高 20.40%、13.67%,且处理间达显著差异水平。高碱胁迫时,引发处理胚根长及胚芽长均高于未引发处理,其中引发处理胚根长、胚芽长平均值比未引发处理分别高 25.84%、30.70%,且处理间达显著差异水平。

表 3　GABA 引发对碱胁迫下甜高粱种子胚根、胚芽的影响

处理	胚根长				胚芽长			
	24 h	48 h	72 h	均值	24 h	48 h	72 h	均值
A_0B_1	1.94[c]	5.22[b]	12.02[c]	6.39	1.53[b]	3.54[b]	8.55[b]	4.54
A_1B_1	2.81[a]	5.98[a]	14.92[a]	7.90	1.70[a]	3.75[a]	9.38[a]	4.94
A_0B_2	1.72[cd]	4.85[c]	9.94[d]	5.50	1.23[c]	2.04[d]	6.55[e]	3.47
A_1B_2	2.32[b]	5.43[b]	12.99[b]	6.91	1.44[b]	2.71[c]	7.92[c]	4.02
A_0B_3	1.58[d]	4.14[d]	8.16[e]	4.29	0.88[d]	1.56[e]	4.40[f]	2.28
A_1B_3	1.84[c]	5.03[bc]	11.82[c]	6.23	1.16[c]	1.89[d]	6.82[d]	3.29

2.2　GABA 引发对碱胁迫下甜高粱幼苗生长的影响

2.2.1　GABA 引发对碱胁迫下甜高粱出苗率及成苗率的影响

从表 4 可知,随碱胁迫浓度增高,各处理出苗率和最终成活率均呈现下降趋势。未引发处理的种子,低碱胁迫下出苗率和成活率分别比无碱胁迫下降 13.42%、35.43%,高碱胁迫下出苗率和成活率分别比无碱胁迫下降 12.61%、43.69%。引发处理后,低碱胁迫下出苗率和成活率分别比无碱胁迫下降 11.56%、39.08%,高碱胁迫下,出苗率和成活率分别比无碱胁迫下降 8.79%、38.50%。无碱胁迫时,经过引发处理的种子比未经引发处理种子出苗率和成活率分别提高 5.18%、3.77%;低碱胁迫时,经过引发处理的种子比未经引发处理种子出苗率和成活率分别提高 7.18%、7.80%;高碱胁迫时,经过引发处理的种子比未经引发处理种子出苗率和成活率分别提高 4.21%、11.57%。同等碱胁迫浓度下,只有无碱胁迫和低碱胁迫时,引发与未引发处理在出苗率和成苗率达显著差异,而高浓度碱胁迫下未达显著差异。

表 4　GABA 引发对碱胁迫下甜高粱出苗率及成苗率的影响　　　　　　　%

处理	出苗率	成活率
A_0B_1	89.20 ± 5.25^b	76.67 ± 1.53^a
A_1B_1	94.07 ± 2.57^a	79.67 ± 2.08^a
A_0B_2	77.23 ± 3.61^d	67.00 ± 7.81^b
A_1B_2	83.20 ± 3.49^c	72.67 ± 4.62^a
A_0B_3	57.60 ± 1.60^e	43.33 ± 8.39^c
A_1B_3	60.13 ± 2.81^e	49.00 ± 5.57^c

2.2.2　GABA 引发对碱胁迫下甜高粱幼苗株高、茎粗的影响

由表 5 可见,随着碱胁迫强度增加,甜高粱幼苗株高呈显著减小的趋势,随生育进程的推进,幼苗处理 21 d 时,无碱胁迫下,引发处理与未引发处理的幼苗株高差异不再显著,其余时期达显著差异水平,其中引发处理较未引发处理平均提高了 6.98%。有碱胁迫时,无论碱浓度高低,引发处理与未引发处理的幼苗株高只在处理 7 d 时有显著差异,随生长时间的延长,这种差异不再明显。其中,低碱胁迫时引发处理较未引发处理平均提高了 20.18%,高碱胁迫时引发处理较未引发处理平均提高了 18.24%。

表 5 GABA 引发对碱胁迫下甜高粱幼苗株高、茎粗的影响

处理	株高/cm			茎粗/mm		
	7 d	14 d	21 d	7 d	14 d	21 d
A_0B_1	8.47[b]	13.19[b]	18.33[ab]	0.32[b]	0.89[a]	1.67[ab]
A_1B_1	9.01[a]	15.23[a]	18.75[a]	0.42[a]	1.05[a]	1.79[a]
A_0B_2	6.26[d]	11.21[bc]	14.73[bc]	0.27[c]	0.85[a]	1.45[b]
A_1B_2	8.87[b]	13.76[ab]	17.80[ab]	0.34[b]	0.96[a]	1.61[ab]
A_0B_3	5.31[e]	8.25[c]	11.68[c]	0.23[c]	0.53[b]	1.06[c]
A_1B_3	7.78[c]	9.98[bc]	13.11[bc]	0.27[c]	0.59[b]	1.14[bc]

随着碱胁迫程度的加强,甜高粱幼苗茎粗显著减小,幼苗生长 7 d 时,无碱胁迫和低碱胁迫下引发与未引发处理差异达显著水平,其中无碱胁迫下,引发处理比未引发处理幼苗茎粗提高 23.81%。低碱胁迫下,引发处理比未引发处理幼苗茎粗提高 20.59%。其他相同碱浓度不同处理茎粗未达显著差异水平。这说明 GABA 引发只在无碱和低碱胁迫时对幼苗茎粗有显著影响。

2.2.3 GABA 引发对碱胁迫下甜高粱幼苗叶片的影响

方差分析表明,随着碱胁迫强度增加,甜高粱幼苗第一叶叶长呈显著减小的趋势,幼苗生长 7 d,无论存在碱胁迫与否,经过引发处理的幼苗第一叶叶长均长于未引发处理,且差异显著。其中,无碱胁迫时,引发处理的第一叶叶长较未引发处理提高 6.26%;低碱胁迫时,引发处理的第一叶叶长较未引发处理提高 37.56%;高碱胁迫时,引发处理的第一叶叶长较未引发处理提高 36.08%。幼苗生长 14 d,仅无碱胁迫和低胁迫下引发处理与未引发处理的幼苗第一叶叶长达显著差异水平。其中,无碱胁迫时,引发处理的第一叶叶长较未引发处理提高 14.70%;低碱胁迫时,引发处理的第一叶叶长较未引发处理提高 31.37%。处理 21 d 时,GABA 引发对幼苗第一叶叶长已无显著影响。

表 6 GABA 引发对碱胁迫下甜高粱幼苗叶片的影响

处理	第一叶叶长			第一叶叶宽			叶面积 /cm²
	7 d	14 d	21 d	7 d	14 d	21 d	
A_0B_1	5.09[b]	6.91[ab]	11.16[a]	0.33[b]	0.36[a]	0.48[a]	5.03[b]
A_1B_1	5.43[a]	8.10[a]	11.17[a]	0.40[a]	0.42[a]	0.52[a]	5.25[a]
A_0B_2	2.81[e]	4.42[c]	7.43[b]	0.28[c]	0.31[a]	0.36[a]	3.05[d]
A_1B_2	4.50[c]	6.44[b]	8.36[b]	0.35[ab]	0.40[a]	0.55[a]	4.13[c]
A_0B_3	2.25[f]	4.03[c]	7.08[b]	0.17[d]	0.26[a]	0.32[a]	2.11[e]
A_1B_3	3.52[d]	4.83[c]	6.91[b]	0.25[c]	0.29[a]	0.33[a]	2.67[d]

由表 6 可见,随着碱胁迫强度增加,甜高粱幼苗第一叶宽呈显著减小的趋势,幼苗生长 7 d,随碱胁迫强度的增加,引发处理与未引发处理的幼苗第一叶叶宽达显著差异水平。

其中,无碱胁迫时,引发处理的第一叶叶宽较未引发处理提高 17.50%;低碱胁迫时,引发处理的第一叶叶宽较未引发处理提高 20.00%;高碱胁迫时,引发处理的第一叶叶宽较未引发处理提高 32.00%。随着生育进程的推进,GABA 引发对幼苗碱胁迫下第一叶叶宽的影响不再显著。

植株叶面积影响作物的生长和代谢,其大小是植株光合能力的重要指标。从表 6 可以看出,随着碱胁迫浓度的增大,无论是经过引发处理还是未经过引发处理的种子其叶面积均显著下降($P<0.05$)。同等碱胁迫浓度下,经过引发处理的种子与未经过引发处理的种子叶面积差异达显著水平,引发与未引发处理随碱胁迫强度的升高降幅分别为 4.19%、26.15% 和 20.97%,同等碱胁迫浓度下,幼苗叶面积表现为引发处理大于未引发处理。

2.2.4 GABA 引发对碱胁迫下幼苗地上和地下干物质量的影响

由表 7 可知,随着碱胁迫浓度的增大,经过引发处理和未经引发处理的幼苗干物质总量呈迅速下降趋势,且各处理间达到显著差异水平。根干物质量比和根冠比也呈现下降趋势,但各处理之间未达显著差异水平。由此可以看出,碱胁迫抑制高粱幼苗干物质量的积累,GABA 引发处理较未引发处理可以提高幼苗根干物质量比和根冠比,但影响效果不显著。同等碱胁迫条件下,引发处理较未引发处理其根干物质量比、根冠比和总干物质量高。低强度碱胁迫下,引发处理较未引发处理总干物质量比提高 9.71%,差异达显著水平。

表 7　GABA 引发对碱胁迫下幼苗地上和地下干物质量的影响

处理	根干物质量比	根冠比	总干物质量/(mg·(10 株)$^{-1}$)
A_0B_1	0.25^a	0.33^a	254.69^a
A_1B_1	0.26^a	0.35^a	296.17^a
A_0B_2	0.24^a	0.32^a	166.91^c
A_1B_2	0.26^a	0.35^a	184.86^b
A_0B_3	0.21^b	0.29^b	134.03^c
A_1B_3	0.22^{ab}	0.31^{ab}	144.34^c

3　讨论与结论

植物在受到碱胁迫时,植株内部组织的生长和各器官之间的协调受到影响,植物的光合作用随之降低[12]。种子萌发需要充足的水分,不同作物需水量不同。干燥种子在充分吸足水分后,其内部发生一系列生理生化反应,胚乳分解,产生的能量用以供给胚的生长以及细胞分裂和组织分化过程,对种子萌发的抑制碱胁迫更甚于盐胁迫,碱胁迫强度增大,渗透压升高,离子毒害增强,导致种子吸水速度减慢,吸水量也相应减少,从而影响代谢,延迟萌发[13-15]。种子引发经历了吸湿到回干的过程,即种子萌发的吸胀期和延滞期,通过人为控制外界条件,防止胚根伸出,使种子萌发的第二阶段,即酶的活化、DNA 复制等得以延长,GABA 引发的主要作用是在这个阶段诱导细胞内抗性基因的表达,条件成熟后,只待萌发第三阶段胚根的出现[16-18]。本试验结果表明,快速吸水期出现在 24 h 后,随着碱胁迫浓度的增大,无论是经过引发处理还是未经引发处理,其种子吸水量和速度均呈现下降趋势。其原因可能是碱胁迫使细胞溶液外渗,可以利用的自由水减少,种子吸水缓慢且吸水量降低。初期经 GABA 引发处理的种子吸水量和吸水速度未见显著提升,吸水 24 h 后,同等碱胁迫条件下引发处理的种子吸水率与未引发种子有显著差异($P<0.05$),可见,GABA 引发处理对种子吸水 24 h 后有一定的促进作用。本试验结果显示,在不同的碱胁迫浓度条件下,用 GABA 对种子进行引发处理可不同程度提高发芽率、发芽势、发芽指数及活力指数,其原因可能是 GABA 提高了抗氧化酶的活性,清除活性氧和自由基,缓解其对细胞的毒性,同时快速提高种子活力,打破种子休眠,诱导种子处于萌发状态,加快了对水分的吸收,从而提高了种子的萌发质量[19-21]。甜高粱是一种耐盐碱性较强的作物,但幼苗柔弱细嫩,对高浓度盐碱的抵御能力还比较低,本试验中,随碱胁迫强度的增加,出苗率和成苗率显著降低。GABA 引发会对碱胁迫下植物的生长及生化生理过程进行积极调控,缓解碱胁迫对幼苗生长的不利影响,无碱胁迫和低碱胁迫时,引发与未引发处理出苗和成率达显著差异,而高浓度碱胁迫下未达显著差异。株高和茎粗植株的表观特征是作物生长最直观的指标。本试验研究发现,有碱胁迫时,无论碱浓度高低,引发处理与未引发处理的幼苗株高只在第 7 天时有显著差异,随生长时间的延长,这种差异不再明显。GABA 引发只在无碱和低碱胁迫时对幼苗茎粗有显著影响。同时,GABA 引发处理通过增加作物叶长、叶宽及叶面积大小提高作物光合效率,加强能量物质的转化,使植株健壮,以此来缓解碱胁迫对植物生长的不利影响[22]。GABA 能参与植物体代谢活动,有研究表明,GABA 可通过提高作物根系中的有机酸含量,中和碱性土壤中的 OH^-,调节土壤 pH,为盐碱地根系生长营造良好的生存条件,以此增强作物的抗盐碱能力[23]。本试验研究得出,GABA 引发较未引发可提高幼苗根生物量比和根冠比,但影响效果不显著。同等碱胁迫条件下,引发处理较未引发处理的根干物质量比、根冠比和总干物质量高。低碱浓度胁迫条件下,引发处理显著提高了总干物重。

种子萌发期和幼苗期是作物整个生长期内对逆境胁迫最为敏感的时期,此阶段抗逆性差、存活率低[24]。种子引发技术已被证实可以通过相应的引发剂引发后,极大地改善作物萌发期和幼苗期的抗逆性,提高作物存活率[25]。本试验在幼苗根系方面只对生物量进行了研究,对于 GABA 引发对幼苗根系活力、根系分泌物及根际土壤方面的影响有待进一步研究。本研究结果表明,从种子的萌发指标和幼苗生长指标方面看,γ-氨基丁酸引发处理对碱胁迫下甜高粱种子的萌发状况和幼苗生长态势均产生了一定的促进作用,这与前人研究结果一致。GABA 引发在盐碱地种植甜高粱方面是值得借鉴的技术手段。

参 考 文 献

[1]毕辛华,戴心维.种子学[M].北京:中国农业出版社,1993.

[2]朱广龙,宋成钰,于林林,等.外源生长调节物质对甜高粱种子萌发过程中盐分胁迫的缓解效应及其生理机制[J].作物学报,2018,9(4):217-227.

[3]马金虎,郭数进,王玉国,等.种子引发对盐胁迫下高粱幼苗生物量分配和渗透物质含量的影响[J].生态学杂志,2010,29(10):1950-1956.

[4]杨小环,马金虎,郭数进,等.种子引发对盐胁迫下高粱种子萌发及幼苗生长的影响

[J].中国生态农业学报,2011,19(1):103-109.

[5]张飞,朱凯,王艳秋,等.种子引发对盐渍土壤条件下高粱芽苗生特性的影响[J].干旱地区农业研究,2016,5(34):47-54.

[6]王鹏,祝丽香,陈香香,等.种子引发对盐胁迫条件下桔梗种子萌发及幼苗生长的影响[J].山东农业科学,2017,49(9):71-76.

[7]王莉,管博,周沫,等.种子引发对甜高粱和玉米种子耐盐性的影响[J].种子,2016,34(6):72-76.

[8]管博,曹迪,于君宝,等.引发处理对甜高粱种子萌发阶段生理生态影响[J].生态学杂志,2014,33(4):982-988.

[9]史红梅,张海燕,杨彬,等.种子处理对高粱出苗率的影响[J].问题探讨,2017,2(8):123-126.

[10]段冰,梁笃,郭琦,等.不同碱胁迫对高粱种子萌发的影响[J].农业科技通讯,2015,12(3):75-80.

[11]詹振楠,王文娟.种子引发对盐胁迫枸杞种子萌发的影响[J].广东农业科学,2018,45(6):14-18.

[12]孙耀中,李兰芬,许滨莲,等.PEG渗透调节对小麦种子活力的影响[J].河北农业技术师范学院学报,1995,9(4):72-78.

[13]张飞,王艳秋,朱凯,等.聚乙二醇引发种子对高粱芽苗耐水分亏缺的生理调节[J].中国农业大学学报,2015,20(50):39-47.

[14]马文广,郑昀晔,索文龙,等.赤霉素引发处理提高烟草丸化种子活力和幼苗素质[J].浙江农业学报,2009,21(3):293-298.

[15]睢少华,王渭玲,胡景江,等.引发处理对丹参种子萌发及幼苗抗旱性的影响[J].西北农业学报,2010,19(7):93-97.

[16]阮松林,薛庆中,王清华.种子引发对杂交水稻幼苗耐盐性的生理效应[J].中国农业科学,2003,36(4):463-468.

[17]DAHL P, BRADFORD K J. Effects of priming and endosperm integrity on seed-germination rates of tomato genotypes:Ⅱ. Germination at reduced water potential[J]. Journal of Experimental Botany,1990,41:1441-1453.

[18]ERADATMAND-ASLI D, HOUSHMANDFAR A. Seed germination and early seedling growth of corn(*Zea mays* L.) as affected by different seed pyridoxine-priming duration[J]. Advances in Environmental Biology,2001,5:1014-1018.

[19]韩云华,王彦荣,陶奇波.种子激素引发[J].草业科学,2016,33(12):2495-2500.

[20]迟春明,王志春,李彬.混合盐碱胁迫对帚用高粱萌发及苗期生长的影响[J].干旱地区农业研究,2008,26(4):148-151.

[21]PATNE C, CAVALLARO V, COSENTINO S L. Germination and radical growth in unprimed and primed seeds of sweet sorghum as affected by reduced water potential in NaCl at different temperatures[J]. Industrial Crops and products,2009,30:1-8.

[22]王彦荣.种子引发的研究现状[J].草业学报,2004,13(4):7-13.

[23]杨春武,李长有,尹红娟,等.小冰麦对盐胁迫和碱胁迫的生理响应[J].作物学报,2007,33(8):1255-1261.

[24]赵玥,辛霞,王宗礼,等.种子引发机理研究进展及牧草种子引发研究展望[J].中国草地学报,2012,34(3):102-107.

[25]刘杰,张美丽,张义,等.人工模拟盐、碱环境对向日葵种子萌发及幼苗生长的影响[J].作物学报,2008,34(10):1818-1825.

追施尿素对高粱干物质积累及产量的影响

徐庆全,崔凤娟

（通辽市农业科学研究院,内蒙古 通辽 028015）

摘要:为了明确追施尿素对高粱干物质积累及产量的影响。以通早 2 号和通杂 139 为试验材料,采用随机区组试验设计,设 3 个梯度水平:0（N0）、112.5 kg/hm²（N1）、225.0 kg/hm²（N2）,分析追施不同用量尿素下高粱干物质积累量、各器官干物质占比、开花后源生产能力转化率及产量。结果表明,高粱追施尿素比不追施尿素的生育期均延长。施尿素量为 225.0 kg/hm² 时,通早 2 号干物质积累量最大,至成熟期干物质积累量达 19 141.78 kg/hm²,穗部干物质占比为成熟期最大（56.96%）;开花后源生产能力转化率最高（85.32%）;籽粒产量达 5 101.48 kg/hm²。施尿素量为 112.5 kg/hm² 时,通杂 139 干物质积累量最大,至成熟期干物质积累量达 23 369.33 kg/hm²,穗部干物质占比为成熟期最大（55.61%）;开花后源生产能力转化率最高（89.87%）;籽粒产量达 7 788.21 kg/hm²。说明通早 2 号追施尿素量为 225.0 kg/hm²、通杂 139 追施尿素量为 112.5 kg/hm² 时,可有效增加高粱干物质积累量,提升开花后源生产能力转化率,提高产量。

关键词:高粱;尿素;干物质积累量;源库关系;产量

高粱具有耐盐碱、耐干旱、耐瘠薄的特性,是旱作农田首选杂粮作物。氮素作为作物生长最基础的矿物质养分之一,参与植物蛋白质及核酸的组成,影响植物生命活动和遗传变异[1-2]。氮素是叶绿素的成分物质,是植物进行光合作用合成有机质的重要元素。同时,氮素还是植物体内酶、维生素、激素的组成成分,参与植株的各种代谢活动[3-6]。缺氮会导致作物生长缓慢,植株矮小,甚至干枯死亡[7-9]。每生产 100 kg 高粱籽粒需吸收氮素 2.48 kg,适当追施尿素可保证高粱对氮素的需求,促进营养器官的建成,提高作物叶面积指数,从而提高高粱产量[10]。张晓敏等[11] 研究不同追肥时期和追肥量对高粱产量的影响,指出以有机肥作为底肥,拔节期和抽穗期追施尿素比例为 3∶2 时,高粱产量可达最大值。周开芳等[12] 对酿造高粱的追肥量进行研究后认为,底施有机肥 30 000 kg/hm²、拔节期和孕穗期分别追施尿素 120 kg/hm² 的高粱产量达最大值。白鸥等[13] 研究认为,同等用量的氮磷钾复合肥,按照底肥+追肥的模式施入较一次性施入能大幅提高甜高粱的叶面积指数、生物产量及含糖量。干物质积累量是群体数量和个体质量的综合反映,也是产量形成的基础,氮素对作物干物质积累影响最大[14-16]。追肥对高粱的影响研究多集中在农艺性状和产量上,有关追肥对高粱源库关系的影响鲜见报道。本研究选择高粱早熟品种和中晚熟品种为试验材料,研究追氮量对其干物质积累的影响,旨在为完善通辽地区高粱高产栽培技术提供依据。

1 材料和方法

1.1 试验地概况及试验材料

试验于 2017—2018 年在内蒙古通辽市科尔沁区钱家店镇通辽市农业科学研究院试验基地(43°43′N,122°37′E)进行。土壤 0~20 cm 耕层有机质含量为 11.61 g/kg、碱解氮含量为 67.65 mg/kg、速效磷含量为 16.68 mg/kg、速效钾含量为 138.50 mg/kg,pH 为 8.62。高粱生长期内降水量为 332.8 mm、有效积温为 3 100 ℃、日照时数为 1 105.3 h。供试材料为高粱矮秆早熟杂交种通早 2 号和高秆中晚熟杂交种通杂 139,均由通辽市农业科学研究院高粱研究所提供。

1.2 试验设计

不施种肥,只在拔节期追施尿素。追施尿素设 3 个梯度水平:0 kg/hm²(N0)、112.5 kg/hm²(N1)、225.0 kg/hm²(N2)。每个处理 3 次重复,小区面积为 15 m²,行长为 5 m,6 个行区,四周设保护行。采用随机区组排列,共 18 个小区。通杂 139 种植密度为 10.5 万株/hm²,通早 2 号种植密度为 16.5 万株/hm²。

1.3 测定项目及方法

1.3.1 群体干物质积累的测定

在高粱生长的关键时期(开花期、灌浆期、成熟期)分别取样,然后按照植株的茎、叶、穗进行分类,通过烘箱杀青、烘干,测定植株各器官干重。

开花后源生产能力转化率=(籽粒产量/开花后植株干重)×100%。

1.3.2 产量的测定

在收获期测定籽粒产量。

1.4 数据统计与分析

采用 Microsoft Excel 2007 和 DPS 15.0 数据处理系统对数据进行处理及统计分析。

2 结果与分析

2.1 不同追肥量对高粱生育时期的影响

由表1可知,高粱均表现为施用尿素比不施用氮肥生育期延长,通早2号N1处理较N0处理的生育期延长2 d,N2处理较N0处理生育期延长4 d,N2处理较N1处理生育期延长2 d。通杂139N1处理较N0处理生育期延长2 d,N2处理较N0处理生育期延长4 d,N2处理较N1处理生育期延长2 d。

表1 不同追肥量下高粱生育时期比较

品种	处理	出苗期	拔节期	开花期	灌浆期	成熟期	生育期/d
	N0	05-22	06-25	07-22	08-21	08-29	100
通早2号	N1	05-22	06-26	07-24	08-24	08-31	102
	N2	05-22	06-27	07-25	08-26	09-02	104
	N0	05-22	07-11	08-11	09-03	09-25	127
通杂139	N1	05-22	07-12	08-13	09-05	09-27	129
	N2	05-22	07-13	08-15	09-07	09-29	131

2.2 不同追肥量对高粱干物质积累量的影响

由图1可知,对于通早2号,追施尿素量增加,干物质积累量增加。N2处理茎、叶、穗干物质积累量均是最大,总干物质量开花期为13 162.67 kg/hm²,灌浆期为18 496.89 kg/hm²,成熟期为19 141.78 kg/hm²,开花期、灌浆期、成熟期的干物质总量N2处理较N1处理分别提高15.06%、2.31%、10.68%,较N0处理分别提高26.33%、16.19%、18.22%。开花期、灌浆期、成熟期追施氮肥量N1处理较不追施氮肥的N0处理分别提高9.79%、13.56%、6.82%。

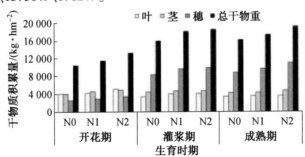

图1 不同追肥量对通早2号干物质积累量的影响

由图2可知,对于通杂139,追施尿素量增加,干物质积累量下降。N1处理茎、叶、穗干物质积累量均最大,总干物质量开花期为14 703.33 kg/hm²,灌浆期为

22 468.89 kg/hm²,成熟期为 23 369.33 kg/hm²,开花期、灌浆期、成熟期总干物质量 N1处理较 N2 处理分别提高 11.40%、8.96%、7.21%。N1 处理较 N0 处理分别提高 27.01%、17.48%、20.15%。开花期、灌浆期、成熟期总干物质积累量 N2 处理较 N0 处理分别提高 14.07%、7.82%、12.08%。

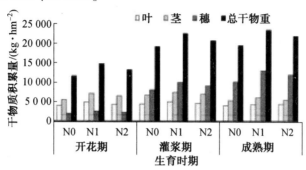

图 2　不同追肥量对通杂 139 干物质积累量的影响

1.2　不同追肥量对高粱各器官干物质占比的影响

由图 3 可知,通早 2 号干物质占比由叶片部位向穗部转移,成熟期 N2 处理穗部占比达到最大,为 56.96%,比 N1 处理、N0 处理分别提高 3.86%、5.81%,N1 处理比 N0 处理提高 2.56%。

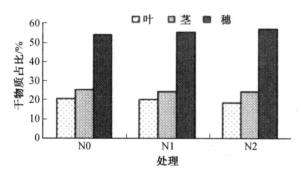

图 3　不同追肥量对通早 2 号成熟期各器官干物质占比的影响

由图 4 可知,通杂 139 成熟期 N1 处理穗部干物质占比达到最大,为 55.61%,比 N2处理、N0 处理分别提高 2.64%、7.64%,N2 处理比 N0 处理提高 4.87%。

2.4　不同追肥量对高粱源库关系的影响

2.4.1　不同追肥量对通早 2 号源库关系的影响

作物开花期至成熟期,叶片合成的有机物质逐渐向籽粒转移,籽粒干物质积累量逐渐增加。由表 2 可知,开花后植株干重随施氮量的增加而增加,N2 处理较 N1、N0 处理分别提高 2.11%、3.60%,N1 处理较 N0 处理提高 1.45%。随施氮肥量的增加通早 2 号产量

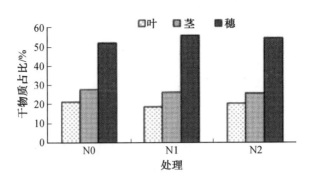

图 4 不同追肥量对通杂 139 成熟期各器官干物质占比的影响

增加,N2 处理产量最高为 5 101.48 kg/hm², 较 N1、N0 处理分别提高 4.44%、12.37%, N1 处理较 N0 处理提高 7.59%。随施尿素量的增加通早 2 号开花后源生产能力转化率增加,N2 处理开花后源生产能力转化率为 85.32%, 较 N1、N0 处理分别提高 2.28%、8.47%, N1 处理较 N0 处理提高 6.05%。

表 2   不同追肥量对通早 2 号源库关系的影响

处理	开花后植株干重/(kg·hm^{-2})	籽粒产量/(kg·hm^{-2})	开花后源生产能力转化率/%
N0	5 771.56	4 539.81	78.66
N1	5 855.33	4 884.51	83.42
N2	5 979.11	5 101.48	85.32

2.4.2   不同追肥量对通杂 139 源库关系的影响

由表 3 可知,开花后植株干重随施尿素量的增加而增加,N1 处理较 N2、N0 处理分别提高 0.77%、9.99%, N2 处理较 N0 处理提高 9.15%。随施尿素量的增加通杂 139 产量先上升后下降,开花后源生产能力转化率亦呈现先增后降的趋势。N1 处理产量最高,为 7 788.21 kg/hm², 较 N2、N0 处理分别提高 4.61%、16.35%, N2 处理较 N0 处理提高 11.21%。N1 处理开花后源生产能力转化率为 89.87%, 较 N2、N0 处理分别提高 3.81%、5.78%, N2 处理较 N0 处理提高 1.89%。

表 3   不同追肥量对通杂 139 源库关系的影响

处理	开花后植株干重/(kg·hm^{-2})	籽粒产量/(kg·hm^{-2})	开花后源生产能力转化率/%
N0	7 879.11	6 693.99	84.96
N1	8 666.00	7 788.21	89.87
N2	8 599.78	7 444.69	86.57

3   讨论与结论

氮素是作物合成光合产物的必需元素,直接决定作物产量的高低[17]。只有合理追肥并配合适宜密度及水肥管理,才能有效提高作物氮素转化率[18]。施用氮肥主要是通过延长作物灌浆期,使库容得到最大限度的利用而增加产量[19-20]。本试验结果表明,拔节期追施尿素量为 225.0 kg/hm² 时,通早 2 号和通杂 139 生育期均较不追施氮肥延长 4 d,较追施尿素量为 112.5 kg/hm² 时生育期延长 2 d。这说明追施氮肥对增加叶面积、延长叶片持绿时间有促进作用。对于通早 2 号,随追施氮肥量增加,干物质积累量增加,追施尿素量为 225.0 kg/hm² 时,成熟期总干物质积累量为 19 141.78 kg/hm²。对于通杂 139,随追施氮肥量增加,干物质积累量呈先增加后降低的趋势,追尿素量为 112.5 kg/hm² 时,成熟期总干物质积累量为 23 369.33 kg/hm²。这可能是由于品种间存在的差异性,通早 2 号是早熟矮秆品种,叶片略窄,叶倾角小,更适合密植。

通杂 139 是粒用高产中晚熟杂交品种,品种性质优良,叶片浓绿,茎秆粗壮,叶倾角偏大,叶片呈半披垂状态,这样的植株特性,当氮肥施用过量时会导致作物叶片疯长,株间郁闭,光能利用率下降,同时,农作物需要更多的光合产物用于呼吸消耗,导致干物质积累不足,造成减产。源库关系是影响作物产量的主要因素,增源扩库是提高产量的重要途径[5,18]。追尿素量为 225.0 kg/hm² 时,通早 2 号穗部占比达到最大,至成熟期占比为56.96%。通杂 139 在 112.5 kg/hm² 时穗部干物质占比达到最大,至成熟期占比为55.61%。

随追施氮肥量的增加,通早 2 号产量增加,追施尿素量为 225.0 kg/hm² 时,各处理产量最高为 5 101.48 kg/hm²,开花后源生产能力转化率亦增加,转化率为 85.32%。随追施尿素量的增加通杂 139 产量先上升后下降,开花后源生产能力转化率亦呈现先增后降的趋势。追施尿素量为 112.5 kg/hm² 时产量最高为 7 788.21 kg/hm²,源生产能力转化率最高为89.87%。说明氮肥施用过多,作物贪青晚熟、植株细软,会减弱作物的生产能力,从而造成减产。本试验结果表明,通早 2 号追施尿素量为 225.0 kg/hm² 时,通杂 139 追施尿素量为112.5 kg/hm² 时,可有效促进光合产物从源到库的高效转移,开花后源生产能力转化率达最大值,从而达到高产的目的。

参 考 文 献

[1]李合生. 现代植物生理学[M].北京:高等教育出版社,2006.

[2]马兴华. 施氮量和底追比例对小麦氮素利用和产量、品质的影响[D].泰安:山东农业大学,2004.

[3]苏富源,郝明德,张晓娟,等. 施肥对甜高粱产量、养分吸收及品质的影响[J].西北农业学报,2016,25(3):396-405.

[4]王聪. 播期与肥密对高粱产量的影响[D].大庆:黑龙江八一农垦大学,2015.

[5]王艳秋,邹剑秋,张飞,等. 不同糯性高粱光合物质积累特点及源库关系分析[J].西南农业学报,2014,27(6):2300-2304.

[6]罗利红. 密度及氮磷钾肥料配施对甜高粱含糖量和生物产量影响的研究[D].长春:吉林农业大学,2012.

[7]张总正,秦淑俊,李娜,等. 深松和施氮对夏玉米产量及氮素吸收利用的影响[J].植物营养与肥料学报,2013,19(4):790-798.

[8]李祥栋,潘虹,陆秀娟,等.贵州酒用高粱籽粒灌浆特征及源库关系分析[J].贵州农业科学,2017,45(6):29-33.

[9]廖敦平,雍太文,刘小明,等.玉米-大豆和玉米-甘薯套作对玉米生长及氮素吸收的影响[J].植物营养与肥料学报,2014,20(6):1395-1402.

[10]梁晓红,刘静,曹雄.施氮量对酿造高粱产量和氮素利用率的影响[J].华北农学报,2017,32(2):179-184.

[11]张晓敏,周开芳,郑明强,等.不同种类肥料施用量对高粱产量的影响[J].农技服务,2015,32(1):98-99.

[12]周开芳,陈敏,郑明强,等.有机肥与氮肥不同施用量对高粱产量及品质的影响[J].贵州农业科学,2006,34(5):82-84.

[13]白鸥,王进军,黄瑞冬,等.施肥方式对甜高粱生长发育及糖分含量的影响[J].河南农业科学,2013,42(10):12-14.

[14]渠晖,程亮,陈俊峰,等.施氮水平对甜高粱主要农艺性状及其与干物质产量相关关系的影响[J].草业学报,2016,25(6):13-25.

[15]蔡泉.不同类型春小麦物质积累动态特征的研究[D].哈尔滨:东北农业大学,2005.

[16]谢奇霖.不同施肥方式对饲用甜高粱产量和品质的影响[D].长沙:湖南农业大学,2017.

[17]王劲松,焦晓燕,丁玉川,等.粒用高粱养分吸收、产量及品质对氮磷钾营养的响应[J].作物学报,2015,41(8):1269-1278.

[18]董二伟,王劲松,韩鹏远,等.施肥对高粱生长、干物质积累与养分吸收分配的影响[J].山西农业科学,2012,40(6):645-650.

[19]刘天朋,丁国祥,汪小楷,等.种植密度对杂交糯高粱群体库源关系的影响[J].作物杂志,2016(1):144-148.

[20]聂新星,张自咏,黄玉红,等.生物炭与氮肥配施对高粱生长及镉吸收的影响[J].农业环境科学学报,2019,38(12):2749-2756.

24份甜高粱主要农艺性状与生物产量综合分析

罗　巍[1]，周　伟[1]，王振国[2]，李　岩[2]，宇闻昊[1]，杨志强[1]，余忠浩[1]，李资文[1]，周亚星[1]

（1. 内蒙古民族大学农学院，内蒙古 通辽 028000；

2. 通辽市农牧科学研究所，内蒙古 通辽 028000）

摘要：为了探究甜高粱主要农艺性状与生物产量的关系，筛选出综合表现优良的甜高粱材料，进而为今后甜高粱育种提供理论依据。试验以 24 份甜高粱杂交组合为材料，对其主要农艺性状及生物产量进行灰色关联度分析、相关性分析、通径分析及主成分分析。结果表明：主穗长度和穗粒数的变异系数较大；灰色关联度结果表明糖锤度与生物产量关联度最大。相关分析表明，株高与茎秆长度，主穗长度与千粒重达到极显著正相关；通径分析结果表明，主穗长度、茎秆长度、千粒重、榨汁率、糖锤度本身的直接效应对甜高粱的生物产量有正向作用。主成分分析得出株高、茎秆长度、穗粒数、糖锤度、榨汁率、主穗长度、生物产量 7 个性状相对品种的综合表现影响更大。因此，在选育甜高粱杂交种时，要注重对糖锤度、茎粗、茎秆长度的选择，同时兼顾对株高、穗粒数、主穗长度、榨汁率、千粒重的选择。

关键词：甜高粱；农艺性状；灰色关联度分析；通径分析；主成分分析

高粱［*Sorghum bicolor*（L.）Moench］是世界第五大作物，也是我国重要的杂粮作物[1]。甜高粱是普通高粱的一个变种，以甜、长、汁多的茎而闻名[2-3]，属于禾本科一年生草本植物，为 C4 光合系统，杂种优势强，具有耐涝、耐旱、耐瘠薄、耐盐碱等多重抗逆性[4-6]，是目前世界上生物量最高的作物，有"高能作物"之称[7]。甜高粱的茎秆中含有较高的糖分，粗纤维、蛋白质、粗脂肪、粗灰分等品质性状也优于其他作物，可作为极好的糖料和饲料[8]；甜高粱中的糖分经过生物发酵会产生乙醇，乙醇经加工会成为很好的燃料，制取燃料后的余渣是反刍畜类的优质饲料[9-10]。伴随能源短缺形势严峻，环境污染日趋严重，许多国家都加强了对可再生能源作物的研究。作为最具优势的可再生生物能源作物[11-12]，甜高粱的合理开发利用对缓解能源紧张，改善生态环境，促进国家经济稳定持续发展具有十分重要而深远的意义。因此探究各农艺性状间及生物产量的关系，了解其内在联系，有助于更精准地改良目标性状，选育甜高粱优质品种。

目前，关于甜高粱农艺性状的研究内容已经较为全面，主要体现在生物产量及品质与各农艺性状间的相关性。金星娜等[13]对 8 种饲用甜高粱的株高、叶片数等农艺性状与营养品质的差异进行了显著性分析；何振富等[14]对 15 种甜高粱的农艺性状、产草量、营养品质进行了相关性分析；高进等[15]分析认为，茎秆出汁率和生育期与鲜重产量密切相关；冯国郡等[16]采用相关性分析和主成分分析对甜高粱主要农艺性状间关系进行了研究。前人研究大多基于个别方法探究甜高粱各农艺性状间的关系[17-18]，综合多种分析方法探究甜高粱各主要农艺性状间及生物产量相关关系的研究鲜有报道。因此，本研究采用灰色关联度分析、相关性分析、通径分析及主成分分析等多重分析方法探究甜高粱各主要农艺性状间及生物产量的关系,旨在为甜高粱新品种选育提供理论基础。

1 材料与方法

1.1 试验材料

供试甜高粱材料中包括不育系 4 个,分别为 S798、S499、S13、S8;恢复系 6 个,分别为 T52、T48、H22、K8、B69、W92 及其 24 个杂交 F_1 代,分别为 S798×T52、S798×T48、S798× H22、S798×K8、S798×B69、S798×W92、S499×T52、S499×T48、S499×H22、S499×K8、S499× B69、S499×W92、S13×T52、S13×T48、S13×H22、S13×K8、S13×B69、S13×W92、S8×T52、S8× T48、S8×H22、S8×K8、S8×B69、S8×W92。

1.2 试验地及试验设计

试验依托科尔沁沙地生态农业国家民委重点实验室,试验地位于内蒙古民族大学农学院试验地,北纬 42°15′—45°59′,东经 119°14′—123°43′之间。该地的气候类型为温带大陆性气候,土壤为沙壤土。该试验调查的数据包括株高(cm)、茎粗(cm)、主穗长度(cm)、茎秆长度(cm)、穗粒数(个)、千粒重(g)、生物产量(kg/hm²)、糖锤度(%)、榨汁率(%)。性状记录标准参考陆平[19]的方法。试验于 2020 年 4—10 月进行。

1.3 数据分析

采用 Microsoft Excel 2003 进行数据处理,DPS 7.05 统计软件进行灰色关联度分析、相关性分析、通径分析和主成分分析。

2 结果与分析

2.1 甜高粱主要农艺性状及生物产量的变异分析

变异系数是衡量作物各个性状受环境条件影响发生变异程度的一个指标[20]。由表 1 可知,24 个甜高粱杂交组合构成的群体各性状间变化程度不同,9 个性状的变异系数范围为 3.01% ~18.75%。主穗长度的变异系数最大,变异幅度为 23.3 ~48.7,糖锤度的变异系数最小,变异幅度为 16.5 ~18.5。性状间变异系数较大的有主穗长度、穗粒数、生物产量,变异范围为 9.15% ~18.75%,表明这 3 个性状的变异较为丰富。变异系数较低的有茎秆长度、榨汁率、株高、千粒重、茎粗、糖锤度,变异范围为 3.01% ~6.85%,表明这 6 个性状的变异幅度较小,遗传较稳定。

表1 甜高粱主要农艺性状及生物产量的变异分析

编号	极大值	极小值	变异幅度	均值	标准差	变异系数/%
株高	350	279.3	70.7	312.19	19.49	6.24
茎粗	2.1	1.8	0.3	1.92	0.08	4.18
主穗长度	48.7	23.3	25.4	28.96	5.43	18.75
茎秆长度	325.7	254.3	71.4	280.70	19.23	6.85
穗粒数	3 099.3	2 038	1 061.3	2 089.63	204.75	9.80
千粒重	30.3	23	7.3	25.00	1.52	6.09
生物产量	8 838.7	5 920	2 918.7	7 363.63	674.10	9.15
糖锤度	18.5	16.5	2	17.44	0.53	3.01
榨汁率	41.6	29.5	12.1	33.12	2.18	6.58

2.2　甜高粱主要农艺性状间及生物产量的灰色关联度分析

灰色关联度分析是衡量因素间关系程度的一种量化方法,它将众多因素作为一个整体灰色系统,对多因素影响的不确定事件进行总体评价,具有可靠性,广泛用于作物品种综合评价及性状相对重要性评价[21-22]。根据灰色系统理论[23-24],试验将甜高粱的24个供试材料和9个农艺性状看作一个灰色系统,将试验所得数据进行标准化处理,然后计算绝对差值,得到灰色关联系数并进行关联度排序。由表2可知,株高与其他性状关联度依次为茎秆长度(0.957 3)、茎粗(0.858 3)、糖锤度(0.824 3)、穗粒数(0.823 5)、千粒重(0.804 1)、榨汁率(0.803 8)、生物产量(0.758 3)、主穗长度(0.749 6)。关联度越趋近于1,说明参考性状与目的性状联系越紧密;反之,则该性状与目的形状相互影响较小。通过结果可以看出,甜高粱组合各性状中茎秆长度与株高关联度最大;其次是茎粗、糖锤度和穗粒数;主穗长度与株高关联度最小;千粒重、榨汁率、生物产量与株高关系较小。由此分析,与株高关系较为密切的农艺性状是茎秆长度和茎粗。

表2 供试甜高粱株高与其他性状间关联度

性状	茎粗	主穗长度	茎秆长度	穗粒数	千粒重	生物产量	糖锤度	榨汁率
关联度	0.858 3	0.749 6	0.957 3	0.823 5	0.804 1	0.758 2	0.824 3	0.803 8
排名	2	8	1	4	5	7	3	6

由表3可知,茎粗与其他性状关联度依次为糖锤度(0.898 6)、穗粒数(0.877 6)、株高(0.867 1)、榨汁率(0.859 2)、茎秆长度(0.854 5)、千粒重(0.840 6)、生物产量(0.824 9)、主穗长度(0.749 8)。与茎粗关联度最大的是糖锤度,说明糖锤度与茎粗关系最为密切;其次是穗粒数、株高和榨汁率;与茎粗关联度最小的是主穗长度;茎秆长度、千粒重、生物产量与茎粗关系较小。

表3　供试甜高粱茎粗与其他性状间关联度

性状	株高	主穗长度	茎秆长度	穗粒数	千粒重	生物产量	糖锤度	榨汁率
关联度	0.867 1	0.749 8	0.854 5	0.877 6	0.840 6	0.824 9	0.898 6	0.859 2
排名	3	8	5	2	6	7	1	4

由表4可知,主穗长度与其他性状间的关联度依次为株高(0.779 5)、茎粗(0.767 9)、茎秆长度(0.764 3)、穗粒数(0.759 1)、千粒重(0.759)、糖锤度(0.750 5)、榨汁率(0.744)、生物产量(0.731 1)。可见,主穗长度与株高密切相关,与榨汁率关系最远。

表4　供试甜高粱主穗长度与其他性状间关联度

性状	株高	茎粗	茎秆长度	穗粒数	千粒重	生物产量	糖锤度	榨汁率
关联度	0.779 5	0.767 9	0.764 3	0.759 1	0.759	0.731 1	0.750 5	0.744
排名	1	2	3	4	5	8	6	7

由表5可知,茎秆长度与其他性状间的关联度依次为株高(0.961 1)、茎粗(0.856 8)、穗粒数(0.837 6)、糖锤度(0.822 3)、榨汁率(0.820 4)、千粒重(0.810 5)、产量(0.766 4)、主穗长度(0.749 5)。株高是影响茎秆长的主要因素,茎粗次之。

表5　供试甜高粱茎秆长度与其他性状间关联度

性状	株高	茎粗	主穗长度	穗粒数	千粒重	生物产量	糖锤度	榨汁率
关联度	0.961 1	0.856 8	0.749 5	0.837 6	0.810 5	0.766 4	0.822 3	0.820 4
排名	1	2	8	3	6	7	4	5

由表6可知,穗粒数与其他性状间的关联度依次为糖锤度(0.899 5)、茎粗(0.882 8)、榨汁率(0.870 1)、千粒重(0.848 9)、茎秆长度(0.842 1)、株高(0.841 5)、生物产量(0.793 6)、主穗长度(0.750 1)。其中,主穗长度与穗粒数的关联度最小,关联度为0.750 1。穗粒数对糖锤度、茎粗、榨汁率影响较大。

表6　供试甜高粱穗粒数与其他性状间关联度

性状	株高	茎粗	主穗长度	茎秆长度	千粒重	生物产量	糖锤度	榨汁率
关联度	0.841 5	0.882 8	0.750 1	0.842 1	0.848 9	0.793 6	0.899 5	0.870 1
排名	6	2	8	5	4	7	1	3

由表7可知,千粒重与其他性状间的关联度依次为糖锤度(0.839 8)、穗粒数(0.797 5)、茎粗(0.792 5)、榨汁率(0.781 9)、株高(0.762 7)、生物产量(0.759 1)、茎秆长度(0.753 7)、主穗长度(0.678 1)。糖锤度与千粒重的关联度最大,说明糖锤度是影响千粒重的关键因素;主穗长度与千粒重的关联度最小,说明主穗长度对千粒重的影响较小。

表7　供试甜高粱千粒重与其他性状间关联度

性状	株高	茎粗	主穗长度	茎秆长度	穗粒数	生物产量	糖锤度	榨汁率
关联度	0.762 7	0.792 5	0.678 1	0.753 7	0.797 5	0.759 1	0.839 8	0.781 9
排名	5	3	8	7	2	6	1	4

由表 8 可知,生物产量与其他性状间的关联度依次为糖锤度(0.830 6)、茎粗(0.815 3)、千粒重(0.801)、榨汁率(0.783 7)、穗粒数(0.773 5)、株高(0.759 4)、茎秆长度(0.750 8)、主穗长度(0.697 6)。因此在育种过程中可以考虑糖锤度和茎粗,兼顾千粒重、榨汁率和穗粒数,其次注意适当的株高和茎秆长度,最后依据育种目标选择合适的主穗长度。

表 8　供试甜高粱生物产量与其他性状间关联度

性状	株高	茎粗	主穗长度	茎秆长度	穗粒数	千粒重	糖锤度	榨汁率
关联度	0.759 4	0.815 3	0.697 6	0.750 8	0.773 5	0.801	0.830 6	0.783 7
排名	6	2	8	7	5	3	1	4

由表 9 可知,糖锤度与其他性状间的关联度依次为茎粗(0.891 5)、穗粒数(0.888 3)、榨汁率(0.877 2)、千粒重(0.869 6)、生物产量(0.829 9)、株高(0.824 6)、茎秆长度(0.807 9)、主穗长度(0.716 7)。通过分析可知,在甜高粱各主要农艺性状之间,茎粗对甜高粱的糖锤度影响较大,主穗长度的影响较小。

表 9　供试甜高粱糖锤度与其他性状间关联度

性状	株高	茎粗	主穗长度	茎秆长度	穗粒数	千粒重	生物产量	榨汁率
关联度	0.824 6	0.891 5	0.716 7	0.807 9	0.888 3	0.869 6	0.829 9	0.877 2
排名	6	1	8	7	2	4	5	3

由表 10 可知,榨汁率与其他性状间的关联度依次为糖锤度(0.894 8)、穗粒数(0.875 7)、茎粗(0.872 1)、千粒重(0.842 8)、茎秆长度(0.833)、株高(0.831 2)、生物产量(0.812)、主穗长度(0.744)。由此可见,对榨汁率影响最大的为糖锤度,影响最小的是主穗长度。通过增加糖锤度和穗粒数可以有效提升甜高粱的榨汁率。

表 10　供试甜高粱榨汁率与其他性状间关联度

性状	株高	茎粗	主穗长度	茎秆长度	穗粒数	千粒重	生物产量	糖锤度
关联度	0.831 2	0.872 1	0.744	0.833	0.875 7	0.842 8	0.812	0.894 8
排名	6	3	8	5	2	4	7	1

2.3　甜高粱主要农艺性状及生物产量的相关性分析

相关系数是反映 2 个随机变量间的线性关系,即通过研究不同农艺性状间及生物产量的相关关系,可以预测各性状间的相互影响[25]。分析结果见表 1,株高与茎秆长度($r=0.96$)、主穗长度与千粒重($r=0.51$)达到极显著正相关;株高与穗粒数($r=0.43$)、茎粗与榨汁率($r=0.42$)、茎秆长度与穗粒数($r=0.48$)、生物产量与糖锤度($r=0.47$)达到显著正相关。结果表明,糖锤度对生物产量影响较大。

表 11　甜高粱主要农艺性状及生物产量的相关性分析

性状	株高	茎粗	主穗长度	茎秆长度	穗粒数	千粒重	生物产量	糖锤度	榨汁率
株高	1								
茎粗	0.23	1							
主穗长度	0.19	0.01	1						
茎秆长度	0.96**	0.23	−0.09	1					
穗粒数	0.43*	0.11	−0.16	0.48*	1				
千粒重	0.13	0.06	0.51**	−0.01	0.12	1			
生物产量	−0.2	0.12	0.06	−0.22	−0.06	0.31	1		
糖锤度	−0.03	0.36	0.24	−0.1	0.25	0.31	0.47*	1	
榨汁率	0.07	0.42*	−0.1	0.1	0.06	−0.29	0.19	0.24	1

注：*表示在 $P<0.05$ 水平达到显著差异；**表示在 $P<0.01$ 水平达到显著差异。

2.4　甜高粱主要农艺性状间及生物产量的通径分析

相关系数不能完全准确体现两个性状间的线性相关程度,应进行进一步分析以比较各性状对生物产量的贡献大小及对生物产量的相对重要性,因此在相关性分析的基础上,进行了通径分析。通过图 1 可知,高粱生物产量与各性状间通径关系为:茎秆长度>主穗长度>千粒重>糖锤度>榨汁率>穗粒数>茎粗>株高。通过分析得出茎秆长度、主穗长度、千粒重、糖锤度、榨汁率本身的直接效应对甜高粱生物产量有正向作用,穗粒数、茎粗、株高本身的直接效应对甜高粱生物产量有负向作用。其中,茎秆长度对高粱生物产量的直接效应最大,通径系数为 124.793 7。

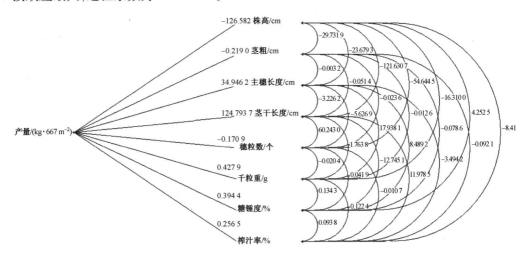

图 1　生物产量与其他 8 个主要性状的通径分析

2.5 甜高粱主要农艺性状及生物产量主成分分析

为了进一步探究甜高粱杂交组合主要农艺性状间及生物产量的关系,本研究对供试高粱的9个性状进行主成分分析,根据累计贡献率大于85%原则选取主成分,其中前5个特征值在9个特征值中累计贡献率达86.809 4%,基本涵盖了所有测定性状的主要信息。

研究结果表明,第1主成分特征值为2.455,贡献率占27.277 6%,其中荷载值高且数值为正的农艺性状包括株高(0.587 1)、茎秆长度(0.589)和穗粒数(0.421 7);第2主成分特征值为2.084 7,贡献率占23.163 9%,其中荷载值高且数值为正的农艺性状包括糖锤度(0.559 8);第3主成分特征值为1.639 2,其中荷载值高且数值为正的农艺性状包括榨汁率(0.592 4);第4主成分特征值为0.985 1,其中荷载值高且数值为正的农艺性状包括主穗长度(0.512 1);第5主成分特征值为0.648 8,其中荷载值高且数值为正的性状包括生物产量(0.712 9)。这6个主成分中,仅第1、2、3主成分的特征值大于1,且累计贡献率为68.654 5%,说明第1、2、3主成分含有大部分信息,相对贡献较大。说明株高、茎秆长度、穗粒数、糖锤度、榨汁率、主穗长度、生物产量这7个性状相对品种的综合表现影响更大。

表12 甜高粱各性状主成分特征向量及累计贡献率

编号	因子1	因子2	因子3	因子4	因子5
株高	0.587 1	−0.083 1	−0.190 5	0.163 7	0.243 2
茎粗	0.286 2	0.268 2	0.353 4	0.348 2	−0.284 6
主穗长度	0.021 7	0.347 7	−0.450 9	0.512 1	−0.135 2
茎秆长度	0.589	−0.181 8	−0.065 5	0.021 8	0.285 3
穗粒数	0.421 7	0.017 4	0.004	−0.621 6	−0.349
千粒重	0.071 1	0.436 4	−0.484 5	−0.092 9	0.052 6
生物产量	−0.094 1	0.491 1	0.156 3	−0.268 1	0.712 9
糖锤度	0.101	0.559 8	0.145 5	−0.201 8	−0.337 3
榨汁率	0.155	0.147 6	0.592 4	0.285 6	0.116 7
特征值	2.455	2.084 7	1.639 2	0.985 1	0.648 8
贡献率/%	27.277 6	23.163 9	18.213	10.945 6	7.209 3
累计贡献率/%	27.277 6	50.441 5	68.654 5	79.600 2	86.809 4

根据特征值和对应的特征向量,求得24个甜高粱组合的每个主成分得分,再根据各主成分特征值占所提取主成分的总特征值的比例权重,加权每个主成分得分获得综合主成分得分。由表13可知,综合主成分排名前4的组合依次为S8×T52、S499×K8、S13×W92和S499×T52。说明通过主成分分析,这4个组合在所测量的9个性状中的综合表现突出。

表 13 甜高粱主成分得分及排名

组合	第1主成分得分	第2主成分得分	第3主成分得分	第4主成分得分	第5主成分得分	综合主成分得分	排名
S8×T52	1.364 7	1.558 8	0.699 8	0.402 9	0.481 7	1.082 4	1
S499×K8	1.792 2	0.636 4	−0.080 3	−0.508 2	0.180 2	0.667 0	2
S13×W92	0.891 9	1.577 8	−0.683 6	0.284 3	0.211 2	0.611 2	3
S499×T52	0.621 7	1.148 4	0.331 1	−0.017 7	0.166 6	0.582 8	4
S798×T52	0.503 5	1.293 5	0.383 3	−0.003 4	−0.029 1	0.580 9	5
S13×H22	1.091 6	0.780 9	−0.141 0	0.158 9	0.375 6	0.573 0	6
S798×W92	1.040 4	0.729 8	−0.103 9	0.223 7	0.535 6	0.572 5	7
S499×H22	1.113 6	0.556 5	−0.065 9	0.428 8	0.242 4	0.558 8	8
S499×W92	0.883 1	0.894 3	−0.239 6	0.031 3	0.422 4	0.504 9	9
S499×T48	0.843 1	0.509 2	0.202 5	0.033 1	0.587 6	0.496 2	10
S798×B69	0.712 4	0.646 8	−0.028 9	0.254 5	0.487 2	0.462 9	11
S8×H22	0.996 4	0.277 8	−0.019 7	0.372 8	0.144 1	0.442 1	12
S499×B69	0.776 1	0.552 4	−0.285 4	0.210 1	0.541 3	0.402 8	13
S8×W92	0.755 5	0.459 9	−0.145 8	0.164 3	0.511 5	0.392 7	14
S798×H22	0.746 3	0.245 9	0.121 0	0.348 0	0.154 3	0.382 2	15
S798×K8	0.239 5	0.945 0	0.142 6	0.027 6	0.090 3	0.368 3	16
S8×T48	0.732 9	0.286 9	0.091 2	0.102 4	0.305 0	0.364 2	17
S13×T48	0.429 6	0.773 6	−0.013 0	−0.201 4	0.543 7	0.358 4	18
S8×K8	0.266 7	0.673 5	0.323 7	0.166 4	0.027 1	0.354 7	19
S13×T52	0.287 4	0.821 1	0.025 9	−0.192 0	0.695 2	0.348 3	20
S798×T48	0.281 8	0.725 4	0.167 1	−0.069 9	0.370 1	0.339 1	21
S13×K8	0.162 0	0.810 2	0.150 4	−0.137 6	0.257 5	0.302 7	22
S8×B69	0.295 1	0.815 6	−0.201 5	0.145 4	0.085 3	0.293 5	23
S13×B69	0.171 5	0.937 9	−0.307 7	0.012 8	0.284 0	0.264 8	24

3 讨论

本研究对甜高粱24个杂交组合的9个性状进行变异分析,结果表明,主穗长度的变异系数最大,糖锤度的变异系数最小。在新品种选育过程中,性状变异系数越大,对其改良的选择空间越大。说明在这9个性状中,主穗长度、穗粒数的选择空间较大。通过灰色关联度分析法得出各性状间与生物产量关联度最大的是糖锤度,与糖锤度关联度最大的是茎粗,主穗长度与生物产量和糖锤度关联度均最小,说明影响甜高粱杂交组合生物产量的主要因素是糖锤度,重要因素是茎粗,主穗长度的影响相对较小。这与李春宏等[26]对于江苏沿海滩涂地带甜高粱的农艺性状灰色关联度结果基本相同。相关性分析表明，株高与茎秆长度达到极显著正相关，说明茎秆长度是影响株高的重要指标，茎秆越长，株高越高，进而影响生物产量；同时糖锤度与生物产量达到显著正相关，说明提高糖锤度可以增加生物产量。

通径分析结果表明，茎秆长度和主穗长度对甜高粱生物产量贡献较大。杨珍等[27]在甜高粱主要农艺性状与产量相关和通径分析中也表明叶长、茎秆长度、穗长本身的直接效应对甜高粱产量有正向作用，这与本研究结果基本一致。对供试甜高粱的9个性状进行主成分分析，得出株高、茎秆长度、穗粒数、糖锤度、榨汁率、主穗长度、生物产量这7个性状相对品种的综合表现影响更大。综合排名靠前的 S8×T52、S499×K8、S13×W92、S499×T52、S798×T52、S13×H22 组合的综合性状效应值较高。

4　结论

本研究对24份甜高粱杂交组合的8个主要农艺性状及生物产量进行了变异分析、灰色关联度分析、相关性分析、通径分析及主成分分析。结果表明，主穗长度的变异系数最大，其次是穗粒数。灰色关联度分析中与生物产量关联度最大的是糖锤度，而与糖锤度关联度最大的是茎粗。相关性分析表明，株高与茎秆长度达到极显著正相关，糖锤度与生物产量达到显著正相关。通径分析中茎秆长度和主穗长度对甜高粱生物产量贡献较大。主成分分析中综合排名靠前的组合依次为 S8×T52、S499×K8、S13×W92、S499×T52、S798×T52、S13×H22。因此，在选育甜高粱杂交种时，不能单纯考虑某一因素，要协调好各性状之间的关系，注重对糖锤度、茎粗、茎秆长度的选择，同时兼顾对株高、穗粒数、主穗长度、榨汁率、千粒重的选择。

参 考 文 献

[1]李顺国,刘猛,刘斐,等.中国高粱产业和种业发展现状与未来展望[J].中国农业科学,2021,54(3):471-482.

[2]张凯,柏梁耀,陈凤,等.甜高粱饲料资源开发与利用[J].北方牧业,2021(19):25.

[3]王同朝,郭红艳,李新美,等.甜高粱综合开发利用现状与前景[J].河南农业科学,2004(8):29-32.

[4]周亚星,周伟,徐寿军,等.不同生育时期甜高粱茎秆糖锤度与农艺性状及生物产量的相关分析[J].河南农业科学,2019,48(9):46-53.

[5]张丽敏,刘智全,陈冰嫣,等.中国能源甜高粱育种现状及应用前景[J].中国农业大学学报,2012,17(6):76-82.

[6]RITTER K B, MCINTYRE C L, GODWIN I D, et al. An assessment of the genetic relationship between sweet and grain sorghums within *Sorghum bicolor sspbicolor*（L）Moench, using AFLP markers[J]. Euphytica, 2007,157:161-176.

[7]竟丽丽,孙学永,高正良,邵希文.安徽省发展高能作物甜高粱的必要性与可行性分析[J].安徽农业科学,2011,39(13):7632-7634.

［8］刘阳,周伟,王振国,等.甜高粱农艺性状杂种优势分析［J］.分子植物育种,2021,19
　　（20）:6809-6816.

［9］张丹,王楠,李超,等.甜高粱:一种优质的饲料作物［J］.生物技术通报,2019,35（5）:
　　2-8.

［10］朱鸿福,王丽慧,林语梵,等.宁夏黄灌区国外饲用高粱品种生产性能及饲用价值研
　　究［J］.中国草地学报,2019,41（5）:40-46.

［11］何思洋,李蒙,唐朝臣,等.能源高粱茎、叶中能源转化相关化学成分的近红外光谱模
　　型构建与优化［J］.中国农业大学学报,2021,26（12）:34-44.

［12］韩东倩,韩立朴,薛帅,等.基于能源利用的高粱配合力和杂种优势分析［J］.中国农
　　业大学学报,2012,17（1）:26-32.

［13］金星娜,王旭,田新会,等.8 个饲用甜高粱品种的农艺性能及营养品质［J］.草业科
　　学,2021,38（7）:1362-1372.

［14］何振富,贺春贵,陈平,等.不同甜高粱品种（系）农艺性状与产量、品质的相关性研究
　　［J］.中国饲料,2021（13）:84-91.

［15］高进,施庆华,蔡立旺,等.甜高粱新品种（系）主要农艺性状与产量的灰色关联度分
　　析［J］.福建农业学报,2018,33（6）:581-586.

［16］冯国郡,叶凯,涂振东,等.甜高粱主要农艺性状相关性和主成分分析［J］.新疆农业
　　科学,2010,47（8）:1552-1556.

［17］班骞,吴佳海,苏生,等.甜高粱套种拉巴豆的主要农艺性状及产量表现［J］.贵州农
　　业科学,2020,48（6）:6-9.

［18］李资文,李志刚,周伟,等.高粱品系的主要农艺性状评价与综合分析［J］.分子植物
　　育种,2021（19）:6503-6511.

［19］陆平.高粱种质资源描述规范和数据标准［M］.北京:中国农业出版社,2006.

［20］李洪,王瑞军,王彧超,等.玉米杂交组合主要农艺性状与产量的多重分析［J］.中国
　　农学通报,2018,34（22）:31-36.

［21］王官,刘璋,薛丁丁,等.绿豆单株产量与主要农艺性状的灰色关联度分析［J］.中国
　　农学通报,2019,35（8）:12-16.

［22］赖佳,黄玲,韦树谷,等.不结球白菜单株产量与主要农艺性状的灰色关联度分析
　　［J］.中国农学通报,2019,35（32）:36-41.

［23］蒋聪,刘慰华,杨旭昆,等.灰色关联度分析和 DTOPSIS 法在云南粳稻品种综合评价
　　中的应用［J］.西南农业学报,2020,33（5）:907-912.

［24］张慧敏,常鸿杰,王二伟,等.灰色关联度分析法在小麦品种（系）筛选试验中的应用
　　［J］.安徽农业科学,2021,49（21）:36-38.

［25］杨金慧,毛建昌,李发民,等.玉米杂交种农艺性状与籽粒产量的相关和通径分析
　　［J］.中国农学通报,2003（4）:28-30.

［26］李春宏,郭文琦,张培通,等.江苏沿海滩涂地甜高粱农艺性状灰色关联度评价［J］.
　　草业科学,2015,32（2）:241-247.

［27］杨珍,李斌,赵军,等.甜高粱主要农艺性状与产量相关和通径分析［J］.中国糖料,
　　2018,40（4）:16-19.

199 份高粱种质资源农艺性状综合分析

李资文[1],周伟[1],李　岩[2],余忠浩[1],罗　巍[1],王振国[2*],周亚星[1]

(1. 内蒙古民族大学农学院,内蒙古 通辽 028042;

2. 通辽市农牧科学研究所,内蒙古 通辽 028042)

摘要:为提高西辽河地区高粱种质资源利用效率,以收集到的 199 份高粱种质资源为材料,运用主成分分析、聚类分析等方法对其 16 个农艺性状进行综合分析。结果表明:西辽河地区高粱种质资源农艺性状的变异范围在 6.51% ~ 53.75% 之间,遗传多样性指数变幅为 0.678 ~ 2.046,株高(53.75%)和穗形(50.06%)的变异系数最大,茎粗(2.027)、穗柄长(2.020)、千粒重(2.046)3 个数量性状的遗传多样性指数最大。通过主成分分析将 16 个农艺性状简化为 9 个主成分,累计遗传贡献率为 86.702%。构建高粱种质资源评价方程,作为评价高粱种质农艺性状的综合指标。通过聚类分析将 199 份高粱种质划分为 4 大类群,分别对应早熟矮秆高粱、中早熟紧凑型高粱、中熟抗倒伏高秆高粱及综合农艺性状优良的育种亲本,可在高粱新品种选育时根据育种需求有目的地选取育种亲本。本研究从高粱表型方面进行综合评价,以期为高粱新品种选育及种质资源创新提供理论参考。

关键词:高粱;种质资源;质量性状;数量性状;综合分析

高粱(*Sorghum bicolor* (L.) Moench)是一种起源于非洲的一年生 C4 草本植物,在我国有着悠久的种植历史[1]。高粱用途广泛,可用作粮食、饲料、酿造、新能源燃料等途径,具有较高的开发价值[2]。高粱具有抗旱耐瘠、高光效、高利用率和生物产量高等特点,通常种植于干旱、瘠薄的土地上,充分体现了“不与粮争地,不与民争粮”等生物质能发展理念[3]。随着世界能源危机日益严重,高粱逐渐受到了全球农业研究者的重视[4]。西辽河平原地处我国北方农牧交错带东部,涵盖内蒙古自治区通辽市、赤峰市和兴安盟,素有“内蒙古粮仓”的美称,是我国重要的商品粮基地[5]。高粱曾是西辽河地区主栽的粮食作物之一,为保障当地粮食安全做出了突出的贡献。对西辽河地区高粱进行研究分析有利于更大限度地利用当地边际性土地,改善当地种植结构,助力西辽河地区的乡村振兴。

对高粱品种进行综合评价可以了解本地区高粱品种的遗传丰富程度,还可以按照品种相应特性划分成多个群体,为高粱新品种选育提供参考。目前,对作物进行综合评价以筛选优良种质的方法日益成熟,已经在多个作物品种分析中加以应用[6-8]。高粱农艺性状的研究内容已经较为全面,主要体现在产量、产糖量与各农艺性状间的相关性方面[9]。刘翔宇等[10]筛选出 5 个综合效益高、在新疆地区具有较高推广潜质的高粱品种。袁闯等[11]通过综合分析筛选出 2 个高度耐盐高粱品种和 3 个高度盐敏感高粱品种。王艺陶等[12]通过综合分析将相对芽长、相对根长和相对萌发抗旱指数确立为高粱品种抗旱性鉴定的重要指标。高杰等[13]对高粱农艺性状的遗传多样性和变异特点进行了分析。作者通过对西辽河平原收集到的 199 份高粱种质的农艺性状进行综合评价,对其进行多角度、多性状的综合鉴定,以期为高粱种质资源合理利用提供理论参考。

1 材料与方法

1.1 高粱种质资源的农艺性状鉴定

1.1.1 试验材料

以西辽河平原地区199份高粱种质为参试材料,室内试验在内蒙古自治区饲用作物工程技术研究中心及科尔沁沙地生态农业实验室完成。

1.2 统计分析与方法

1.2.1 农艺性状描述性统计

采用 Excel 2016 和 DPS(9.0 1)对数据进行处理和分析,对7个质量性状分别进行赋值,便于统计分析频率分布和多样性指数,赋值标准见表1。

表1 高粱材料7个质量性状的赋值标准

性状	1	2	3	4	5	6	7	8
穗型(PAT)	紧	中紧	中散	侧散	周散	—	—	—
穗形(PS)	纺锤形	牛心形	圆筒形	棒形	杯形	球形	伞形	帚形
颖壳色(GC)	白色	黄色	灰色	红色	褐色	紫色	黑色	—
芒性(A)	无芒	有芒	—	—	—	—	—	—
粒色(GRCL)	白色	灰白	浅黄	黄	橙	红	褐	紫
粒形(GS)	圆形	椭圆形	卵形	长圆形	—	—	—	—
株型(PLT)	平展型	中间型	紧凑型	—	—	—	—	—

计算9个数量性状的平均值、标准差、最大值、最小值、变异系数和遗传多样性指数,利用模糊隶属函数计算各性状的隶属函数值,将性状数值定置在[0,1]之间。

$$u(x_j) = ((x_j - x_{jmin}) / (x_{jmax} - x_{jmin})) \quad (j = 1, 2, 3, \cdots, 199)$$

式中,$u(x_j)$为某材料第j个性状的隶属函数值;x_j为某材料的第j个性状值;x_{jmax}为供试材料j性状的最大值;x_{jmin}为供试材料j性状的最小值。

1.2.2 遗传多样性指数计算

采用多样性指数(Shannon-Wienner diversity index,H'),求出供试材料各性状平均值和标准差,将各性状指标划分为10级,计算每级的相对频率p_i,根据公式:$H' = -\sum p_i \ln p_i$,其中,p_i为某性状第i级别内材料分数占总材料的百分比;$\ln$表示自然对数。

1.2.3　各性状指标的主成分分析

按照高粱农艺性状综合评价方法[14]，将各性状指标值带入每个主成分分析表达式中，计算各主成分得分，利用模糊隶属函数法对各性状指标进行归一化处理，运用贡献率求出各主成分的权重系数，最终计算出各材料的综合得分 F 值。以综合得分 F 值为因变量，16 个性状指标值为自变量，通过逐步回归法构建最优回归方程，进行筛选种质资源的综合评价指标。

2　结果与分析

2.1　描述性统计分析

2.1.1　质量性状分析

199 份高粱育种材料的 7 个质量性状的多样性指数为 0.678 ~ 1.363，其中穗形的多样性指数最大，为 1.363。芒性的多样性指数最小，为 0.678。7 个质量性状中除颖壳色的变异系数（16%）小于 20%，其他 6 个性状的变异系数都超过 20%，且穗型（43.79%）和粒色（42.78%）的变异系数超过 40%。颖壳色、粒色、粒形、株型、芒性 5 个性状的多样性指数均小于 1，其中粒形（0.733）、芒性（0.678）遗传多样性指数较小，说明粒形和芒性性状有较为稳定的遗传，受环境因素影响较小。穗形（1.363）和穗型（1.241）较大，说明这些性状受环境因素影响较大。颖壳色以黑色和红色为主，分别占材料总数的56.8%、40.7%，颖壳色变异系数为 16%。粒色主要是褐色，为 71.4%，其次是白色（19.1%）、灰白色（4.0%）、红色（3.0%）、黄色（2.0%），粒色变异系数为 42.78%。穗型中以中紧最多，为 47.7%，其次是紧（25.1%）和中散（14.6%），变异系数为 43.79%。株型中56.8%为中间型，39.7% 为平展型，其余为紧凑型（3.5%），变异系数为 33.59%。粒形包括圆形、椭圆形、卵形和长圆形 4 类，以椭圆形最多，占 67.3%，其次是圆形（30.2%），变异系数为 32.59%。穗形分为纺锤形、圆筒形、棒形、杯形、球形和伞形，其中以棒形居多，为49.7%，其次是纺锤形（21.1%）和伞形（13.6%），变异系数为 50.06%。58.8%的供试材料为无芒类型，41.2%的材料为有芒类型，芒性变异系数为 34.95%。

表2　199 份高粱材料的质量性状变化及分布特征

性状	分类	百分比/%	平均值	标准差SD	最大值	最小值	变异系数/%	多样性指数 H'
颖壳色（GC）	白色	0.5	3.54	0.56	4.00	1.00	16.00	0.792
	灰色	2.0						
	红色	40.7						
	黑色	56.8						

性状	分类	百分比/%	平均值	标准差 SD	最大值	最小值	变异系数/%	多样性指数 H'
粒色（GRCL）	白色	19.1	4.79	2.04	6.00	1.00	42.78	0.897
	灰白	4.0						
	黄	2.0						
	橙	0.5						
	红	3.0						
	褐	71.4						
粒形（G)S	圆形	30.2	1.74	0.57	4.00	1.00	32.59	0.733
	椭圆形	67.3						
	卵形	0.5						
	长圆形	2.0						
穗形（PS）	纺锤形	21.1	2.99	1.50	6.00	1.00	50.06	1.363
	圆筒形	7.6						
	棒形	49.7						
	杯形	7.5						
	球形	0.5						
	伞形	13.6						
穗型（PAT）	紧	25.1	2.15	0.94	4.00	1.00	43.79	1.241
	中紧	47.7						
	中散	14.6						
	散(侧、周)	12.6						
株型 PLT	平展型	39.7	1.64	0.55	3.00	1.00	33.59	0.806
	中间型	56.8						
	紧凑型	3.5						
芒性 A	无芒	58.8	1.41	0.49	2.00	1.00	34.95	0.678
	有芒	41.2						

2.1.2 数量性状分析

由表3可知,9个数量性状的变异系数范围在6.51%~53.75%之间,生育期最小,株高最大,平均变异系数为28.53%。数量性状多样性指数为1.519~2.046,株高多样性指数最小,千粒重多样性指数最大。199份高粱种质资源平均株高为(154.29 ± 81.17)cm,变幅为61.00~381.70 cm,极差为320.70,变异系数为53.75%,其中材料2753最高,材料2447最矮。茎粗平均值为(1.67±0.37)cm,变幅为0.70~2.40 cm,极差为1.7,变异系数为22.38%,其中材料4228最粗,材料1206最细。生育期平均值为

(118.86±7.72)d,变幅为 96 ~ 130 d,极差为 34,变异系数为 6.51%,其中材料 2401 的生育期最长,材料 1239 的生育期最短。叶夹角的平均值为 30.39±10.24,变幅为 12.42° ~ 64.59°,极差为 52.17,变异系数为 33.77%,其中材料 3089 的叶夹角最大,材料 1204 的叶夹角最小。穗长的平均值为(23.89±6.20)cm,变幅为 12.5 ~ 65.00 cm,极差为 52.5,变异系数为 25.95%,其中材料 3333 的长度最长,材料 3338 的长度最短。穗柄长的平均值为(18.83±3.95)cm,变幅为 8.00 ~ 32.50 cm,极差为 24.5,变异系数为 21.06%,其中材料 2704 的穗柄长度最大,材料 3209 的穗柄长度最小。单穗重的平均值为(87.91±29.99)g,变幅为 25 ~ 210 g,极差为 185,变异系数为 34.20%,其中材料 2417 的穗重最大,材料 3338 的穗重最小。单穗粒重的平均值为(70.85±24.42)g,变幅为 20.00 ~ 165.00 g,极差为 145,变异系数为 34.55%,其中材料 2414 的粒重最大,材料 3338 的粒重最小。千粒重的平均值为(26.88±6.61)g,变幅为 13.23 ~ 45.17 g,极差为 31.94,变异系数为 24.66%,其中材料 2 最大,材料 2823 最小。

表 3 199 份高粱材料的数量性状变化及分布特征

性状	平均值	标准差	最大值	最小值	中间值	变异系数 CV/%	多样性指数 H'
株高(PH)/cm	154.29	81.17	381.70	61.00	130.00	53.75	1.519
茎粗(SD)/cm	1.67	0.37	2.40	0.70	1.70	22.38	2.027
生育期(PD)/d	118.86	7.72	130.00	96.00	120.00	6.51	1.814
叶夹角(LA)/(°)	30.39	10.24	64.59	12.42	27.55	33.77	1.945
穗长(PAL)/cm	23.89	6.20	65.00	12.50	25.00	25.95	1.674
穗柄长(PEL)/cm	18.83	3.95	32.50	8.00	18.50	21.01	2.02
穗重(PW)/g	87.91	29.99	210.00	25.00	85.00	34.20	1.984
穗粒重(GWPS)/g	70.85	24.42	165.00	20.00	70.00	34.55	1.959
千粒重(TGW)/g	26.88	6.61	45.17	13.23	26.97	24.66	2.046

由表 2、表 3 可知,供试高粱种质在质量性状和数量性状的表现上具有较为广泛的变异区间,变异系数最大的是株高,为 53.75%,其次是穗形,为 50.06%,穗型为 43.79%,粒色为 42.78%。变异系数最小的是生育期,其变异系数小于 10%(6.51%),表明该性状变异主要受遗传因子控制,环境因素影响较小,在育种工作中应早代选择。总体比较可以得知,质量性状的变异系数高于数量性状,质量性状的变异系数主要为 30% ~ 45%,数量性状的变异系数主要为 20% ~ 35%。不同性状的遗传多样性指数差异较大,质量性状的多样性指数较小,平均多样性指数为 0.93,除了穗形(1.362)、穗型(1.241)以外,其他性状都小于 1,芒性的多样性指数最小,说明芒性是比较稳定的遗传性状,受环境因素影响不大。数量性状的多样性指数较大,平均多样性指数为 1.887,其中茎粗(2.027)、穗柄长(2.020)、千粒重(2.046)的多样性指数大于 2,说明这些性状的遗传多样性较为丰富。不同性状的变异系数和多样性指数表现也不尽相同,株高、穗重的变异系数较高,但多样性指数较低,颖壳色、生育期的变异系数较低,但遗传多样性指数却较高,这表明多样性指数和变异系数在反映种质间遗传变异情况时具有不同的内涵。

2.2 相关性分析

相关性分析结果(表4)表明,16个性状间存在不同程度的相关性,株高与茎粗、生育期、叶夹角、穗柄长、穗型和穗形呈极显著正相关,相关系数分别为0.47、0.37、0.52、0.49、0.24、0.28,但其与千粒重和株型呈极显著负相关,相关系数分别为-0.23、-0.41。茎粗与生育期、叶夹角呈极显著正相关,相关系数分别为0.63、0.22,与穗柄长、穗重呈显著正相关,相关系数分别为0.15、0.14,与粒色、株型呈极显著负相关,相关系数分别为-0.25、-0.19。生育期与穗长、穗重、穗粒重呈极显著正相关,相关系数分别为0.22、0.24、0.25,与穗柄长呈显著正相关,相关系数为0.17,与颖壳色、粒色、粒形呈极显著负相关,相关系数分别为-0.31、-0.39、-0.26。叶夹角与粒色、穗型呈显著正相关,且相关系数都为0.15,与株型呈极显著负相关,相关系数为-0.80,为所有指标中相关性负向值最高,与穗长、千粒重呈显著负相关,相关系数分别为-0.17、-0.15。穗长与穗柄长、穗重、穗粒重、穗型、穗形呈极显著正相关,相关系数分别为0.21、0.29、0.24、0.28、0.25,相关系数较低,与株型呈显著正相关,相关系数为0.17,与颖壳色、粒色呈极显著负相关,相关系数分别为-0.20、-0.27,与粒形呈显著负相关,相关系数为-0.15,与芒性相关性不显著。穗柄长与穗型、穗形呈极显著正相关,相关系数分别为0.27、0.24,与千粒重呈显著负相关,相关系数为-0.17。穗重与穗粒重、千粒重呈极显著正相关,相关系数分别为0.97、0.47,其中穗重与穗粒重的相关系数为所有指标中最高,与颖壳色、粒色呈极显著负相关,相关系数分别为-0.21、-0.20,与穗型与穗形呈显著负相关,相关系数分别为-0.18、-0.15。穗粒重与千粒重呈极显著正相关,相关系数为0.53,与颖壳色、粒色呈极显著负相关,相关系数分别为-0.18、-0.21,与穗型、穗形呈显著负相关,相关系数分别为-0.17、-0.16。千粒重与穗型、穗形呈极显著负相关,相关系数分别为-0.22、-0.20。颖壳色与粒色、粒形呈极显著正相关,相关系数分别为0.40、0.25,与株型呈显著负相关,相关系数为-0.16。粒色与粒形呈极显著正相关,相关系数为0.61,与株型呈显著负相关,相关系数为-0.16。芒性与穗型、穗形呈极显著负相关,相关系数分别为-0.17、-0.18,穗型与穗形呈显著性正相关,相关系数为0.75。

表4 高粱种质材料16个农艺性状的相关性分析

相关系数	株高	茎粗	生育期	叶夹角	穗长	穗柄长	穗重	穗粒重	千粒重	颖壳色	粒色	粒型	芒性	穗型	穗形	株型
株高	1															
茎粗	0.47**	1														
生育期	0.37**	0.63**	1													
叶夹角	0.52**	0.22**	0.08	1												
穗长	-0.03	0.08	0.22**	-0.17*	1											
穗柄长	0.49**	0.15*	0.17*	0.12	0.21**	1										
穗重	-0.06	0.14*	0.24**	-0.05	0.29**	-0.1	1									

相关系数	株高	茎粗	生育期	叶夹角	穗长	穗柄长	穗重	穗粒重	千粒重	颖壳色	粒色	粒型	芒性	穗型	穗形	株型
穗粒重	-0.06	0.14	0.25**	-0.07	0.24**	-0.06	0.97**	1								
千粒重	-0.23**	-0.05	-0.05	-0.15*	-0.02	-0.17*	0.47**	0.53**	1							
颖壳色	0.05	-0.12	-0.31**	0.08	-0.20**	-0.08	-0.21*	-0.18**	0.05	1						
粒色	0.1	-0.25**	-0.39**	0.15*	-0.27**	-0.03	-0.20*	-0.21**	-0.06	0.40**	1					
粒型	0.11	-0.12	-0.26**	0.12	-0.15*	-0.01	-0.12	-0.13	0.01	0.25**	0.61**	1				
芒性	-0.08	-0.03	-0.07	-0.08	-0.06	0.01	0.03	-0.06	0.04	0.11	0.1		1			
穗型	0.24**	0.13	0.07	0.12	0.28**	0.27**	-0.18*	-0.17*	-0.22**	-0.07	-0.08	-0.01	-0.17*	1		
穗形	0.28**	0.12	0.07	0.15*	0.25**	0.24**	-0.15*	-0.16*	-0.20**	0.04	0.05	0.07	-0.18*	0.75**	1	
株型	-0.41**	-0.19**	-0.05	-0.80**	0.17*	0.03	0.02	0.05	0.09	-0.16*	-0.16*	-0.11	-0.09	-0.01	-0.03	1

注：* 和 * * 分别表示在 $P<0.05$ 和 $P<0.01$ 水平下显著和极显著差异。

2.3　主成分分析

　　主成分分析方法能将繁多复杂的多个指标转化为简洁的少个综合性指标,所得的综合性指标既保持原有信息特点,又彼此独立。为全面、真实评价高粱种质特性,利用主成分分析法对供试材料进行综合评价。通过对高粱16个性状进行主成分分析,根据累计贡献率大于85%的原则,选取9个主成分,其主成分特征值分别为3.063、2.769、2.150、1.428、1.062、0.987、0.855、0.831、0.727;主成分贡献率分别为19.144%、17.308%、13.438%、8.925%、6.638%、6.167%、5.344%、5.194%、4.545%。前9个特征值在16个性状中的累计贡献率达86.702%,基本涵盖了所检测性状的大部分信息(表5)。

表5　高粱各性状主成分特征向量及累计贡献率

性状	PV1	PV2	PV3	PV4	PV5	PV6	PV7	PV8	PV9
株高	0.426	0.167	0.200	-0.006	0.100	0.301	-0.052	-0.111	0.005
茎粗	0.228	0.340	0.132	-0.243	-0.033	0.228	0.261	0.395	0.067
叶夹角	0.143	0.427	0.023	-0.332	0.018	0.130	0.149	0.240	-0.014
生育期	0.345	0.018	0.420	0.066	-0.159	-0.289	-0.112	-0.184	-0.075
穗长	0.007	0.298	-0.294	0.212	0.207	-0.248	0.058	-0.166	0.157
穗柄长	0.276	0.141	-0.133	0.050	0.398	0.354	-0.196	-0.551	0.107
穗重	-0.266	0.433	0.197	0.258	0.030	-0.077	-0.002	-0.065	-0.030
穗粒重	-0.275	0.431	0.195	0.259	0.036	-0.029	0.025	-0.073	-0.003
千粒重	-0.312	0.156	0.172	0.323	-0.179	0.248	-0.041	0.070	0.062
颖壳色	0.045	-0.273	0.158	0.273	-0.191	0.305	0.401	-0.067	0.651
粒色	0.013	-0.152	0.209	0.210	0.462	0.083	-0.546	0.537	0.207

性状	PV1	PV2	PV3	PV4	PV5	PV6	PV7	PV8	PV9
粒形	0.069	-0.219	0.158	0.367	0.200	0.289	0.344	0.044	-0.676
芒性	-0.056	-0.091	0.208	-0.095	0.620	-0.388	0.494	0.013	0.157
穗型	0.331	0.087	-0.326	0.343	-0.052	-0.209	0.012	0.225	0.019
穗形	0.336	0.074	-0.290	0.398	-0.111	-0.130	0.133	0.205	0.001
株型	-0.275	0.014	-0.477	-0.057	0.196	0.327	0.105	0.093	-0.027
特征值	3.063	2.769	2.150	1.428	1.062	0.987	0.855	0.831	0.727
贡献率/%	19.144	17.308	13.438	8.925	6.638	6.167	5.344	5.194	4.545
累计贡献率/%	19.144	36.452	49.890	58.815	65.453	71.619	76.963	82.157	86.702

主成分载荷矩阵能反映各主成分与各变量指标间的关系,绝对值越大的数值,表明该变量与某个主成分联系越密切,反映该变量在某个主成分上的载荷程度。第一主成分累计贡献率最大,株高对第 1 主成分贡献最大,载荷值为 0.426,其次是生育期,载荷值为 0.345,说明第 1 主成分主要代表了株高和生育期相关信息,其特征向量间的关系表明,植株高度越高、生育期表现越长,为株高和生育期的综合反映。穗重对第 2 主成分的贡献最大,载荷值为 0.433,其次为穗粒重、叶夹角、穗长,载荷值分别为 0.431、0.427、0.298,说明第 2 主成分主要是穗重、穗粒重、叶夹角、穗长的相关信息,其特征向量间的关系表明,穗部特征中的穗重、穗粒重越大,叶夹角也变大,穗长增加,为穗部性状和叶夹角的综合反映。生育期对第 3 主成分贡献最大,载荷值为 0.420,说明第 3 主成分主要是生育期的相关信息,作为生育期因子。穗形对第 4 主成分贡献最大,载荷值为 0.398,其次是穗型、千粒重,载荷值分别为 0.343、0.323,说明第 4 主成分主要是穗形、穗型、千粒重的相关信息,特征向量间的关系表明,穗型相对紧凑、穗形越规则,以棒形、纺锤形为例,穗型越紧凑,千粒重越大,为穗型和千粒重的综合反映。芒性对第 5 主成分贡献最大,载荷值为 0.620,说明第 5 主成分主要是芒性的相关信息,为芒性因子。穗柄长对第 6 主成分贡献最大,载荷值为 0.354,说明第 6 主成分主要是穗柄长的相关信息,为穗柄长因子。粒色对第 7 主成分具有较高的负向载荷值,为-0.546,芒性具有较高的正向载荷值,说明第 7 主成分主要是粒色和芒性的相关信息,特征向量间的关系表明粒色的不同可能会影响高粱芒性的有无,为粒色和芒性的综合反映。穗柄长对第 8 主成分具有较高的负向载荷值,为-0.551,茎粗对其具有较高的正向载荷值,说明第 8 成分主要是穗柄长和茎粗的相关信息,其特征向量间的关系表明,穗柄长度的增加限制了茎粗的增长,为穗柄长和茎粗的综合反映。粒形对第 9 主成分具有较好的负向载荷值,为-0.676,颖壳色对其具有较高的正向载荷值,说明第 9 主成分主要是粒形和颖壳色的相关信息,为粒形和颖壳色的综合反映。

2.4 构建逐步回归方程

对 16 个农艺性状值与 F 值进行相关性分析,结果见表6,株高、茎粗、生育期、叶夹角、穗柄长、粒色、穗型、穗形与 F 值的相关性呈极显著正相关,其中株高与 F 值的相关系数最大,粒色、粒形与 F 值的相关性呈显著正相关,株型与 F 值得相关性呈显著负相关。

表6　16个农艺性状与 F 值的相关系数

性状	相关系数	性状	相关系数
株高(PH)	0.74**	千粒重(TGW)	−0.06
茎粗(SD)	0.55**	颖壳色(GC)	0.11
生育期(PD)	0.38**	粒色(GRCL)	0.22**
叶夹角(LA)	0.56**	粒形(GS)	0.17*
穗长(PAL)	0.06	芒性(A)	0.15*
穗柄长(PEL)	0.35**	穗型(PAT)	0.34**
穗重(PW)	0.13	穗形(PS)	0.36**
穗粒重(GWPS)	0.12	株型(PLT)	−0.53*

注: $*$ 和 $**$ 分别表示在 $P<0.05$ 和 $P<0.01$ 水平下显著和极显著差异。

利用综合得分 F 值和16个性状指标,运用逐步回归分析,构建高粱种质材料综合评价的最优回归方程。

$$y=-0.0049+0.178X_1+0.171X_2+0.118X_3+0.097X_4+0.048X_5+0.086X_6+0.151X_8+$$
$$0.028X_9+0.068X_{10}+0.077X_{11}+0.059X_{12}+0.050X_{13}+0.068X_{14}+0.089X_{15}-0.091X_{16}$$

公式中的 $X_1 \sim X_{16}$,分别代表株高、茎粗、生育期、叶夹角、穗长、穗柄长、穗粒重、千粒重、颖壳色、粒色、粒形、芒性、穗型、穗形、株型,其直接通径系数分别为0.291、0.242、0.173、0.123、0.029、0.089、0.164、0.037、0.114、0.467、0.069、0.153、0.139、0.172、−0.161,该回归方程计算的相关系数 r 为0.999,即达到极显著相关,方程决定系数 $R^2 = 0.998$,说明这16个性状可以解释99.8%的总变异,以上的这些性状可作为参试种质材料的综合评价指标。

2.5　聚类分析

通过将株高、茎粗、生育期、叶夹角等16个农艺性状的主成分和权重乘积之和得到综合评价值为指标,以欧式距离为遗传距离,采用类平均法对上述性状进行聚类分析,权重系数分别为0.221、0.199、0.155、0.103、0.077、0.071、0.062、0.060、0.052。将199份种质分为4类(图1)。

第Ⅰ类包括156份种质,占所有材料的78.39%,平均 F 值较低,为0.502,最高 F 值种质是材料2,为0.637,最低 F 值种质是材料3338,为0.245。数量性状主要表现为株高、茎粗较小、生育期短、叶夹角小,穗重、穗粒重和千粒重较高,质量性状主要表现为紧穗和中紧穗为主,穗形以为棒形主,其次为纺锤形,株型多以中间型为主,粒色主要包括褐色、白色,粒形以椭圆形、圆形为主,其中卵形材料一份。这一类群籽粒较大、株高矮,株型较为紧凑,可作为早熟矮秆高粱育种的基本材料。

第Ⅱ类群包括36份种质,占所有的材料的18.09%,平均 F 值中等,为0.730,最高 F 值种质是材料2752,为0.852,最低 F 值种质是材料4242,为0.519。该类群主要特点为

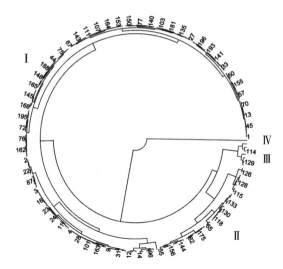

图1 199份高粱种质材料聚类分析

穗长最短,此外株高、茎粗、叶夹角、生育期、穗柄长性状都高于第Ⅰ类群,粒色以褐色为主,其次是红色,粒形以椭圆、圆形为主,其中长圆形材料一份,穗型以中散穗、周散穗为主,穗形以棒形、伞形为主,株型多为紧,可作为中早熟紧凑型高粱育种的基本材料。

第Ⅲ类包括6份种质,占所有材料的3.02%,平均 F 值较高,为0.952,最高 F 值种质是材料2716,为1.024,最低 F 值种质是材料2722,为0.898。该类群在株高、茎粗、生育期、叶夹角、穗长、穗柄长性状数值都表现较高,且都高于第Ⅰ和第Ⅱ类群。粒色均表现为褐色,粒形以椭圆形、长圆形为主,芒性表现主要为有芒,穗型均为散穗型,以周散居多,穗形均为伞形,株型均为平展型。该类群特点是株型高大,茎秆较长,叶夹角大,但茎粗也较粗,有一定抗倒伏性,穗形偏散,穗部形态较好,籽粒较小,单穗重和千粒重较低,可作为中熟抗倒伏高秆高粱育种的基本材料。

第Ⅳ类主只包含1份种质材料,为材料75,其 F 值为参试材料中最高,为1.510,该材料综合性状表现最好,其主要特点株高、茎粗适中,穗重、穗粒重、千粒重均高于前三个类群的均值,属于中早熟类型,中紧穗型、纺锤形,株型为平展型,粒形为圆形,粒色为褐色,可作为较好的种质资源或优良的育种亲本材料。

由聚类分析结果和农艺性状聚类分析均值(表7)可知,高产育种选择亲本可从第Ⅰ类和第Ⅱ类材料中筛选,优质育种亲本选择亲本可从第Ⅲ类和第Ⅳ类材料中筛选,矮秆、丰产性材料表现较好为第Ⅰ类材料,综合农艺性状优良的育种亲本选择可以考虑第Ⅳ类材料。

表7 高粱农艺性状聚类分析的各项均值

性状	均值			
	Ⅰ(156)	Ⅱ(36)	Ⅲ(6)	Ⅳ(1)
株高(PH)	123.72	244.54	358.37	186.00
茎粗(SD)	1.58	1.93	2.15	1.80
生育期(PD)	117.91	122.06	124.00	117.00

性状	均值			
	I（156）	II（36）	III（6）	IV（1）
叶夹角（LA）	27.27	40.09	48.75	32.26
穗长（PAL）	25.98	25.11	26.42	24.00
穗柄长（PEL）	18.22	20.32	25.17	18
穗重（PW）	89.20	83.47	73.33	110.00
穗粒重（GWPS）	71.92	67.08	61.67	85.00
千粒重（TGW）	27.62	24.10	22.19	34.05
颖壳色（GC）	5.53	6.25	5.50	4
粒色（GRCL）	5.2	6.6	7	7
粒形（GS）	1.7	1.8	2.7	1
芒性（A）	1.3	1.4	1.7	2
穗型（PAT）	2	2.4	4	2
穗形（PS）	3.4	4.8	7	1
株型（PLT）	1.8	1.1	1	1
F 值	0.502	0.730	0.952	1.510

3 讨论

3.1 遗传多样性丰富

变异系数能客观反映表型性状变量的离散程度,变异系数越大,性状的变异程度相应越大[15]。供试高粱种质在质量性状和数量性状的表现上具有较为广泛的变异区间,并且质量性状的变异系数高于数量性状,质量性状的变异系数主要为30%～45%,数量性状的变异系数主要为20%～35%。范昕琦等[16]研究表明株高和穗型对高粱产量具有一定的影响。本次分析结果中,株高和穗形的变异系数分别为53.75%和50.06%,具有较大程度的变异程度,表明高粱株高与穗形在新品种选育中应是育种家着重关注的性状。生育期(6.51%)的变异系数最小,表明多年来西辽河地区高粱的整体生育期没有较大的变化。西辽河地区高粱种质资源具有丰富的遗传多样性。茎粗(2.027)、穗柄长(2.020)、千粒重(2.046)3个数量性状的遗传多样性指数最大,表明这些性状的遗传多样性较为丰富。从总体来看数量性状的遗传多样性皆高于质量性状,这一点与周瑜等[17]、冯国郡等[18]的研究结果一致。

3.2　优良种质筛选

利用主成分分析法和隶属函数分析对高粱种质资源农艺性状进行综合评价,选取供试高粱前9个主成分,累计贡献率为86.702%,第1主成分的贡献率最大,为株高和生育期因子。通过综合得分F值构建评价回归方程,筛选出株高、茎粗、生育期、叶夹角、穗长、穗柄长、穗粒重、千粒重、颖壳色、粒色、粒形、芒性、穗型、穗形、株型15个性状,可作为高粱种质资源表型综合鉴定评价指标。以主成分得分F值为基础,对199份高粱种质进行聚类分析后将其划分为4类,Ⅰ～Ⅳ类群体分别对应早熟矮秆高粱、中早熟紧凑型高粱、中熟抗倒伏高秆高粱以及综合农艺性状优良的中早熟类型育种亲本(见附表1、附表2),在日后育种过程中可按照此分类结果有针对性地选择高粱亲本进行新品种选育。

3.3　确立高粱育种方向

西辽河平原在高粱种植区域上被划分为我国北方早熟高粱区,其无霜期短,对高粱的生育时期有着很大的限制,本试验收集到的高粱种质资源属于早熟、中熟高粱,满足西辽河平原种植的积温和生育期条件。通过以上多重分析筛选出一批在株高、茎粗、产量性状等农艺性状表现较为突出的材料,进一步鉴定中发现,全部供试材料中,矮秆高粱综合农艺性状表现优异的品种较少,尤其表现在与产量相关的性状。为此应注重对高产量矮秆高粱杂交种的选育,这也体现了西辽河平原高粱未来的育种方向和重心,培育抗倒伏、耐密植品种,最大程度适宜机械化作业。

4　结论

通过对199份高粱种质的16个农艺性状进行鉴定和分析,发现不同材料各性状之间表现出不同程度的遗传多样性和丰富的变异,其变异系数为6.51%～53.75%,其中株高、穗形、穗型、粒色的变异系数较大,在35%以上。分析表明质量性状变异系数高于数量性状。多样性指数为0.678～2.046,其中千粒重、穗柄长、茎粗的多样性指数较高,均在2.0以上;数量性状多样性指数普遍高于质量性状。

采取主成分分析法和逐步回归方程,对199份高粱种质的16个农艺性状进行综合鉴定分析,结果表明,高粱种质材料的农艺性状综合值(F值)为0.564,通过构建高粱种质综合评价的最优回归方程,筛选出株高、茎粗、生育期、叶夹角、穗长、穗柄长、穗粒重、千粒重、颖壳色、粒色、粒形、芒性、穗型、穗形、株型15个性状可作为评价高粱种质农艺性状的综合指标。通过聚类分析将199份高粱材料按照其主成分得分分成4大类,第Ⅰ类主要为早熟矮秆高粱,第Ⅱ主要为中早熟紧凑型高粱,第Ⅲ类主要为中熟抗倒伏高秆高粱,第Ⅳ类及综合农艺性状优良的中早熟类型育种亲本4类群体,每一类种质又区别于其他类群。

参 考 文 献

[1]吴奇,周宇飞,高悦,等.不同高粱品种萌发期抗旱性筛选与鉴定[J].作物学报,2016,
　　42(8):1233-1246.

[2]高进,蔡立旺,王永慧,等.甜高粱新品种(系)综合评价与聚类分析[J].江苏农业科
　　学,2017,45(20):93-97.

[3]赵艳云,许卉,陆兆华,等.盐碱、干旱胁迫下甜高粱能源性状及抗逆机理研究进展
　　[J].江西农业大学学报,2015,37(1):54-59.

[4]杨珍,李斌,赵军,等.甜高粱主要农艺性状与产量相关和通径分析[J].中国糖料,
　　2018,40(4):16-19.

[5]郑威,张建华,包额尔敦嘎,等.西辽河平原灌区玉米高产高效节水栽培技术[J].内蒙
　　古农业科技,2013(3):105-106.

[6]黄婷,张思亲,王治中,等.基于灰色关联度、DTOPISS与模糊概率法的玉米姊妹系综
　　合评价[J].分子植物育种,2023,21(15):5199-5212.

[7]王向东,甄胜虎,张凤琴.甜糯玉米全生育期抗旱性鉴定指标的筛选与评价[J].玉米
　　科学,2021,29(5):41-49.

[8]刘艳,王宝祥,邢运高,等.水稻品种资源苗期耐盐性评价指标分析[J].江苏农业科
　　学,2021,49(17):75-79.

[9]李资文,李志刚,周伟,等.高粱品系的主要农艺性状评价与综合分析[J].分子植物育
　　种,2021,19(19):6503-6511.

[10]刘翔宇,刘祖昕,加帕尔,等.基于主成分与灰色关联分析的甜高粱品种综合评价
　　　[J].新疆农业科学,2016,53(1):99-107.

[11]袁闯,陆安桥,朱林,等.孕穗期甜高粱耐盐性综合评价[J].干旱地区农业研究,
　　　2019,37(6):49-56.

[12]王艺陶,周宇飞,李丰先,等.基于主成分和SOM聚类分析的高粱品种萌发期抗旱性
　　　鉴定与分类[J].作物学报,2014,40(1):110-121.

[13]高杰,封广才,李晓荣,等.贵州不同地区高粱种质资源表型多样性与聚类分析[J].
　　　作物杂志,2020(6):54-60.

[14]陆平.高粱种质资源描述规范和数据标准[M].北京:中国农业出版社,2006.

[15]魏晓羽,刘红,瞿辉,等.158份春兰种质资源的表型多样性分析[J].植物遗传资源学
　　　报,2022,23(2):398-411.

[16]范昕琦,王海燕,聂萌恩,等.EMS诱变对高粱出苗及农艺性状的影响[J].作物杂志,
　　　2020(1):47-54.

[17]周瑜,李泽碧,黄娟,等.高粱种质资源表型性状的遗传多样性分析[J].植物遗传资
　　　源学报,2021,22(3):654-664.

[18]冯国郡,李宏琪,叶凯,等.甜高粱种质资源在新疆的多样性表现及聚类分析[J].植
　　　物遗传资源学报,2012,13(3):398-405.

附表1　高粱聚类分析详情

类群	数量	编号	特点
Ⅰ	156	3338、3335、3336、3323、3333、1212、1307、3332、3314、1249、1239、3334、3330、3329、3339、3340、1232、2402、1228、1245、2447、1268、3090、3316、1256、1301、1204、10、83、3326、3310、1206、3319、39、4226、1237、3318、2456、1203、4220、3311、41、3028、3049、3320、4201、3312、3322、1276、30、4218、3309、3023、1215、1264、3053、1220、20、1、2540、3079、3043、58、3317、3071、3031、3036、1298、4219、2410、4207、4214、3020、15、2460、13、1309、1275、3029、3034、3041、1284、67、3051、46、2576、2419、1238、4216、2502、4222、4235、53、2581、4205、4239、51、36、4238、1300、2512、2448、2409、80、16、3045、4208、69、2451、4211、4210、86、4221、2403、2411、3017、2406、40、1290、77、4237、2542、50、28、2446、55、4224、4215、3022、2517、2504、72、2566、23、2、63、2408、7、3025、75、8、4206、47、22、1、3021、4204、60、76、2401、1250、4229、2815、4227、38、2423	早熟矮秆高粱
Ⅱ	36	2764、2822、2786、2845、2815、2787、2710、2752、2723、2444、8、2717、3089、3022、3025、3036、4228、3017、3034、4212、3018、4237、3053、4216、4206、3021、4224、4227、3045、4218、4235、4221、2701、4242、44、3018	中早熟紧凑型高粱
Ⅲ	6	2716、2709、2753、2790、2704、2722	中熟抗倒伏高秆高粱
Ⅳ	1	75	综合农艺性状优良的中早熟类型高粱

序号	编号	名称	类型	序号	编号	名称	类型
1	3309	0614-1	A	34	4215	吉406A	A
2	3310	IV33	A	35	4216	15/7050A	A
3	3311	QL33/16	A	36	4218	404/321A	A
4	3312	QL33/15	A	37	4219	2001-1A	A
5	3314	S101	A	38	4220	承3A	A
6	3316	S102	A	39	4221	17-HCB	A
7	3317	S301	A	40	4222	吉406/V4A	A
8	3318	QL33/322	A	41	4224	V4/404/2001A	A
9	3319	QL33/321	A	42	4226	2018-2080A	A
10	3320	S302	A	43	4227	齐粘	A
11	3322	HBA	A	44	4228	JN	A
12	3323	雁4/0624X2	A	45	4229	D511A	A
13	3326	澳4X1	A	46	4235	XR3	A
14	3329	0640	A	47	4237	0608-1	A
15	3330	赤峰314	A	48	4238	608	A
16	3332	雁4//15/V4	A	49	4239	A3不育系	A
17	3333	321/雁4X2	A	50	4242	赤繁5578	A
18	3334	15-03281	A	51	2401	LG601	A
19	3335	009/雁4X3	A	52	2402	0650选	A
20	3336	S201A	A	53	2403	2011-48	A
21	3338	QL33/15X6	A	54	2406	15-2090	A
22	3339	S301A	A	55	2408	0673-1	A
23	3340	哲15/V4A	A	56	2409	674	A
24	4201	2001A	A	57	2410	NW14-1	A
25	4204	承16A	A	58	2411	NW14-2	A
26	4205	V4A	A	59	2414	9802	A
27	4206	吉352A	A	60	2417	NW9	A
28	4207	622A	A	61	2419	LG601/9802	A
29	4208	871300A	A	62	2423	LG601-1	A
30	4210	L405A	A	63	2435	1927	A
31	4211	D511A	A	64	2440	敖汉NR2	A
32	4212	D679A	A	65	2444	QNR	A
33	4214	吉AI/0619A	A	66	2446	敖汉BNR	A

序号	编号	名称	类型	序号	编号	名称	类型
67	2448	京都五号	A	100	1256	9705X078	R
68	2447	敖汉 NR1	A	101	1264	9705X101	R
69	2451	NW14 选白粒-1	A	102	1268	原育 7046	R
70	2456	NW14 选白粒	A	103	1275	9705×062	R
71	2460	吉糯杂 3	A	104	1276	650	R
72	2502	19-DUS3	A	105	1284	吉 R123X	R
73	2504	NW14-6	A	106	1290	185X5	R
74	2512	NW14-16	R	107	1298	924	R
75	2517	敖汉 BNR	R	108	1300	NW1X	R
76	2520	龙米粱 3-1	R	109	1301	NW10X	R
77	2525	红缨子	R	110	1307	克杂 17	R
78	2540	黑糯 R2	R	111	1309	0924 精选	R
79	2542	敖汉 NR2-1	R	112	2701	甜-3	R
80	2545	糯高粱	R	113	2704	甜-3 选 1	R
81	2553	03 名 3	R	114	2709	旱蔗 26	R
82	2554	9802	R	115	2710	甜-1	R
83	2566	河北引 9	R	116	2716	L3	R
84	2576	河北引 11	R	117	2717	L5	R
85	2581	19-DUS5	R	118	2718	L6	R
86	1203	NW15	R	119	2722	L9	R
87	1204	白杂 13R	R	120	2723	L11	R
88	1206	8004	R	121	2742	0624-2/0609-2	R
89	1212	哈引极早 81	R	122	2746	关东青/忻粱 52	R
90	1215	9705/2004X1	R	123	2751	13X3	R
91	1220	0675X4	R	124	2752	甜-1	R
92	1228	2003X6	R	125	2753	G12485	R
93	1232	9704X3	R	126	2764	798	R
94	1237	哈 R685	R	127	2786	19 新选甜	R
95	1238	护脖矬 P4	R	128	2787	dus9	R
96	1239	哈引极早 80	R	129	2790	旱蔗 27	R
97	1245	通早 1	R	130	2811	特用甜 X	R
98	1249	9705X039	R	131	2815	98456	R
99	1250	9705	R	132	2822	19 新选甜	R

序号	编号	名称	类型	序号	编号	名称	类型
133	2823	439	R	167	60	选吉	R
134	2845	LY176	R	168	63	2011-16	R
135	1	秋6/吉116	R	169	64	2011-30	R
136	2	哲37R	R	170	67	9702	R
137	6	2005	R	171	72	4126	R
138	7	Jan-88	R	172	75	L944	R
139	8	9701	R	173	76	吉R104	R
140	9	三尺三	R	174	77	吉R123-2	R
141	10	9702	R	175	80	657	R
142	13	9703	R	176	83	吉1586-1	R
143	15	L441	R	177	86	9701	R
144	16	吉糯2号	R	178	3017	晋长早A	R
145	19	916	R	179	3018	98125A	R
146	20	939	R	180	3020	QL33A	R
147	22	2005/2004	R	181	3021	吉352A	R
148	23	Jan-02	R	182	3022	D51A	R
149	28	9701/晋混40	R	183	3023	2001A	R
150	30	660	R	184	3025	D73A	R
151	32	185选	R	185	3028	314A	R
152	33	2008	R	186	3029	404A	R
153	36	吉1586-1	R	187	3031	赤繁5578	R
154	38	忻粱52	R	188	3034	D57A	R
155	39	402	R	189	3036	D369/370A	R
156	40	03吉1	R	190	3041	吉406A	R
157	41	9701选2	R	191	3043	314A/承16	R
158	43	黄壳蛇眼	R	192	3045	龙188	R
159	44	908	R	193	3049	0615/98125A	R
160	46	188选	R	194	3051	V4A	R
161	47	9701	R	195	3053	0630-2A	R
162	50	9058	R	196	3071	英平	R
163	51	L4	R	197	3079	D523A	R
164	53	特早熟忻52	R	198	3089	102A	R
165	55	Jan-36	R	199	3090	QL33/15A	R
166	58	水科001	R				

N、P、K 肥配施对杂交甜高粱草产量
及效益的影响

郑庆福[1],杨恒山[2],刘　晶[2],夏成强[3],石　晶[3]

（1. 内蒙古通辽农业科学院,内蒙古　通辽 028015;2. 内蒙古民族大学农学院,

内蒙古　通辽 028042;3. 呼伦贝尔鹤声薯业发展有限公司,内蒙古　呼伦贝尔 021122）

摘要:应用 D–最优化设计研究 N、P、K 肥配施与杂交甜高粱品种甜格雷兹饲草产量及效益的关系。结果表明:N 肥对草产量和效益影响最大;在较高 N 水平下,P、K 间交互效应均利于甜格雷兹的增产增收;其最优施肥方案为 N 150. 53 kg/hm²、P_2O_5 50. 82 kg/hm²、K_2O 75. 71 kg/hm²,草产量为 112. 09 t/hm²,获得效益为2.090 2×10⁴ 元/hm²。

关键词:杂交甜高粱;N、P、K 肥;产量;效益

杂交甜高粱具有高产、高效、高收益、品质优的"三高一优"特性,是一种新型的高产优质饲料作物。施肥不仅能大大提高牧草产量,而且能提高蛋白质含量,改善品质[1-3],多年试验表明施氮、磷、钾肥是最有效的补充措施[3]。杂交甜高粱的产量形成不仅取决于其高效的生理机制,更重要的是需要充足的养分。而对于目前高成本的农业资料来说,寻求适宜的投入产出比不仅可以提高肥料利用率和增加作物产量[4-5],减缓当前草畜的矛盾,而且还能改善饲草的营养品质[6-7],达到节约成本、增效、增产的目的。

1　材料与方法

1.1　试验区自然概况

试验于 2004 年 4—9 月在西辽河平原中部的内蒙古民族大学试验农场进行,试验区地处北纬 43°36′、东经 122°15′,海拔 178. 5 m,为典型的温带大陆季风气候。年平均气温为 6. 4 ℃,≥10 ℃的活动积温为 3 184 ℃,年平均降水量为 399. 1 mm。试验年度 4—9 月份降水量为 231. 4 mm,较多年平均值下降 34. 9%,平均气温为 19. 1 ℃,与往年相近。试验田土壤为灰色草甸白五花土,土壤有机质含量为 16. 0 g/kg,碱解氮含量为 62. 01 mg/kg,速效磷含量为 25. 60 mg/kg,速效钾含量为 154. 79 mg/kg,pH 为 8. 38。

1.2　试验材料

试验材料为杂交甜高粱甜格雷兹(*S. bicolourvar. Sugargraze*)。供试肥料全部采用化学肥料,尿素中 N 的质量分数为 46. 3%,过磷酸钙 P_2O_5 的质量分数为 12. 0%,氯化钾中 K_2O 的质量分数为 60. 0%。

1.3 试验设计

采用 3 因素 2 次饱和 D-最优化设计[8],试验设 10 个处理,以处理 1 作为对照(CK),重复 3 次,随机排列,小区面积为 15.75 m²(4.5 m×3.5 m),因素水平与实施方案见表 1。尿素以 1∶2∶2 的质量比分别以底肥(4 月 30 日)、拔节期(7 月 10 日)和开花期(8 月 20 日)追肥施入;过磷酸钙、氯化钾以底肥一次性施入,铲、耥 3 次,浇水 4 次,9 月 28 日留茬 10 cm 刈割进行整区收获测产。

表 1 因素水平与实施方案

处理号	码值方案			实施方案/(kg·hm⁻²)		
	x_1	x_2	x_3	N	P_2O_5	K_2O
1(CK)	−1	−1	−1	0	0	0
2	1	−1	−1	200	0	0
3	−1	1	−1	0	300	0
4	−1	−1	1	0	0	150
5	0.192 5	0.192 5	−1	119.3	178.9	0
6	0.192 5	−1	0.192 5	119.3	0	89.4
7	−1	0.192 5	0.192 5	0	178.9	89.4
8	−0.291 2	1	1	70.9	300	150
9	1	−0.291 2	1	200	106.2	150
10	1	1	−0.291 2	200	300	53.2

1.4 统计分析

数据处理和作图采用 Microsoft Excel 2000 进行,用 DPS 2000 软件进行模型寻优,采用 Duncan 新复极差法进行多重比较。

2 结果与分析

2.1 产量模型的建立

由施肥方案的编码值与鲜草产量(表 2)建立方程:

$$y_a = 113.260\ 9 + 7.794\ 6x_1 + 2.612\ 4x_2 + 3.008\ 4x_3 - 5.436\ 2x_1^2 - 4.171\ 0x_2^2 - 3.103\ 3x_3^2 + 0.575\ 0x_1x_2 + 0.536\ 5x_1x_3 + 2.150\ 7x_2x_3 \tag{1}$$

表 2　N、P、K 配施处理的产量及效益

处理	鲜草产量/(t·hm⁻²)			平均	效益/(元·hm⁻²)			平均
	y_1	y_2	y_3		y_1	y_2	y_3	
1(CK)	84.92	93.03	93.24	90.40	16 984.00	18 606.00	18 648.00	18 079.33
2	103.70	102.88	104.71	103.76	19 969.26	19 805.26	20 171.26	19 981.93
3	99.53	91.42	79.57	90.17	16 531.00	14 909.00	12 539.00	14 659.67
4	91.30	96.36	85.47	91.04	17 540.00	18 552.00	16 374.00	17 488.67
5	105.30	110.86	108.74	108.30	18 588.02	19 700.02	19 276.02	19 188.02
6	100.95	111.07	111.19	107.74	19 301.09	21 325.09	21 349.09	20 658.43
7	93.08	109.21	99.84	100.71	16 174.38	19 400.38	17 526.38	17 700.38
8	109.34	112.58	110.19	110.70	17 499.77	18 147.77	17 669.77	17 772.44
9	106.04	119.70	116.72	114.15	18 521.16	21 253.16	20 657.16	20 143.83
10	107.41	110.35	120.39	112.71	17 081.09	17 669.09	19 677.09	18 142.43

经方差分析，$F_{拟合} = 7.362\,4 > F_{0.01(9,20)} = 3.46$，达到极显著水平，其相关系数 $R = 0.999\,9^{**}$，说明鲜草产量回归方程与实际情况拟合较好，真实地反映了甜格雷兹产量与 N、P、K 肥 3 个可控因子的相互关系，可应用于大田生产的施肥决策中。经极值判别 $|A_{a1}| = -10.872\,4 < 0$、$|A_{a2}| = 90.366\,9 > 0$、$|A_{a3}| = -563.005 < 0$，其回归式的驻点为极大值，为典型回归函数，可用于模型的优化与解析。

2.2　产量模型的解析

2.2.1　主效应分析

对产量回归模型采用降维法，求出 N、P、K 一元降维偏因子回归模型并作图（图1）。从图中可见，N 肥对鲜草产量的影响最为显著，其次是 K 肥，P 肥对鲜草产量影响较小。在 P、K 肥固定为 0 水平时，随 N 肥施入量的增加，鲜草产量显著增加，经对其方程求导，得 N 肥码值在 0.716 9 水平时产量最高，为 116.06 t/hm²。当 N、K 肥固定为 0 水平时，随 P 肥水平的增加产量有较小幅度增加后，在 P 肥为 0.313 2 水平时（即产量为 113.69 t/hm²）开始下降。在 N、P 肥固定为 0 水平时，随施 K 肥量的增加，产量明显增加，在 0.484 7 水平时达到最高，为 113.99 t/hm²。

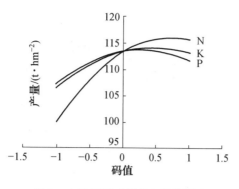

图1 主效因子对鲜草产量的影响

2.2.2 交互效应的分析

通过一阶降维后分析其交互效应(图2)可见,N、P肥交互效应在N肥为0.6~0.8码值水平范围内、P肥在0.2~0.6码值水平下,鲜草产量可达116 t/hm² 以上,平均较CK高23.6%,表明N、P交互效应对甜格雷兹有极显著的增产效应。同N、P交互效应相似,N、K肥交互效应对甜格雷兹有极显著的增产效应,其中N肥0.4~1码值水平范围内、K在0.2~1码值水平下,鲜草产量可达117 t/hm² 以上,平均较CK高23.3%,表明N、K交互效应对甜格雷兹亦有极显著的增产效应。从图2中可以看出P、K肥也存在交互效应,P肥和K肥分别在0.2~0.8和0.2~1的水平范围,鲜草产量均可达114 t/hm² 以上,平均较CK高11.6%,表明P、K肥交互效应较为显著。

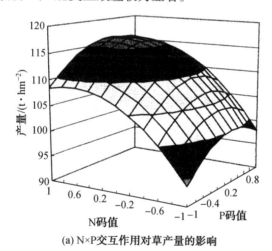

(a) N×P交互作用对草产量的影响

图2 因素间交互效应产量分析

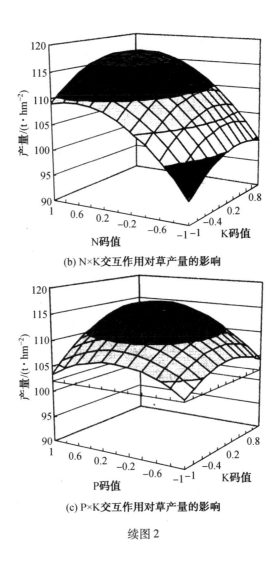

(b) N×K交互作用对草产量的影响

(c) P×K交互作用对草产量的影响

续图2

2.3　效益模型的建立

由肥料价格、有效成分含量计算出有效成分的价格为：N 为 3.85 元/kg、P_2O_5 为 11.25 元/kg、K_2O_5 为 5.33 元/kg；由有效成分价格、施肥量、鲜草价格（0.20 元/kg）计算施肥效益，结果见表 2，并建立施肥编码值与效益方程：

$$Y_p = 20\ 219.23 + 1\ 173.50x_1 - 1\ 164.97x_2 + 241.73x_3 - 1\ 086.88x_1^2 - 834.01x_2^2 - 620.81x_3^2 + 114.99x_1x_2 + 107.20x_1x_3 + 429.86x_2x_3 \tag{2}$$

经方差分析，$F_{拟合} = 6.236\ 5 > F_{0.01(9,20)} = 3.46$，达到极显著水平，相关系数 $R = 0.999\ 9^{**}$，说明效益回归方程拟合性较好，可应用到大田生产的施肥决策中。经极值判别 $|A_{a1}| = -2.17 \times 10^3 < 0$、$|A_{a2}| = 3.61 \times 10^6 > 0$、$|A_{a3}| = -4.48 \times 10^9 < 0$，其回归式的驻点为极大值，为典型回归函数，可用于模型的优化与解析。

2.4 效益模型的解析

2.4.1 主因素效应分析

对效益回归模型采用降维处理,求出 N、P、K 一元降维偏因子回归模型并作图(图3)。由图3可见,N 肥对效益的影响较为明显,其次是 K 肥;P 肥对效益的负效应最为显著。在 P、K 肥固定为 0 水平时,随 N 肥施入量的增加,效益显著增加,对其方程求导得 N 肥码值在 0.539 8 水平时效益最高,为 2.066 3×10^4 元/hm^2。在 N、P 固定为 0 水平时,随着 K 肥施入量的增加,效益在缓慢增加,在 0.194 7 水平时达到最高为 2.024 3×10^4 元/hm^2 后又略有下降。在 N、K 固定为 0 水平时,随 P 肥施入量的增加,效益略有上升后又显著降低,表明 P 肥在投入较少时具有增效作用;随着 P 肥施入量的增加,增效显著低于成本的增加量,从而降低种植效益。

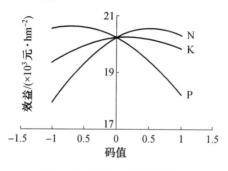

图3 主效因子对效益的影响

2.4.2 因素间交互效应的分析

通过对效益方程的一阶降维后分析其交互效应(图4)可见,N、P 肥交互效应在种植效益上呈极显著负效应,N 肥在 0~1 水平、P 肥在 -1~0 水平的交互区域内的效益均达 2.0×10^4 元/hm^2。最高效益为 2.088 9×10^4 元/hm^2,较 CK 效益高 15.54%。N、K 肥交互效应在种植效益上达显著水平;在 N 肥为 0.2~1 水平范围内,K 肥在 -0.6~1 水平下,其效益均可达 2.0×10^4 元/hm^2 以上,最高达 2.056 8×10^4 元/hm^2,较 CK 增效 13.76%。表明 N 肥与适量 P 肥互作效益显著,而与 K 肥互作效应要达到显著水平则需要较多的 K 肥。P、K 肥交互效应较明显,P、K 肥分别在 -1~-0.2 和 -0.6~0.8 施肥水平下,交互效应达到 2×10^4 元/hm^2,其最高效益为 2.061 8×10^4 元/hm^2,较 CK 增效 14.04%。

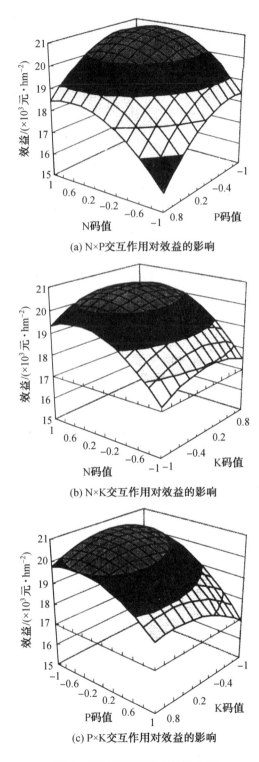

(a) N×P交互作用对效益的影响

(b) N×K交互作用对效益的影响

(c) P×K交互作用对效益的影响

图4　因素间交互效应效益分析

2.5 N、P、K肥配施模型优化方案的确定

采用DPS数据处理软件对产量回归模型和效益回归模型进行寻优,计算在各因素的码值区间目标函数的极大值及其对应的施肥量,结果如下:

最优施肥决策方案为N、P、K码值为0.783 3、0.560 0、0.746 3所对应施肥量:N为178.33 kg/hm², P_2O_5为234 kg/hm²,K_2O为130.97 kg/hm²,可得最高鲜草产量为118.167 t/hm²。较CK增产30.7%,其效益为1.968 5×10⁴元/hm²,较CK增效8.88%。

效益最优的施肥组合为N、P、K码值为0.505 3、-0.661 2、0.009 4所对应的施肥量:N为150.53 kg/hm²、P_2O_5为50.82 kg/hm²、K_2O为75.71 kg/hm²,可得最高效益为2.090 2×10⁴元/hm²。较CK增效15.61%,产量为112.09 t/hm²,较CK增效23.99%。

从上述施肥组合产量和效益的对比来看,产量最高施肥组合较效益最高施肥组合的产量高6.078 t/hm²,仅增产5.42%;而最高效益施肥组合较最高产量施肥组合的效益高1 217元/hm²,即增效6.18%。因此,兼顾高产、高效考虑,甜格雷兹饲用栽培时N、P、K配施以最高效益施肥组合为佳。

3 小结

N、P、K肥配施对甜格雷兹的饲草产量效应依次为N肥、P肥、K肥,N肥与P肥、K肥有较高的正交互效应且均达极显著水平,在施N肥水平一定的情况下,均随着P肥、K肥施入量的增加而增加,最高交互产量分别较CK高24.26%、23.83%。P肥、K肥的正交互效应则为显著水平,仅较CK多12.02%;对效益的效应依次为N肥、K肥、P肥,N肥与P肥、K肥对效益的交互效应均达到极显著或显著水平,最高效益分别为2.088 9×10⁴元/hm²、2.056 8×10⁴元/hm²,分别增效15.54%、13.76%,表明在较高的N肥水平下与适量P肥和较多的K肥互作效益最高。P肥与K肥交互效应较明显,最高效益为2.061 8×10⁴元/hm²,较CK增效14.04%。

综合产量和效益的施肥配比看,N为150.53 kg/hm²、P_2O_5为50.82 kg/hm²、K_2O为75.71 kg/hm²可得最高效益为2.090 2×10⁴元/hm²,较CK增效15.61%,产量为112.09 t/hm²,较CK增加23.99%,可以较好地兼顾高产高效,可作为甜格雷兹饲用栽培的优化施肥方案。

参 考 文 献

[1]车敦仁,郎百宁,王大明,等.施氮水平对无芒雀麦产量和营养成分含量的影响(Ⅱ)[J].草业科学,1987,4(5):11-16.

[2]丁成龙,顾洪如,白淑娟,等.不同施肥量、密度对美洲狼尾草产量的影响[J].中国草地,1999(5):12-14.

[3]SHANNON L O, WILLIAM R R, GORDON V J, et al. Bermuda grass response to high nitrogen rates, source and season of application[J]. Agron J,1999,91:438-444.

［4］孙羲.植物营养与肥料［M］.北京:中国农业出版社, 2001.

［5］蒂斯代尔, 纳尔逊, 毕腾.土壤肥力与肥料［M］.金继运,刘荣乐,译.北京:中国农业科技出版社, 1998.

［6］MOREIRA N. The effect of seed rate and nitrogen fertilizer on the yield nutritive value of oat-vetch mixture［J］. Journal of Agricultural Science,1989,112(1):765-766.

［7］VYAS M, AH LAWAT R,PATEL J. Response of forage oats to varying levelof nitrogen and phosphate［J］. India of Agronomy,1988, 33(2):204-205.

［8］王兴仁,张福锁.现代肥料试验设计［M］.北京:中国农业出版社, 1996.

不同类型饲用高粱属作物营养价值比较

张一为[1],王鸿英[1],王显国[2],孟庆江[1],王振国[3],曹学浩[1],郑桂亮[1],孙志强[2]

(1. 天津市农业发展服务中心,天津 300061 ;2. 中国农业大学草业科学与技术学院,
北京 100193 ; 3. 通辽市农业科学研究院,内蒙古 通辽 028015)

摘要:在天津地区,以 13 个饲用高粱属作物为研究对象,将其划分为 4 种类型(饲用甜高粱、苏丹草、高丹草、饲草高粱),利用近红外光谱(NIRS)技术对比其营养价值。结果表明:4 种高粱属作物的粗蛋白(CP)和木质素含量无显著差异($P>0.05$);饲草高粱的中性洗涤纤维(NDF)、酸性洗涤纤维(ADF)和灰分含量均显著低于苏丹草($P<0.05$);苏丹草的醇溶糖(ESC)和淀粉含量显著低于其他 3 种类型的饲用高粱属作物($P<0.05$);饲草高粱的相对饲喂价值(RFV)、总可消化养分(TDN)、泌乳净能(NEL)、维持净能(NEm)、生长净能(NEg)均较高;不同类型饲用高粱属作物 K 、Ca 、Mg 含量存在不同程度的差异性,其中苏丹草的 4 种矿物质元素总含量较高。综上,在引进和利用饲用高粱属作物时,应充分考虑不同饲用高粱属作物的营养价值的差异性,选择合适的类型及品种、适宜的收获时期和合理的利用方式。

关键词:饲用高粱属作物;近红外光谱;营养品质;矿物质元素

饲用高粱属(*Sorghum moench*)作物是目前世界上生物产量较高的饲草作物之一,是畜牧业一种很好的饲草来源[1]。高粱属牧草营养价值丰富、水肥利用率高、耐贫瘠、生物产量高、抗逆性强,在盐碱地和滩涂等地种植该属牧草可减缓饲草料短缺的压力[2-3]。饲用高粱属作物包括饲草高粱、苏丹草、高丹草、饲用甜高粱等类型[4]。目前,饲用高粱属作物既可做牧草放牧,又可收割做青饲、青贮和调制干草,具有较大开发价值[4-5]。国内外学者对饲用高粱属作物开展大量栽培技术和生产性能等方面的研究[6-7],但是对不同类型饲用高粱属作物营养价值的比较研究较少。

近年来,近红外光谱(NIRS)以其快速、无损、成本低、多组分同时检测等优点,已被广泛应用于动物饲料营养成分的快速预测中[8]。王芳彬[9]利用 NIRS 对油菜秸秆营养价值进行评定。李军涛[8]利用近红外反射光谱快速评定玉米和小麦的营养价值。郑敏娜等[10]利用 NIRS 快速检测了田间紫花苜蓿的营养品质。高燕丽等[11]利用 NIRS 建立了紫花苜蓿相对饲用价值(RFV)和粗饲料分级指数(GI)的预测模型,预测结果良好,为测定粗饲料营养价值等指标提供了一种快速有效的方法。目前, NIRS 广泛用于农牧产品、饲料和食品中的蛋白质、水分、脂肪、淀粉等营养成分的快速检测[12]。本试验选择 4 种不同类型饲用高粱属作物的代表性品种,统一在天津市宁河区种植,在物候期(抽穗期)收获,并利用 NIRS 对不同类型饲用高粱属营养价值指标进行测定,通过比较其营养价值,为天津地区饲用高粱属作物的引进和利用提供参考。

1 材料与方法

1.1 试验地概况

试验在天津市宁河区试验林场进行。该地年均气温为 11 ℃,平均湿度为 66% ;最低平均气温为 −5.8 ℃,出现在 1 月份;最高平均气温为 25.7 ℃,出现在 7 月份。最大冻土深度为 0.57 m。平均年降水量为 600 mm,其中 70% 雨水集中在 6—8 月份。全年无霜期为 240 d。试验地土壤肥力中等且均匀。

1.2 供试材料

试验选择饲用高粱属作物中 4 种不同类型的饲草,每种类型选择 2～4 种代表性品种。供试品种见表 1。

表 1　供试品种

饲草类型	品种	收获时间
饲用甜高粱	辽甜 1 号	09−16
	辽甜 3 号	09−17
	辽甜 6 号	09−16
	辽甜 13 号	09−17
苏丹草	苏丹草 A506XR10−10	09−06
	苏丹草 A535XR43−02	09−06
	苏丹草 A506XR43−03	09−25
	苏丹草 A506XR51−01	09−14
高丹草	冀草 2 号	09−12
	冀草 6 号	09−01
	冀草 8 号	09−25
饲草高粱	饲用高粱 BMR3631	09−14
	饲用高粱 FS3501	09−06

1.3 试验设计

于 2019 年 6 月份将供试品种进行人工小区播种。播前浇好底墒水,施底肥 40 kg/亩。拔节及灌浆期干旱统一追肥灌水,追施尿素 1.5 kg/亩,中耕除草。供试品种在抽穗期收获,收获后自然风干,用微型植物粉碎机进行粉碎,装入自封袋密封保存,待测。

1.4 营养成分测定

应用 NIRS 技术分析饲草营养成分指标。取所有待测样品各 100 g,用旋风磨(UDY Cyclone Sample Mill,美国)进一步粉碎过 1 mm 筛,用 FOSS500 近红外分析仪(丹麦 FOSS 公司)进行光谱扫描(波长范围为 1 100 ~ 2 500 nm,扫描 32 次,谱区间隔为 2 nm),以美国 Cumberland Valley Analytical Services(CVAS)公司的饲用高粱属作物近红外快速检测模型为数据分析基础,获得样品中的干物质(DM)、中性洗涤纤维(NDF)、酸性洗涤纤维(ADF)、粗蛋白(CP)、木质素(Lignin)、醇溶糖(ESC)、淀粉(Starch)、灰分(Ash)、总可消化养分(TDN)、中性洗涤纤维消化率(NDFD)、泌乳净能(NEL)、维持净能(NEm)、生长净能(NEg)和矿物质元素(K、Mg、P、Ca)等营养指标。相对饲喂价值(RFV)计算公式如下[13]:

$$RFV = DMI \times DDM / 1.29$$

DMI 和 DDM 的预测模型分别为

$$DMI = 120 / NDF$$
$$DDM = 88.9 - 0.779 ADF$$

式中,DMI 为粗饲料干物质随意采食量(%BW);DDM 为可消化干物质(%DM)。

1.5 数据统计与分析

数据采用 Excel 2007 软件进行整理,采用 SPSS 19.0 统计分析软件进行单因素方差分析,用 Duncan's 多重比较法进行分析,$P < 0.01$ 为差异极显著,$P < 0.05$ 为差异显著。

2 结果与分析

2.1 4 种类型饲用高粱属作物的常规营养品质比较

4 种类型饲用高粱属作物的常规营养品质比较见表 2。

表 2　4 种类型饲用高粱属作物的常规营养品质比较(干物质基础)　　%

项目	DM	CP	NDF	NDF	Lignin	ESC	Starch	Ash
饲用甜高粱	86.33[bc]	6.50	56.85[b]	36.43[ab]	5.76	11.73[a]	5.80[a]	6.65[b]
苏丹草	88.20[a]	6.73	62.45[a]	38.17[a]	4.94	8.25[b]	3.20[b]	8.43[a]
高丹草	85.63[c]	7.00	56.93[b]	35.47[b]	5.00	11.37[a]	6.07[a]	7.25[ab]
饲草高粱	87.60[ab]	5.80	56.15[b]	34.65[b]	6.67	11.30[a]	6.85[a]	6.67[b]
SEM	0.348	0.228	0.987	0.470	0.178	0.527	0.490	0.284
P 值	0.006	0.482	0.033	0.029	0.146	0.012	0.015	0.032

注:同列数据肩标不同字母表示差异显著($P < 0.05$),相同字母或无字母表示差异不显著($P > 0.05$);下表同。

由表2可知,苏丹草的 DM 含量最高,显著高于饲用甜高粱和苏丹草($P<0.05$);不同品种饲用高粱属作物的 CP 含量和木质素含量无显著差异($P>0.05$);苏丹草的 NDF 含量和 ADF 含量均较高,其中苏丹草的 NDF 含量显著高于饲用甜高粱、高丹草和饲草高粱($P<0.05$),苏丹草的 ADF 含量显著高于高丹草和饲草高粱($P<0.05$);苏丹草的 ESC 含量和淀粉含量均显著低于其他3种饲用高粱属作物($P<0.05$);苏丹草的 Ash 含量显著高于饲用甜高粱和饲草高粱($P<0.05$),与高丹草无显著差异($P>0.05$)。

2.2 4种类型饲用高粱属作物的 RFV、TDN、NDFD 和能值比较

4种类型饲用高粱属作物的 RFV、TDN、NDFD 和能值比较见表3。

表3 4种类型饲用高粱属作物的 RFV、TDN、NDFD 和能值比较

项目	RFV	TDN	NDFD/%	NEL/ (MJ · kg^{-1})	NEm/ (MJ · kg^{-1})	NEg/ (MJ · kg^{-1})
饲用甜高粱	99.04[a]	59.50[bc]	50.88[b]	5.50[b]	5.25[b]	2.73[b]
苏丹草	87.82[b]	58.15[c]	58.90[a]	5.40[b]	5.09[b]	2.88[b]
高丹草	100.27[a]	60.17[ab]	57.30[a]	5.56[ab]	5.34[ab]	2.95[ab]
饲草高粱	102.91[a]	61.60[a]	56.15[ab]	5.73[a]	5.54[a]	3.16[a]
SEM	2.221	0.407	1.231	0.038	0.053	0.051
P 值	0.039	0.015	0.030	0.014	0.019	0.018

由表3可知,饲用甜高粱、高丹草、饲草高粱的 RFV 较高,显著高于苏丹草($P<0.05$),其中 RFV 最高的是饲草高粱,高达102.91;饲草高粱和高丹草的 TDN 均高于60%,显著高于苏丹草($P<0.05$);苏丹草、高丹草的 NDFD(30 h)较高,显著高于饲用甜高粱($P<0.05$);另外,饲草高粱的 NEL、NEm、NEg 均显著高于饲用甜高粱和苏丹草($P<0.05$),与高丹草无显著差异($P>0.05$)。

2.3 4种类型饲用高粱属作物的矿物质元素比较

4种类型饲用高粱属作物的矿物质元素比较见表4。

表4 4种类型饲用高粱属作物的矿物质元素比较 %

项目	K	Mg	P	Ca	K+Mg+Ca+P
饲用甜高粱	1.32[ab]	0.12[b]	0.15	0.36[ab]	1.94[ab]
苏丹草	1.89[a]	0.14[b]	0.19	0.31[b]	2.56[a]
高丹草	1.29[ab]	0.21[a]	0.18	0.41[a]	2.08[ab]
饲草高粱	1.13[b]	0.12[b]	0.15	0.36[ab]	1.75[b]
SEM	0.400	0.012	0.009	0.013	0.118
P 值	0.046	0.006	0.192	0.014	0.095

由表 4 可知,4 种类型的饲用高粱属作物的矿物质元素含量存在一定程度的差异性。苏丹草的 K、Ca、Mg 和 P 总含量最高;苏丹草中的 K 含量最高,显著高于其他 3 种类型的饲用高粱属作物($P<0.05$);高丹草中 Mg 和 Ca 的含量均最高,其中 Mg 含量显著高于其他 3 种类型的饲用高粱属作物($P<0.05$);4 种饲用高粱属作物的 P 含量无显著差异($P>0.05$)。

3 讨论

应用 NIRS 技术快速评价饲草的营养价值已经成为配制动物日粮的关键[14]。本试验应用 NIRS 技术对饲用高粱属作物的营养性状指标进行测定分析。结果表明,不同类型饲用高粱属作物的营养品质存在显著差异。李建平[15]测定饲用高粱属作物中 CP 含量在 6% ~7%(DM)左右,本研究结果与之类似,且不同类型的饲用高粱属作物的 CP 含量无显著差异。饲草中 NDF 和 ADF 含量直接影响饲草料的采食量和消化率,若 ADF 含量高则饲草的消化率低,NDF 含量高则饲草的采食量较低[16]。王赟文等[17]研究表明,苏丹草中主茎节数对粗纤维的直接影响和综合作用较大,是主要的限制性因素。本试验中,苏丹草在抽穗期的 NDF 和 ADF 含量较高,可能由于供试品种的主茎节数较多,也可能与品种的遗传背景、收获时期有关[7]。柯梅等[18]研究发现,苏丹草高产和高品质之间存在一定的矛盾。所以,苏丹草在收割利用干鲜草时,应综合考虑草产量和营养价值,可以选择在抽穗期之前进行收获利用或者进行多次刈割。木质素是影响植物中性洗涤纤维消化的主要因素[7]。本研究中,供试的 4 种类型的饲用高粱属作物中的木质素含量无显著差异,且含量较低,对饲用价值的影响较小。4 种类型的饲用高粱的 ESC 含量在 8.25% ~11.73%(DM)、淀粉含量在 3.2% ~6.85%(DM),与邵荣峰等[19]利用 NIRS 测定饲用高粱营养指标的结果类似。本试验中,饲用甜高粱、高丹草和饲草高粱的 ESC 和淀粉含量均显著高于苏丹草,而 ESC 和淀粉分别属于快速降解碳水化合物和中速降解碳水化合物,可为动物提供能量[20]。

RFV 是粗饲料质量评定指数。RFV 数值越高,牧草品质越好。本研究中,饲用甜高粱、高丹草、饲草高粱在抽穗期收割时的 RFV 均较高,范围在 99.04 ~102.91。供试苏丹草的 RFV 较低,可能与收获时期和刈割次数有关。许能祥等[21]研究表明,不同刈割次数影响饲用高粱属作物的饲喂价值,年刈割 2 次能显著改善部分饲草高粱属作物的饲草品质。另外,本试验中,饲草高粱的 TDN、NEL、NEm、NEg 均高于其他 3 种类型的饲用高粱属作物,可能因为 NDF 和 ADF 含量比其他 3 种类型的饲用高粱属作物低[22]。本试验中,饲用高粱属作物的 RFV、TDN、NEL、NEm 和 NEg 范围与邵荣峰等[19]利用 NIRS 测定饲用高粱属作物的研究结果类似。刘景喜等[23]、王亚芳等[24]研究表明,全株玉米的 TDN、NEL、NEm 和 NEg 均高于试验中饲用高粱属作物的测定结果,可能与不同饲草原料的营养指标有关,尤其是 NDF 和淀粉含量。因此,在禾谷类饲草的应用中,对其消化性能的研究应成为关注热点。

饲草中的矿物质元素多与有机物螯合,NIRS 通过对相关有机物结构的检测,可实现对饲草中矿物质及各种元素的快速检测[25]。本试验中,苏丹草的 4 种矿物质元素的总和较高,且 K、Mg 和 Ca 的含量存在不同程度的差异性。为了保证动物的正常生长发育与繁殖,充分发挥其生产性能,已有相关标准对家畜日粮中主要矿物元素的需要量做了相关要求[26]。因此,快速测定饲草的矿物质元素含量可为科学制订家畜日粮配方提供数据支撑。

4 结论

综上所述,4 种类型饲用高粱属作物在统一物候期(抽穗期)收获时的营养价值有不同程度的差异性。因此,在引进和利用饲用高粱属作物时,应选择合适的类型及品种、适宜的收获时期和合理的利用方式。

参考文献

[1]莫负涛,张万祥,曹蕾,等.不同品种饲用高粱农艺性状及草产量比较试验[J].中国草食动物科学,2020,40(1):17-22.

[2] AMER S, HASSANAT F, BERTHIAUME R,et al. Effects of water soluble carbohydrate content on ensiling characteristics, chemical composition and in vitro gas production of forage millet and forage sorghum silages[J]. Animal Feed Science and Technology, 2012, 177(1/2):23-29.

[3]朱鸿福,王丽慧,林语梵,等. 宁夏黄灌区国外饲用高粱品种生产性能及饲用价值研究[J]. 中国草地学报, 2019,41(5):40-46.

[4]尹权为,张璐璐,玉永雄,等.重庆地区饲用高粱属作物品种筛选[J]. 畜牧与饲料科学,2010,31(8):76-78.

[5]刘庭玉,成启明,张玉霞,等.科尔沁沙地饲用高粱品种比较试验[J].黑龙江畜牧兽医,2018(24):130-134.

[6] MATHEUS G R, KÁTIA APARECIDADE P C, SOUZA W F D, et al. Silage quality of sorghum and Urochloa brizantha cultivars monocropped or intercropped in diferent planting systems[J]. Acta Scientiarum:Animal Sciences, 2017, 39(3):243-250.

[7]董文成,张桂杰,张欢,等. 宁夏黄灌区不同高丹草品种的生产性能和饲用价值研究[J].中国草地学报,2019,41(1):45-50.

[8]李军涛.近红外反射光谱快速评定玉米和小麦营养价值的研究[D].北京:中国农业大学,2014.

[9]王芳彬.基于 CNCPS 和近红外光谱技术评定油菜秸秆营养价值[D].兰州:甘肃农业大学,2016.

[10]郑敏娜,梁秀芝,韩志顺,等.不同苜蓿品种在雁门关地区的生产性能和营养价值研究[J].草业学报,2018,27(5):97-108.

[11]高燕丽,孙彦.利用近红外光谱分析预测紫花苜蓿干草品质[J].草地学报,2015,23(5):1080-1085.

[12]杨琼,项瑜,杨季冬.近红外光谱分析技术的研究与应用[J].重庆三峡学院学报,2013,29(3):89-91.

［13］ROHWEDER D A，BARNES R F，NEAL J. Proposed hay grading standards based on laboratory analyses for evaluating quality［J］. Journal of Animalence，1983，47（3）：747-759.

［14］薛祝林,刘楠,张英俊.近红外光谱法预测紫花苜蓿草捆的营养品质和消化率[J].草地学报，2017,25(1):165-171.

［15］李建平.不同饲用高粱品种的营养价值及其人工瘤胃降解动态的研究[D].太谷:山西农业大学，2004.

［16］马春晖,韩建国,李鸿祥,等.一年生混播草地生物量和品质以及种间竞争的动态研究[J].草地学报，1999(1):62-71.

［17］王赟文,曹致中,韩建国,等.苏丹草营养成分与农艺性状通径分析[J].草地学报，2005(3):203-208.

［18］柯梅,朱昊,梁维维,等.苏丹草农艺性状与产量、品质间的灰色关联度分析[J].草业科学，2016,33(5):949-955.

［19］邵荣峰,张阳,赵威军,等.山西雁门关生态区甜高粱高产优质栽培模式初探[J].山西农业科学，2019,47(12):2110-2114.

［20］郝小燕,高红,张幸怡,等.应用康奈尔净碳水化合物-蛋白质体系和 NRC 模型比较常用粗饲料和玉米纤维饲料的营养价值[J].动物营养学报，2016,28(3):842-850.

［21］许能祥,顾洪如,董臣飞,等.刈割对不同品种褐色中脉饲用高粱饲草品质及农艺性状的影响[J].草地学报，2014,22(3):623-630.

［22］范铤.日粮中 NDF 水平及粗饲料 NDF 降解率对奶牛采食量及生产性能的影响的研究[D].泰安:山东农业大学，2014.

［23］刘景喜,孟庆江,芦娜,等.2017—2018 年天津市全株玉米青贮品质分析[J].黑龙江畜牧兽医，2019(22):120-123.

［24］王亚芳,姜富贵,成海建,等.不同青贮添加剂对全株玉米青贮营养价值、发酵品质和瘤胃降解率的影响[J].动物营养学报，2019(6):2807-2815.

［25］任秀珍,郭宏儒,贾玉山,等.近红外光谱技术在饲草分析中的应用现状及展望[J].光谱学与光谱分析，2009,29(3):635-640.

［26］罗建川.刈割和放牧对呼伦贝尔草原"土-草-畜"矿物营养元素的影响[D].北京:中国农业科学院，2018.

不同生育时期甜高粱茎秆糖锤度与农艺性状及生物产量的相关分析

周亚星[1],周　伟[1],徐寿军[1],王振国[2],李资文[1],常宇新[1],刘　鹏[1],张永亮[1]

(1.内蒙古民族大学农学院,内蒙古 通辽 028043;

2.通辽市农业科学研究院,内蒙古 通辽 028043)

摘要:为探究甜高粱不同生育时期茎秆糖锤度与农艺性状及生物产量间的相关性,明确影响甜高粱糖锤度形成的主要因子,为合理评价与利用现有种质资源及选育品种提供参考依据,试验以 sw-1、sw-2、sw-3 和 sw-4 4 个甜高粱品系为材料,研究了开花期、灌浆期、乳熟初期、乳熟后期和蜡熟期茎秆糖锤度与株高、榨汁率、有效糖含量和生物产量的相关关系。结果表明:不同生育时期茎秆糖锤度与株高的相关性未达到显著水平;灌浆期茎秆糖锤度与榨汁率呈显著负相关;灌浆期茎秆糖锤度与有效糖含量呈显著负相关,与生物产量则呈极显著负相关。开花期与灌浆期茎秆糖锤度呈正相关,开花期与乳熟初期、乳熟后期、蜡熟期的茎秆糖锤度呈负相关;灌浆期与乳熟初期、乳熟后期的茎秆糖锤度呈负相关,灌浆期与蜡熟期茎秆糖锤度呈正相关;乳熟初期与乳熟后期、蜡熟期茎秆糖锤度均呈正相关;乳熟后期与蜡熟期的茎秆糖锤度呈正相关。对蜡熟期与开花期、灌浆期、乳熟初期、乳熟后期的茎秆糖锤度进行通径分析显示,乳熟初期茎秆糖锤度对蜡熟期茎秆糖锤度的影响最大,通径系数为 1.418 3。通过综合以上分析得出,在甜高粱育种中选择高产、高糖锤度的材料时,应着重选择灌浆期与乳熟初期糖锤度高的亲本。

关键词:甜高粱;糖锤度;农艺性状;产量;相关性

甜高粱是禾本科高粱属一年生草本植物,其适应性强、抗旱、耐盐碱、耐瘠薄,作为饲用及糖料作物被长期栽种,有"北方甘蔗"之称,除了用作优质饲草外,还可用于酿酒、制糖、制纤维板、做醋、造纸、生产乙醇等,因此,甜高粱在国民经济中占有重要地位[1-7]。甜高粱作为生物质能源的利用潜力较大,其生长快,生物量资源优势明显,适应性和抗逆性优势明显,可在盐碱地种植,不占用耕地,具有高效的光合作用和较高的热值,原料组成符合生物质能源原料的要求,因此,甜高粱具有重要的育种价值和研究价值[8-16]。甜高粱茎秆中的糖分含量是其重要的品质性状之一,通常以锤度(brix)作为近似值来表示。目前,关于甜高粱糖分含量的研究已较为系统和深入,主要集中在糖分积累规律、农艺措施对其糖分含量的影响以及甜高粱糖分含量与农艺、产量性状、基因表达等的相关性方面。如毛鑫等[17]、张华文等[18]研究了不同品种甜高粱茎秆中糖分积累、变化规律;王艳秋等[19]研究了甜高粱不同节间糖锤度变化规律;郭会学等[20]研究了栽培措施对甜高粱糖分含量的影响;韩品等[21]研究了覆膜方式和灌水量对甜高粱糖度的影响;卢峰等[22]研究了甜高粱糖锤度与茎秆质量、穗质量、茎汁质量、千粒质量、茎粗、株高、生物产量、穗粒质量、穗长、节长等农艺性状的相关性;周宇飞等[23]研究了甜高粱不同节间与全茎秆锤度的相关性;夏卜贤等[24]研究了甜高粱蔗糖代谢关键调控酶基因表达与茎秆糖分积累的相关性。已有甜高粱糖分含量与农艺、产量性状、基因表达等的相关性研究大多以成熟期数据进行分析,以不同生育时期数据进行一系列分析的研究鲜见报道,尤其是关于不同生育时期甜高粱茎秆糖分含量与农艺性状、生物产量等相关性的研究迄今尚未见报道。甜高粱糖分的积累在其节间伸长接近完成时就已开始[25-26],积累过程贯穿整个生育期。不同生育时期甜高粱茎秆糖分含量与农艺性状、生物产量的关系如何将影响成熟后甜高粱的最终含糖量。鉴于此,以 sw-1、sw-2、sw-3 和 sw-4 4 个甜高粱品系为试验材料,研究了开花期、灌浆期、乳熟初期、乳熟后期和蜡熟期的茎秆糖锤度与株高、榨汁率、有效糖含量和生物产量间的相关关系,旨在为今后甜高粱育种提供理论参考。

1　材料和方法

1.1　试验地概况

试验在内蒙古民族大学农学院试验基地进行。该试验基地地理位置为 N 42°15′~45°41′,E119°15′~123°43′。年平均气温为 0~8 ℃,年均日照时数约为 3 000 h,≥15 ℃积温为 3 000~3 200 ℃,无霜期为 140~160 d,年均降水量为 350~400 mm,年均风速为 3.2~4.5 m/s,全年 8 级以上大风的天数可达到 20~30 d。试验田土壤为灰色草甸沙土,土壤有机质含量为 26 g/kg,碱解氮含量为 62 mg/kg,速效磷含量为 38 mg/kg,速效钾含量为 184 mg/kg,pH 为 8.3。井灌畦田。

1.2　供试材料

供试 4 个高糖锤度甜高粱优良品系为 sw-1、sw-2、sw-3 和 sw-4,由通辽市农业科学研究院提供。

1.3　试验设计

试验采用随机区组设计,3 次重复。每个小区种植 16 行,行长为 5 m、行距为 0.25 m,小区面积为 20 m^2,区间距为 0.5 m。采用穴播的方式进行播种。播种时施复合肥 750 kg/hm^2,其他与大田生产管理一致。

1.4　测定项目

在不同生育时期,即开花期、灌浆期、乳熟初期、乳熟后期、蜡熟期,分别测定甜高粱的株高、茎秆质量、不同节间糖锤度、茎秆糖锤度、榨汁率。糖锤度采用糖锤度计进行测量。

$$茎秆有效含糖量 = 茎秆糖锤度 × 茎秆重量 × 榨汁率$$
$$榨汁率(\%) = 出汁体积(mL) × 1.587 / 整株质量(g)$$

1.5 数据处理与分析

采用 DPS 和 Excel 软件对试验数据进行处理和统计分析。

2 结果与分析

2.1 不同生育时期甜高粱茎秆糖锤度及其与株高的相关分析

由表 1 可见,开花期 4 个甜高粱品系的茎秆糖锤度表现为 sw-2>sw-3>sw-1>sw-4,介于 7.400% ~7.850%;开花期到灌浆期糖锤度的增幅显示,sw-3 的糖锤度增长最慢,灌浆期 4 个甜高粱品系的茎秆糖锤度表现为 sw-2>sw-1>sw-4>sw-3,介于 9.225% ~9.775%;乳熟初期 4 个甜高粱品系的茎秆糖锤度表现为 sw-1>sw-4>sw-3>sw-2,介于 12.450% ~13.175%;乳熟后期 4 个甜高粱品系的茎秆糖锤度表现为 sw-1>sw-3=sw-4>sw-2,介于 12.575% ~13.325%;蜡熟期 4 个甜高粱品系的茎秆糖锤度表现为 sw-1>sw-4>sw-2>sw-3,介于 15.525% ~15.925%。同一品系不同时期比较,4 个甜高粱品系中茎秆糖分积累速率表现为 sw-2 先快后慢,生育前期积累速度快;sw-1 先慢后快,生育后期积累速度快;sw-3 呈现“快-慢-快-慢”的积累规律;sw-4 积累速度为先慢后快。4 个甜高粱品系间的各生育时期茎秆糖锤度差异不大,仅在乳熟初期和乳熟末期 sw-1 品系与 sw-2 品系在 0.05 水平下差异显著。

表 1 不同生育时期甜高粱茎秆糖锤度的动态变化　　　　　　　　　　%

品系	开花期	灌浆期	乳熟初期	乳熟后期	蜡熟期
sw-1	7.525±0.359[a]	9.700±0.547[a]	13.175±0.221[a]	13.325±0.434[a]	15.925±0.464[a]
sw-2	7.850±0.341[a]	9.775±0.499[a]	12.450±0.591[b]	12.575±0.750[b]	15.725±0.505[a]
sw-3	7.750±0.479[a]	9.225±0.618[a]	12.850±0.264[ab]	12.975±0.427[ab]	15.525±0.386[a]
sw-4	7.400±0.216[a]	9.275±0.869[a]	12.900±0.336[ab]	12.975±0.340[ab]	15.750±0.208[a]

注:同列不同小写字母表示在 0.05 水平差异显著,下表同。

对不同生育时期茎秆糖锤度与株高进行相关分析,结果见表 2。由表 2 可知,开花期、灌浆期、乳熟初期、乳熟后期、蜡熟期二者的相关系数分别为 0.331 2、0.808 0、0.271 6、0.159 1、0.599 9,但不同生育时期茎秆糖锤度与株高的相关性均未达到显著水平。

表 2 不同生育时期甜高粱茎秆糖锤度与株高的相关系数

生育时期	开花期	灌浆期	乳熟初期	乳熟后期	蜡熟期
相关系数	0.331 2	0.808 0	0.271 6	0.159 1	0.599 9

2.2 不同生育时期甜高粱的榨汁率及其与茎秆糖锤度的相关分析

表3表明,开花期4个甜高粱品系的榨汁率排序为sw-4>sw-3>sw-1>sw-2,介于37.75%～59.00%,其中sw-4显著高于其他品系,sw-3显著高于sw-1、sw-2;灌浆期4个甜高粱品系的榨汁率排序为sw-4>sw-3>sw-1>sw-2,介于50.50%～69.50%,4个品系间均差异显著;乳熟初期4个甜高粱品系的榨汁率排序为sw-4>sw-3>sw-2>sw-1,介于48.00%～56.75%,其中sw-4显著高于其他3个品系;乳熟后期4个甜高粱品系的榨汁率排序为sw-4>sw-3>sw-2>sw-1,介于47.50%～55.25%,其中sw-4显著高于其他3个品系;蜡熟期4个甜高粱品系的榨汁率排序为sw-3>sw-4>sw-2>sw-1,介于40.50%～48.75%,其中sw-3、sw-4、sw-2差异不显著,但sw-3、sw-4显著高于sw-1。4个甜高粱品系中,sw-4的榨汁率在各生育时期平均最高,sw-3次之。

表3 不同生育时期甜高粱榨汁率的动态变化 %

品系	开花期	灌浆期	乳熟初期	乳熟后期	蜡熟期
sw-1	41.00±2.16^c	54.50±1.29^c	48.00±4.76^b	47.50±2.08^b	40.50±2.08^b
sw-2	37.75±1.71^c	50.50±1.29^d	48.25±2.99^b	49.25±1.71^b	44.00±2.94^{ab}
sw-3	55.25±1.71^b	65.25±1.71^b	49.25±3.10^b	50.50±3.87^b	48.75±1.893^a
sw-4	59.00±2.16^a	69.50±3.11^a	56.75±3.59^a	55.25±1.71^a	48.50±3.696^a

由表4可知,开花期、灌浆期、乳熟后期、蜡熟期甜高粱茎秆糖锤度与榨汁率均呈负相关,相关系数分别为-0.493 9、-0.961 2、-0.141 8、-0.810 8,其中灌浆期相关性显著;乳熟初期甜高粱茎秆糖锤度与榨汁率呈正相关,相关系数为0.107 7。

表4 不同生育时期甜高粱茎秆糖锤度与榨汁率的相关系数

生育时期	开花期	灌浆期	乳熟初期	乳熟后期	蜡熟期
相关系数	-0.493 9	-0.961 2*	0.107 7	-0.141 8	-0.810 8

注:*和**分别表示在0.05和0.01水平上显著、极显著相关,下表同。

2.3 不同生育时期甜高粱的节间糖锤度变化

从表5可以看出,4个甜高粱品系4～8节间糖锤度差异较为明显,且糖锤度较高的节间也大多集中在4～8节间。甜高粱茎秆1～11节间糖锤度分布自上而下呈不均匀波形变化。经均数差异比较,各生育时期按糖锤度高低茎秆节间可分为3类,即高锤度节间、低糖锤度节间和中糖锤度节间。各生育时期的高糖锤度节间均集中在茎秆的中部或中上部,低糖锤度节间通常为顶部或基部节间。其中,在乳熟初期,sw-1品系第2节间糖锤度最高,除与第3、5、6、7节间差异不显著外,均显著高于其他节间;sw-2品系第2节间糖锤度最高,显著高于其他节间;sw-3品系第3节间糖锤度最高,除与第2、5、7节间差异不显著外,均显著高于其他节间;sw-4品系第3节间糖锤度最高,除与第1、2、4、6、7节间差异不显著外,均显著高于其他节间。蜡熟期,4个品系均为第5节间的糖锤度最高,除显著高于第 1 节间外,与其他节间差异均不显著。

表 5　不同生育时期甜高粱节间糖锤度的动态变化　　　　　　　　%

生育时期	品系	节间										
		1	2	3	4	5	6	7	8	9	10	11
开花期	sw-1	6.260[h]	6.760[g]	7.080[f]	7.380[de]	7.380[de]	7.840[b]	8.300[a]	7.480[cd]	7.740[bc]	7.920[b]	7.100[ef]
	sw-2	5.980[f]	6.660[e]	7.060[d]	7.300[cd]	7.300[cd]	7.780[ab]	7.940[a]	7.540[bc]	6.720[e]	7.280[cd]	7.780[ab]
	sw-3	6.120[f]	6.860[e]	6.960[e]	7.320[d]	7.360[d]	7.640[bc]	7.920[a]	7.500[cd]	7.840[a]	7.920[a]	8.020[a]
	sw-4	5.760[h]	6.620[g]	6.980[f]	7.220[e]	7.220[e]	7.640[bc]	7.920[a]	7.340[de]	6.820[fg]	7.480[cd]	7.760[ab]
灌浆期	sw-1	8.320[e]	10.000[abcd]	10.060[abcd]	10.400[ab]	10.300[abc]	10.480[a]	10.140[abc]	9.980[abcd]	9.480[e]	9.680[cd]	9.800[bcd]
	sw-2	8.200[f]	9.720[d]	9.800[d]	10.140[ab]	8.000[f]	10.280[a]	9.860[cd]	10.060[bc]	9.160[e]	9.360[e]	9.280[e]
	sw-3	8.140[f]	9.860[bcd]	9.860[bcd]	10.260[a]	10.140[ad]	10.180[a]	10.040[abc]	9.940[abc]	9.160[e]	9.580[d]	9.780[cd]
	sw-4	8.020[f]	9.420[cd]	9.520[cd]	10.500[a]	10.220[a]	10.320[ab]	9.640[c]	9.640[c]	9.280[d]	9.500[cd]	9.400[cd]
乳熟初期	sw-1	10.540[bcd]	11.100[a]	11.000[a]	10.500[bcd]	10.980[a]	10.680[abc]	10.820[ab]	10.200[de]	9.880[e]	10.120[de]	10.280[cde]
	sw-2	10.260[d]	10.880[a]	10.640[b]	10.460[bcd]	10.620[bc]	10.400[cd]	10.480[bcd]	9.260[ef]	9.120[f]	9.360[e]	9.320[ef]
	sw-3	10.360[c]	10.760[a]	10.920[a]	10.200[c]	10.840[a]	10.440[bc]	10.660[ab]	10.420[bc]	8.820[e]	8.880[e]	9.760[d]
	sw-4	10.180[abc]	10.340[ab]	10.440[a]	10.120[abc]	9.180[cd]	10.140[abc]	10.320[ab]	9.020[d]	8.700[d]	8.960[d]	9.360[bcd]
乳熟后期	sw-1	11.040[a]	12.500[a]	13.140[a]	12.940[a]	12.940[a]	13.080[a]	12.740[a]	12.500[a]	11.800[a]	12.360[a]	11.780[a]
	sw-2	10.680[a]	12.000[a]	12.780[a]	12.920[a]	12.980[a]	12.700[a]	12.240[a]	11.660[a]	11.100[a]	11.980[a]	11.560[a]
	sw-3	10.820[b]	12.040[a]	12.540[a]	12.560[a]	12.600[a]	12.820[a]	12.560[a]	12.060[ab]	11.500[ab]	11.520[ab]	11.800[a]
	sw-4	10.560[bc]	11.640[ab]	12.240[ab]	12.500[a]	12.560[a]	12.140[a]	12.400[a]	11.300[a]	11.020[a]	9.480[c]	11.420[ab]
蜡熟期	sw-1	13.160[b]	14.800[ab]	15.360[a]	15.380[a]	15.940[a]	15.760[a]	15.600[a]	15.720[a]	15.340[a]	15.200[a]	14.940[ab]
	sw-2	12.480[b]	14.100[ab]	14.640[a]	14.800[a]	15.320[a]	15.120[a]	15.060[a]	15.100[a]	14.760[a]	14.620[a]	14.680[a]
	sw-3	12.360[b]	14.260[ab]	14.600[a]	14.800[a]	15.120[a]	15.080[a]	14.920[a]	15.110[a]	14.960[a]	14.900[a]	14.600[a]
	sw-4	12.340[b]	14.020[ab]	14.340[ab]	14.500[ab]	15.040[a]	14.940[a]	14.680[ab]	14.680[ab]	14.220[ab]	14.380[ab]	14.160[ab]

注:同行不同小写字母表示在 0.05 水平差异显著。

2.4　不同生育时期甜高粱的有效糖含量及其与茎秆糖锤度的相关分析

随着甜高粱的生长发育,其糖锤度呈逐渐增长的趋势,而榨汁率自乳熟初期开始呈下降趋势,但总体有效糖含量与糖锤度、榨汁率和茎秆质量三者的乘积有关[18]。如表 6 所示,在整个生育期间甜高粱有效糖含量呈先上升后下降趋势。其中,灌浆期有效糖含量最高,且 4 个品系差异显著。

表 6 不同生育时期甜高粱有效糖含量的动态变化

品系	开花期	灌浆期	乳熟初期	乳熟后期	蜡熟期
sw-1	23.750 ± 0.957^a	32.750 ± 1.258^c	25.250 ± 1.707^a	24.750 ± 2.986^a	23.750 ± 2.630^{ab}
sw-2	22.250 ± 1.707^a	26.750 ± 0.957^d	24.000 ± 3.162^a	24.500 ± 2.380^a	22.750 ± 3.304^b
sw-3	24.250 ± 1.707^a	42.750 ± 0.957^b	24.750 ± 0.957^a	22.500 ± 2.081^a	23.250 ± 1.500^{ab}
sw-4	24.500 ± 3.109^a	44.750 ± 0.957^a	27.500 ± 3.873^a	26.500 ± 1.732^a	25.750 ± 4.193^a

由表 7 可知,开花期茎秆糖锤度与有效糖含量呈负相关,相关系数为 -0.711 6;灌浆期呈显著负相关,系数为 -0.968 8;乳熟初期、乳熟后期、蜡熟期茎秆糖锤度与有效糖含量均呈正相关,相关系数分别为 0.455 6、0.060 2、0.227 3。

表 7 不同生育时期甜高粱茎秆糖锤度与有效糖含量的相关系数

生育时期	开花期	灌浆期	乳熟初期	乳熟后期	蜡熟期
相关系数	-0.711 6	-0.968 8*	0.455 6	0.060 2	0.227 3

2.5 不同生育时期甜高粱的生物产量及其与茎秆糖锤度的相关分析

由表 8 可知,开花期和灌浆期 4 个甜高粱品系的生物产量依次为 sw-4>sw-3>sw-1>sw-2,其中 sw-4 与 sw-3 差异不显著,但均与 sw-1、sw-2 差异显著,sw-1 与 sw-2 差异显著。乳熟初期 sw-1 的生物产量最高,sw-4 最低。其中,sw-1 显著高于 sw-2、sw-3、sw-4,sw-2、sw-3 显著高于 sw-4。乳熟后期和蜡熟期生物产量 sw-1 最高,sw-4 最低,其中乳熟后期 4 个品系间均差异显著,蜡熟期 sw-1 显著高于 sw-4。

表 8 不同生育时期甜高粱生物产量的动态变化

品系	开花期	灌浆期	乳熟初期	乳熟后期	蜡熟期
sw-1	$4\,070.50 \pm 17.02^b$	$4\,839.75 \pm 49.37^b$	$6\,554.50 \pm 42.88^a$	$7\,307.00 \pm 38.87^a$	$8\,212.75 \pm 188.42^a$
sw-2	$3\,805.25 \pm 9.54^c$	$4\,556.50 \pm 53.48^c$	$6\,191.50 \pm 45.12^b$	$7\,103.00 \pm 21.56^c$	$7\,977.00 \pm 98.15^{ab}$
sw-3	$5\,000.50 \pm 53.01^a$	$5\,732.00 \pm 123.45^a$	$6\,296.00 \pm 83.24^b$	$7\,185.25 \pm 38.17^b$	$8\,021.00 \pm 139.89^{ab}$
sw-4	$5\,003.25 \pm 17.52^a$	$5\,738.50 \pm 85.85^a$	$6\,067.20 \pm 52.10^c$	$6\,915.75 \pm 45.37^d$	$7\,834.00 \pm 183.15^b$

分析表 9 可知,茎秆糖锤度与生物产量在开花期呈负相关(-0.424 6),在灌浆期呈极显著负相关(-0.993 7);在乳熟初期、乳熟后期、蜡熟期均呈正相关,相关系数分别为0.613 4、0.480 7、0.441 7。

表 9 不同生育时期甜高粱茎秆糖锤度与生物产量的相关分析

生育时期	开花期	灌浆期	乳熟初期	乳熟后期	蜡熟期
相关系数	-0.424 6	-0.993 7**	0.613 4	0.480 7	0.441 7

2.6 不同生育时期甜高粱糖锤度的相关分析

由表 10 可知,甜高粱开花期与灌浆期的茎秆糖锤度呈正相关,开花期与乳熟初期、乳熟后期、蜡熟期的茎秆糖锤度呈负相关;灌浆期与乳熟初期、乳熟后期的茎秆糖锤度呈负相关,灌浆期与蜡熟期的茎秆糖锤度呈正相关;乳熟初期与乳熟后期、蜡熟期的茎秆糖锤度均呈正相关,其中乳熟初期与乳熟后期的甜高粱茎秆糖锤度相关系数达到极显著水平;乳熟后期与蜡熟期的茎秆糖锤度呈正相关。

表 10   不同生育时期甜高粱茎秆糖锤度的相关系数

生育时期	开花期	灌浆期	乳熟初期	乳熟后期	蜡熟期
开花期	1				
灌浆期	0.333 0	1			
乳熟初期	−0.725 0	−0.221 6	1		
乳熟后期	−0.659 7	−0.154 4	0.994 9**	1	
蜡熟期	−0.502 9	0.642 0	0.452 2	0.466 9	1

2.7　甜高粱蜡熟期茎秆糖锤度与不同生育时期茎秆糖锤度间的通径分析

由于甜高粱可以作为鲜食饲料,也可以作为干草料冬贮,而冬贮时决定糖锤度的重要因素之一就是蜡熟期糖锤度,故进一步对蜡熟期与开花期、灌浆期、乳熟初期、乳熟后期的茎秆糖锤度进行通径分析(图1),结果显示,乳熟初期茎秆糖锤度对蜡熟期茎秆糖锤度的影响最大,通径系数为1.418 3。

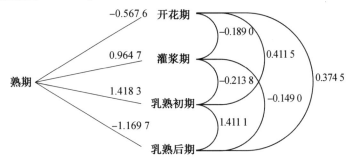

图 1   蜡熟期与不同生育时期甜高粱茎秆糖锤度通径分析

3　讨论与结论

甜高粱茎节数较多,各茎节糖锤度不同且相差较大,明确其各茎节间糖锤度的关系及其与茎秆混合糖锤度的关系,在甜高粱高产优质生产实践中具有重要意义。木合塔尔等[27]以14个甜高粱品种为材料,分别测定蜡熟期各品种的节间糖锤度,采用R软件分析各品种的节间糖锤度、最大糖锤度和最小糖锤度所在节间以及全株平均糖锤度,结果表明中上、中下部节间的糖锤度值与全株平均糖锤度值最为接近。叶凯等[28]研究表明,从基部至顶部甜高粱茎节锤度呈低-高-低的变化趋势,茎秆中部的糖分含量较高;相关分析结果显示,各节间糖锤度与茎秆混合锤度均呈显著或极显著正相关;通径分析结果显示,各节间锤度对茎秆混合锤度的直接效应差异很大,其中第12节的锤度对茎秆混合锤度具有最大的正直接效应。周宇飞等[23]亦指出,甜高粱各节糖锤度与茎秆混合糖锤度均呈显著或极显著正相关;通径分析则显示,上数第6节的锤度对茎秆混合锤度具有最大的正直接效应。本研究中,甜高粱各生育时期茎秆节间糖锤度表明,蜡熟期4个甜高粱品系的糖锤度最高值均为第5节间,除与第1节间差异显著外,与其他节间差异均不显著。相关研究表明,甜高粱完全成熟后自上而下各节段的锤度呈现低-高-低的变化趋势[27-29],本试验结果也证实了这一点。

甜高粱茎秆糖锤度与其产量及其构成因素密切相关,但与前人研究结果不尽相同。冯国郡等[29]研究表明,甜高粱糖锤度与籽粒产量呈显著负相关,与生物产量、茎秆产量呈正相关,与穗粒质量、千粒质量呈负相关,但均未达到显著水平。高进等[30]研究表明,甜高粱糖锤度与穗粒质量呈极显著负相关,与生物产量、千粒质量呈正相关,与籽粒质量呈负相关,但均未达到显著水平。卢峰等[22]研究表明,茎秆混合锤度与生物产量、穗质量、穗粒质量、千粒质量极显著正相关。李振武等[31]研究指出,甜高粱穗粒质量与各节段锤度及主茎秆锤度具有显著或极显著的正相关关系。高凤菊等[32]研究表明,甜高粱茎秆糖锤度与穗粒质量、千粒质量、籽粒产量、生物产量呈负相关关系,与穗粒数呈正相关关系。本研究结果显示,不同生育时期糖锤度与产量在开花期呈负相关(-0.424 6),在灌浆期呈极显著负相关(-0.993 7);在乳熟初期、乳熟后期呈正相关(0.613 4、0.480 7);蜡熟期为正相关(0.441 7)。灌浆期为生殖生长最旺盛的时期,此时,干物质大量积累,植物生命活动最旺盛,需要的能量最多,因此植物机体大量产能,糖分大量生成,籽粒在此期充盈。因此,灌浆期是促成产量的关键时期。蜡熟期糖锤度与开花期、灌浆期、乳熟初期与乳熟末期糖锤度的通径分析结果表明,乳熟初期茎秆糖锤度对蜡熟期茎秆糖锤度的直接影响最大。

本试验通过综合分析得出,灌浆期糖锤度对产量、榨汁率和有效糖含量影响最大,乳熟初期茎秆糖锤度对蜡熟期茎秆糖锤度的直接影响最大。因此,在甜高粱育种中选择高产、高糖锤度的材料时,应着重选择灌浆期与乳熟初期糖锤度高的亲本。

参 考 文 献

[1]MOHAMMAD S H,ABBAS A,MOHSEN A,et al. Performance evaluation of sweet sorghum juice and sugarcane molasses for ethanol production [J]. Polish Journal of Chemical Technology,2015,17(3):89-92.

[2]FU H M,CHEN Y H,YANG X M,et al. Water resource potential for large-scale sweet sorghum production as bioenergy feedstock in Northern China[J]. Science of the Total Environment,2019,653:188-196.

[3]JIANG D,HAO M M,FU J Y,et al. Potential bioethanol production from sweet sorghum on marginal land in China[J]. Journal of Cleaner Production,2019,5(20):225-234.

[4]高雪,朱林,张会丽. 盐胁迫对甜高粱和青贮玉米不同器官 K⁺、Na⁺含量的影响[J]. 河南农业科学,2017,46(12):29-35.

[5]赵志新,李春鑫,李雨娇. 串联重复序列在高粱基因组中的特征及分布[J]. 河南农业

科学,2018,47(7):33-42.

[6]李桂英,岳每期,聂元冬,等.甜高粱茎秆汁液锤度与可发酵糖含量的关系[J].核农学报,2013,27(7):968-974.

[7]周亚星,周伟,梁爽,等.秋水仙素诱导高丹草杂种F1种子染色体加倍效应研究[J].内蒙古民族大学学报(自然科学版),2015,30(5):402-406.

[8]BRIAND C H, GELETA S B, KRATOCHVIL R J. Sweet sorghum (*Sorghum bicolor* L. *Moench*) a potential biofuel feedstock: Analysis of cultivar performance in the Mid-Atlantic [J]. Renewable Energy,2018,129:328-333.

[9]刘丽华,郑桂萍,钱永德,等.垄上单、双行种植及施肥量对杂交甜高粱产量和品质的影响[J].河南农业科学,2010(3):15-17,22.

[10]张肖凌,唐桃霞,张秀华.种植密度对饲用型甜高粱产量及糖分的影响[J].中国糖料,2016,38(5):35-37.

[11]苏富源,郝明德,张晓娟.施肥对甜高粱产量、养分吸收及品质的影响[J].西北农业学报,2016,25(3):396-405.

[12]唐朝臣,罗峰,李欣禹.甜高粱产量及品质相关性状对环境因子反应度分析[J].作物学报,2015,41(10):1612-1618.

[13]陈思宇,赵质涵,马爱军,等.甜高粱蔗糖积累关键时期叶片转录组测序分析[J].生物技术通报,2018,34(3):98-104.

[14]白鸥,王进军,黄瑞冬.施肥方式对甜高粱生长发育及糖分含量的影响[J].河南农业科学,2013,42(10):12-14,45.

[15]杨珍,李斌,赵军,等.甜高粱主要农艺性状与产量相关和通径分析[J].中国糖料,2018,40(4):16-19.

[16]孙丽娜,杨兴虎,姚拓,等.密度对河西沙漠治理区甜高粱含糖量及产量的影响[J].甘肃农业科技,2018,18(6):45-47.

[17]毛鑫,宇鑫,王鹏飞,等.不同品种甜高粱茎秆中糖分积累规律的研究[J].江苏农业科学,2014,42(1):77-79.

[18]张华文,秦岭,王海莲,等.甜高粱茎秆糖分含量的变化分析[J].华北农学报,2009,24(S2):69-71.

[19]王艳秋,邹剑秋,张志鹏,等.能源甜高粱茎秆节间锤度变化规律研究[J].中国农业大学学报,2010,15(5):6-11.

[20]郭会学,王发园,李帅,等.不同种植密度和施氮量对甜高粱生长、生物量和含糖量的影响[J].江苏农业科学,2016,44(4):152-154.

[21]韩品,银永安,陈林,等.覆膜方式和灌水量对甜高粱产量和糖度的影响[J].作物研究,2017,31(4):395-398.

[22]卢峰,邹剑秋,段有厚.甜高粱茎秆含糖量及主要农艺性状相关性研究[J].辽宁农业科学,2013(6):1-4.

[23]周宇飞,黄瑞冬,许文娟,等.甜高粱不同节间与全茎秆锤度的相关性分析[J].沈阳农业大学学报,2005(2):139-142.

[24]夏卜贤,安云蓉,高建明,等.甜高粱的糖分积累与蔗糖合成酶基因表达规律的相关

性[J].江苏农业科学,2016,44(2):133-135,140.

[25]聂元冬,钟海丽,顿宝庆,等.甜高粱 *SAI* 基因的表达与茎秆糖分积累的相关性分析[J].中国农业科学,2013,46(21):4506-4514.

[26]李琬,许显滨,赵宏亮,等.不同时期播种对甜菜糖锤度及产量的影响[J].作物杂志,2014(5):89-92.

[27]木合塔尔,徐翠莲,翟云龙,等.甜高粱节间锤度变化规律研究[J].塔里木大学学报,2017,29(1):112-117.

[28]叶凯,冯国郡,涂振东,等.新疆能源作物甜高粱茎节锤度与茎秆平均锤度的关系研究[J].新疆农业科学,2008,45(6):1035-1041.

[29]冯国郡,叶凯,涂振东,等.甜高粱主要农艺性状相关性和主成分分析[J].新疆农业科学,2010,47(8):1552-1556.

[30]高进,蔡立旺,王永慧,等.甜高粱新品种(系)综合评价与聚类分析[J].江苏农业科学,2017,45(20):93-97.

[31]李振武,支萍,孔令旗,等.甜高粱主要性状的遗传参数分析[J].作物学报,1992(3):213-221.

[32]高凤菊,朱元刚.盐胁迫对不同类型甜高粱品种产量形成的相关性分析[J].江西农业学报,2013,25(6):1-6.

高粱 SCoT-PCR 反应体系的建立与优化

孙成成[1]，王振国[2]，周　伟[1]，李　岩[2]，李资文[1]，罗　巍[1]，杨志强[1]，周亚星[1]*
（1. 内蒙古民族大学农学院，内蒙古 通辽 028043；
2. 通辽市农牧科学研究所，内蒙古 通辽 028043）

摘要：采用单因素试验设计的方法对影响高粱 SCoT-PCR 反应体系的 5 个因素，即 dNTP 用量、DNA 用量、Mg^{2+} 用量、引物用量、Taq DNA 聚合酶用量分别进行梯度设计优化分析，并对得到的最佳体系进行验证。综合单因素试验结果，明确在高粱 SCoT-PCR 25 μL 反应体系中的最佳反应体系为：dNTP 为 1.0 μL，DNA 为 1.25 μL，Mg^{2+} 2.0 μL，引物 2.0 μL，Taq DNA 聚合酶 0.2 μL。研究结果可为高粱遗传多样性和目的基因标记提供研究基础，为今后开展高粱种质资源保护和分子标记辅助育种提供帮助。

关键词：SCoT；体系优化；高粱

高粱（*Sorghumbicolor*（L.）Moench）是一年生草本植物，属禾本科。高粱在我国出现得极早并被发展为主要的栽培作物，目前高粱在我国种植广泛，各省份均有地区种植，东北地区种植范围尤为广阔，我国高粱总产量较高，是世界高粱主产国。高粱起源于热带地区，具有喜光、喜温等特性。高粱具有极为发达的根系，根系纵向扎得较深，且横向分布较宽，根系分枝多，故高粱有着较为强悍的抗旱能力[1]。除此之外，高粱有着极好的丰产、稳产性及耐盐碱性等。将以高粱籽粒为收获对象的高粱籽粒按颜色分类可分成红粒、白粒两种，红粒高粱用于酿酒极佳，而白粒高粱多数被食用。食用高粱对人脾胃大有益处，除此之外，也可用于制糖、制醋、制淀粉、帚用等。

高粱的种质资源丰富，近十年来，我国鉴定和创制出多份具矮秆、抗病、高支链淀粉、低单宁等特点的育种材料，并育成了多个专用高粱的新品种[2]。除此之外，高粱遗传变异广，利用常规育种不足以使育种资源得充分利用，需借助分子标记辅助选择等关键技术进行研究，以更为精准地预测常规育种所要育成的新品种，为育种工作提供新的发展途径，高效地指导育种工作，最终育出综合性状更好的新品种。

目标起始密码子多态性（start codon targeted polymorphism，ScoT）是一种新的标记系统[3]，该技术具有操作易行、实验成本低[4]、扩增效率高、检测结果具有丰富的多态性，可精确识别出不同基因型之间的细微差异，判断亲缘关系等优点[5]，故近年来在高粱遗传多样性研究及育种等方面深受青睐并被广泛应用[6]，但目前关于高粱 SCoT-PCR 体系建立及优化尚未见研究报道。因此，在将 SCoT 分子标记技术应用于高粱遗传多样性之前，对高粱 SCoT-PCR 的反应体系进行建立与优化是极其必要[7]。

本试验对影响高粱 SCoT-PCR 反应体系的 5 个因素（dNTP 用量、DNA 用量、Mg^{2+} 用量、引物用量、Taq DNA 聚合酶（以下简称 Taq 酶）浓度），通过单因素分析研究，进而对高粱 SCoT-PCR 反应体系进行优化，旨在筛选出其最佳反应体系，且其研究结果可为高粱的遗传多样性研究和目的基因标记等提供良好研究基础[8]。为高粱种质保护、育种提供帮助[9]。

1　材料与方法

1.1　试验材料

供试高粱材料来自内蒙古民族大学农学院,Taq DNA 聚合酶、dNTPs、DL2000、Marker 等均购自 TaKaRa 公司。

2　结果与分析

2.1　高粱 DNA 提取与检测

供试高粱材料叶片 DNA 提取选用索莱宝 DNA 试剂盒。从图 1 可以看出,提取的供试材料 DNA 条带清晰、亮度高、无拖尾及杂质。说明提取的 DNA 纯度高。其纯度完全可以满足后续实验需求。

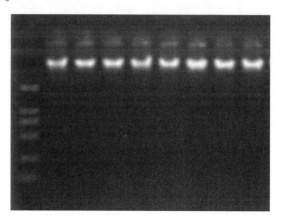

图 1　基因组 DNA 电泳图谱

2.2　单因素设计中 Mg^{2+} 用量对 SCoT-PCR 扩增效果的影响

Mg^{2+} 与底物 dNTP 结合影响 Taq 酶活性[9]。在 Mg^{2+} 用量为单一变量的试验中,随着 Mg^{2+} 用量的升高,扩增所得条带清晰度趋于上升。在 Mg^{2+} 用量为 0.5 μL 时,条带数目少且明亮度不够;在 Mg^{2+} 用量为 1.0 μL 时,条带亮度有所提升,但有条带未显现的现象;Mg^{2+} 用量为 1.5 μL 时,条带清晰度明显下降;Mg^{2+} 用量为 2.0 μL 时,条带亮度上升,条带清晰。综上所述,在 25 μL 体系中 Mg^{2+} 的最佳用量为 2.0 μL(图 2)。

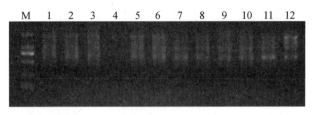

图 2　Mg²⁺用量对扩增结果的影响

M. DL2000 DNA Marker；1 ~ 3. Mg²⁺用量为 0.5 μL；4 ~

6. Mg²⁺用量为 1.0 μL ；7 ~ 9. Mg²⁺用量为 1.5 μL；10 ~

12. Mg²⁺用量为 2.0 μL

2.3　单因素设计中 Taq 酶用量对 SCoT-PCR 扩增效果的影响

Taq 酶主要反应中所得到条带的多少与亮度强弱[9]。从图 3 可以看出在 Taq 酶用量为 0.2 μL 时,条带清晰,多态性均较好;在 Taq 酶用量为 0.3 μL 时有未成像条带且亮度较差;随后 Taq 酶用量为 0.4 μL、0.5 μL 时清晰度逐渐升高,亮度虽未有 0.2 μL 时清晰,但也均高于用量为 0.3 μL 时。因此 25 μL 体系中 Taq DNA 聚合酶的适宜用量为 0.2 μL。

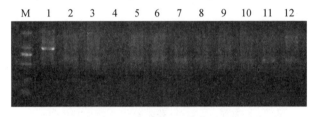

图 3　Taq 酶用量对扩增结果的影响

M. DL2000 DNA Marker；1 ~ 3. Taq 酶用量为 0.2 μL；

4 ~ 6. Taq 酶用量为 0.3 μL；7 ~ 9：Taq 酶用量为

0.4 μL；10 ~ 12. Taq 酶用量为 0.5 μL

2.4　单因素设计中 DNA 用量对 SCoT-PCR 扩增效果的影响

在 25 μL 体系中,其他因素不变,高粱 DNA 用量设置为 4 个梯度,具体为 0.5 ~ 1.25 μL。通过电泳图可见,随着 DNA 用量的增加,条带清晰度逐渐升高继而降低。DNA 用量在 0.5 μL 时,条带清晰程度差,且有些许拖带现象;DNA 用量在 0.75 μL 时,条带清晰度差于 0.5 μL 用量时;DNA 用量在 1.0 μL 时条带完整,亮度较其他用量时均高,且没有拖带现象;DNA 用量在 1.25 μL 时拖带现象较为严重,且清晰度不高。据此试验可看出,在高粱 SCoT-PCR 的 25 μL 体系中,DNA 最佳用量为 1.0 μL（图 4）。

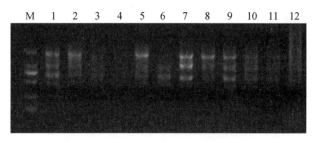

图4　DNA 用量对扩增结果的影响

M. DL2000 DNA Marker；1 ~ 3. DNA 用量为 0.5 μL；4 ~

6. DNA 用量为 0.75 μL；7 ~ 9. DNA 用量为 1.0 μL；

10 ~ 12. DNA 用量为 1.25 μL

2.5　单因素设计中引物用量对 SCoT-PCR 扩增效果的影响

引物用量也是直接影响 SCoT-PCR 反应结果的主要因素之一。若体系中引物浓度过低，则其与模板 DNA 的结合率大幅降低，减少产物的形成量，导致条带不能显现或清晰度较差；用量高于一定水平则会降低反应特异性，非特异性扩增严重，以至于产生引物二聚体[10]，导致条带不清晰，不易辨别。在 4 个引物用量不同的体系中，随着引物用量的提高，条带模糊程度趋向降低。当引物用量为 0.5 μL 时，条带存在不清晰的现象。随着引物用量增加，清晰度提高。当引物用量增至 2.0 μL 时条带清晰，易于观察。因此确定 2.0 μL 为高粱 SCoT-PCR 25 μL 反应体系的最适用量(图5)。

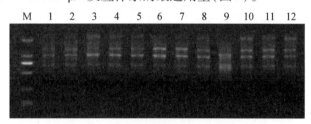

图5　引物用量对扩增结果的影响

M. DL2000 DNA Marker；1 ~ 3. 引物用量为 0.5 μL；4 ~

6. 引物用量为 1.0 μL；7 ~ 9. 引物用量为 1.5 μL；10 ~

12. 引物用量为 2.0 μL

2.6　单因素设计中 dNTP 用量对 SCoT-PCR 扩增效果的影响

如图6所示，将 dNTP 用量设为 4 个梯度进行试验，当 dNTP 用量为 0.5 μL 时，扩增条带数不清晰且有拖带现象；dNTP 用量为 1.0 μL 时，电泳条带清晰，且亮度相对较高；在 dNTP 用量为 1.5 μL 时所见条带数量少，清晰度有所降低；当 dNTP 用量为 2.0 μL 时，有明显缺带现象且清晰度不高。因此体系中 dNTP 的最佳用量为 1.0 μL。

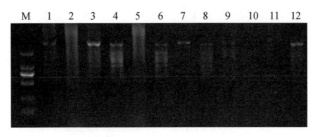

图6　dNTP 用量对扩增结果的影响

M. DL2000 DNA Marker; 1~3. dNTP 用量为 0.5 μL;
4~6. dNTP 用量为 1.0 μL; 7~9. dNTP 用量为 1.5 μL;
10~12. dNTP 用量为 2.0 μL

2.7　最优反应体系验证

得到最佳体系后,采用同一引物对 4 个不同高粱材料进行优化后的高粱 SCoT-PCR
反应体系进行验证。由图 7 可以看出,在供试材料中,引物扩增产生清晰度高、多态性丰
富且条带亮度优的条带(图 7)。

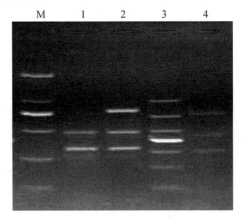

图7　优化后体系扩增情况
1~4. 4 种高粱材料

3　讨论

本研究利用单因素试验设计的方法优化体系,得到在高粱 SCoT-PCR 的 25 μL 反应
体系中,最佳反应体系为:引物用量为 2.0 μL,DNA 用量为 1.25 μL,dNTP 用量为
1.0 μL,Taq 酶用量为0.2 μL,Mg^{2+} 用量为 2.0 μL。

试验对高粱 SCoT-PCR 体系的单因素优化中,发现 dNTP 用量对高粱 SCoT-PCR 体
系的影响最为严重,dNTP 是 PCR 反应的底物,当其浓度高于一定水平时,一方面会使 Taq
酶错误掺入,另一方面会与 Mg^{2+} 结合,降低浓度,呈现不正常的非特异性扩增迹象;浓度
低于一定水平时会大大影响扩增成效[11]。引物也对反应有相当重要的影响,当引物用量

过高会不可避免地产生非特异性产物，出现引物二聚体[12]；而引物用量太低会造成扩增产物锐减[13]。其余因素即 Mg^{2+} 用量、Taq 酶用量和 DNA 用量对反应的影响较小。

本次试验建立了高粱 SCoT-PCR 最佳反应体系，并采用同一引物对 4 个不同高粱材料进行优化后的高粱 SCoT-PCR 反应体系进行验证，得到的扩增结果清晰稳定，亮度优，多态性丰富。试验结果为今后利用 SCoT 分子标记研究高粱遗传多样性[14]、优良基因型的挖掘提供研究基础[15]，为后续进行高粱种质资源的保护和育种工作提供了基础[16]。

参 考 文 献

［1］王新国.北方春播高粱栽培技术［J］.科学种养,2018(5):17-19.

［2］李顺国,刘猛,刘斐,等.中国高粱产业和种业发展现状与未来展望［J］.中国农业科学,2021,54(3):471-482.

［3］COLLARD B，MACKILL D，Start codon targeted（SCoT）polymorphism：a simple，novel DNA marker technique for generating gene-targeted markers in plants［J］.Plant Mol Biol Rep, 2009, 27(1): 86-93.

［4］熊发前,唐荣华,陈忠良,等.目标起始密码子多态性(SCoT):一种基于翻译起始位点的目的基因标记新技术［J］.分子植物育种,2009,7(3):635-638.

［5］蔡元保,杨祥燕,陈豪军,等.SRAP 结合 SCoT 标记分析番木瓜种质的遗传多样性［J］.植物遗传资源学报,2014,15(2):292-298.

［6］林艺华,郑涛,蔡坤秀,等.辣木 SCoT-PCR 反应体系建立和引物筛选［J］.分子植物育种,2018,16(13):4344-4349.

［7］袁雷,刘瑜,钟政昌,等.粉枝莓 SCoT 分子标记的 PCR 反应体系建立［J］.北方园艺,2017(3):109-111.

［8］郑福超,耿兴敏,谷康,等.杜鹃花 SCoT-PCR 反应体系的优化及引物筛选［J］.分子植物育种,2018,16(11):3588-3596.

［9］刘新梅,梁慧珍,许兰杰,等.红花 SCoT-PCR 反应体系的建立与优化［J］.分子植物育种,2022,20(3):895-901.

［10］苏亚春,凌辉,王恒波,等.甘蔗 SCoT-PCR 反应体系优化与多态性引物筛选及应用［J］.应用与环境生物学报,2012,18(5):810-818.

［11］祁彩虹,金则新,李钧敏,等.野芝麻 ISSR-PCR 扩增条件优化［J］.江苏农业科学,2011,39(2):80-83.

［12］姜艳,刘进平.胡椒 ISSR 反应体系的建立与优化［J］.热带农业科学,2012,32(8):26-30,78.

［13］周遇巧,郭国业,周索,等.基于 SCoT 标记的猕猴桃种质资源遗传多样性研究［J］.河南农业科学,2020,49(6):120-126.

［14］尚小红,严华兵,曹升,等.葛根 SCoT-PCR 反应体系优化及引物筛选［J］.南方农业学报,2018,49(1):1-7.

[15]王朝雯,王云艳,肖春宏,等.台兰 ISSR-PCR 反应体系的建立与优化[J].安徽农业科学,2014,42(15):4583-4586,4590.

[16]李景会,方翎郦,陈明辉,等.珍稀植物浙江雪胆 SCoT-PCR 体系的建立及优化[J].分了植物育种,2022:20(12):3998-4003.

高粱品系的主要农艺性状评价与综合分析

李资文[1],李志刚[1],周　伟[1],王振国[2],李　岩[2],杨志强[1],罗　巍[1],周亚星[1*]

(1. 内蒙古民族大学农学院，内蒙古 通辽 028043；

2. 通辽市农牧科学研究所，内蒙古 通辽 028043)

摘要:为探究产量与农艺性状间的关系,客观评价高粱品系,提高性状改良进程。本研究对 24 个高粱组合的农艺性状和产量进行变异分析、相关性分析、灰色关联度分析、主成分分析和聚类分析。结果表明,单穗粒重变异系数和主穗柄长度较大;全生育期与至开花期、穗粒数均达到极显著正相关,与穗粒数、单穗粒重、糖锤度呈显著正相关,千粒重对产量影响最大;灰色关联度结果也表明,千粒重与产量性状关联度最大,其次为单穗粒重、至开花期和主穗长度;主成分分析结果表明,12 个性状综合成 6 个因子,累计贡献率达 86.91%,分别为生育期因子和开花期因子、产量因子和穗长因子、株型因子和穗柄长度因子、穗粒因子、物质运储因子、产糖因子,排名前 6 位的高粱组合有 N2、N20、N19、N9、N8 和 N24。聚类分析结果表明,在阈值为 0.60 处,将 24 个高粱组合分为 3 类,第 Ⅰ 类生育期较长,千粒重、穗粒重较好,第 Ⅱ 类生育期较短且产量较高,第 Ⅲ 类综合性状较好。

关键词:高粱；农艺性状；产量；灰色关联分析；主成分分析；聚类分析

高粱作为世界第五大产量的禾本科作物,属 C4 作物(卢华雨等,2018),因具有高光效、耐盐碱、耐瘠薄、抗旱、适应性强等特点(卢华雨等,2019；宝力格等, 2020)而被广泛种植。高粱品种多样,用途广泛,在酿造、饲用、制糖、造纸等方面充当重要的原料(朱翠云, 1999；Huang, 2018)。近年来随着世界粮食安全问题和能源短缺带来的挑战,高粱这种优质饲用和能源作物被各国育种家广泛关注(杨珍等,2018)。产量是衡量高粱新品种利用价值的重要标准,高粱产量性状的提高依靠各农艺性状和其他生物性状的不断改良和共同协调,因此探究各农艺性状对产量影响的主次关系,了解各性状间内在联系,可以更精准地改良目标性状,选育高粱优质品种。目前,关于高粱农艺性状的研究内容已经较为全面,主要体现在产量及产糖量与各农艺性状间的相关性方面。梁万鹏等(2017)研究了饲用高粱的分蘖数、茎粗、株高、节数、穗宽等农艺指标与产量的相关性;高进等(2018)认为甜高粱鲜重产量与茎秆出汁率、生育期、株高和茎粗影响密切。高杰等(2020)研究了高粱表型性状的遗传多样性和变异特点。前人研究多基于个别分析方法对高粱农艺性状的评价(吕鑫等, 2020),运用多种分析方法对数据进行综合处理是有必要的。因此本研究采用相关性分析、灰色关联度分析法初步探究高粱组合各农艺性状及产量之间的遗传关系,通过主成分分析法和聚类分析法对参试组合各性状进行综合评价,旨在为高粱新品种选育提供理论基础。

1 材料与方法

1.1 供试材料

供试材料由通辽市农业科学院高粱所提供,利用 6 个高粱不育系(P1 组)和 4 个高粱恢复系(P2 组)及其组配的 24 个杂交组合 F1,组合材料及编号为 N1(TK5-3×37021)、N2(TK5-3×FY45)、N3(TK5-3×FY96)、N4(TK5-3×9078)、N5(TK5-3×AS776)、N6(TK5-3×3244-9)、N7(M67×37021)、N8(M67×FY45)、N9(M67×FY96)、N10(M67×9078)、N11(M67×AS776)、N12(M67×3244-9)、N13(HH8-1×37021)、N14(HH8-1×FY45)、N15(HH8-1×FY96)、N16(HH8-1×9078)、N17(HH8-1×AS776)、N18(HH8-1×3244-9)、N19(YL-9×37021)、N20(YL-9×FY45)、N21(YL-9×FY96)、N22(YL-9×9078)、N23(YL-9×AS776)、N24(YL-9×3244-9)。采用随机区组排列,3 次重复,小区面积为18 m^2。收获时去除两侧边行,取中间数行计产。

测量内容有株高 X_1(cm)、茎粗 X_2(cm)、主穗长度 X_3(cm)、主穗柄长度 X_4(cm)、单穗粒重 X_5(g)、穗粒数 X_6(个)、千粒重 X_7(g)、至开花期 X_8(d)、全生育期 X_9(d)、糖锤度 X_{10}(%)、榨汁率 X_{11}(%)、产量 X_{12}(kg/hm^2)共 12 个。

1.2 方法

采用 Microsoft Excel 2003 进行数据处理,DPS 7.05 统计软件进行遗传变异、相关性分析、灰色关联度分析、主成分分析和聚类分析,聚类方法为类平均法(UPGM),遗传距离为欧氏距离。

2 结果与分析

2.1 主要农艺性状变异分析

24 个杂交组合所构成的群体各性状间变化程度不同,性状间变异系数最大的是单穗粒重,其次是主穗长度、主穗柄长度、籽粒产量、株高、千粒重、榨汁率、茎粗、糖锤度、至开花期、穗粒数和全生育期(表 1)。其中,单穗粒重的变异系数(25.83%)超过 20%,说明通过良种选育和栽培措施的配套实施,该性状提升空间较大。

表1 高粱主要农艺性状及产量变异情况

性状	编号	极大值	极小值	变异幅度	均值	标准差	变异系数/%
株高/cm	X_1	338	267	71	300.14	19.95	6.65
茎粗/cm	X_2	1.5	1.3	0.2	1.38	0.06	4.34
主穗长度/cm	X_3	46.67	21.33	25.34	28.21	5.53	19.61
主穗柄长度/cm	X_4	60.67	35.67	25	51.69	6.70	12.96
单穗粒重/g	X_5	80.67	22.67	58	49.99	12.91	25.83
穗粒数/个	X_6	2 144	2 015	129	2 079.00	47.51	2.29
千粒重/g	X_7	29	22	7	24.65	1.52	6.18
至开花期/d	X_8	67	60	7	62.19	1.69	2.72
全生育期/d	X_9	106	96	10	98.61	2.22	2.25
糖锤度/%	X_{10}	18.33	16.28	2.05	17.21	0.53	3.11
榨汁率/%	X_{11}	28.6	24.04	4.56	27.32	1.31	4.81
产量/(kg·hm^{-2})	X_{12}	8 442	5 899	2 543	7 291.19	614.36	8.43

2.2 主要农艺性状及产量相关性分析

对不同高粱组合的主要农艺性状及产量进行相关性分析,结果(表2)表明,株高与主穗柄长度,茎粗与单穗粒重,主穗长度与千粒重,单穗粒重与至开花期、全生育期,千粒重与产量,至开花期与糖锤度、穗粒数,全生育期与糖锤度、榨汁率达到显著正相关。至开花期与茎粗,主穗柄长度与单穗粒重,单穗粒重与穗粒数,全生育期与穗粒数,至开花期与全生育期呈极显著正相关。结果表明,千粒重对产量影响较大。

表2 高粱农艺性状及产量的相关性分析

性状	X_1	X_2	X_3	X_4	X_5	X_6	X_7	X_8	X_9	X_{10}	X_{11}	X_{12}
X_1	1											
X_2	0.24	1										
X_3	0.19	-0.03	1									
X_4	0.42*	0.3	0.03	1								
X_5	0.18	0.48*	-0.05	0.54**	1							
X_6	0.16	0.16	0.27	0.34	0.62**	1						
X_7	0.13	0.09	0.46*	0.2	0.04	0.17	1					
X_8	-0.3	0.51**	-0.28	0.14	0.41*	0.45*	-0.07	1				
X_9	-0.19	0.36	-0.15	0.11	0.42*	0.55**	-0.1	0.76**	1			
X_{10}	-0.03	0.26	0.24	-0.08	0.23	0.43*	0.27	0.46*	0.45*	1		
X_{11}	-0.14	-0.06	-0.39	0.25	0.33	0.35	-0.39	0.31	0.45*	-0.06	1	
X_{12}	-0.32	-0.04	0.1	-0.12	0.06	-0.09	0.49*	0.17	-0.01	0.3	-0.34	1

注: * 表示在 $P<0.05$ 水平达到显著差异; ** 表示在 $P<0.01$ 水平达到显著差异。

2.3 产量与各农艺性状的灰色关联系数与关联度分析

通过对表 1 各性状平均值进行标准化处理,再根据绝对差值和公式计算关联系数, $\xi_{ij}=(\min \Delta_{ij}+\rho\max \Delta_{ij})/(\Delta_{ij}+\rho\max \Delta_{ij})$,其中 Δ_{ij} 为绝对差值; i 为农艺性状编号; j 为品种序号; $\max \Delta_{ij}$ 和 $\min \Delta_{ij}$ 分别为比较序列中最大和最小值; ρ 代表分辨系数,范围在 0.1~1 之间,本研究取值为 0.5。产量与其他农艺性状的最大值为 3.841 96,最小值为 0.004 81,带入上式即可得到各性状关联系数(表 3)。

关联系数反映了 2 个比较序列在某一时刻间的关联程度,关联度表示 2 个关联系数各时刻的平均值。将表 3 中各农艺性状的关联系数带入公式中,求得各农艺性状的关联度(表 4)。按照灰色关联度分析,产量与各农艺性状关联度依次为千粒重(0.746 0)>单穗粒重(0.721 2)>至开花期(0.704 4)>主穗长度(0.702 4)>糖锤度(0.688)>茎粗(0.685 0)>穗粒数(0.679 9)>榨汁率(0.654 4)>株高(0.637 6)>主穗柄长度(0.636 1)>全生育期(0.630 8)。关联度越趋近于 1,说明参考性状与目的性状联系越紧密,反之,则该性状与目的形状相互影响较小。由结果可以看出,高粱组合各性状中千粒重与产量关联度最大,其次是单穗粒重、至开花期和主穗长度。全生育期与产量关联度最小,糖锤度、茎粗、穗粒数、榨汁率、株高和主穗长度与产量关系较小。由此分析,与产量关系较为密切的农艺性状是千粒重和单穗粒重。

表 3　高粱产量与各农艺性状的灰色关联度系数

编号	X_1	X_2	X_3	X_4	X_5	X_6	X_7	X_8	X_9	X_{10}	X_{11}
1	0.507 9	0.738 6	0.677 1	0.522 7	0.934	0.76	0.664 9	0.483 1	0.430 4	0.592 2	0.904 1
2	0.533 2	0.536 9	0.672 4	0.600 4	0.733 2	0.749 3	0.480 8	0.680 9	0.644 9	0.732 3	0.880 1
3	0.486 3	0.418 8	0.526 9	0.556 4	0.461 1	0.527	0.840 8	0.521 8	0.545 2	0.730 4	0.407 5
4	0.505 8	0.846	0.732 8	0.739 9	0.994 8	0.657 2	0.994 3	0.982 8	0.625 1	0.939 5	0.944 2
6	1	0.790 1	0.932 8	0.827 9	0.659 9	0.613 9	0.726 7	0.655 9	0.769 2	0.610 1	0.887 8
6	0.917 7	0.753	0.747 1	0.676 8	0.994 3	0.588	0.736 8	0.541 6	0.720 4	0.648	0.736 8
7	0.572	0.615	0.553 2	0.975 9	0.997 1	0.933 7	0.791 7	0.480 2	0.611 4	0.761 7	0.799 2
8	0.522 6	0.554 6	0.990 6	0.806 8	0.872 5	0.840 5	0.985 6	0.628 4	0.506	0.670 9	0.591 4
9	0.678 6	0.514 9	0.978 1	0.692 7	0.852 8	0.568	0.943 7	0.885 3	0.595 6	0.742 5	0.721 7
10	0.448 6	0.719 4	0.766 5	0.758 8	0.850 7	0.823 7	0.678 8	0.848 7	0.732	0.635 9	0.957 2
11	0.862 1	0.952 7	0.962 4	0.904	0.852 5	0.791 5	0.800 9	0.864 5	0.679	0.501 1	0.520 2
12	0.937 7	0.895 3	0.797 9	0.537 3	0.808 3	0.652 2	0.840 7	0.515	0.608 1	0.978 9	0.407 6
13	0.405 4	0.411 9	0.401 8	0.481 9	0.497 5	0.427 9	0.661 6	0.427 2	0.472 5	0.413 8	0.586 3
14	0.518 9	0.483	0.490 6	0.591	0.577 1	0.846 1	0.723 7	0.940 6	0.568 6	0.568 9	0.593 9
15	0.554 3	0.851 9	0.831 2	0.532 6	0.672 4	0.578 9	0.506 8	0.818 5	0.622 4	0.733 3	0.582 7
16	0.528 3	0.532 1	0.642 1	0.655 2	0.851	0.558 2	0.786 2	0.815 6	0.764 4	0.912 9	0.901 5
17	0.531 3	0.535	0.760 5	0.436 2	0.51	0.520 7	0.612 1	0.561 2	0.493 9	0.755 5	0.369 4

编号	X_1	X_2	X_3	X_4	X_5	X_6	X_7	X_8	X_9	X_{10}	X_{11}
18	0.939 4	0.835 5	0.419 6	0.788 3	0.625 5	0.998 7	0.469 2	0.583	0.670 8	0.682	0.471 1
19	0.624	0.829 2	0.677	0.570 1	0.436 2	0.411 7	0.862 9	0.768 6	0.724 9	0.495 1	0.661 2
20	0.537	0.971	0.776 9	0.623 9	0.708 5	0.969 9	0.822 3	0.762 3	0.650 9	0.611 9	0.537 6
21	0.386 3	0.387 4	0.444 7	0.375 5	0.334 2	0.347 4	0.580 1	0.473 9	0.400 7	0.598 9	0.373 2
22	0.640 8	0.844 8	0.841 4	0.529 4	0.796 3	0.943 8	0.843 4	0.812	0.723	0.823 9	0.678 8
23	0.961 5	0.777 3	0.484 7	0.552	0.599 5	0.583 3	0.603 7	0.947 8	0.781 5	0.687 2	0.591 6
24	0.702 1	0.646 8	0.749 5	0.529 8	0.690 5	0.626 2	0.946 6	0.907 2	0.797 6	0.689 7	0.599 6

表4 高粱产量与农艺性状的关联度

性状	X_1	X_2	X_3	X_4	X_5	X_6	X_7	X_8	X_9	X_{10}	X_{11}
关联度	0.637 6	0.685 0	0.702 4	0.636 1	0.721 2	0.679 9	0.746 0	0.704 4	0.630 8	0.688 2	0.654 4
综合排序	9	6	4	10	2	7	1	3	11	5	8

2.4 主要农艺性状及产量的主成分分析

主成分分析是能将繁多复杂的多个指标转化为简洁的少个综合性指标的分析方法。所得的综合性指标既保持原有信息,又彼此独立(刘翔宇等,2016)。本研究通过对供试高粱的 12 个性状进行主成分分析,根据累计贡献率大于85%原则选取主成分(表5)。通过得到 12 个性状的特征值和特征向量,其中前 6 个特征值在 12 个特征值中累计贡献率达 86.91%,基本涵盖了所有检测性状的主要信息。6 个主成分表达式分别为

$$Z_1 = 0.018\ 5X_1 + 0.305\ 2X_2 - 0.046\ 2X_3 - 0.046\ 2X_4 + 0.411\ 3X_5 + 0.402\ 6X_6 + 0.019\ 5X_7 - 0.430\ 1X_8 - 0.434\ 2X_9 + 0.279\ 2X_{10} + 0.252\ 4X_{11} + 0.005\ 4X_{12}$$

$$Z_2 = 0.183\ 1X_1 + 0.113\ 1X_2 - 0.476X_3 - 0.083X_4 + 0.046\ 5X_5 + 0.122\ 8X_6 + 0.545\ 9X_7 - 0.085\ 9X_8 - 0.119\ 6X_9 + 0.287\ 5X_{10} - 0.428\ 8X_{11} + 0.341\ 7X_{12}$$

$$Z_3 = 0.569\ 6X_1 + 0.101\ 9X_2 + 0.103X_3 - 0.458X_4 + 0.198\ 2X_5 + 0.115\ 5X_6 - 0.027\ 3X_7 + 0.294\ 5X_8 + 0.201\ 7X_9 - 0.283\ 2X_{10} + 0.083\ 1X_{11} - 0.420\ 7X_{12}$$

$$Z_4 = -0.073\ 6X_1 - 0.568\ 9X_2 + 0.432\ 3X_3 - 0.174\ 3X_4 - 0.114\ 1X_5 + 0.471\ 9X_6 - 0.026\ 8X_7 + 0.180\ 6X_8 - 0.118\ 6X_9 + 0.178\ 6X_{10} + 0.286\ 6X_{11} - 0.237\ 9X_{12}$$

$$Z_5 = -0.265\ 3X_1 - 0.399\ 2X_2 - 0.178\ 7X_3 + 0.414\ 1X_4 + 0.245\ 9X_5 + 0.048\ 9X_6 + 0.298\ 7X_7 + 0.077\ 6X_8 + 0.142\ 6X_9 - 0.315\ 4X_{10} + 0.289\ 2X_{11} + 0.453\ 2X_{12}$$

$$Z_6 = 0.521\ 5X_1 - 0.299\ 6X_2 - 0.488X_3 - 0.157\ 8X_4 + 0.130\ 3X_5 + 0.023\ 8X_6 - 0.113\ 1X_7 + 0.140\ 5X_8 + 0.123\ 7X_9 + 0.495\ 9X_{10} + 0.042\ 5X_{11} + 0.249\ 5X_{12}$$

从表5中可以看出,第 1 主成分特征值为 3.530 1,贡献率占 29.42%,其中荷载高且数值为正的农艺性状包括全生育期(0.434)和至开花期(0.429 8),主要反映生育时期的相关信息,可以作为生育期因子和开花期因子;第 2 主成分特征值为 2.32,贡献率占

19.33%,其中荷载较高且带正号的农艺性状有千粒重(0.546 2)和主穗长度(0.475 7),主要反映产量和穗长的相关信息,可作为产量因子和穗长因子;第3主成分特征值为1.96,贡献率占16.33%,其中荷载较高且数值为正的农艺性状包括株高(0.570 7)和主穗柄长度(0.457 9),主要反映株高和穗柄长度的相关信息,可以作为株型因子和穗柄长度因子;第4主成分特征值为1.135 1,贡献率占9.46%,其中荷载较高且数值为正的农艺性状有穗粒数(0.472 8),穗粒数同穗粒重之间存在着高度紧密的相关性,可以作为穗粒因子;第5主成分特征值为0.972 1,贡献率占4.26%,其中荷载量较高且数值为正的农艺性状包括籽粒产量(0.454 2)和主穗柄长度(0.416 2),主穗柄是物质转运的通道,籽粒产量又受物质转运的影响,可以作为物质运储因子;第6主成分特征值为0.511 6,贡献率占4.26%,其中荷载量较高且数值为正的农艺性状为株高(0.518 7)和糖锤度(0.494 2),其株型与产糖量关系密切,可以作为株型因子和产糖因子。

表5 高粱各性状主成分特征向量及累计贡献率

项目编号	因子1	因子2	因子3	因子4	因子5	因子6
X_1	0.020 6	0.179 6	0.570 7	−0.076 9	−0.264 9	0.518 7
X_2	0.305 4	0.112 8	0.103 8	−0.570 1	−0.395	−0.3
X_3	−0.046	0.475 7	0.104 4	0.432 6	−0.182	−0.484 1
X_4	0.241 3	0.081 1	0.457 9	−0.169	0.416 2	−0.163 3
X_5	0.411 5	0.045 5	0.197 9	−0.111 2	0.247	0.139 6
X_6	0.402	0.121 9	0.114 2	0.472 8	0.045 5	0.027 8
X_7	0.019 7	0.546 2	−0.024 7	−0.024 7	0.298 6	−0.118 1
X_8	0.429 8	−0.085	−0.294 9	−0.182 3	−0.076 5	−0.145
X_9	0.434	−0.119 2	−0.202 8	0.116 6	−0.143 8	−0.126 9
X_{10}	0.279 1	0.288 1	−0.283 3	0.175 3	−0.316 1	0.494 2
X_{11}	0.252 2	−0.429 5	0.079 7	0.288	0.287 4	0.039 4
X_{12}	0.005 4	0.343 4	−0.418 9	−0.237 1	0.454 2	0.250 7
特征值	3.530 1	2.32	1.96	1.135 1	0.972 1	0.511 6
贡献率/%	29.42	19.33	16.33	9.46	8.10	4.26
累计贡献率/%	29.42	48.756	65.08	74.54	82.64	86.91

根据特征值和对应的特征向量,求得26个高粱组合的每个主成分得分,再根据各主成分特征值占所提取主成分的总特征值的比例权重,加权每个主成分得分获得综合主成分得分。由结果(表6)可知,综合主成分排名前4的品种依次为N2、N20、N19和N9。说明通过主成分分析,这4个品系在所测量的12个性状中的综合表现突出。

表 6 高粱主成分得分及排名

编号	主成分1	排名	主成分2	排名	主成分3	排名	主成分4	排名	主成分5	排名	主成分6	排名	综合主成分	排名
2	0.812 4	11	1.471 9	7	0.873 5	9	0.014 1	19	-0.013 4	19	0.082 2	17	0.960 8	1
20	1.255 6	2	1.749 0	2	0.525 4	13	0.009 6	20	0.346 8	9	-0.006 9	20	0.945 9	2
19	-0.182 0	22	1.006 7	20	0.220 2	22	-0.147 3	23	0.151 6	13	-0.118 4	23	0.875 6	3
9	0.834 6	10	1.045 6	19	0.224 0	21	0.867 9	1	0.353 7	8	0.295 1	8	0.874 0	4
8	0.884 6	9	1.689 7	3	0.562 1	12	0.339 7	7	0.551 6	1	0.094 6	16	0.864 0	5
24	0.635 9	19	1.423 7	8	0.191 2	23	-0.118 4	22	-0.267 1	23	0.208 7	13	0.796 7	6
4	0.643 7	18	1.278 6	13	0.901 5	8	0.417 6	5	0.041 7	17	0.348 3	5	0.790 2	7
12	1.141 8	4	0.717 5	23	0.659 7	10	0.446 5	4	0.447 4	3	-0.043 5	22	0.775 8	8
11	1.035 4	6	0.991 3	21	0.364 8	17	0.540 7	3	0.119 1	15	0.405 4	2	0.770 9	9
3	0.715 5	14	1.755 1	1	0.254 6	18	0.239 3	12	0.409 6	5	0.390 6	3	0.764 0	10
1	-0.378 7	24	1.279 1	12	1.346 1	1	0.200 8	13	0.509 3	2	0.235 2	12	0.758 1	11
21	0.260 0	21	1.572 2	5	-0.088 7	24	0.078 7	17	0.280 9	11	0.375 2	4	0.738 2	12
17	1.478 0	1	0.861 0	22	1.068 6	2	0.162 9	15	0.415 5	4	0.239 7	11	0.729 4	13
23	1.208 8	3	1.309 5	9	0.971 3	5	-0.501 7	24	0.355 2	7	0.287 6	9	0.699 1	14
13	1.003 8	7	1.290 0	11	0.908 8	7	0.296 2	10	-0.413 1	24	0.110 7	14	0.684 1	15
5	1.068 8	5	1.299 4	10	0.515 5	14	0.255 9	11	0.131 5	14	0.244 2	10	0.621 5	16
7	-0.249 3	23	1.200 2	15	0.988 4	4	0.624 5	2	0.288 7	10	0.312 4	6	0.596 9	17
10	0.784 2	12	1.094 6	17	0.247 5	19	0.413 4	6	0.361 0	6	-0.255 6	24	0.540 4	18
18	0.704 5	15	0.074 8	24	0.416 9	15	0.008 8	21	0.253 5	12	0.310 6	7	0.478 6	19
22	0.760 5	13	1.605 8	4	0.627 5	11	0.308 4	9	-0.163 6	22	0.505 00	1	0.476 5	20
6	0.696 7	16	1.068 2	18	0.415 8	16	0.339 2	8	0.097 3	16	-0.013 4	21	0.474 4	21
14	0.682 7	17	1.228 0	14	0.913 4	6	0.164 5	14	-0.155 5	21	0.097 3	15	0.446 4	22
15	0.411 9	20	1.146 3	16	0.233 5	20	0.050 8	18	-0.012 5	18	0.076 4	18	0.373 2	23
16	0.976 4	8	1.502 4	6	1.038 1	3	0.081 6	16	-0.074 4	20	0.046 6	19	0.196 0	24

2.5 高粱品系的聚类分析

通过株高、茎粗、主穗长度、主穗柄长度、单穗粒重、穗粒重、千粒重、糖锤度、榨汁率和籽粒产量、至开花期和全生育期 12 个性状综合评价 D 值，并采用欧氏距离及类间平均法进行聚类分析，建立聚类树状图(图 1)。在阈值为 0.60 处将 24 个高粱品系分为 3 个类群。第 I 类群涵盖了 N1、N21、N7、N15、N18、N6、N10 和 N24 号，这一类群占供试材料的 33.3%，该类群的特点是穗粒数较多和千粒重较大且生育期相对较长。第 II 类群涵盖了 N2、N22、N3、N12、N5、N13、N4、N11、N9、N14、N8、N23、N16、N17 和 N20 号，这一类群占供试材料的 62.5%，该类群的特点是株高较长，茎粗较小，主穗柄长度较短，开花期较早，生育期较短，籽粒产量较高。第Ⅲ类群只涵盖了 N19，这一类群占供试材料的 4.2%，其株高、主穗柄长度、单穗粒重和穗粒数均为所有供试材料中的最大值。

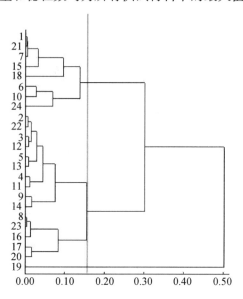

图 1 24 个高粱组合 12 个性状的聚类分析

3 讨论

本研究对高粱 24 个杂交组合的 12 个性状进行变异分析，结果表明主要农艺性状间存在不同变异，变异系数分布在 2.72% ~ 25.83%，其中单穗粒重和主穗长度变异系数较大，可优先通过育种方法进行选择，较容易获得优良品种（刘静等，2019）。穗粒数和全生育期变异系数很小，说明在品种性状选择中的相应潜力较小。结合农艺性状的相关性分析结果表明，全生育期与至开花期、穗粒数皆达到极显著正相关，与穗粒数、单穗粒重呈显著正相关。说明全生育期和开花时期是影响产量的重要指标，生育期越长，越有利于物质积累，进而影响产量。同时糖锤度与全生育期和至开花期皆达到显著正相关，这与赵香娜等（2008）、刘洋等（2011）的结论是一致的，说明茎秆含糖量的积累与全生育期、至开花期的长短有关。

高粱单个性状受其他性状相互影响，不同性状对产量贡献程度大小不同，同一性状对不同品种的产量影响也有差异。本试验通过灰色关联度分析法，将众多农艺性状作为灰色系统，从整体上反映各农艺性状与产量间的关联顺序。结果表明，产量与各农艺性状关联度顺序前 4 名依次为千粒重、单穗粒重、至开花期、主穗长度，其中千粒重与产量关联度值最大，为 0.746 0，表明该性状在生长区域内对产量影响最大，这与相关性分析的结果一致。灰色关联度分析法是基于对一个变化系统的动态比较的分析方法，在不同条件下，影响产量的主要性状因素可能会发生改变（陈湘瑜等，2020）。张姤等（2016）研究表明穗长对高粱产量影响最大，千粒重影响最小，与本研究结论相反。

本研究通过用主成分分析法将多个测定指标简化，提取前 6 个主成分因子，累积贡献率达 86.91%。主成分 1 综合了生育期和至开花期因子;主成分 2 综合了产量和穗长因子;主成分 3 综合了株型和穗柄长度因子;主成分 4 综合了穗粒因子;主成分 5 综合了物质运储因子;主成分 6 综合了株型和产糖因子。综合排名靠前的 N2、N20、N19、N9、N8 和 N24 组合的综合性状效应值较高。

基于 24 个杂交组合的 12 个性状的主成分综合评价值(D 值)进行聚类分析进一步评价,将供试组合分为 3 类,第 I 类包括 N1、N21、N7、N15、N18、N6、N10 和 N24,具有生育期长且穗粒数和千粒重良好的特点;第 II 类包括 N2、N22、N3、N12、N5、N4、N11、N9、N14、N8、N23、N16、N17 和 N20,具有开花期早、生育期短、株高适中且籽粒产量较高的特点;第 III 类包括 N19,主穗柄长度、单穗粒重和穗粒数均为最大值,产量和其他农艺性状也良好。因此在选育高粱新品种的亲本选配和性状选择工作中,可以针对各类群特点选育出较好的杂交组配组合,提高育种效率,减少盲配性。

参 考 文 献

[1] 宝力格,陆平,史梦莎,等.中国高粱地方种质芽期苗期耐盐性筛选及鉴定[J].作物学报,2020,46(5):734-753.

[2] 陈湘瑜,徐日荣,陈昊,等.花生品系主要农艺性状的分析与综合评价[J].种子,2020,39(9):84-88.

[3] 高杰,封广才,李晓荣,等.贵州不同地区高粱种质资源表型多样性与聚类分析[J].作物杂志,2020(6):54-60.

[4] 高进,施庆华,蔡立旺,等.甜高粱新品种(系)主要农艺性状与产量的灰色关联度分析[J].福建农业学报,2018,33(6):581-586.

[5] HUANG R D. Research progress on plant tolerance to soil salinity and alkalinity in sorghum [J]. J Integr Agric,2018,17(4):739-746.

[6] 梁万鹏,崔兴莉,高钰,等.饲用高粱新品种主要农艺性状与产量灰色关联度分析[J].畜牧兽医杂志,2017,36(5):39-42.

[7] 刘静,曹雄,李婷,等.不同高粱品种主要农艺性状及产量的相关分析[J].安徽农业科学,2019,47(20):29-30,36.

[8] 刘翔宇,刘祖昕,加帕尔,等.基于主成分与灰色关联分析的甜高粱品种综合评价[J].新疆农业科学,2016,53(1):99-107.

[9] 刘洋,罗萍,林希昊,等.甜高粱主要农艺性状相关性及遗传多样性初析[J].热带作物学报,2011,32(6):1004-1008.

[10] 卢华雨,白晓倩,于澎湃,等.饲用高粱 4 个主要株型性状的遗传分析[J].贵州农业科学,2019,47(1):5-9,13.

[11] 卢华雨,李延玲,罗峰,等.粒用高粱 4 个主要光合性状数量遗传分析[J].江苏农业科学,2018,46(17):68-72.

[12] 吕鑫,平俊爱,李慧明,等.不同类型饲草高粱产量、农艺和品质性状间的相关性及聚类分析[J].山西农业科学,2020,48(11):1724-1729.

[13] 杨珍,李斌,赵军,等.甜高粱主要农艺性状与产量相关和通径分析[J].中国糖料,

2018,40(4):16-19.

[14]张姝,隋虹杰,葛占宇,等.高粱主要农艺性状与产量的灰色关联度分析[J].贵州农业科学,2016,44(5):20-22.

[15]赵香娜,李桂英,刘洋,等.国内外甜高粱种质资源主要性状遗传多样性及相关性分析[J].植物遗传资源学报,2008,9(3):302-307.

高粱新杂交种红梁 25 的选育及栽培技术

赵凤奎[1],白乙拉图[2],张桂华[2],赵凤春[3]

(1.开鲁县大榆树镇农业技术服务站,内蒙古 开鲁 028400;

2.通辽市农业科学研究院,内蒙古 通辽 028015;

3.开鲁县辽河种业有限责任公司,内蒙古 开鲁 028400)

摘要:为了推广高粱新杂交种红梁25,对红梁25的选育过程、品种特性、产量表现及栽培技术进行阐述。该品种属中熟杂交种,在通辽出苗至成熟需 118 d,在 2010—2012 年的内蒙古自治区区域试验和生产示范试验中,红梁25 较对照品种内杂5 增产,并具有抗大斑病、紫斑病、炭疽病、黑穗病,抗倒伏,适应性强等特点,具有较大的增产潜力。该品种适宜在内蒙古自治区的通辽、赤峰和吉林省的长岭、乾安、松原等地区种植,一般5 月5 日后地温稳定在 10 ℃以上播种为宜。

关键词:高粱杂交种;红梁25;选育过程;品种特性;栽培技术

红梁25 由内蒙古自治区开鲁县辽河种业有限责任公司育成,属中熟品种,2013 年通过内蒙古自治区农作物品种审定委员会审定,该品种具有抗大斑病、紫斑病、炭疽病、黑穗病,抗倒伏,稳产性好,适应性强,增产潜力大等优点,适宜在内蒙古自治区的通辽、赤峰和吉林省的长岭、乾安、松源等地种植。

1 品种来源及选育经过

红梁25 是由内蒙古自治区开鲁县辽河种业有限责任公司于 2006 年以自选不育系 L023A 为母本、自选恢复系 L52R 为父本组配而成的高粱新杂交种。2007 年参加初级产比试验,2008—2009 年参加高级产比试验,2010—2012 年参加内蒙古自治区区域试验和生产示范试验。试验结果表明:该杂交种增产潜力大,比对照内杂5 平均增产 9.6%以上,抗逆性强、适应性广,2013 年通过内蒙古自治区农作物品种审定委员会审定。

2 特征与特性

红梁25 牙鞘绿色,幼苗深绿色,拱土力强,株高为 159 cm,茎粗为 2.1 cm,叶片数为18 片,穗呈纺锤形,中紧穗,粒黄色、椭圆形,壳红色(图1),千粒重为 28 g,单穗粒重为96 g,着壳率为 1.3%,恢复率为 100%,角质中上等,高抗黑穗病,抗紫斑病,抗炭疽病,活秆成熟。

图 1　红粱 25 田间表现

3　产量表现

3.1　初、高级产比试验

2007 年初级产比试验,红粱 25 平均产量为 10 170 kg/hm²,平均比对照内杂 5 增产15.3%。2008—2009 年 2 年高级产比试验,红粱 25 平均产量为 10 665 kg/hm²,平均比对照内杂 5 增产 11.7%。

3.2　内蒙古自治区区域试验

2010 年参加内蒙古自治区高粱区域试验,红粱 25 平均产量为 11 015.40 kg/hm²,平均比对照内杂 5 增产 7.6%(表 1)。

表 1　红粱 25 在 2010 年内蒙古自治区高粱区域试验中的产量表现

试验点	小区产量/kg			折合产量 /(kg·hm⁻²)	增产/%
	Ⅰ	Ⅱ	平均		
通辽市农业科学研究院	11.86	12.93	12.39	8 605.20	5.77
赤峰市农牧业科学研究院	23.24	21.02	22.13	12 866.85	6.04
通辽市厚德种业有限责任公司	20.01	23.10	21.56	10 780.50	9.60
赤峰喀喇沁种子管理站	17.55	17.09	17.32	11 809.05	8.79
平均				11 015.40	7.60

注:对照为内杂 5。下同。

2011 年继续参加内蒙古自治区高粱区域试验,红粱 25 平均产量为10 059.15 kg/hm²,平均比对照内杂 5 增产 3.0%(表 2)。

表2 红粱25在2011年内蒙古自治区高粱区域试验中的产量表现

试验点	小区产量/kg			折合产量 /(kg·hm⁻²)	对照产量 /(kg·hm⁻²)	增减产 /%
	I	II	平均			
赤峰市农牧业科学研究院	17.64	18.08	17.86	10 384.20	650.71	6.39
通辽市厚德种业有限责任公司	12.26	13.15	12.71	9 547.50	657.00	-3.12
赤峰喀喇沁种子管理站	22.75	22.99	22.87	11 913.15	790.46	0.47
通辽市农业科学研究院	10.37	10.80	10.59	8 821.20	550.35	6.86
鑫达种业有限公司	12.80	13.00	12.90	9 630.00	606.75	5.81
平均				10 059.15	651.05	3.00

3.3 内蒙古自治区生产示范试验

2012年参加内蒙古自治区高粱生产示范试验,红粱25平均产量为9 565.20 kg/hm²,平均比对照内杂5增产10.64%(表3)。

表3 2011年高粱生产试验产量汇总

试验点	小区产量/ kg	折合产量/ (kg·hm⁻²)	CK产量/ (kg·hm⁻²)	增减产 /%
赤峰市农牧业科学研究院	134.73	8 982.45	505.49	18.47
通辽市厚德种业有限责任公司	151.99	10 137.00	640.80	5.46
赤峰喀喇沁种子管理站	192.80	11 901.00	756.70	4.85
通辽市农业科学研究院	104.50	6 845.55	418.89	8.95
鑫达种业有限公司	149.40	9 960.00	560.00	18.57
平均		9 565.20	576.38	10.64

总结2007—2012年的各类试验,红粱25平均产量为10 294.95 kg/hm²,平均比对照内杂5增产9.65%。区域试验和生产试验的10个点中有9个点增产,说明该品种稳产性好,适应性广,增产潜力大。

4 栽培要点及适应地区

红粱25属中熟品种,稳产性好,适应性广,抗逆性强,增产潜力大,应选择土质较好的中上等土地种植。底肥施农家肥22.5 t/hm²以上,磷酸二胺300 kg/hm²,钾肥75～150 kg/hm²,生育期间追施尿素300 kg/hm²。种植密度以10.5万株/hm²左右为宜。种植前要精细整地,当地温稳定在10 ℃以上才能播种。播种时踩好底格子,覆土2～3 cm,注意镇压,以保证全苗。红粱25可在内蒙古自治区的大部分地区、吉林省的白城地区、黑龙江省的南部地区、山西省、河北省的南方春播区种植。

5 病虫害防治

红粱 25 黑穗病鉴定结果为 2.4% ,属高抗品种,但为避免发生黑穗病不宜重茬,应与其他作物轮作。为防治地下害虫,播种时撒毒谷,在生长期间发现蚜虫及时喷药防治。

参 考 文 献

[1]成慧娟,马尚耀,王立新,等.高粱杂交种赤杂 19 号的选育初报[J].内蒙古农业科技,2005(5):45-46.

[2]白乙拉图,张桂华,李岩,等.高粱杂交种哲杂 27 的选育及推广利用[J].内蒙古农业科技,2003(6):22-23.

[3]石春焱,林清,张建华.高粱新品种哲杂 20 的丰产性、稳定性和适应性分析[J].国外农学–杂粮作物,1997(4):37-39.

[4]孟繁盛,王蕴玉,马尚耀,等.早熟高粱新杂交种赤杂 7 号的选育[J].内蒙古农业科技,1998(S1):80-81.

[5]唐世清,赵国强,王蕴玉.高产秆粮双收型高粱赤杂 5 号的选育研究[J].内蒙古农业科技,2000(S1):118-119.

[6]成慧娟,马尚耀,严福忠,等.高粱系列新品种的选育及推广[J].内蒙古农业科技,2007(4):121-123.

[7]张桂华,白乙拉图.高粱杂交制种技术[J].种子世界,2012(1):49.

[8]白乙拉图,塔娜,包春光,等.通辽地区发展高粱产业前景分析[J].内蒙古农业科技,2012(1):17.

[9]周启红.红粱栽培技术要点[J].四川农业科技,2008(2):31.

高粱杂交种红粱18的选育及栽培技术

赵凤奎[1],白乙拉图[2],张桂华[2],赵凤春[3]

(1.开鲁县大榆树农科站,内蒙古 开鲁 028400;2.通辽市农业科学研究院,
内蒙古 通辽 028000;3.开鲁县辽河种业有限责任公司,内蒙古 开鲁 028400)

摘要:红粱18由开鲁县辽河种业有限责任公司育成。该品种属中熟杂交种,在通辽地区出苗至成熟需118 d。2010—2012年参加内蒙古自治区区域试验和生产示范试验,结果表明:红粱18比对照品种内杂5增产5.74%以上,并具有抗大斑病、紫斑病、炭疽病、黑穗病、抗倒伏,适应性强等特点,具有较大的增产潜力。适宜在内蒙古自治区的通辽、赤峰和吉林省的长岭、乾安、松源等地种植,一般5月5日后地温稳定在10 ℃以上播种为宜。

关键词:红粱18;杂交种;高粱

1 品种来源及选育经过

红粱18是由开鲁县辽河种业有限责任公司于2006年冬季以自选不育系L0731A为母本、自选恢复系L15R为父本组配而成的新杂交种。2007年参加初级产比试验,2008—2009年参加高级产比试验,2010—2012年参加内蒙古自治区区域试验和生产示范试验。试验结果表明,该杂交种增产潜力大,比对照内杂5平均增产8%以上,抗逆性强,适应性广,2012年通过内蒙古自治区农作物品种审定委员会审定。

2 特征、特性

红粱18牙鞘绿色,幼苗深绿色,拱土力强,株高为160 cm,茎粗为2 cm,叶片数为18片,穗呈纺锤形,中紧穗,粒黄色、椭圆形,壳红色,千粒重为28 g,单穗粒重为89 g,着壳率为0.9%,恢复率为100%,角质中上等,高抗黑穗病,抗紫斑病,抗炭疽病,活秆成熟。

3 产量表现

3.1 初级产比试验

2007年初级产比试验,红粱18平均产量为748.3 kg/亩,平均比对照内杂5增产15.2%。

3.2 2008—2009年高级产比试验

2008—2009年2年高级产比试验,红粱18平均产量为750.9 kg/亩,平均比对照内杂5增产11.7%。

3.3 2010年内蒙古自治区区域试验

2010年参加内蒙古自治区区域试验,红粱18平均产量为714.93 kg/亩,平均比对照内杂5增产4.7%(表1)。

2011年参加内蒙古自治区区域试验,红粱18平均产量为672.52 kg/亩,平均比对照内杂5增产3.3%(表2)。

表1　2010年内蒙古自治区高粱区域试验产量结果

试验点	小区产量/kg				折合产量/ (kg·亩⁻¹)	比对照增产 /%
	I	II	总和	平均		
通辽市农业科学研究院	12.46	13.51	25.97	12.99	601.18	10.85
赤峰市农牧业科学研究院	22.67	21.21	43.88	21.94	850.43	5.13
通辽市厚德种业有限责任公司	21.42	20.37	41.79	20.90	696.50	6.10
赤峰喀喇沁种子管理站	14.83	16.48	31.31	15.65	711.59	-1.67
平均					714.93	4.7

表2　2011年内蒙古自治区高粱区域试验产量结果

试验点	小区产量/kg				折合产量/ (kg·亩⁻¹)	对照值	增减产 /%
	I	II	总和	平均			
赤峰市农牧业科学研究院	17.82	16.88	34.70	17.35	672.51	650.71	3.35
通辽市厚德种业有限责任公司	13.32	14.05	27.37	13.69	685.50	657.00	4.34
赤喀喇沁峰种子管理站	22.75	22.90	45.65	22.82	792.54	790.46	0.26
通辽市农业科学研究院	11.12	10.12	21.24	10.62	590.03	550.35	7.21
鑫达种业有限公司	12.40	12.60	25.00	12.50	622.00	606.75	2.51
平均					672.52	651.05	3.30

3.4 内蒙古自治区生产示范试验

2012年参加内蒙古自治区生产示范试验,红粱18平均产量为629.45 kg/亩,平均比对照内杂5增产9.21%(表3)。

表3　2012年内蒙古自治区生产示范试验产量结果

试验点	小区产量/ kg	折合产量/ (kg·亩⁻¹)	对照值	增减产 /%
赤峰市农牧业科学研究院	132.38	588.38	505.49	16.40
赤峰喀喇沁种子管理站	192.00	790.00	756.70	4.40
通辽市农业科学研究院	106.00	501.79	418.89	19.79
鑫达种业有限公司	145.80	648.00	560.00	15.71
平均		629.45	576.38	9.21

　　总结2007—2012年的各类试验,红粱18产量为703.22 kg/亩,平均比对照内杂5增产8.8%。区域试验和生产试验的10个点中有8个点增产,说明该品种稳产性好、适应性广、增产潜力大。

4　栽培要点及适应地区

　　红粱18属中熟品种,稳产性好,适应性广,抗逆性强,增产潜力大,应选择土质较好的中上等土地种植,底肥施农家肥1 500 kg/亩以上,磷酸二铵20 kg/亩,钾肥5~10 kg/亩,生育期间追施尿素20 kg/亩,种植密度以7 500株/亩左右为宜。种前要精细整地,当地温稳定在10 ℃以上才能播种,播种时踩好底格子,覆土2~3 cm,注意镇压,以保证全苗。红粱18可在内蒙古自治区的大部分地区、吉林省的白城地区、黑龙江省的南部地区、山西省及河北省的南方春播区种植。

5　防病防虫

　　红粱18黑穗病鉴定结果为零,属高抗品种,但为避免发生黑穗病不宜重茬,应与其他作物轮作。为防治地下害虫,播种时撒毒谷,在生长期间发现蚜虫及时喷药防治。

高粱杂交种通杂 103 选育及栽培技术要点

石春焱,张建华,李 岩,李 默,呼瑞梅

（通辽市农业科学研究院作物研究所,内蒙古 通辽 028015）

摘要:通杂 103 由通辽市农业科学院以自选不育系 1006A 为母本、外引恢复系 8918R 为父本杂交选育而成,各级试验及近两年大量生产应用均表明,该品种具有高产、稳产、抗病、抗旱、适应性广等特点。

关键词:高粱杂交种;通杂 103;品种选育

高粱杂交种通杂 103 由通辽市农业科学研究院作物研究中心选育而成,通辽市农业科学研究院已有 50 多年的高粱遗传育种研究历史,历史上曾育成内杂 5 等一系列较有影响的高粱品种。通杂 103 是 2003 年审定并大面积推广的品种,审定编号为蒙审粱 2003001。

1　选育方法与选育经过

通杂 103 是通辽市农业科学研究院高粱研究所于 1996 年以自选不育系 1006A 为母本、外引恢复系 8918R 为父本杂交选育而成的。1997 年参加初级产量鉴定试验,1998—1999 年参加高级产量比较试验,2000—2002 年参加内蒙古自治区高粱区域试验,2001—2002 年参加全区生产示范试验、抗性鉴定试验、高产栽培技术试验,7 年间产比、区域试验、生产示范试验及试种结果表明,该杂交种丰产性高、稳定性好、适应性和抗逆性强,深受农户欢迎。

2　特征与特性

2.1　植物学特征

幼芽鞘绿色,幼苗深绿色,株高为 153 cm,茎粗为 1.9 cm,总叶片数为 18,主叶脉蜡绿色,穗长为 27.2 cm,中紧穗,圆筒形,壳黑色,籽粒椭圆,黄褐色。单穗粒重平均为 86.8 g,平均千粒重为 30 g,着壳率为 2.7%,角质中等。

2.2　生育期

从出苗到成熟 105 d,属中早熟杂交种。

2.3　抗性

抗倒伏,抗叶部病害,用丝黑穗病3号生理小种进行接种鉴定,结果发病率为0。

3　产量表现

表1　1998—1999年产量比较试验结果

品种	年份	小区产量/ (kg·18 m⁻²)	折合产量/ (kg·亩⁻¹)	比CK增产/%
通杂103	1998	14.95	34.5	13.4
敖杂1(CK)		13.24	71.2	
通杂103	1999	14.75	18.5	20.7
敖杂1(CK)		12.94	29.7	
通杂103	平均	14.85	26.5	16.9
敖杂1(CK)		13.04	50.5	

3.1　产量比较试验结果

2年产量比较试验结果显示,通杂103比对照敖杂1表现增产,平均增产率为16.9%,平均产量为526.5 kg/亩,比对照敖杂1增产76.0 kg/亩。

3.2　全区区域试验结果

3年17个点次区域试验,通杂103有17个点表现比对照增产,3年平均产量为521.8 kg/亩,比对照哲杂12增产10.1%,比对照敖杂1增产16.9%。

3.3　生产示范

2年11点次生产示范试验结果显示,通杂103增产11个点次,其中通杂103比CK1哲杂12增产8.5%,比CK2敖杂1增产16.2%。

通杂103抗病、抗倒伏、丰产性高、稳产性好、熟期早,适于在通辽市的扎鲁特旗、兴安盟,吉林省北部,黑龙江省的大庆、齐齐哈尔≥10 ℃活动积温在2 500 ℃以上的地区种植。

表2　2000—2002年全区区域试验结果　　　　kg/亩

年份	品种	地点1	地点2	地点3	地点4	地点5	地点6	地点7	地点8	平均	比CK增产% CK1	CK2
2000	通杂103	528.0	405.7	539.2	554.4	446.9	534.3			501.4	11.3	15.8
	哲杂12(CK1)	486.4	393.4	489.9	510.0	349.8	489.8			453.1		4.5
	敖杂1(CK2)	478.0	326.5	473.9	498.2	396.1	468.3			453.6	-3.8	

年份	品种	地点1	地点2	地点3	地点4	地点5	地点6	地点7	地点8	平均	比CK增产%	
											CK1	CK2
	通杂103	483.4	646.8	560.9		332.2	555.6	402.6		496.9	12.9	16.9
2001	哲杂12(CK1)	452.2	534.6	458.5		303.5	475.6	398.3		437.1		5.1
	敖杂1(CK2)	414.9	557.1	442.6		302.2	442.6	377.0		422.7	-3.4	
	通杂103	578.9	584.6			550.0		540.3	581.5	567.1	6.7	17.9
2002	哲杂12(CK1)	511.6	568.0			510.0		539.6	528.8	531.5		10.5
	敖杂1(CK2)	466.3	540.9			451.5		469.5	477.8	481.2	-9.5	
	通杂103	530.1	545.7	550.1	554.4	443.0	545.0	471.3	581.5	521.8	10.1	16.9
平均	哲杂12(CK1)	483.4	498.7	473.8	510.0	387.8	482.7	469.0	528.5	473.9		6.1
	敖杂1(CK2)	453.1	474.8	458.3	498.2	374.3	455.5	423.3	477.8	446.5	-5.7	

注:地点1为通辽市农业科学研究院作物研究所;地点2为赤峰市农牧业科学研究院作物研究所;地点3为左中希伯花农科站;地点4为后旗胜利农场农科站;地点5为奈曼青龙山农科站;地点6为科区角干农科站;地点7为通辽市金山种子公司;地点8为左中腰林毛都镇农科站。

表3　2001—2002年生产示范试验结果　　　　　　　　　　　　　　　　kg/亩

年份	品种	地点1	地点2	地点3	地点4	地点5	地点6	地点7	平均	比CK增产%	
										CK1	CK2
	通杂103	506.3	430.8	510.0	373.0	490.8	508.9		470.0	10.4	14.4
2001	哲杂12(CK1)	461.9	426.8	459.9	340.0	435.0	430.7		425.7		3.7
	敖杂1(CK2)	438.8	416.4	440.1	313.0	429.1	430.2		411.3	-3.6	
	通杂103	635.0			482.8	663.4	549.4	643.0	594.8	7.1	17.9
2002	哲杂12(CK1)	559.1			436.2	628.5	548.2	606.0	555.6		10.1
	敖杂1(CK2)	501.4			399.69	640.9	483.8	497.4	504.6	-9.2	
	通杂103	570.7	430.8	510.0	427.9	577.1	529.2	643.0	532.4	8.5	16.2
平均	哲杂12(CK1)	510.5	426.8	459.9	388.1	531.8	489.5	606.0	490.7		
	敖杂1(CK2)	470.1	416.4	440.1	356.3	535.0	457.0	497.4	458.0		

4　栽培技术要点

4.1　合理轮作

宜与油料及其他作物实行 2~3 年的轮作,最好不要重茬,以免产量降低,病害加重,造成不必要的损失。

4.2 适时播种

在提高播种质量上,要做到适墒或抢墒播种,通辽地区适宜播期为 5 月 1—15 日,覆土严密,厚度适宜。

4.3 合理密植与施肥

原则上是因土、因户、因时施肥与密植。在通辽市农业科学研究院要达到 9 750 kg/hm² 的产量水平,需施农家肥 22.5 t/hm²,底肥二铵 225 kg/hm²,拔节期和灌浆期两次追肥施尿素共 225 kg/hm²(150 kg、75 kg 分两次施入),每公顷保苗 120 000 株。

5 制种技术

5.1 调期

父本先播,7 d 后播母本,母父本行比以 5∶1 为宜,母本播种量为 15 kg/hm²,父本播种量为2.5 kg/hm²。

5.2 种植密度

每公顷保苗 13.5 万株为宜。

5.3 制种产量

在较好的栽培管理条件下产量为 3 000～3 750 kg/hm²。

6 适宜推广种植地区

通杂 103 适宜在内蒙古自治区的呼和浩特郊区、巴彦淖尔、锡林郭勒、通辽市北郊、兴安盟,吉林省北部和黑龙江省的齐齐哈尔等地区≥10 ℃活动积温在 2 500 ℃以上的地区种植。

高粱杂交种叶向值的初步研究

张金财[1],郭志明[1],张德玉[2],包红霞[1],冯文君[3],周福荣[1],陈皆辉[4],于静辉[5]
(1.通辽市农业科学研究院高粱研究所,内蒙古 通辽 0280152;
2.通辽市扎鲁特旗种子公司,内蒙古 通辽 028000;
3.通辽市国营农牧场胜利农场农科站,内蒙古 通辽 028000;
4.通辽市种子公司,内蒙古 通辽 028000;
5.通辽市农业局植保站,内蒙古 通辽 028000)

目前,高粱杂交种株型按叶角大小可分为平展型和紧凑型杂交种两类,平展型杂交种靠挖掘高配合力的亲本而达到丰产性,适合于较瘠薄的土地种植;紧凑型杂交种靠提高群体生产力而提高产量,适合于水肥条件较好的地块种植。王桂梅和赵延明对高粱株型的叶角进行了初步研究,认为紧凑型杂交种叶角小于平展型杂交种,叶角越小,越适合密植,靠密植提高群体生产力而达到丰产的目的。但随着对紧凑株型研究的深入,丰产性强的杂交种株型植株上数第6片叶角最小,这种株型才丰产而叶角较小,整株叶片上冲的株型达不到丰产目的。因此,仅对叶角研究是不够的,原因在于叶角不能完整地反映叶片在空间的姿态和分布。所以,近年来人们采用叶向值(LOV)分析研究株型。

薛吉全将叶夹角为19.9°~32.6°的高粱亲本定义为紧凑株型亲本,叶夹角大于32.6°的高粱亲本定义为平展株型亲本,以紧凑型不育系、恢复系组配的杂交种称为紧凑型杂交种,其他类型亲本组配的杂交种称为平展型杂交种。本试验初步分析了高粱叶角和叶向值作为度量紧凑型参数的不同结果。

1　材料和方法

试验于1995年在通辽市农业科学研究院高粱试验区进行,选用紧凑型高粱不育系、平展型高粱不育系、紧凑型高粱恢复系、平展型高粱恢复系各3个,采用6×6格子方法设计组配36个杂交组合。

1996年将杂交种3次重复播种,随机排列,设4个行区,行长为5 m,密度为10.5万株/hm²。在紧凑株型和平展株型中随机抽取10株,于开花期去除边株抽测,用量角仪测量植株从上至下的7片叶的叶角(茎叶夹角)、叶片全长、叶片挺直长(叶片至叶片最高处弯曲点的长度)。用光度测量仪测量上数第3片叶位处光强和上数第6片叶位处光强及自然光强度。

用Pepper公式计算叶向值:$LOV = \sum_{i=1}^{n} \left[(90-\theta)(I_f/I) \right]_{i/n}$
式中,θ为茎叶夹角;I_f为叶片挺直长度;I为叶片全长;n为样本数。

2 结果与分析

2.1 叶角和叶向值表现

紧凑型和平展型杂交种叶角、叶向值比较见表1。对资料做方差分析表明,测验区间无显著差异,说明试验地地力均匀,数据可靠。叶角和叶向值的 F 值差异显著。新复极差测验证实各叶位间的叶角和叶向值差异多数达极显著水平。

表1 紧凑型和平展型杂交种叶角、叶向值比较　(°)

| 项目 | | 叶位 | | | | | | | 平均 |
		1	2	3	4	5	6	7	
叶角	紧凑型杂交种	68.4	50.4	47.2	46.9	48.3	47.3	49.0	51.1
	平展型杂交种	78.3	57.6	54.7	53.2	52.8	52.1	53.4	57.4
	差值	10.0	7.2	7.5	6.3	4.5	4.8	4.4	6.4
	杂交种(平均)	73.3	54.0	51.0	50.1	50.5	49.8	51.2	54.2
叶向值	紧凑型杂交种	7.1	16.8	22.4	23.6	24.0	26.1	22.0	20.3
	平展型杂交种	4.3	12.1	16.9	18.0	18.3	19.6	19.5	15.5
	差值	2.8	4.7	5.5	5.6	5.7	6.5	2.5	4.8
	杂交种(平均)	5.7	14.5	19.7	20.8	21.2	22.9	20.8	17.9

从表1可见,紧凑型和平展型植株各叶位的叶角和叶向值的变化趋势基本相同。随叶位降低,叶角逐渐减小,叶向值逐渐加大,到第7片叶时叶角变大,叶向值减小。也就是说,两种株型都是随叶位降低,叶片逐渐上冲挺直,到第7时叶片趋平展。在紧凑型中,叶角以上数第4片叶最小,叶向值表现为第6片叶最大。表明叶角和叶向值的变化速率并不同步。

2.2 叶角和叶向值的对比

为比较方便,将紧凑型杂交种与平展型杂交种各叶位的叶角、叶向值变化情况绘入图1和图2中。两种株型杂交种叶角表现为植株上数第1~4片叶差异较大(6.3°~10.0°),第5~7片叶差异较小(图1、表1)。这表明从叶角上看,紧凑型杂交种与平展型杂种相比主要是植株上部第1~4片叶的叶角显著减小,而形成叶片紧凑上冲。图2是紧凑杂交种与平展型杂交种的各叶片叶向值比较,两种株型的叶位叶向值之差以第6片叶最大(6.5°),第3~5片叶次之,第7片叶差异最小,为2.5°。从叶向值看,说明紧凑型杂交种与平展型杂交种的差别主要体现在植株中部,它们的第3~6片叶上冲挺直紧凑,空间姿态和分布合理。

从图1、图2结果可知,两个参数度量结果不同,叶角差别来自上数第1~4片叶,叶

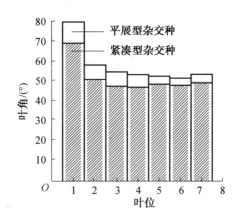

图 1　两种株型叶角比较

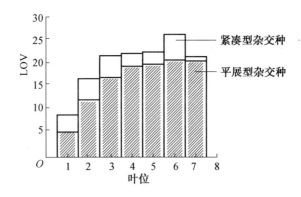

图 2　两种株型叶向值比较

向值差异来自中部 3～6 片叶空间分布和姿态不同, 如果上、下部叶片空间姿态变化不大, 叶角决定叶片上部挺直程度, 但叶片挺直部分长短也是决定叶片上冲程度的主要因素。因此, 叶向值更准确地体现了叶片的上挺程度。

2.3　叶角、叶向值与透光率的比较

为揭示叶角叶向值与透光率的关系, 说明紧凑株型在截取光能方面的优越性, 1997 年测量了关键叶片的光强和透光率, 结果见表 2。

表 2　商粱两种株型杂交种的光强和透光率

项目	自然光照时间 /h	光强		透光率	
		上部	下部	上部	下部
紧凑型(平均)	10.6	4.34	1.48	0.399	0.147
平展型(平均)		2.71	0.57	0.249	0.042
紧凑型比平展型/%		160.15	259.65	160.24	350.00

从表 2 可见, 紧凑型杂交种无论是上部(上数第 3 片叶位), 还是下部(上数第 6 片叶位)均比平展型杂交种透光率高。尤其是下部透光率差异更为明显, 紧凑型杂交种下部

透光率为 0.147,平展型仅为 0.042。叶角分析显示:紧凑型和平展型的差异主要来自上部 1~4 片叶,叶向值表示这种差异因素是植株中部 3~6 片叶不同,而透光率表明上数第 6 片叶位处透光率紧凑型杂交种群体比平展型杂交种群体高 350%,上数第 3 片叶位处于透光率仅高 160.24%。这表明紧凑型杂交种中部 3~6 片叶上冲、挺直、叶片在空间姿态和分布比平展型的叶片更合理,增加了透光性,即叶向值高,该部位的光强和透光率高,因此,叶向值是更准确地度量紧凑株型的标准。

3 讨论

叶角是直接从田间测得的一级参数,而叶向值是综合影响叶片直立上冲的主要因素而得到的二级参数。从叶向值的公式可见,叶角只是度量叶片上冲挺直程度的一个参数,而叶片挺直部分长短也是度量叶片上冲程度的主要参数。仅从叶角大小或叶片挺直部分长短来度量叶片上冲紧凑程度是不全面的,所以,度量紧凑型应考虑到叶角和叶片挺直长短的综合因素,即叶向值更能准确表现叶片上挺程度。

基于主成分分析、灰色关联分析和 DTOPSIS 分析对 176 份糯高粱种质资源的综合评价

吴国江[1]，周　伟[1]，余忠浩[1]，李　岩[1,2]，吕静波[2]，王振国[1,2]，周亚星[1]
（1. 内蒙古民族大学科尔沁沙地生态农业国家民委重点实验室，内蒙古 通辽 028000；
2. 通辽市农牧科学研究所，内蒙古 通辽 028000）

摘要：为筛选出适宜在西辽河平原推广利用的优质糯高粱种质资源，本研究对 176 份糯高粱种质的 16 个性状指标采用主成分分析法、灰色关联度法和 DTOPSIS 法相结合进行排名。结果表明：通过主成分分析，将 176 份种质的农艺、产量和品质性状综合为 9 个相互独立的综合指标（主成分值），这 9 个主成分值的累计贡献率达 87.169%，并通过综合评价得分值（F 值）来评价参试种质的适应性强弱，对其进行排名。再结合灰色关联度法求出的加权关联度（γ'_i）和 DTOPSIS 法求出的相对贴进度（C_i 值）进行排名。进而从 176 份参试种质中选出 10 份综合性状优良的种质资源，分别为 2444、1250、64、38、3089、1238、7、8、80、72，通过对这些种质资源的筛选，以期为西辽河平原地区糯高粱品种选育提供理论依据。

关键词：西辽河平原；糯高粱；种质资源；综合评价

高粱是我国主要谷类作物和能源作物之一，在我国已有数千年的历史。同时，高粱也是我国旱地粮食作物之一，具有适应性广、抗旱、耐瘠、耐盐碱等特性[1-2]，既是高产稳产的杂粮作物，又是优质的饲料和重要的酿造、医药工业原料[3]。近年来随着世界粮食安全问题和能源短缺带来的挑战，高粱这种优质饲用和能源作物被各国育种家广泛关注[4]。内蒙古自治区高粱主要分布在通辽市、赤峰市、兴安盟等中东部的西辽河平原地区[5]。该区域有着"内蒙古粮仓"的称号，是我国重要的商品粮基地[6]。由于西辽河平原土壤盐碱化程度较大，西辽河平原的耐盐碱高粱品种居多，综合性状优良的品种较为短缺，所以更需要一些优质、高产、多抗、适应性强的高粱新品种[7]。成慧娟等[5]利用"三系"选育育成了赤杂 110、赤杂 109、赤杂 107 等杂交新品种。王富德[8]以国外类型材料与我国类型材料杂交，通过回交转育方法先后选育出赤不育系统、哲不育系统，但我国目前高粱品种还比较单一，创新性不足[9]，植株的整体抗病性有待提高，黑穗病、炭疽病、锈病、叶斑病等叶部、穗部病害都对高粱产量和品质造成了一定的损害。吕芃等[9]、王海凤等[10]、高士杰等[11]对我国高粱育种存在的问题进行了深入的分析，发现国内高粱品种存在植株质量差，抗病性、抗虫性、抗鸟害性、抗倒性和抗寒性等综合抗性较弱的问题，并给予了相应的解决措施。邓志兰等[7]对 20 个高粱新品种在通辽地区种植进行了筛选，选出了 3 个适宜机械化作业的高粱品种和 13 个适合酿造的高粱品种。王自力等[12]采用遗传多样性分析对 152 份高粱种质进行了不同性状的差异分析，并通过主成分综合得分（F 值）对高粱种质做了综合评价。周福平等[13]应用模糊隶属函数法对 18 份高粱种质资源进行了综合评价，筛选出 5 份综合表现较优的高粱种质。前人对高粱种质与品种的研究

大多以划分和改良为主[5,14],且对于综合评价高粱种质的方法较为单一,所以还需要结合多种评价方法对高粱种质进行全面梳理以及系统分析,进而筛选出综合性状优良、适应性广的优良种质,为优良品种的选育打下坚实基础。本研究主要对西辽河平原地区糯高粱种质间的相关性进行分析以及综合评价,以期为今后西辽河平原地区种植糯高粱提供理论依据。

1 材料和方法

1.1 试验地概况及试验材料

试验地点在内蒙古自治区通辽市内蒙古民族大学科尔沁沙地生态农业国家民委重点实验室,地理坐标为北纬 42°15′~45°59′,东经 119°14′~123°43′之间,平均降水量为 400 mm,平均相对湿度为 69%,无霜期为 150 d 左右。

参试的糯高粱种质材料共计 176 个,名称及编号分别为:秋 6/吉 116(1)、哲 37R(2)、2005(6)、Jan-88(7)、9701(8)、三尺三(9)、9702(10)、9703(13)、L441(15)、吉糯 2 号(16)、0916(19)、0939(20)、2005/2004(22)、Jan-02(23)、9701/晋混 40(28)、0660(30)、185 选(32)、2008(33)、吉 1586-1(36)、忻粱 52(38)、0402(39)、03 吉 1(40)、9701 选 2(41)、黄壳蛇眼(43)、0908(44)、188 选(46)、9701(47)、9058(50)、L4(51)、特早熟忻 52(53)、Jan-36(55)、水科 001(58)、选吉(60)、2011-16(63)、2011-30(64)、9702(67)、4126(72)、L944(75)、吉 R104(76)、吉 R123-2(77)、0657(80)、吉 1586-1(83)、9701(86)、NW15(1203)、白杂 13R(1204)、8004(1206)、哈引极早 81(1212)、9705/2004X1(1215)、0675X4(1220)、2003X6(1228)、9704X3(1232)、哈 R685(1237)、护脖矬 P4(1238)、哈引极早 80(1239)、通早 1(1245)、9705X039(1249)、9705(1250)、9705X078(1256)、9705X101(1264)、原育 7046(1268)、9705X062(1275)、650(1276)、吉 R123X(1284)、185X5(1290)、924(1298)、NW1X(1300)、NW10X(1301)、克杂 17(1307)、0924精选(1309)、LG601(2401)、0650 选(2402)、2011-48(2403)、15-2090(2406)、0673-1(2408)、0674(2409)、NW14-1(2410)、NW14-2(2411)、9802(2414)、NW9(2417)、LG601/9802(2419)、LG601-1(2423)、1927(2435)、敖汉 NR2(2440)、QNR(2444)、敖汉BNR(2446)、京都五号(2448)、敖汉 NR1(2447)、NW14 选白粒-1(2451)、NW14 选白粒(2456)、吉糯杂 3(2460)、19-DUS3(2502)、NW14-6(2504)、NW14-16(2512)、敖汉 BNR(2517)、龙米粱 3-1(2520)、红缨子(2525)、黑糯 R2(2540)、敖汉 NR2-1(2542)、糯高粱(2545)、03 名 3(2553)、9802(2554)、河北引 9(2566)、河北引 11(2576)、19-DUS5(2581)、晋长早 A(3017)、98125A(3018)、QL33A(3020)、吉 352A(3021)、D51A(3022)、2001A(3023)、D73A(3025)、314A(3028)、404A(3029)、赤繁 5578(3031)、D57A(3034)、D369/370A(3036)、吉 406A(3041)、314A/承 16(3043)、龙 188(3045)、0615/98125A(3049)、V4A(3051)、0630-2A(3053)、英平(3071)、D523A(3079)、102A(3089)、QL33/15A(3090)、0614-1(3309)、IV33(3310)、QL33/16(3311)、QL33/15(3312)、S101(3314)、S102(3316)、S301(3317)、QL33/322(3318)、QL33/321(3319)、S302(3320)、HBA

（3322）、雁 4/0624X2（3323）、澳 4X1（3326）、0640（3329）、赤峰 314（3330）、雁 4//15/V4（3332）、321/雁 4X2（3333）、15-03281（3334）、009/雁 4X3（3335）、S201A（3336）、QL33/15X6（3338）、S301A（3339）、哲 15/V4A（3340）、2001A（4201）、承 16A（4204）、V4A（4205）、吉 352Λ（4206）、622Λ（4207）、871300A（4208）、L405A（4210）、D511A（4211）、D679A（4212）、吉 AI/0619A（4214）、吉 406A（4215）、15/7050A（4216）、404/321A（4218）、2001-1A（4219）、承 3A（4220）、17-HCB（4221）、吉 406/V4A（4222）、V4/404/2001A（4224）、2018-2080A（4226）、齐黏（4227）、JN（4228）、D511A（4229）、XR3（4235）、0608-1（4237）、0608（4238）、A3 不育系（4239）、赤繁 5578（4242）。参试种质材料均由通辽市农牧科学研究所提供。

1.2 试验设计

各试验组每个材料小区面积均为 20 m²，田间试验采用完全随机区组设计，3 次重复，所有试验材料均适时播种，采用常规田间管理方法。

1.3 测定项目及方法

各参试种质于成熟期随机抽取 10 株，测定其株高（plant height，PH，X_1）、茎粗（stem thick，ST，X_2）、生育期（growth period，GP，X_3）、叶倾角（leaf angle，LA，X_4）、穗长（spike length，SL，X_5）、穗柄长（peduncle length，PL，X_6）、穗质量（ear weight，EW，X_7）、穗粒质量（grain weight per ear，GWPE，X_8）、千粒质量（thousand-grain weight，TGW，X_9）、颖壳色（glume color，GC，X_{10}）、粒色（seed coat color，SCC，X_{11}）、粒形（grain shape，GS，X_{12}）、芒性（awn，A，X_{13}）、穗型（panicle type，PT，X_{14}）、穗形（ear-shape，ES，X_{15}）和株型（plant shape，PS，X_{16}）。叶夹角使用量角仪测量植株由旗叶依次至下的 5 片叶的角度。株型划分：平展型，株型松散，叶片与茎秆夹角大于 30°；中间型，株型较为紧凑，叶片与茎秆夹角 15° ~ 30°；紧凑型，株型紧凑，叶片与茎秆夹角低于 15°。其他性状调查参照《高粱种质资源描述规范和数据标准》[15]。

1.4 基于主成分分析综合评价的试验分析

1.4.1 求各个综合性状的权重

$$w_j = p_j \Big/ \sum_{j=1}^{n} p_j, \quad (j = 1, 2, \cdots, n) \tag{1}$$

式中，w_j 为第 j 个综合性状在所有综合性状中的重要程度即权重；p_j 为各个基因型第 j 个综合性状的贡献率。

1.4.2 求各高粱种质的综合评价得分值（F 值）

$$F = \sum_{j=1}^{n} \left[u(X_j) * w_j \right], \quad (j = 1, 2, 3, \cdots, n) \tag{2}$$

1.5　灰色关联度法的试验分析

1.5.1　各性状的无量纲化处理

从原始数据中可以看出,不同种质间株高、生育期、穗质量、穗粒质量、千粒质量、叶倾角等性状差异较大,同时也为保证单位的统一,需要对变量进行无量纲化处理。在灰色关联度法中,常用的无量纲化处理有初值法、均值法等,本研究采用均值法对原始数据进行无量纲化处理,利用公式(3)进行计算,得出无量纲化处理结果。

$$f'_{i'}(x) = \frac{f_i(x)}{\frac{1}{m}\sum_{j=1}^{m} f_j(x)} \quad (i = 0,1,2,3,\cdots,m; x = 0,1,2,3,\cdots,n) \tag{3}$$

式中,m 为参试种质个数;n 为参试性状个数。

1.5.2　关联系数的计算

利用得出的无量纲化处理结果进一步计算关联系数,通过公式(4)计算得出关联系数 $\xi_i(x)$。

$$\xi_i(x) = \frac{\min\Delta_i(x) + \rho\max\Delta_i(x)}{\Delta_i(x) + \rho\max\Delta_i(x)} \tag{4}$$

式中,$\xi_i(x)$ 为关联系数;$\Delta_i(x) = |f_0(x) - f_{ij}(x)|$,并求出各性状的最大差值 $\max\Delta_i(x)$ 与最小差值 $\min\Delta_i(x)$;ρ 为分辨系数,通常为0.5。

1.5.3　关联度的计算

将得出的关联系数通过利用公式(5)进行计算求出平均值,即为关联度 γ_i。

$$\gamma_i = \frac{1}{n}\sum_{x=1}^{n} \xi_i(x) \tag{5}$$

1.5.4　权重的计算

将无量纲化处理结果利用公式(6)进行归一化处理,再利用公式(7)将归一化处理结果进行计算,得出权重 ω_k。

$$\kappa_j(x) = \frac{f_j(x)}{\sum_{x=1}^{n} f_i(x)} \tag{6}$$

$$\omega_k = \frac{1}{m}\sum_{x=1}^{m} \kappa_j(x) \tag{7}$$

1.5.5　加权关联度的计算

用公式(8)求得各高粱种质的加权关联度 γ'_i

$$\gamma'_i = \sum_{x=1}^{n} \omega_k \xi_i(x) \tag{8}$$

1.6 DTOPSIS 法的试验分析

1.6.1 规范化决策矩阵 R 的建立

利用灰色关联度法所得出的无量纲化处理结果和权重值进行计算,即将无量纲化处理所得结果乘以其每个性状所对应的权重值,得到决策矩阵 R。

1.6.2 确定种质性状的正理想解和负理想解

正理想解即为决策矩阵 R 中每个种质在各个性状中的最大值 X^+,负理想解即为每个种质在各个性状中的最小值 X^-。

1.6.3 正理想距离与负理想距离的计算

利用公式(9)、公式(10)将决策矩阵 R 中所得结果与各种质性状的正理想解与负理想解进行计算,得出正理想距离和负理想距离。

$$S_i^+ = \sqrt{\sum_{j=1}^n (R_{ij} - X_j^+)^2}, \quad (i = 1,2,3,\cdots\cdots,m) \tag{9}$$

$$S_i^- = \sqrt{\sum_{j=1}^n (R_{ij} - X_j^-)^2}, \quad (i = 1,2,3,\cdots\cdots,m) \tag{10}$$

1.6.4 相对贴进度的计算

将各参试种质的正理想距离和负理想距离带入公式(11),得到各参试种质的相对贴进度(C_i 值)。

$$C_i = S^- / (S^- + S^+), \quad (C \in [0,1], i = 1,2,3\cdots\cdots,m) \tag{11}$$

1.7 数据分析

利用 Excel 软件对数据进行平均值、标准差、极差、最大值、最小值、变异系数、灰色关联度和 DTOPSIS 分析,采用 SPSS 软件进行农艺性状间的相关性分析和主成分分析。

2 结果与分析

2.1 各种质间主要农艺性状的变异分析

由表1可知,176 份糯高粱种质不同性状的变异系数在6.69%~47.84% 之间,所以各种质性状间存在较大差异,同时说明参数材料的遗传变异比较丰富,为糯高粱的品种选育和利用提供了丰富的遗传基础。

表 1 176 份糯高粱种质各性状的统计参数

性状	最大值	最小值	极差	平均值	标准差	变异系数/%
PH/cm	310.00	61.00	249.00	127.84	37.17	29.08
ST/cm	2.40	0.70	1.70	1.61	0.36	22.26
GP/d	130.00	96.00	34.00	118.12	7.90	6.69
LA/(°)	64.59	12.42	52.17	28.55	8.74	30.60
SL/cm	85.00	12.50	72.50	26.15	6.95	26.59
PL/cm	28.00	8.00	20.00	18.23	3.48	19.07
EW/g	210.00	25.00	185.00	90.85	30.11	33.14
GWPE/g	165.00	20.00	145.00	73.38	24.51	33.41
TGW/g	45.17	14.02	31.15	27.73	6.38	23.02
GC	7.00	1.00	6.00	5.60	1.56	27.96
SCC	7.00	1.00	6.00	5.36	2.56	47.64
GS	3.00	1.00	2.00	1.68	0.48	28.49
A	2.00	1.00	1.00	1.35	0.48	35.42
PT	4.00	1.00	3.00	2.06	0.88	42.48
ES	7.00	1.00	6.00	3.59	1.72	47.84
PS	3.00	1.00	2.00	1.71	0.54	31.32

2.2 相关性分析

由表 2 可知,在 $P < 0.01$ 的水平下,株高与茎粗、生育期、叶倾角、穗柄长、穗质量、穗粒质量、千粒质量呈极显著正相关,与粒色、粒形、株型呈极显著负相关;茎粗与生育期、穗质量、穗粒质量呈极显著正相关,与颖壳色、粒色、粒形呈极显著负相关;生育期与穗长、穗质量、穗粒质量呈极显著正相关,与颖壳色、粒色、粒形呈极显著负相关;叶倾角与株型呈极显著负相关;穗长与穗柄长、穗质量、穗粒质量、穗型、穗形呈极显著正相关,与颖壳色、粒色呈极显著负相关;穗柄长与株型呈极显著正相关;穗质量与穗粒质量、千粒质量呈极显著正相关;穗粒质量与千粒质量呈极显著正相关;颖壳色与粒色、粒形呈极显著正相关;粒色与粒形呈极显著正相关;芒性与穗型、穗形呈极显著负相关;穗型与穗形呈极显著正相关。

表2　176份种质主要农艺、产量、品质性状的相关性分析

性状	PH	ST	GP	LA	SL	PL	EW	GWPE	TGW	GC	SCC	GS	A	PT	ES	PS
PH	1															
ST	0.252**	1														
GP	0.322**	0.597**	1													
LA	0.212**	0.025	-0.073	1												
SL	0.160*	0.125	0.258**	-0.138	1											
PL	0.312**	-0.027	0.073	-0.124	0.268**	1										
EW	0.445**	0.285**	0.337**	0.107	0.266**	0.042	1									
GWPE	0.468**	0.290**	0.347**	0.089	0.211**	0.086	0.974**	1								
TGW	0.219**	0.116	0.049	0.031	-0.069	-0.007	0.423**	0.476**	1							
GC	-0.172*	-0.215**	-0.385**	0.046	-0.211**	-0.151*	-0.189*	-0.172*	0.104	1						
SCC	-0.214*	-0.384**	-0.473**	0.06	-0.267**	-0.142	-0.156*	-0.167*	0.012	0.404**	1					
GS	-0.290**	-0.288**	-0.399**	0.028	-0.161*	-0.152*	-0.098	-0.107	0.064	0.361**	0.692**	1				
A	-0.008	-0.013	-0.043	0.169*	-0.118	-0.062	-0.033	-0.019	-0.129	0.076	0.142	0.118	1			
PT	0.052	0.021	0.003	0.019	0.280**	0.187*	-0.159*	-0.158*	-0.170*	-0.115	-0.156*	-0.170*	-0.230**	1		
ES	0.025	-0.013	-0.006	0.011	0.263**	0.116	-0.105	-0.115	-0.118	0.006	-0.013	-0.041	-0.220**	0.697**	1	
PS	-0.207**	-0.048	0.057	-0.804**	0.135	0.225**	-0.094	-0.06	-0.046	-0.14	-0.094	-0.05	-0.134	0.063	0.075	1

注　* 和 ** 分别表示在 $P < 0.05$ 和 $P < 0.01$ 水平下差异显著和极显著。

在 $P < 0.05$ 水平下,株高与穗长呈显著正相关,与颖壳色呈显著负相关;穗长与粒形呈显著负相关;穗柄长与穗型呈显著正相关,与颖壳色、粒形呈显著负相关;穗质量与颖壳色、粒色、穗型呈显著负相关;穗粒质量与颖壳色、粒色、穗型呈显著负相关;千粒质量与穗型呈显著负相关;粒色与穗型呈显著负相关;粒形与穗型呈显著负相关。

2.3　主成分分析及综合评价

2.3.1　主成分分析

主成分分析可在损失较少信息量的前提下,把较多测试性状转化为少量综合性状有效地浓缩数据和简化性状,以弥补单项性状综合评价的不足。根据累计贡献率不小于85% 的原则选择主成分能比较全面地反映遗传信息[16-18],因此对176个参试种质的16个性状指标进行主成分分析,结果见表3。由表3可知,前9个相互独立的综合评价指标(主成分值)的贡献率分别为 22.9%、16.1%、11.3%、10.2%、7.0%、6.1%、5.1%、4.2%、4.1%,累计贡献率达87.169%,大于85%,说明这9个主成分的综合信息量已能够代表原16个参试性状的大部分遗传信息,并分别定义为第1至第9主成分。根据本试验参试16个性状的标准化值和综合指标的标准化特征向量,写出相应的回归方程,分别为

$$CI(1) = 0.616X_1 + 0.6X_2 + 0.724X_3 + 0.007X_4 + 0.445X_5 + 0.276X_6 + 0.698X_7 +$$

$0.706X_8 + 0.276X_9 - 0.515X_{10} - 0.652X_{11} - 0.583X_{12} - 0.158X_{13} + 0.105X_{14} + 0.039X_{15} + 0.028X_{16}$；

$\mathrm{CI}(2) = 0.219X_1 + 0.04X_2 - 0.077X_3 + 0.485X_4 - 0.347X_5 - 0.309X_6 + 0.493X_7 + 0.498X_8 + 0.471X_9 + 0.264X_{10} + 0.329X_{11} + 0.327X_{12} + 0.314X_{13} - 0.625X_{14} - 0.534X_{15} - 0.546X_{16}$；

$\vdots$

$\mathrm{CI}(9) = -0.033X_1 - 0.186X_2 - 0.181X_3 - 0.050X_4 - 0.298X_5 - 0.202X_6 + 0.103X_7 + 0.144X_8 + 0.175X_9 - 0.101X_{10} - 0.118X_{11} - 0.233X_{12} + 0.445X_{13} + 0.217X_{14} + 0.209X_{15} + 0.179X_{16}$；

主成分特征向量为各主成分表达式中的原始变量标准化值的系数向量,它们代表了各变量对相应的主成分作用权数,即各单项指标对综合指标的贡献大小[19]。

表3　16 个性状指标的主成分分析

性状	主成分1	主成分2	主成分3	主成分4	主成分5	主成分6	主成分7	主成分8	主成分9
PH	0.616	0.219	0.247	0.160	0.315	−0.218	0.247	0.114	−0.033
ST	0.600	0.040	0.028	−0.296	−0.319	0.273	0.427	0.114	−0.186
GP	0.724	−0.077	−0.067	−0.294	−0.135	0.249	0.194	0.127	−0.181
LA	0.007	0.485	0.783	−0.117	0.060	−0.060	−0.118	0.036	−0.050
SL	0.445	−0.347	0.049	0.309	0.188	0.380	−0.252	−0.409	−0.298
PL	0.275	−0.309	−0.037	0.298	0.655	−0.280	0.248	0.094	−0.202
EW	0.698	0.493	−0.125	0.342	−0.016	0.152	−0.206	−0.032	0.103
GWPE	0.706	0.498	−0.154	0.349	−0.004	0.099	−0.132	−0.009	0.144
TGW	0.276	0.471	−0.209	0.392	−0.291	−0.317	0.185	−0.028	0.175
GC	−0.515	0.264	0.038	0.268	−0.145	−0.030	0.467	−0.528	−0.101
SCC	−0.652	0.329	−0.034	0.390	0.077	0.218	0.068	0.291	−0.118
GS	−0.583	0.327	−0.116	0.403	−0.005	0.352	0.019	0.257	−0.233
A	−0.158	0.314	0.032	−0.322	0.514	0.470	0.233	−0.105	0.445
PT	0.105	−0.625	0.510	0.336	−0.126	0.066	0.066	0.077	0.217
ES	0.039	−0.534	0.470	0.468	−0.204	0.188	0.123	0.073	0.209
PS	0.028	−0.546	−0.734	0.159	0.029	0.053	0.089	0.067	0.179
特征值	3.669	2.578	1.803	1.638	1.122	0.979	0.818	0.678	0.662
贡献率/%	22.931	16.113	11.272	10.237	7.013	6.118	5.114	4.236	4.135
累计贡献率/%	22.931	39.044	50.316	60.553	67.566	73.684	78.797	83.034	87.169

由表3可以看出,第1主成分特征值为3.669,贡献率为22.931,在方差占比中最大,说明它综合原有变量的能力最强,其特征向量较大的是株高、茎粗、生育期、穗质量和穗粒质量以及粒色的绝对值;第2主成分特征值为2.578,贡献率为16.113,其特征向量较大

的是穗质量、穗粒质量、千粒质量、叶倾角、穗形的绝对值、穗型的绝对值和株型的绝对值;第 3 主成分特征值为 1.803,贡献率为 11.272,其特征向量较大的是叶倾角、穗型、穗形和株型的绝对值;第 4 主成分特征值为 1.638,贡献率为 10.237,其特征向量较大的是粒形和穗形;第 5 主成分特征值为 1.122,贡献率为 7.013,其特征向量较大的是穗柄长和芒性;第 6 主成分特征值为 0.979,贡献率为 6.118,其特征向量较大的是穗长和芒性;第 7 主成分特征值为 0.818,贡献率为 5.114,其特征向量较大的是茎粗和颖壳色;第 8 主成分特征值为 0.678,贡献率为 4.236,其特征向量较大的是穗长的绝对值和颖壳色的绝对值;第 9 主成分特征值为 0.662,贡献率为 4.135,其特征向量较大的是芒性。根据这些主成分所反映出的信息特点,第 1 和第 2 主成分可归纳为产量因子,单穗产量是群体产量的基础,所以第 1 和第 2 主成分越大越好;第 3 主成分可归纳为株型因子;第 4、第 5 和第 6 主成分可归纳为穗形因子;第 7 和第 8 主成分可归纳为颖壳色因子;第 9 主成分可归纳为芒性因子。

通过降维,可将原来 16 个相互之间有一定关联的性状转换成 9 个新的相互独立的综合指标(主成分),并保留原始性状的绝大部分信息。对于同一综合指标而言,数值越大,说明某一原始性状在这一综合指标上的适应性越强,越适合作为当地利用的材料,反之则越弱。但是,糯高粱不同种质的适应性并不是由某一个综合指标决定的,而是由 9 个综合指标共同决定的,而这 9 个综合指标的贡献率不同,所起的作用也不相同,因此应进行进一步的综合评价。

2.3.2　基于主成分分析的综合评价

根据 SPSS Statistics 26 主成分分析所得结果,可见每个主成分因子得分 $u(X_j)$。根据各综合指标贡献率大小和累计贡献率(表 3),用公式(1)求出其权重(w_j),通过计算,前 9 个独立的综合指标的权重分别为 0.263 1、0.184 8、0.129 3、0.117 4、0.080 5、0.070 2、0.058 7、0.048 6、0.047 4。再将各主成分因子得分和权重代入公式(2)得出综合评价得分值(F 值),并对每个参试种质进行排名,由于数据量过大,所以只取排名前 30 和排名后 30 位的数据进行对比,各参试种质的综合评价得分值见表 4。

表 4　各参试种质的综合评价得分值

编号	综合评价得分(F)	排名	编号	综合评价得分(F)	排名
2414	1.170 5	1	3071	−0.358 5	147
19	0.911 5	2	3023	−0.361 2	148
2444	0.907 9	3	3334	−0.388 4	149
1250	0.861 4	4	3311	−0.408 0	150
64	0.816 3	5	1249	−0.426 5	151
2417	0.730 1	6	3312	−0.444 0	152
43	0.709 1	7	1228	−0.458 2	153
38	0.654 4	8	1245	−0.462 9	154
2435	0.622 5	9	1204	−0.469 8	155

编号	综合评价得分（F）	排名	编号	综合评价得分（F）	排名
4212	0.615 0	10	3339	−0.469 9	156
3089	0.605 7	11	3332	−0.474 1	157
2440	0.556 2	12	3340	−0.475 8	158
33	0.529 1	13	1256	−0.504 7	159
7	0.525 5	14	3310	−0.514 7	160
32	0.522 4	15	10	−0.514 8	161
8	0.516 6	16	3314	−0.534 3	162
75	0.508 1	17	3333	−0.548 6	163
2408	0.499 7	18	3330	−0.566 2	164
1238	0.470 3	19	3049	−0.570 4	165
76	0.446 8	20	3323	−0.618 3	166
2525	0.443 3	21	1239	−0.621 1	167
80	0.439 0	22	3329	−0.659 3	168
72	0.429 2	23	3090	−0.711 1	169
47	0.428 5	24	1212	−0.735 6	170
2520	0.415 6	25	2402	−0.744 5	171
40	0.414 3	26	1307	−0.768 9	172
63	0.398 1	27	3336	−0.777 3	173
2553	0.392 8	28	2447	−0.835 8	174
16	0.373 8	29	3335	−0.923 0	175
60	0.373 7	30	3338	−1.150 5	176

由表4可知,根据主成分分析综合评价所得结果,2414、19、2444、1250、64、2417、43、38、2435、4212、3089、2440、33、7、32、8、75、2408、1238、76、2525、80、72、47、2520、40、63、2553、16 和 60 参试种质的综合性状表现较好,适应性较强,适宜作为西辽河平原地区利用的材料;而 3071、3023、3334、3311、1249、3312、1228、1245、1204、3339、3332、3340、1256、3310、10、3314、3333、3330、3049、3323、1239、3329、3090、1212、2402、1307、3336、2447、3335和 3338 参试种质的综合性状表现较差,适应性较弱,不适宜作为西辽河平原地区利用的材料。

2.4 灰色关联度分析

2.4.1 参试高粱种质的关联度与权重值

表 5 参试种质的关联度和权重值

项目	PH	ST	GP	LA	SL	PL	EW	GWPE
关联度	0.413 8	0.544 8	0.629 1	0.430 7	0.384 6	0.523 5	0.448 5	0.454 4
权重	0.049 6	0.065 4	0.075 7	0.051 6	0.046 2	0.062 8	0.053 7	0.054 4
项目	TGW	GC	SCC	GS	A	PT	ES	PS
关联度	0.491 3	0.770 2	0.805 5	0.448 9	0.568 2	0.479 1	0.510 9	0.465 0
权重	0.058 9	0.091 6	0.095 5	0.053 7	0.067 1	0.057 1	0.060 8	0.055 9

由表 5 可知,关联度顺序依次为粒色>颖壳色>生育期>芒性>茎粗>穗柄长>穗形>千粒质量>穗型>株型>穗粒质量>粒形>穗质量>叶倾角>株高>穗长。依据灰色关联分析原则,可以看出参试种质粒色与理想种质关联度($\gamma_i = 0.805\,5$)最大,说明参试种质所有指标中粒色与其综合性状最密切,而株高、穗长等与理想种质关联度较小,所以在筛选糯高粱种质资源时,首先应该考虑与理想种质关联度较大的性状指标,其次考虑与理想种质关联度较小的性状指标。

2.4.2 根据加权关联度对参试种质进行综合评价

利用公式(8)将关联系数所得结果和各权重所得结果带入并计算,从而求出各性状指标的加权关联度(γ'_i),并对每个参试种质所得结果进行排名,由于数据量过大,所以只取排名前 30 和排名后 30 的数据进行对比,结果见表 6。

表 6 灰色关联度分析结果

编号	加权关联度(γ'_i)	排名	γ'_i 差异/%	编号	加权关联度(γ'_i)	排名	γ'_i 差异/%
2444	0.680 4	1	0.00	2406	0.501 6	147	26.29
1232	0.650 9	2	4.34	1239	0.500 0	148	26.52
3089	0.650 1	3	4.47	1220	0.499 9	149	26.53
8	0.637 6	4	6.29	4204	0.499 6	150	26.58
1238	0.632 2	5	7.08	3323	0.499 4	151	26.61
64	0.631 0	6	7.27	2423	0.496 7	152	27.00
38	0.625 6	7	8.07	3041	0.496 0	153	27.10
6	0.623 5	8	8.36	2402	0.490 6	154	27.90
2	0.623 3	9	8.39	3021	0.489 4	155	28.07
1250	0.620 3	10	8.83	4201	0.485 8	156	28.61
16	0.619 3	11	8.99	2411	0.485 5	157	28.64

编号	加权关联度(γ'_i)	排名	γ'_i 差异/%	编号	加权关联度(γ'_i)	排名	γ'_i 差异/%
3018	0.618 2	12	9.15	4229	0.485 4	158	28.66
40	0.618 1	13	9.16	3071	0.483 5	159	28.94
1290	0.617 8	14	9.20	3031	0.480 2	160	29.43
3025	0.616 2	15	9.44	3329	0.474 3	161	30.29
13	0.615 3	16	9.58	2409	0.474 0	162	30.34
15	0.614 7	17	9.66	2566	0.473 4	163	30.43
3034	0.614 5	18	9.69	2553	0.468 3	164	31.18
3036	0.614 2	19	9.73	4205	0.466 2	165	31.49
80	0.612 8	20	9.95	2576	0.466 0	166	31.51
7	0.611 8	21	10.09	4211	0.464 1	167	31.80
67	0.611 2	22	10.17	2419	0.459 9	168	32.42
72	0.611 1	23	10.18	2512	0.459 5	169	32.47
1215	0.606 1	24	10.92	4207	0.457 6	170	32.75
3053	0.605 7	25	10.98	4239	0.456 1	171	32.96
1268	0.602 4	26	11.47	3322	0.455 5	172	33.06
63	0.602 1	27	11.51	3051	0.453 5	173	33.35
1309	0.600 2	28	11.79	1206	0.445 3	174	34.56
1298	0.600 1	29	11.81	3023	0.442 9	175	34.91
23	0.598 2	30	12.09	2447	0.426 4	176	37.33

2.5 DTOPSIS 法对 176 份参试种质进行分析

2.5.1 参试高粱种质性状的正理想解和负理想解

表7 参试种质各性状的正理想解和负理想解

项目	PH	ST	GP	LA	SL	PL	EW	GWPE	TGW	GC	SCC	GS	A	PT	ES	PS
正理想解	0.120 2	0.097 4	0.083 3	0.116 8	0.150 1	0.096 4	0.124 2	0.122 4	0.095 9	0.114 6	0.124 7	0.095 7	0.099 2	0.110 7	0.118 5	0.098 0
负理想解	0.023 7	0.028 4	0.061 5	0.022 5	0.022 1	0.027 5	0.014 8	0.014 8	0.029 8	0.016 4	0.017 8	0.031 9	0.049 6	0.027 7	0.016 9	0.032 7

2.5.2 根据相对贴进度对高粱种质进行综合评价

按照 C_i 值大小进行排序，C_i 值越大，说明参试种质的综合性状越好。由于数据量过大，所以只取排名前30和排名后30的数据进行对比，结果见表8。

表 8　DTOPSIS 法分析结果

编号	相对贴进度(C_i)	排名	C_i 差异/%	编号	相对贴进度(C_i)	排名	C_i 差异/%
1250	0.548 1	1	0.00	1239	0.377 2	147	31.18
2444	0.547 1	2	0.19	2406	0.376 3	148	31.34
3089	0.538 2	3	1.79	3021	0.368 2	149	32.82
1238	0.535 5	4	2.29	2409	0.366 8	150	33.08
22	0.533 5	5	2.66	3029	0.365 2	151	33.36
64	0.533 0	6	2.74	3071	0.361 9	152	33.97
3333	0.530 6	7	3.19	4211	0.360 4	153	34.25
16	0.527 6	8	3.73	4210	0.356 9	154	34.88
43	0.526 8	9	3.89	2402	0.355 9	155	35.07
23	0.521 7	10	4.82	4220	0.355 6	156	35.12
2517	0.521 4	11	4.87	3329	0.355 1	157	35.21
38	0.521 2	12	4.90	3031	0.355 0	158	35.22
32	0.520 8	13	4.97	4214	0.353 6	159	35.48
3025	0.520 3	14	5.08	3338	0.353 1	160	35.58
1232	0.519 6	15	5.20	2566	0.353 0	161	35.59
19	0.516 4	16	5.79	2423	0.351 0	162	35.95
8	0.513 0	17	6.40	3323	0.349 5	163	36.24
7	0.509 7	18	7.00	2576	0.347 1	164	36.66
2	0.508 3	19	7.25	4205	0.346 2	165	36.84
33	0.506 5	20	7.59	4207	0.342 6	166	37.50
80	0.500 4	21	8.69	3322	0.342 4	167	37.53
76	0.499 4	22	8.87	1206	0.339 6	168	38.03
3036	0.499 3	23	8.90	4239	0.331 5	169	39.51
1215	0.498 3	24	9.08	4201	0.329 3	170	39.92
72	0.498 3	25	9.09	2419	0.325 1	171	40.69
2414	0.497 9	26	9.15	2512	0.323 8	172	40.92
1268	0.496 2	27	9.47	3051	0.322 0	173	41.25
3018	0.494 9	28	9.71	3023	0.319 5	174	41.71
3034	0.492 9	29	10.07	2401	0.319 2	175	41.75
3022	0.492 9	30	10.07	2447	0.270 7	176	50.61

2.6 主成分分析和灰色关联度法以及 DTOPSIS 法分析结果比较

结合三种分析方法的原理,F 值或 γ'_i 或 C_i 值越大,排名就越靠前,说明参试种质的综合性状越好,越适宜在当地利用。由表 9 可知,各参试种质主成分分析结果综合评价得分值(F 值)排名前 30 的是 2414、19、2444、1250、64、2417、43、38、2435、4212、3089、2440、33、7、32、8、75、2408、1238、76、2525、80、72、47、2520、40、63、2553、16、60;灰色关联度分析结果加权关联度(γ'_i)排名前 30 的是 2444、1232、3089、8、1238、64、38、6、2、1250、16、3018、40、1290、3025、13、15、3034、3036、80、7、67、72、1215、3053、1268、63、1309、1298、23;DTOPSIS 法分析结果相对贴进度(C_i 值)排名前 30 的是 1250、2444、3089、1238、22、64、3333、16、43、23、2517、38、32、3025、1232、19、8、7、2、33、80、76、3036、1215、72、2414、1268、3018、3034、3022。三种排序中,参试种质 2444、1250、64、38、3089、1238、7、8、80、72 均排在前面,2444 株高(310.00)最高、生育期(126)较长;3089 叶倾角(64.59)最大;1250、64 和 38 穗质量、穗粒质量和千粒质量都较大;64、38、8、80 和 72 生育期都较长;1238 株高(232.00)较高;7 和 8 茎粗较粗。

综上所述,根据这些参试种质的株高、茎粗、生育期、穗质量、穗粒质量和千粒质量等方面都较好,说明这 10 个参试种质并不是单一性状良好,而是综合性状都较为优良,更适宜作为西辽河平原地区利用的材料。

表 9   三种分析方法结果对比

主成分综合评价得分值			灰色关联度分析结果			DTOPSIS 法分析结果		
编号	综合评价得分(F)	排名	编号	加权关联度(γ'_i)	排名	编号	相对贴进度(C_i)	排名
2414	1.170 5	1	2444	0.680 4	1	1250	0.548 1	1
19	0.911 5	2	1232	0.650 9	2	2444	0.547 1	2
2444	0.907 9	3	3089	0.650 1	3	3089	0.538 2	3
1250	0.861 4	4	8	0.637 6	4	1238	0.535 5	4
64	0.816 3	5	1238	0.632 2	5	22	0.533 5	5
2417	0.730 1	6	64	0.631 0	6	64	0.533 0	6
43	0.709 1	7	38	0.625 6	7	3333	0.530 6	7
38	0.654 4	8	6	0.623 5	8	16	0.527 6	8
2435	0.622 5	9	2	0.623 3	9	43	0.526 8	9
4212	0.615 0	10	1250	0.620 3	10	23	0.521 7	10
3089	0.605 7	11	16	0.619 3	11	2517	0.521 4	11
2440	0.556 2	12	3018	0.618 2	12	38	0.521 2	12
33	0.529 1	13	40	0.618 1	13	32	0.520 8	13
7	0.525 5	14	1290	0.617 8	14	3025	0.520 3	14
32	0.522 4	15	3025	0.616 2	15	1232	0.519 6	15
8	0.516 6	16	13	0.615 3	16	19	0.516 4	16

主成分综合评价得分值			灰色关联度分析结果			DTOPSIS 法分析结果		
75	0.508 1	17	15	0.614 7	17	8	0.513 0	17
2408	0.499 7	18	3034	0.614 5	18	7	0.509 7	18
1238	0.470 3	19	3036	0.614 2	19	2	0.508 3	19
76	0.446 8	20	80	0.612 8	20	33	0.506 5	20
2525	0.443 3	21	7	0.611 8	21	80	0.500 4	21
80	0.439 0	22	67	0.611 2	22	76	0.499 4	22
72	0.429 2	23	72	0.611 1	23	3036	0.499 3	23
47	0.428 5	24	1215	0.606 1	24	1215	0.498 3	24
2520	0.415 6	25	3053	0.605 7	25	72	0.498 3	25
40	0.414 3	26	1268	0.602 4	26	2414	0.497 9	26
63	0.398 1	27	63	0.602 1	27	1268	0.496 2	27
2553	0.392 8	28	1309	0.600 2	28	3018	0.494 9	28
16	0.373 8	29	1298	0.600 1	29	3034	0.492 9	29
60	0.373 7	30	23	0.598 2	30	3022	0.492 9	30

3 讨论与结论

遗传多样性是生态多样性和物种多样性的基础,通过遗传多样性研究可掌握高粱种质资源特性,为高粱品种改良和选育提供重要理论支撑[20-22]。本研究结果表明,176 份糯高粱种质的 16 个性状指标间变异系数为 6.69% ~ 47.84%,说明各种质性状间存在较大差异,参数材料的遗传变异比较丰富,为糯高粱的品种选育和当地种质的选择和利用提供了丰富的遗传基础和理论依据。

本研究的性状相关分析建立在大样本的基础上,根据统计学原理,通过对 176 份糯高粱种质的 16 个性状指标进行相关性分析得出,相关性呈显著或极显著相关性(表 2)。而这 16 个性状指标间,穗质量与穗粒质量之间的相关系数最大(0.974),说明穗质量和穗粒质量是构成产量的重要指标。而株高又与穗柄长、穗质量、穗粒质量、千粒质量呈极显著正相关,与穗长呈显著正相关;生育期与穗长、穗质量、穗粒质量呈极显著正相关,说明株高和生育期是影响产量的重要指标。在有效生育期范围内,生育期越长,越有利于物质积累,进而影响产量,这与李资文等[4]的研究结果基本一致。

目前,通过多元统计学方法对作物的多个性状进行综合评价已经应用广泛[23],主成分分析就是通过降维的方法把多个性状指标转化成几个相对独立的综合指标,科学评价综合性状[24]。根据主成分分析研究结果表明,将原 16 个有相互作用的性状指标转换为新的、个数较少且彼此独立的 9 个综合指标(主成分),这 9 个主成分的累计贡献率达 87.169%,并将第 1 至第 9 主成分归纳为产量因子、株型因子、穗形因子、颖壳色和芒性因子,而这些产量因子、株型因子、穗形因子、颖壳色因子和芒性因子都可作为糯高粱适应性的有效指标。

选用灰色关联度分析和 DTOPSIS 法对数据进行联合分析,发现这两种方法在运算上存在差异,导致排序结果也有一定的差异,灰色关联度法中加权关联度 γ'_i 最大差异为 37.33%,DTOPSIS 法中 C_i 值的最大差异为 50.61%,说明 DTOPSIS 法可以更好地区分种质的优劣,但为了克服 DTOPSIS 法人为确定权重系数的片面性和主观性,将灰色关联度计算得到的权重值运用到 DTOPSIS 法中,加强了两种方法的关联性,使 DTOPSIS 法更具可靠性。结合两种分析方法不仅可以对糯高粱资源进行综合、全面的评价,而且同样适用于其他经济粮食作物的综合评价。

通过主成分分析、灰色关联度分析、DTOPSIS 法分析三种分析方法相结合,避免了使用单一分析方法的片面性,进而从 176 份糯高粱参试种质中选出了 10 份综合性状优良的种质资源,分别为 2444、1250、64、38、3089、1238、7、8、80、72,而这些种质资源在株高、茎粗、生育期、穗质量、穗粒质量和千粒质量等方面有一定的优势。说明这 10 份种质资源可为西辽河平原地区糯高粱优良品种的改良选育提供优质材料。

参 考 文 献

[1]徐翠莲,梅拥军,吴全忠,等.40 份高粱种质节间相关性状分布规律[J].西北农业学报,2016,25(10):1486-1493.

[2]罗巍,周伟,王振国,等.24 份甜高粱主要农艺性状与生物产量综合分析[J].中国农学通报,2022,38(30):21-28.

[3]卢庆善.中国高粱栽培学[M].北京:农业出版社,1988.

[4]李资文,李志刚,周伟,等.高粱品系的主要农艺性状评价与综合分析[J].分子植物育种,2021,19(19):6503-6511.

[5]成慧娟,张姝,隋虹杰,等.内蒙古高粱的育种研究历程、问题及发展对策[J].种子,2014,33(7):73-74.

[6]李资文,周伟,李岩,等.199 份高粱种质资源农艺性状综合分析[J].种子,2023,42(1):70-78.

[7]邓志兰,崔凤娟,王振国,等.20 个高粱新品种在通辽地区的筛选及应用[J].农业科技通讯,2022(7):28-31.

[8]王富德.中国高粱品种资源研究概述:中国高粱新品种资源目录(1982—1989)(续稿)[M].北京:中国农业出版社,1992.

[9]吕芃,王金萍,杜瑞恒,等.糯高粱育种的现状、问题及措施探究[J].南方农业,2020,14(30):216,219.

[10]王海凤,新楠,吴仙花,等.甜高粱育种的现状、问题与对策[J].作物杂志,2013(2):23-26.

[11]高士杰,刘晓辉,李继洪.我国粒用高粱育种现状、问题与对策[J].作物杂志,2006(3):11-13.

[12]王自力,张北举,李魁印,等.高粱种质资源表型性状多样性分析及综合评价[J].江苏农业科学,2022,50(18):115-121.

[13]周福平,史红梅,张海燕,等.应用模糊隶属函数法对高粱种质资源的农艺性状和品质性状进行综合评价[J].种子,2022,41(1):94-98.

[14]李嵩博,唐朝臣,陈峰,等.中国粒用高粱改良品种的产量和品质性状时空变化[J].中国农业科学,2018,51(2):246-256.

[15]陆平.高粱种质资源描述规范和数据标准[M].北京:中国农业出版社,2006.

[16]程晓明,程婧晔,胡文静,等.23个小麦品种春化特性主成分分析及聚类分析[J].江苏农业科学,2019,47(8):64-68.

[17]马立平.由多指标向少数几个综合指标的转化:主成分分析法[J].北京统计,2000(8):37.

[18]RASMUS B,AGE K S. Principal component analysis[J]. Analytical Methods,2014(6):2812-2831.

[19]HANG J,YU H,GUAN X,et al. Accelerated dryland expansion under climate chang[J]. Nature Climate Change,2016,6:166-171.

[20]卢庆善,邹剑秋,朱凯,等.高粱种质资源的多样性和利用[J].植物遗传资源学报,2010,11(6):798-801.

[21]卢庆善.高粱种质资源的多样性和评价[J].园艺与种苗,2011(4):1-5.

[22]郑殿升,杨庆文,刘旭.中国作物种质资源多样性[J].植物遗传资源学报,2011,12(4):497-500,506.

[23]何文,张秀芬,郭素云,等.基于主成分分析和聚类分析对22份马铃薯种质的综合评价[J].种子,2021,40(3):80-86.

[24]卿春燕,王秀全,卢庭启,等.主成分分析法研究玉米新品种协玉901的最适密度和氮肥量[J].中国种业,2022(8):89-94.

饲用高粱品种种子萌发期抗旱性筛选

候文慧[1]，张玉霞[1]，陈卫东[1]，孙明雪[1]，郭　园[1]，丛百明[2]，杜晓艳[1]

（1. 内蒙古民族大学农学院，内蒙古　通辽 028043；

2. 通辽市农牧科学研究所，内蒙古　通辽 028000）

摘要：为了评价不同饲用高粱品种萌发期的抗旱性指标，筛选适宜北方干旱半干旱地区种植的饲用高粱品种，采用体积分数为 15% 的聚乙二醇（PEG）溶液进行模拟干旱处理，以蒸馏水处理为对照，测定发芽指标。利用相关性分析、主成分分析以及隶属函数分析法相结合的方法，综合评价不同基因型饲用高粱萌发期的抗旱性。结果表明，饲用高粱萌发期的 5 个单项指标转换成 2 个彼此独立综合指标，代表了试验材料 86.749% 的信息；试验所选 8 个饲用高粱品种的抗旱性排序为 SU9002>N5212274>2180>1230>1220>BJ0603>N52K1009>BJ0602，发芽指数（VI）、发芽率（GR）是饲用高粱萌发期抗旱性评价指标。

关键词：饲用高粱；萌发期；抗旱性；综合评价

饲用高粱为禾本科高粱属生物产量可观的饲料作物之一，是目前世界上种植历史悠久的作物之一[1-2]，具有极强的抗旱、耐涝、耐瘠薄、抗盐碱等特性[3]，其生长受干旱影响较大。种子在萌发阶段极易受到干旱的影响，国内外均有众多学者对植物萌发期的抗旱性进行研究，裴帅帅等[4]在不同品种谷子种子萌发期对干旱胁迫的生理响应及其抗旱性评价中研究表明，种子萌发期的抗旱性不能靠单一指标评价。陈新等[5]在 PEG-6000 胁迫下裸燕麦萌发期抗旱性鉴定与评价研究表明，运用主成分分析法可以将各鉴定指标间重叠的信息部分去除，筛选出其主要的评价指标，从而利用其主要鉴定指标评价种子萌发期的抗旱性，这种综合评价分析抗逆性的方法在饲用高粱的抗盐碱研究中已得到广泛应用[6-7]。近年来，PEG 溶液模拟干旱环境在植物渗透胁迫生理研究中已经得到应用[8]。作物的相对发芽率和相对发芽能力等指标是评估发芽期内玉米[9]、小麦[10]、水稻[11]等农作物抗旱性的重要指标，因此，这些指标也可应用于筛选发芽期培养的高粱。

干旱胁迫是造成农作物产量减少的主要因素之一，是限制我国农业发展的主要因素[12]。在我国干旱地区为了缓解水资源不足的问题，在农业方面应该积极种植抗旱性强的作物[13]。因此，选育出抗旱性强的优质饲用高粱品种至关重要。本试验在人工气候条件下采用 PEG-6000 模拟干旱处理，通过模拟干旱环境，研究不同饲用高粱品种在萌发期对干旱胁迫的响应，确定不同饲用高粱品种的抗旱性，为选择不同饲用高粱品种适应干旱地区种植提供理论依据。

1 材料与方法

1.1 试验材料

试验用饲用高粱品种为 1220、1230 、SU9002、N52K1009、N5212274、BJ0603、BJ0602、2180,均来源于北京正道生态有限公司。

1.2 试验设计

试验采用室内盆栽试验方法[14]。首先在花盆上套上塑料袋,选择饱满无残缺、大小均匀一致、品质优良的 8 种饲用高粱品种的种子,分别用 0.1%(质量分数)的 $HgCl_2$ 进行充分消毒 10 min,用蒸馏水反复冲洗干净。用体积分数为 15% 的聚乙二醇溶液模拟干旱胁迫处理,以蒸馏水处理为对照,共 16 个处理,3 次重复,每个花盆播种 50 粒种子,每盆加入 500 g 沙土和蛭石及 200 mL 体积分数为 15% 的聚乙二醇溶液,覆土厚度 3 cm。将花盆放置于通风、光照良好的环境中,每天记录发芽数,发芽试验结束后,每个重复取 5 株测定胚根、胚芽长度。

1.3 测定指标

种子发芽指标测定参照《国际种子检验规程》[15],发芽率(GR)= 发芽种子数/供试种子数×100%。发芽势(GP)= 发芽达到高峰期时发芽种子数/供试种子数×100%。发芽指数(GI)= $\sum G_t/D_t$,其中 G_t 表示在时间为 t 天的发芽个数;D_t 表示至 t 天的发芽天数[16];活力指数:(VI)= GI×S,其中,GI 为发芽指数;S 为根长或芽长。根芽比(RBR)= 根长/种苗长度。

1.4 数据处理与统计分析

单项指标耐盐碱系数 ω = 不同浓度处理下的平均测定值/对照测定值。
各综合指标的隶属函数值表示为

$$u(x) = (x-x_{\min})/(x_{\max}-x_{\min})\times100\% , x=1,2,\cdots,n, u(x)\in[0,1] \qquad (1)$$

式中,$u(x)$ 为第 x 个主成分耐盐碱系数的隶属函数值;x 为第 x 个主成分的耐盐碱系数;$x_{\max}$ 为第 x 个主成分的耐盐碱系数最大值;$x_{\min}$ 为第 x 个主成分的耐盐碱系数最小值。

$$W_x = V_x/m \qquad (2)$$

式中,W_x 为第 x 个主成分耐盐碱系数的权重;V_x 为第 x 个主成分耐盐碱系数的贡献率;m 为各个主成分耐盐系数的权重之和。

$$D = \sum_{x=1}^{n}[u(x)\times W_x] \quad (x=1,2,\cdots,n) \qquad (3)$$

式中, D 为加权隶属函数值, 即综合评价值。

采用 Excel 2010 计算并处理数据, 用 DPS 进行数据分析。

2 结果与分析

2.1 抗旱系数

根据抗旱系数公式计算饲用高粱种质材料各单项指标的抗旱系数, 由表 1 可见, 各饲用高粱品种的发芽势、发芽指数和活力指数均低于对照($\omega<1$), 而多数品种根芽比高于对照($\omega>1$), 但不同基因型饲用高粱的不同指数变化不同, 饲用高粱品种 N52K1009 在 RBR 指标中数值最低, 但在其他指标中均不是最低。因此利用单一指标评价抗旱性可能会得到不同, 甚至相反的结果。为了补充单一指标评估的不足, 本研究使用了几种不同分析方法来补充该指标。

表 1 各单项指标的抗旱系数 ω 值

品种	GR	GP	GI	VI	RBR
1220	0.657	0.586	0.632	0.340	1.295
1230	0.905	0.628	0.615	0.313	1.546
SU9002	1.016	0.719	0.776	0.556	1.169
N52K1009	0.744	0.489	0.543	0.556	0.952
N5212274	0.906	0.641	0.718	0.381	1.521
BJ0602	0.743	0.338	0.434	0.381	1.010
BJ0603	0.779	0.489	0.530	0.308	1.170
2180	0.769	0.827	0.785	0.381	1.644

注: GR 为发芽率; GP 为发芽势; GI 为发芽指数; VI 为活力指数; RBR 为根芽比, 下同。

2.2 相关性分析

由表 2 可知, GP 与 RBR 呈显著正相关($P<0.05$), 相关系数为 0.75; GP 与 GI 呈极显著正相关($P<0.01$), 相关系数为 0.96。说明饲用高粱各个指标间有一定的重复性, 用单项指标评价饲用高粱的抗旱性不够准确, 具有一定的片面性。

表 2 抗旱系数间的相关关系

相关系数	GR	GP	GI	VI	RBR
GR	1.00				
GP	0.43	1.00			
GI	0.51	0.96**	1.00		
VI	0.32	0.09	0.21	1.00	
RBR	0.24	0.75*	0.66	-0.49	1.00

注: * 表示 $P<0.05$; ** 表示 $P<0.01$。

2.3 供试饲用高粱种质材料抗旱系数的主成分分析

由表3可知,对饲用高粱种子萌发期抗旱系数的主成分分析中,第1主成分的贡献率为57.112%,第2主成分的贡献率为29.637%,二者累计贡献率达86.749%,代表了绝大部分信息,可以作为2个新的综合指标对饲用高粱种质材料抗旱性进行评价。

表3 供试饲用高粱种质萌发期抗旱系数的主成分分析

主成分	各指标特征向量					特征值	贡献率/%	累计贡献率/%
	GR	GP	GI	VI	RBR			
1	0.355	0.393	0.844	−0.047	−0.072	2.856	57.112	57.112
2	0.571	−0.008	−0.309	−0.158	−0.744	1.482	29.637	86.749

2.4 供试饲用高粱种质材料权重、隶属函数值及 D 值分析

如表4所示,同一指标下,SU9002 材料的隶属函数值最大,为1.000,说明此材料下 SU9002 材料抗旱性最强;BJ0602 材料 $u(1)$ 值最小,说明此材料下 BJ0602 材料抗旱性最弱。根据公式(2)得出,2 个综合指标的权重分别为0.658、0.342。运用公式(3)计算得出饲用高粱抗旱性综合评价值 D 值,并根据 D 值对其抗旱性进行强弱排序结果为 SU9002>N5212274>2180>1230>1220>BJ0603>N52K1009>BJ0602,SU9002 材料的 D 值最大,表明其抗旱性最强,BJ0602 的 D 值最小,说明其抗旱性最差。

表4 各材料隶属函数值、权重、 D 值及排序

品种	隶属函数值		D 值	排序
	$u(1)$	$u(2)$		
1220	0.564	0.000	0.371	5
1230	0.516	0.691	0.576	4
SU9002	0.974	1.000	0.983	1
N52K1009	0.311	0.242	0.287	7
N5212274	0.809	0.694	0.770	2
BJ0602	0.000	0.240	0.082	8
BJ0603	0.274	0.340	0.296	6
2180	1.000	0.312	0.765	3
权重	0.658	0.342		

2.5 不同饲用高粱品种抗旱性聚类分析

如图1所示,通过对8个饲用高粱品种萌发期的抗旱系数进行聚类分析可将其分为

3 类,第一类为抗旱能力极强的饲用高粱品种,为 SU9002,占总体的 12.5%;第二类为抗旱能力中等的饲用高粱品种,为 1230、N5212274、2180,占总体的 37.5%;第三类为抗旱能力弱的饲用高粱品种,为 1220、BJ0603、BJ0602、N52K1009,占总体的 50.0%。

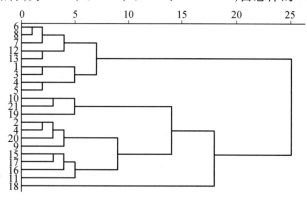

图 1　聚类分析图

3　讨论与结论

作物的抗旱性受环境因子、遗传因素等多重制约,前人经过大量试验表明,植物的不同生长阶段抗旱能力存在差异[17]。植物在各个生长发育时期表现出的抗旱能力存在显著差异,部分作物品种整个生长发育阶段的抗旱性强弱变化微小,但有些作物在不同生长发育时期存在着明显变化,因此明确适合植物某个生长发育时期的抗旱能力强弱筛选方法至关重要,对于高粱的抗旱性研究报道大多数集中在植物开花期前后与苗期[12,18],有关评价种子萌发期高粱抗旱性强弱的研究相对较少。

对于多种不同作物萌发期的抗旱性研究表明,种子的 GI 和 VI 已被用来确定农作物的抗旱性指标,并且可以反映种子抗旱性的强弱[19-20]。陈新等[21]在 PEG-6000 胁迫下裸燕麦萌发期抗旱性鉴定与评价中表明,裸燕麦的种子在萌发期 GI、VI 等均与抗旱性存在着密不可分的相关性,可以将活力指数与发芽指数作为其抗旱性鉴定的主要指标。荆瑞勇等[20]、赫福霞等[22]、徐蕊等[23]和安永平等[24]研究表明,抗旱指数、发芽势、发芽率可以作为鉴定其萌发期抗旱能力强弱的指标。刘桂红等[25]研究表明,在谷子萌发期的抗旱性研究中发现,种子的根芽长度也可作为抗旱鉴定的重要指标。本试验中,饲用高粱品种 SU9002 的测定指标中,相对发芽率和相对活力指数测定数值最大,但在测量指标中,相对发芽指数、相对根芽比和相对发芽势测定最大数值则是品种 2180。

综上所述,仅用相对发芽率、相对发芽指数、相对发芽势、相对活力指数和相对根芽比 5 个指标中任一指标作为唯一标准过于片面,综合评价各指标是必要的,这与王帅等[26]、张毅等[27]、曹俊梅等[28]观点一致。本试验通过主成分分析,将干旱处理下不同饲用高粱材料测定的 5 个单项指标综合成 2 个新的综合指标,通过隶属函数法分析,得到不同种质材料苗期抗旱性综合评价值(D 值),通过综合评价值筛选抗旱性强弱更加合理。

通过对 8 种饲用高粱种质萌发期抗旱系数的主成分分析,将干旱处理下测定 8 种种质材料萌发期的 5 个单项指标综合成 2 个新的综合指标,代表了 86.749% 的信息,对于不同高粱种质材料指标通过隶属函数法分析,得到不同种质材料萌发期抗旱性综合评价值(D值),结果表明8种饲用高粱种质材料的抗旱性由大到小为2180>1220>BJ0602>BJ0603>1230>SU9002>N52K1009>N5212274。

参 考 文 献

[1]海轮,熊景发,宣启玲.3个饲用高粱品种及墨西哥玉米生产适应性研究[J].云南畜牧兽医,2018(2):1-3.

[2]王晓龙,李红,杨墨,等.饲用高粱不同品种比较试验[J].黑龙江畜牧兽医,2017(13):147-150.

[3]徐文华,王空军,王永军,等.饲用高粱、苏丹草及饲用高粱:苏丹草杂交种产量和饲用品质的比较[J].作物学报,2006(8):1218-1222.

[4]裴帅帅,尹美强,温银元,等.不同品种谷子种子萌发期对干旱胁迫的生理响应及其抗旱性评价[J].核农学报,2014,28(10):1897-1904.

[5]陈新,宋高原,张宗文,等.PEG-6000胁迫下裸燕麦萌发期抗旱性鉴定与评价[J].植物遗传资源学报,2014,15(6):1188-1195.

[6]田桂霞.饲用高粱品种萌发期抗旱性筛选与鉴定[J].农业与技术,2018,38(14):44.

[7]李丰先,周宇飞,王艺陶,等.饲用高粱品种萌发期耐碱性筛选与综合鉴定[J].中国农业科学,2013,46(9):1762-1771.

[8]张立军,樊金娟,阮燕晔,等.聚乙二醇在植物渗透胁迫生理研究中的应用[J].植物生理学通讯,2004(3):361-364.

[9]赫福霞,李柱刚,阎秀峰,等.渗透胁迫条件下玉米萌芽期抗旱性研究[J].作物杂志,2014(5):144-147.

[10]杨子光,张灿军,冀天会,等.小麦抗旱性鉴定方法及评价指标研究Ⅳ萌发期抗旱指标的比较研究[J].中国农学通报,2007(12):173-176.

[11]敬礼恒,陈光辉,刘利成,等.水稻种子萌发期的抗旱性鉴定指标研究[J].杂交水稻,2014,29(3):65-69.

[12]解芳,翟国伟,邹桂花,等.干旱胁迫对饲用高粱苗期抗旱生理特性的影响[J].浙江农业学报,2012,24(5):753-75.

[13]裴帅帅,尹美强,温银元,等.不同品种谷子种子萌发期对干旱胁迫的生理响应及其抗旱性评价[J].核农学报,2014,28(10):1897-1904.

[14]张玉霞,李珍,朱爱民,等.不同饲用高粱品种苗期抗旱生理特性研究[J].内蒙古民族大学学报(自然科学版),2020,35(1):69-74.

[15]刘玲,孟淑春.《国际种子检验规程》修订通报[J].核农学报,2012,26(5):762-763.

[16]李倩,刘晓,岳明,等.干旱和盐胁迫对华山新麦草种子萌发及幼苗生理特性的影响[J].西北植物学报,2011,31(2):319-324.

[17]吴奇,周宇飞,高悦,等.不同饲用高粱品种萌发期抗旱性筛选与鉴定[J].作物学报,2016,42(8):1233-1246.

[18]汪灿,周棱波,张国兵,等.酒用糯高粱资源成株期抗旱性鉴定及抗旱指标筛选[J].

中国农业科学,2017,50(8):1388-1402.

[19]伏兵哲,兰剑,李小伟,等.PEG-6000干旱胁迫对16个苜蓿品种种子萌发的影响[J].种子,2012,31(4):10-14.

[20]荆瑞勇,王丽艳,郑桂萍,等.水稻萌发期和幼苗期耐盐性鉴定指标筛选及综合评价[J].黑龙江八一农垦大学学报,2019,31(6):1-6,19.

[21]陈新,宋高原,张宗文,等.PEG-6000胁迫下裸燕麦萌发期抗旱性鉴定与评价[J].植物遗传资源学报,2014,15(6):1188-1195.

[22]赫福霞,李柱刚,阎秀峰,等.渗透胁迫条件下玉米萌芽期抗旱性研究[J].作物杂志,2014(5):144-147.

[23]徐蕊,王启柏,张春庆,等.玉米自交系抗旱性评价指标体系的建立[J].中国农业科学,2009,42(1):72-84.

[24]安永平,强爱玲,张媛媛,等.渗透胁迫下水稻种子萌发特性及抗旱性鉴定指标研究[J].植物遗传资源学报,2006(4):421-426.

[25]刘桂红,王珏,杜金哲,等.谷子萌芽期抗旱性鉴定研究[J].中国农学通报,2013,29(3):86-91.

[26]王帅,张子戊,胡刘涛,等.田间残留阿特拉津对小粒大豆苗期生理影响及抗性品种筛选[J].延边大学农学学报,2018,40(3):95-101.

[27]张毅,侯维海,冯西博,等.有色大麦种质芽期抗旱性鉴定[J].植物遗传资源学报,2019,20(3):564-573.

[28]曹俊梅,芦静,张新忠,等.11份新疆小麦品种幼苗抗旱性及相关形态生理特性研究[J].新疆农业科学,2017,54(8):1384-1385,1387-1393.

天津地区饲用高粱属作物品种生长适应性比较

张一为[1],王鸿英[1],王显国[2],孟庆江[1],王振国[3],曹学浩[1]
郑桂亮[1],孙志强[2]

(1.天津市农业发展服务中心,天津 300061;2.中国农业大学草业科学与技术学院,
北京 100193;3.通辽市农业科学研究院,内蒙古 通辽 028015)

摘要:为筛选适宜天津地区种植的饲用高粱属作物品种,于 2019 年在天津市宁河区实验林场选择 21 个饲用高粱属作物品种进行物候期观测、农艺性状比较及在抽穗期收获后测定鲜草产量及干草产量。结果表明:参试的饲用高粱属作物品种的物候期存在显著差异,其中晋牧 1 号、晋牧 3 号的生育期最短,光明星、甘露 400 的生育期最长。辽甜 13 号的株高最大,其次是辽甜 6 号、通甜 1 号、苏丹草 A535XR43-02、苏丹草 A506XR43-03、辽甜 3 号;金冠的株高最小,显著低于除高优 123 外的其他参试品种($P<0.05$)。参试品种的叶干重和茎干重占总干物质重的比值差异显著($P<0.05$)。辽甜 13 号、辽甜 3 号的鲜草产量和干草产量均排在前 2 位。根据聚类分析结果,可将 21 个饲用高粱品种分为 4 类。不同饲用高粱属作物品种在天津地区的综合表现差异显著,其中辽甜 6 号、通甜 1 号、辽甜 13 号、苏丹草 A535XR43-02、苏丹草 A506XR43-03、冀草 2 号、冀草 8 号、辽甜 1 号和辽甜 3 号等品种在天津地区均有较好的适应性,可作为优质饲草品种的备选材料在天津及周边地区推广种植。

关键词:饲用高粱;农艺性状;产量

饲用高粱属(*Sorghum*)作物是畜牧业一种良好的饲草[1]。随着我国畜牧业的发展,对粗饲料的需求日渐增加,开发和利用优质粗饲料可以缓解畜多草少的压力,也可以促进节粮型畜牧业的发展。研究表明,大多数饲用高粱属作物具有产量高、品质好、抗逆性强、适应性广等特点[2]。其中,苏丹草分蘖能力强、再生性好、营养价值高、适口性好[3];高丹草茎秆细、茎叶柔软、再生性好[4];饲用甜高粱产量高、抗性好,且碳水化合物量较高。饲用高粱属作物既可做牧草放牧,又可刈割做青饲、青贮或调制干草,具有较大的开发价值[5]。

近年来,随着粮改饲政策的实施与节粮型草牧业的发展,饲用高粱属作物作为高产优质的饲草已经得到广泛关注[6]。国内外学者对饲用高粱属作物的饲草化利用开展了大量的研究,主要集中于饲草高粱属作物的栽培技术、生产性能、营养品质和饲用价值等方面[7-8]。美国、澳大利亚、新西兰、印度等国家都有种植饲用甜高粱,美国对饲用高粱属的研究较早,且是世界上高粱生产大国之一,其 70% 的饲用高粱和青贮高粱都用于养殖业[9]。目前,我国各地为满足家畜对饲草料的需求而加大育种和引种力度,并对适合各地区的栽培和利用技术进行深入研究[10]。我国饲用高粱属作物品种繁多,不同地区适应种植的品种各异。刘庭玉等[11]对不同品种饲用高粱在内蒙古科尔沁地区的适应性进行了相关研究,筛选出了当地适用的饲用高粱属品种。莫负涛等[12]研究表明,不同饲用高

梁品种在不同地域的表现性状完全不同。目前,天津及周边地区的饲用高粱属作物的适应性报道较少。因此,本研究收集了 21 个国内应用的饲用高粱属作物品种,通过比较其物候期、株高、茎叶比、鲜草产量、干草产量、干鲜比等农艺性状,初步筛选适应天津地区种植的饲用高粱属作物品种,为进一步的品种筛选缩小范围,最终为形成适合天津及周边地区饲用高粱属作物品种的种植利用模式提供参考。

1 材料和方法

1.1 供试材料

供试材料见表 1。

表 1 供试材料

序号	品种	类型	序号	品种	类型
1	冀草 2 号	高丹草	12	苏丹草 A535XR43-02	苏丹草
2	冀草 6 号	高丹草	13	苏丹草 A506XR43-03	苏丹草
3	冀草 8 号	高丹草	14	苏丹草 A506XR51-01	苏丹草
4	辽甜 1 号	甜高粱	15	饲用高粱 BMR3631	饲草高粱
5	辽甜 3 号	甜高粱	16	饲用高粱 FS3501	饲草高粱
6	辽甜 6 号	甜高粱	17	高优 123	饲草高粱
7	辽甜 13 号	甜高粱	18	金冠	饲草高粱
8	通甜 1 号	甜高粱	19	海狮	饲草高粱
9	晋牧 1 号	高丹草	20	光明星	高丹草
10	晋牧 3 号	高丹草	21	甘露 400	饲草高粱
11	苏丹草 A506XR10-10	苏丹草			

1.2 试验地点

试验于 2019 年 6—10 月在天津市宁河区（N39°33′,E117°82′）试验林场进行。该地年均气温为 11 ℃,平均湿度为 66%。最低气温为 -5.8 ℃,出现在 1 月份,最高气温为 25.7 ℃,出现在 7 月份。平均年降水量为 600 mm,其中 70% 的降水集中在 6—8 月。全年无霜期为 240 d。试验地土壤肥力中等且均匀。

1.3 试验设计

试验选择 21 个饲用高粱属作物品种,于 2019 年 6 月将供试品种进行人工播种。试验采用随机区组设计,3 次重复,同一区组布置在同一地块,试验地四周设 1 m 保护行。

采用条播,行距为 0.5 m,每个小区播种 6 行,播种深度为 2 ~ 3 cm,播后镇压,三叶期间苗,五叶期定苗,定苗后株距保证在 0.2 m。小区面积为 30 m²(长 6 m×宽 5 m)。播前浇好底墒水,底肥施复合肥 600 kg/hm²。拔节及灌浆期统一追肥灌水,追施尿素 22.5 kg/hm²,中耕除草,供试材料在抽穗期统计相关性状,刈割时留茬高度为 15 cm。

1.4 测定项目与方法

物候期观测主要包括播种期、出苗期、分蘖期、拔节期、孕穗期、抽穗期、开花期。

农艺性状和生物学产量的测定:①株高:测量从植株底部到植株最高部位的绝对高度。测量时每个小区选取 5 株,求平均值。②茎叶比:刈割时每个小区取代表性植株 2 ~ 3 株,人工将其茎、叶(包括花序和穗)分开,待自然风干后各自称重,茎叶比=风干后茎的质量/风干后叶的质量。③鲜草产量测定:抽穗期测定产量,测产时去掉小区两侧边行及行头 0.5 m,收中间 4 行,长 5 m×宽 2 m(10 m²)的植株鲜草重。④干鲜比:刈割时每个小区取代表性植株 2 ~ 3 株,称鲜重,将茎秆压破,待自然风干后称其干重,计算干鲜比(干鲜比=植株总干重/植株总鲜重)。⑤干草产量测定:根据鲜草产量和干鲜比进行计算得出干草产量。

1.5 数据统计方法

数据采用 Excel 2007 进行整理,采用 SPSS 19.0 统计分析软件进行单因素方差分析和聚类分析。$P<0.01$ 表示差异极显著,$P<0.05$ 表示差异显著。

2 结果与分析

2.1 不同饲用高粱属作物品种物候期比较

参试的 21 个饲用高粱属作物品种的物候期出现明显差异(表 2)。冀草 6 号、晋牧 1 号、晋牧 3 号、饲用高粱 BMR3631 的出苗期较早,较其他品种早 2 ~ 3 d。

辽甜 1 号、高优 123、海狮、光明星 4 个品种的分蘖期最晚(6 月 29 日),大部分品种的分蘖期集中于 6 月 25 日,即播种 21 d 后分蘖。拔节期普遍在 6 月 30 日左右,即播种 26 d 后拔节。同样,辽甜 1 号、高优 123、海狮、光明星 4 个品种的拔节期晚 1 ~ 2 d,于 7 月 2 日观察到拔节。相比于出苗期、分蘖期、拔节期而言,21 个参试饲用高粱属作物品种在孕穗期、抽穗期、开花期表现出更明显的差异。晋牧 1 号、晋牧 3 号的孕穗期、抽穗期、开花期均较早,分别为 8 月 20 日、8 月 28(27)日和 9 月 6 日。光明星、甘露 400 的孕穗期、抽穗期、开花期较晚,分别为 9 月 25 日、10 月 2 日和 10 月 12 日。品种之间物候期时间差异最大者超过 30 d(表 2)。

表2 21个饲用高粱属作物品种的生育时期

序号	品种	播种期	出苗期	分蘖期	拔节期	孕穗期	抽穗期	开花期
1	冀草2号	06-04	06-17	06-28	07-01	09-06	09-12	09-25
2	冀草6号	06-04	06-14	06-25	06-29	08-25	09-01	09-06
3	冀草8号	06-04	06-16	06-27	07-01	09-16	09-25	10-01
4	辽甜1号	06-04	06-17	06-29	07-02	09-11	09-16	09-25
5	辽甜3号	06-04	06-15	06-26	06-30	09-11	09-17	09-25
6	辽甜6号	06-04	06-15	06-26	06-30	08-29	09-16	09-25
7	辽甜13号	06-04	06-17	06-28	07-01	09-08	09-17	09-25
8	通甜1号	06-04	06-15	06-25	06-29	08-29	09-06	09-25
9	晋牧1号	06-04	06-14	06-25	06-29	08-20	08-28	09-06
10	晋牧3号	06-04	06-14	06-25	06-30	08-20	08-27	09-06
11	苏丹草A506XR10-10	06-04	06-15	06-25	06-30	08-28	09-06	09-20
12	苏丹草A535XR43-02	06-04	06-17	06-25	06-30	08-28	09-06	10-01
13	苏丹草A506XR43-03	06-04	06-15	06-28	07-01	09-17	09-25	10-02
14	苏丹草A506XR51-01	06-04	06-17	06-26	06-30	09-08	09-14	09-25
15	饲用高粱BMR3631	06-04	06-14	06-26	06-30	09-05	09-14	09-26
16	饲用高粱FS3501	06-04	06-17	06-25	06-29	08-27	09-06	09-12
17	高优123	06-04	06-17	06-29	07-02	09-17	09-25	10-02
18	金冠	06-04	06-17	06-25	06-29	08-21	08-30	09-05
19	海狮	06-04	06-17	06-29	07-02	09-17	09-25	10-02
20	光明星	06-04	06-17	06-29	07-02	09-25	10-02	10-12
21	甘露400	06-04	06-17	06-28	07-01	09-25	10-02	10-12

2.2 不同饲用高粱属作物品种农艺性状比较

供试品种的农艺性状在品种间均存在不同程度的差异。不同品种的株高为137.67~372.33 cm,不同品种间存在显著差异($P<0.05$),其中辽甜13号的株高最大(372.33 cm),其次为辽甜6号、通甜1号、苏丹草A535XR43-02、苏丹草A506XR43-03和辽甜3号。金冠品种的株高最小(137.67 cm),显著低于除高优123外的其他参试品种($P<0.05$)。各个品种的叶干重和茎干重占总干物质重的比值差异显著($P<0.05$)。其中,苏丹草A506XR10-10的叶干重/总重的比值最大,依次是金冠和高优123,其叶干重/总重的比值均高于40%。茎干重/叶重比值最高的依次是苏丹草A535XR43-02、辽甜13号、辽甜1号。参试饲用高粱品种的茎叶比为1.07~3.26(表3)。

表 3　21 个饲用高粱属作物品种的农艺性状比较

序号	品种	株高/cm	位次	(叶干重/总重)/%	(茎干重/总重)/%	茎叶比/%
1	冀草 2 号	323.33^{abcd}	8	26.84^{c}	73.16^{a}	2.73
2	冀草 6 号	221.33^{fgh}	16	28.28^{c}	71.17^{a}	2.54
3	冀草 8 号	316.00^{bcd}	9	32.30^{abc}	67.69^{abc}	2.10
4	辽甜 1 号	334.67^{abc}	7	26.46^{c}	73.53^{a}	2.78
5	辽甜 3 号	348.00^{ab}	6	27.04^{c}	72.95^{a}	2.70
6	辽甜 6 号	370.67^{a}	2	29.07^{bc}	70.92^{ab}	2.44
7	辽甜 13 号	372.33^{a}	1	25.38^{c}	74.61^{a}	2.94
8	通甜 1 号	366.67^{ab}	3	27.78^{c}	71.14^{a}	2.60
9	晋牧 1 号	244.00^{ef}	13	33.98^{abc}	66.04^{abc}	1.95
10	晋牧 3 号	274.67^{de}	11	32.65^{abc}	67.34^{abc}	2.06
11	苏丹草 A506XR10-10	185.00^{gh}	19	48.35^{a}	51.64^{c}	1.07
12	苏丹草 A535XR43-02	363.33^{ab}	4	23.45^{c}	76.54^{a}	3.26
13	苏丹草 A506XR43-03	352.67^{ab}	5	27.03^{c}	72.96^{a}	2.70
14	苏丹草 A506XR51-01	232.00^{efg}	14	32.85^{abc}	67.15^{abc}	1.33
15	饲用高粱 BMR3631	188.33^{gh}	18	38.12^{abc}	61.87^{abc}	1.62
16	饲用高粱 FS3501	198.00^{fgh}	17	27.79^{c}	72.20^{a}	2.60
17	高优 123	180.00^{hi}	20	40.16^{abc}	59.84^{abc}	1.49
18	金冠	137.67^{i}	21	45.16^{ab}	54.84^{bc}	1.21
19	海狮	293.33^{cd}	10	28.70^{c}	71.30^{a}	2.48
20	光明星	231.67^{efg}	15	36.30^{abc}	63.70^{abc}	1.75
21	甘露 400	274.33^{de}	12	27.72^{c}	72.28^{a}	2.61
	SEM	9.66		1.20	1.20	
	P 值	<0.001		0.040	0.040	

注:同一列标注不同小写字母表示差异显著($P<0.05$),下同。

2.3　不同饲用高粱属作物品种生物学产量比较

参试品种的鲜草产量为 12.55 ~ 63.35 kg/(10 m^2),其中辽甜 13 号的鲜草产量最高,其次是辽甜 3 号、辽甜 1 号、通甜 1 号、辽甜 6 号。而高优 123 的鲜草产量最低,仅为 12.55 kg/(10 m^2),约为辽甜 13 号鲜草产量的 80%(表4)。参试品种的干鲜比有显著差异($P<0.05$),其中海狮、苏丹草 A535XR43-02 和高优 123 的干鲜比均超过 50%,晋牧 1 号的干鲜比最小,为 25.49%。21 个参试饲用高粱属作物品种的干草产量有显著差异($P<0.05$)。干草产量排在前三位的是辽甜 13 号、辽甜 3 号和苏丹草 A535XR43-02,排在后三位的是金冠、饲用高粱 FS3501、高优 123。

表4   21个饲用高粱品种的生物学产量比较

序号	品种	鲜草产量 /(kg·10 m⁻²)	干鲜比 /%	干草产量 /(kg·10 m⁻²)	折合干草产量 /(kg·hm⁻²)	位次
1	冀草2号	45.88^{bc}	32.97^{cde}	15.13^{defg}	15 140.85	10
2	冀草6号	25.48^{efg}	30.75^{cde}	7.92^{hi}	7 923.90	16
3	冀草8号	42.97^{cd}	40.94^{abcd}	17.57^{cdef}	17 575.50	8
4	辽甜1号	61.33^{a}	35.20^{cde}	21.35^{bcd}	21 357.30	4
5	辽甜3号	61.65^{a}	42.04^{abcd}	25.85^{ab}	25 866.30	2
6	辽甜6号	56.35^{ab}	38.06^{abcde}	21.34^{bcd}	21 347.40	5
7	辽甜13号	63.35^{a}	44.35^{abc}	27.72^{a}	27 733.80	1
8	通甜1号	57.23^{ab}	33.28^{cde}	19.07^{cde}	19 079.55	6
9	晋牧1号	34.43^{cde}	25.49^{e}	8.83^{ghi}	8 834.40	14
10	晋牧3号	34.33^{cde}	37.34^{abcde}	12.60^{efgh}	126 030.00	12
11	苏丹草A506XR10-10	34.65^{cde}	37.50^{abcde}	12.95^{efgh}	12 953.10	11
12	苏丹草A535XR43-02	42.00^{cd}	51.65^{a}	22.07^{abc}	22 084.35	3
13	苏丹草A506XR43-03	38.12^{cd}	45.62^{abc}	16.98^{cdef}	16 985.10	9
14	苏丹草A506XR51-01	31.30^{def}	34.99^{cde}	11.17^{fgh}	11 172.30	13
15	饲用高粱BMR3631	18.58^{gh}	36.54^{bcde}	6.26^{hi}	6 263.10	20
16	饲用高粱FS3501	23.85^{efgh}	34.74^{cde}	8.52^{hi}	8 520.90	15
17	高优123	12.55^{h}	50.21^{ab}	6.27^{hi}	6 273.15	19
18	金冠	13.22^{gh}	28.08^{de}	3.70^{i}	3 698.55	21
19	海狮	34.75^{cde}	52.14^{a}	18.09^{cde}	18 102.45	7
20	光明星	16.50^{gh}	44.26^{abc}	7.44^{hi}	7 440.45	17
21	甘露400	19.53^{fgh}	37.88^{abcde}	7.40^{hi}	7 407.00	18
	SEM	2.15	1.20	1.12		
	P值	<0.001	0.003	<0.001		

2.4   21个饲用高粱属作物品种适应性的聚类分析

以参试品种的株高、叶干重占总干重比值、茎干重占总干重比值、茎叶比、鲜草产量、干鲜比、干草产量作为分析变量,采用欧氏距离法对21个参试品种进行聚类分析(图1)。当取距离等于10时,可将21个品种分为4类,分别是辽甜6号、通甜1号、辽甜13号、苏丹草A535XR43-02、苏丹草A506XR43-03、冀草2号、冀草8号、辽甜1号和辽甜3号为1类;晋牧3号、甘露400和海狮为1类;冀草6号、苏丹草A506XR51-01、光明星、晋牧1号、饲用高粱BMR3631、高优123、饲用高粱FS3501和苏丹草A506XR10-10为1类;金冠单独为1类。当取距离为15时,可将21个品种分为3类,分别是辽甜6号、通甜1号、辽甜 13 号、苏丹草 A535XR43-02、苏丹草 A506XR43-03、冀草 2 号、冀草 8 号、辽甜 1 号、辽甜 3 号、晋牧 3 号、甘露 400 和海狮为 1 类;冀草 6 号、苏丹草 A506XR51-01、光明星、晋牧 1 号、饲用高粱 BMR3631、高优 123、饲用高粱 FS3501 和苏丹草 A506XR10-10 为 1 类;金冠单独为 1 类。综合各个指标整体分析,辽甜 6 号、通甜 1 号、辽甜 13 号、苏丹草 A535XR43-02、苏丹草 A506XR43-03、冀草 2 号、冀草 8 号、辽甜 1 号和辽甜 3 号类群在天津地区有较好的适应性(图 1)。

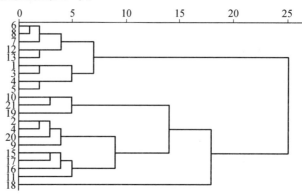

图 1   21 个饲用高粱属作物品种的聚类分析

3   讨论

生育期的长短是作物生长发育的一个重要指标,与干物质的积累密切相关,既影响作物在当地能否完成整个生育期,又影响生产性能,同时在一定程度上还影响经济效益[13]。不同饲用高粱属作物品种在天津地区的生育期存在一定的差异,这与王晓龙等[14]、柯梅等[15]对饲用高粱属作物的品种的比较试验结果一致。另外,笔者发现,所有参试品种的出苗期、分蘖期、拔节期的时间差异较小,材料间在孕穗期后开始出现明显差异。这与柯梅等[15]的研究结果类似,饲用高粱属作物品种间物候期的差异大多存在于孕穗期之后。

晋牧 1 号、晋牧 3 号、饲用高粱 FS3501 和金冠的孕穗期、抽穗期、开花期均显著早于其他品种。而光明星、甘露 400 等品种的孕穗期较晚,时间相差超过 30 d。晚熟品种生育期较长,营养生长的天数也比较长,一次收割时具有一定的产量优势,早熟品种则应考虑多茬收割的利用方式[16]。株高是饲用高粱属作物重要的农艺性状,也是影响产量的重要因素[17]。本试验中辽甜 1、3、6、13 号,通甜 1 号和苏丹草 A535XR43-02 等品种有较大的株高,同时也具有较高的鲜草产量和干草产量。干鲜比和茎叶比通常是评定饲草产量和质量的重要指标之一[18]。干鲜比和茎叶比越低,则适口性越好,但同时意味着干草产量也随之降低[19]。本试验中金冠品种的干鲜比和茎叶比较低,但其株高和产量均最低。产量是衡量饲草经济价值的最重要的指标,受品种、生长环境、管理措施等因素的影响,也与其利用方式有关,其中品种对产量的影响最大[20]。本试验中,21 个饲用高粱属作物的干草产量为 3 698.55 ~ 27 733.80 kg/hm²,其中辽甜 1、3、6、13 号和苏丹草 A535XR43-02 品种的产量均排在前 5 位,产量均大于 20 000 kg/hm²。对于种植者而言,饲草品种的选择更倾向于选择植株高大、产量高的品种,对于养殖者而言,他们更关注的是饲草的品质[21]。因此,除农艺性状和产量以外,不同品种饲用高粱属作物的品质也应进一步探讨。

21 个参试饲用高粱属作物品种的不同性状对天津地区的适应性出现差异。通过聚类分析,可以将综合性能相对接近的品种聚为一个类群[22]。本次聚类分析是根据株高、茎叶比、鲜干比、产量等指标进行的,聚类结果在生产上有一定的参考价值。研究发现辽甜 6 号、通甜 1 号、辽甜 13 号、苏丹草 A535XR43-02、苏丹草 A506XR43-03、冀草 2 号、冀草 8 号、辽甜 1 号和辽甜 3 号等品种的株高较大、干鲜比较大,同时具有较高的产量,在天津地区有较好的适应性。试验结果为下一步品种引进筛选打下了基础,缩小了筛选范围。接下来,对于上述品种的利用方式和饲用品质还需进一步研究。

4 结论

试验对 21 个饲用高粱属作物品种在天津地区的适应性进行评价,通过对生育期、农艺性状以及产量的测定及聚类分析,初步筛选出辽甜 6 号、通甜 1 号、辽甜 13 号、苏丹草 A535XR43-02、苏丹草 A506XR43-03、冀草 2 号、冀草 8 号、辽甜 1 号和辽甜 3 号等品种在天津地区均有较好的适应性,可作为优质饲草品种的备选材料在天津及周边地区推广。

参 考 文 献

[1] 尹权为,张璐璐,玉永雄,等. 重庆地区饲用高粱属作物品种筛选[J]. 畜牧与饲料科学,2010,31(8):76-78.

[2] 董宽虎,沈益新,张新全,等. 饲草生产学[M]. 北京:中国农业出版社,2003.

[3] 李海云,姚拓,韩华雯,等. 不同载体及菌肥浸提液对苏丹草种子萌发的影响[J]. 草原与草坪,2018,38(5):28-34.

[4] 李源,谢楠,赵海明,等. 不同高丹草品种对干旱胁迫的响应及抗旱性评价[J]. 草地学报,2010,18(6):891-896.

[5] 朱鸿福,王丽慧,林语梵,等. 宁夏黄灌区国外饲用高粱品种生产性能及饲用价值研究[J]. 中国草地学报,2019,41(5):40-46.

[6] AMER S, HASSANAT F, BERTHIAUME R, et al. Effect sofwater soluble carbohydratecontent on ensilingcharacteristics, chemical composition and invitrog as production of forage millet and for age sorghumsilages[J]. Animal Feed Scienceand Technology,2012,177:23-29.

[7] 董文成,张桂杰,张欢,等. 宁夏黄灌区不同高丹草品种的生产性能和饲用价值研究[J]. 中国草地学报,2019,41(1):45-50.

[8] 李建平. 不同饲用高粱品种的营养价值及其人工瘤胃降解动态的研究[D]. 晋中:山西农业大学,2004.

[9] 梁辛,邹彩霞,韦升菊,等. 饲用甜高粱饲喂青年奶水牛增质量的试验[J]. 饲料研究,2011(11):61-62.

[10] 高占魁,刘景辉,段宇坤,等. 不同饲用高粱植株形态特征及物质生产特性[J]. 华北农学报,2007,22(S3):66-70.

[11]刘庭玉,成启明,张玉霞,等.科尔沁沙地饲用高粱品种比较试验[J].黑龙江畜牧兽医,2018(24):130-134.

[12]莫负涛,张万祥,曹蕾,等.不同品种饲用高粱农艺性状及草产量比较试验[J].中国草食动物科学,2020,40(1):17-22.

[13]刘明.深松和施氮与土壤特性及玉米生长发育关系的研究[D].沈阳;沈阳农业大学,2012.

[14]王晓龙,李红,杨曌,等.饲用高粱不同品种比较试验[J].黑龙江畜牧兽医,2017(13):147-150.

[15]柯梅,张荟荟,张学洲,等.不同饲用高粱材料在北疆平原农区适应性研究[J].草食家畜,2018(6):52-55.

[16]张素萍.饲草高粱刈割次数与产量分析[J].杂粮作物,2006(2):106.

[17]伏兵哲,常巍,李泽亚,等.宁夏引黄灌区饲用高粱品种比较研究[J].草地学报,2019,27(6):1751-1758.

[18]来强,李青丰,莫日根敖其尔,等.影响牧草含水量测定以及牧草干鲜比的主要因素[J].中国草地学报,2008,30(4):73-77.

[19]高亚敏,萨日娜,孙琳丽,等.内蒙古通辽地区燕麦引种试验初步研究[J].畜牧与饲料科学,2017,38(5):32-35.

[20]梁永良.四个甜高粱品种引种试验及青贮的初步研究[D].南宁:广西大学,2017.

[21]孙志强,徐芳,张元庆,等.不同品种玉米农艺性状及青贮发酵品质的比较及相关性研究[J].草地学报,2019,27(1):250-256.

[22]张延林,李天银,马银生,等.不同紫花苜蓿品种在河西走廊盐碱地的适应性研究[J].草原与草坪,2015,35(2):32-37.

甜高粱 ISSR-PCR 反应体系的建立与优化

周亚星[1]，周 伟[1]，徐寿军[1]，王振国[2]，李 岩[2]，符雨姿[1]，王亚士[1]

（1. 内蒙古民族大学农学院，内蒙古 通辽 028043；

2. 通辽市农业科学研究院，内蒙古 通辽 028043）

摘要：采用单因素试验设计，以甜高粱基因组 DNA 为模板，对简单重复序列区间（ISSR）反应中的 4 个主要影响因素：引物浓度、dNTP 浓度、Taq 酶浓度和 Mg^{2+} 浓度的用量进行梯度设计优化分析，并对单因素试验结果进行 $L_9(3^3)$ 正交试验设计。研究结果表明，25 μL 最佳反应体系中包括 1.0 mmol/L $MgCl_2$，1.0 mmol. L 的 dNTP，0.5 μmol/L 的引物，0.5 U 的 Taq DNA 聚合酶。结果显示，扩增产物条带清晰明亮、多态性丰富，且特异性强和重复性好，表明本研究所确定的反应体系适用于甜高粱的 ISSR 分子标记。

关键词：甜高粱；ISSR；反应体系

甜高粱[*Sorghum bicolor*（Moench）]，又称糖高粱，在我国亦称芦粟、甜秆或甜秫秆等，是普通高粱的变种，除了具有普通高粱的一般特征外，其茎秆还含有大量汁液和糖分，是近年来新兴的一种糖料作物、饲料作物和能源作物[1-2]。

简单重复序列区间（inter-simple sequence repeats，ISSR）是一种新型的微卫星类分子标记技术，是 1994 年由加拿大蒙特利尔大学的周凌瑜等[3]在简单重复序列（simple sequence repeats，SSR）标记的基础上创建的。在 PCR 反应中，所锚定的引物可以引起特定位点退火，以此对 SSR 间的 DNA 序列进行多态性扩增，其扩增产物经过电泳、染色后再根据谱带的有无及对应位置，以此来分析不同样品间标记的多态性。ISSR 技术具有操作简单、安全性好、重复性好等优点，因此被认为是一种理想的遗传标记方法[3-6]。

通过 ISSR 分子标记可以从分子层面对甜高粱品种间亲缘关系和遗传多样性进行聚类分析，选育出更为优良的品种，从而提高甜高粱的育种效率。通过对甜高粱 ISSR 反应体系中主要的 4 个因素进行优化，旨在建立适合甜高粱的 ISSR-PCR 反应体系并筛选其特异 ISSR 引物，以期为甜高粱遗传多样性分析和分子鉴定研究提供理论基础，为下一步甜高粱育种奠定研究基础。

1 材料与方法

1.1 试验材料

甜高粱材料由通辽市农业科学研究院王振国老师提供。

1.2 DNA 的提取

利用北京康为世纪生物科技有限公司生产的 PlantGen DNA Kit 植物基因组 DNA 提取试剂盒,按照说明书取新鲜叶片进行 DNA 提取。

1.3 基因组 DNA 的质量检测

取 5 μL DNA,加入 1 μL 的 6×Loading buffer 混匀后,小心加入点样孔,同时以 DL2000 DNA Marker 作为分子量标准。用质量分数为 1.5% 的琼脂糖凝胶电泳检测 DNA 浓度。

1.4 初始反应体系

本试验初始 ISSR-PCR 反应体系各成分用量(25 mL)见表 1。PCR 扩增反应条件: 94 ℃预变性 3 min,94 ℃变性 50 s,50 ℃退火 35 s,72 ℃延伸 55 s,37 个循环,72 ℃最后延伸 10 min,4 ℃保存。

表 1　初始 ISSR-PCR 反应体系各成分用量(25 μL)

反应成分	用量
ddH$_2$O	—
PCR buffer	10×PCR buffer
MgCl$_2$/(mmol · L^{-1})	0.5
dNTP/(mmol · L^{-1})	0.75
Primer/(μmol · L^{-1})	1.0
Template DNA/(ng · μL^{-1})	20
Taq DNA 聚合酶/U	1.0

2 结果与分析

2.1 DNA 结果检测

采用植物基因组 DNA 试剂盒提取甜高粱 DNA,之后通过琼脂糖凝胶进行电泳,成像后观察到试验提取的甜高粱叶片 DNA 条带清晰明亮,无拖尾现象且带形集中。说明提取出的 DNA 适用于后续的 ISSR-PCR 反应(图 1)。

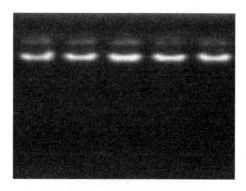

图 1　供试材料 DNA 电泳谱带

M：Marker DL2000

2.2　Taq 酶浓度对 ISSR-PCR 结果的影响

在甜高粱 25 μL 的反应体系中,对 Taq 酶浓度设定了 4 个梯度来进行试验。从扩增结果(图 2)可以看出,随着 Taq 酶浓度的增加,扩增条带数先减少、再增加、最后减少。当 Taq 酶浓度为 0.5 U 时,获得的扩增条带数最多,条带明亮清晰,当酶的浓度增加到 1.0 U 时,扩增条带数大量减少,亮度变暗。随着酶浓度的增加,当达到 1.5 U 时,扩增条带数有所增加,亮度也明显提高,且在 1.5～2.0 U 浓度范围内扩增条带数不再增加,其变化范围也相对较小。由此可知,Taq 酶浓度在 0.5 U 时可作为甜高粱 25 μL 反应体系的最佳扩增浓度。

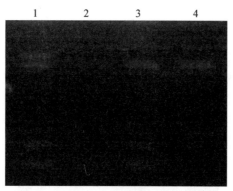

图 2　Taq 酶浓度对试验结果的影响

1～4 的 Taq 酶浓度依次为 0.5 U、1.0 U、1.5 U、2.0 U

2.3　Mg^{2+} 浓度对 ISSR-PCR 结果的影响

从图 3 可以看出,随着 Mg^{2+} 浓度的增加,扩增条带数呈先增加后减少,最后趋向平缓的趋势。Mg^{2+} 浓度在 0.5 mmol/L 时,没有 DNA 扩增条带的出现,当 Mg^{2+} 浓度增加至 1.0 mmol/L时,扩增条带数大大增加,且亮度增强。当 Mg^{2+} 浓度增加到 1.5 mmol/L 时,扩增条带的亮度明显降低,扩增条带数目也同时减少,最后当 Mg^{2+} 浓度达到2.0 mmol/L

时,扩增条带数也有所增加,但数目变化的范围较小。虽然 Mg^{2+} 浓度在 1.0 mmol/L 和 2.0 mmol/L 时扩增条带皆清晰,但 Mg^{2+} 浓度在 1.0 mmol/L 时条带亮度较强。Mg^{2+} 浓度越高,就越容易产生非特异性的扩增,因此选择 1.0 mmol/L 水平的 Mg^{2+} 浓度用量是最合适的。

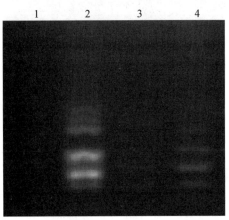

图 3　Mg^{2+} 浓度对试验结果的影响

1~4 的 Mg^{2+} 浓度依次为 0.5 mol/L、1.0 mol/L、1.5 mol/L、2.0 mol/L

2.4　引物浓度对 ISSR-PCR 结果的影响

在甜高粱 25 μL 的反应体系中,对引物浓度设定了 4 个梯度。随着引物浓度的增加,扩增条带数呈逐渐减少趋势,当引物浓度为 0.5 μmol/L 时,扩增条带数达到最大值,且在此浓度下扩增条带数稳定性好,多态性强,条带背景较好,无非特异性扩增条带出现。当引物浓度高于 0.5 μmol/L 时,条带亮度逐级增强,同时也出现了条带模糊不清、扩增条带数减少的现象。这说明当引物浓度达到某一特定值后,会产生引物二聚体,从而降低扩增效率。因此选择 0.5 μmol/L 作为甜高粱 25 μL 反应体系的最佳扩增浓度。

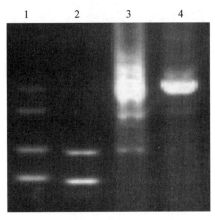

图 4　引物浓度对试验结果的影响

1~4 的引物浓度依次为 0.5 μmol/L、1.0 μmol/L、1.5 μmol/L、2.0 μmol/L

2.5 dNTP 浓度对 ISSR-PCR 结果的影响

如图5所示,将 dNTP 浓度设4个梯度来进行试验,当 dNTP 浓度在 0.50 mmol/L 时,扩增出的特异性条带数较少,而 dNTP 浓度增加到 0.75 mmol/L 时,产生的条带拖尾严重且清晰度差。在 dNTP 浓度为 1.00 mmol/L 时产生的条带数较多,且清晰度达到最高。dNTP 浓度超过 1.00 mmol/L 时,条带数明显下降且清晰度也随之降低。因此选择 1.00 mmol/L 的 dNTP 浓度为甜高粱的 ISSR-PCR 反应体系的最佳用量。

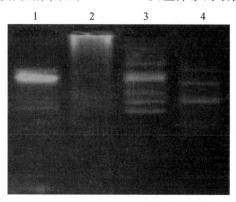

图5 dNTP 浓度对试验结果的影响

1~4 的 dNTP 浓度依次为 0.50 mmol/L、0.75 mmol/L、1.00 mmol/L、1.25 mmol/L

3 讨论

高质量的 DNA 是完成 ISSR-PCR 反应的基础,因此,ISSR-PCR 反应对 DNA 的质量要求较高。在进行 ISSR-PCR 扩增反应时,其反应体系会因为各个因素的不同产生不同的扩增结果。如本试验中过高的 Taq 酶浓度不仅会产生非特异性扩增,而且还会产生非目的片段、引物二聚体等,甚至不出现任何条带。过低的 Taq 酶浓度则会影响合成结果,这是由于 Taq 酶的作用是通过构建磷酸二酯键将脱氧核苷酸聚合形成脱氧核苷酸链,从而形成双链 DNA 分子。在 ISSR-PCR 反应体系中,Taq 酶的用量如果过多,不仅会造成成本上的浪费,同时还会产生非特异性扩增;而 Taq 酶用量过低会使产物合成的效率降低,甚至不能扩增出条带。因此,通过试验得出 0.5 U 的 Taq 酶是最适反应浓度。Mg^{2+} 浓度高低对引物和模板的结合效率也会产生一定的影响;Mg^{2+} 可以与引物、模板相结合,从而影响引物与模板的结合效率,同时也会对 Taq 酶的活性产生影响。同样,Mg^{2+} 浓度也影响扩增条带的最终数量及特异性[7-10]。因此,通过试验得出 1.0 mmol/L $MgCl_2$ 是最适反应浓度。

引物是决定 DNA 从哪个位点开始进行复制的关键点,所以适宜浓度的引物也是 ISSR-PCR 扩增反应能够顺利进行的重要因素之一;目的基因 DNA 在受热变性后解链为单链,而引物的作用是将脱氧核苷酸结合到单链上去,使新链增长,适宜的引物浓度是保证特异性扩增的前提。除此之外,引物浓度也会对 ISSR-PCR 的带型和背景会产生明显的影响[11-12]。通过试验得出 0.5 μmol/L 是引物最适反应浓度。dNTP 的用量过高容易造成错误掺入,用量过低会降低多态性条带的产出,所以在一般的实际操作过程中,在提高 dNTP 用量的同时也必须提高 Mg^{2+} 浓度,这样才不会使自由 Mg^{2+} 浓度偏低,从而避免影响聚合酶的活性。dNTP 是 Taq 酶作用的底物,其浓度会影响酶促反应的效率,是建立 ISSR-PCR 稳定体系的必要条件,当 dNTP 浓度过高时容易产生错误掺入,而浓度过低时会过早地消耗而导致产物单链化,降低产率[13-15],dNTP 浓度的大小对 ISSR-PCR 反应能产生直接的影响。通过梯度试验可知 1.00 mmol/L 的 dNTP 浓度为体系的最适浓度,通过体系优化试验可以确定甜高粱 ISSR-PCR 的最适反应体系为 25 μL 中包含 1.0 mmol/L $MgCl_2$、1.00 mmol/L 的 dNTP、0.5 μmol/L 的引物、0.5 U 的 Taq 酶。

参 考 文 献

[1]宾力,潘琦.甜高粱的研究和利用[J].中国糖料,2008(4):58-61,65.

[2]朱翠云.甜高粱:大有发展前途的作物[J].国外农学-杂粮作物,1999(2):30-33.

[3]周凌瑜,吴晨炜,唐东芹,等.利用正交设计优化小苍兰 ISSR-PCR 反应体系[J].植物研究,2008,28(4):402-407.

[4]周亚星,周伟.ISSR 分子标记技术在作物遗传育种中的应用[J].内蒙古民族大学学报(自然科学版),2011,26(6):682-684.

[5]叶新如,朱海生,温庆放,等.丝瓜 SRAP 反应体系的优化[J].分子植物育种,2016,14(3):673-678.

[6]席嘉宾,郑玉忠,杨中艺.地毯草 ISSR 反应体系的建立与优化[J].中山大学学报(自然科学版),2004,43(3):80-84.

[7]周亚星,周伟,朱国立,等.蓖麻 Lm 型雌性系 ISSR-PCR 反应体系建立与优化[J].内蒙古民族大学学报(自然科学版),2016,31(1):45-47,51.

[8]叶新如,朱海生,温庆放,等.丝瓜 ISSR 反应体系的优化[J].分子植物育种,2018,16(5):1551-1557.

[9]李国帅,曹福祥,彭继庆,等.野生小果油茶 ISSR-PCR 反应体系的建立与优化[J].中南林业科技大学学报,2014,34(4):36-42,49.

[10]JIAN S G,SHI S H,ZHANG Y,et al. Genetic diversity among south China heritiera littoralis delected by inter-simple sequence repeats(ISSR) analysis[J]. Journal of Genetics and Molecular Biology, 2002,13(4):272-276.

[11]孙建,颜延献,涂玉琴,等.芝麻 RSAP-PCR 反应体系的正交优化与验证[J].基因组学与应用生物学,2015,35(10):2200-2209.

[12]刘成平.瓠瓜 EST-SSR、SRAP、ISSR 和 RAPD 反应体系的建立及其纯度鉴定应用的研究[D].武汉:华中农业大学,2008.

[13]杜乐山,谷思,张盾,等.椭圆叶花锚 ISSR-PCR 体系的建立与优化[J].分子植物育种,2019,17(19):6410-6417.

[14]高慧新,严炯艺,王明杰,等.白花蛇舌草 ISSR 反应体系的建立与优化[J].江苏农业科学,2018(23):72-74.

[15]刘海洋,王琦,王伟,等.新疆棉花黄萎病的发生现状及其病原菌的分子鉴定与 ISSR 分析[J].植物保护学报,2018,45(6):1194-1203.

甜高粱农艺性状杂种优势分析

刘　阳[1]，周　伟[1]，王振国[2]，李　岩[2]，李资文[1]，罗　巍[1]，杨志强[1]，周亚星[1]

（1. 内蒙古民族大学农学院，内蒙古 通辽 028000；
2. 通辽市农牧科学研究所，内蒙古 通辽 028000）

摘要：本试验对 10 个甜高粱亲本及其 24 个杂交组合 F1 代的主要农艺性状及产量进行杂种优势分析。结果表明，供试材料的杂种优势主要表现在糖锤度、产量和榨汁率三个方面，中亲优势由大到小分别为产量、榨汁率、糖锤度，其数值分别为 62.40%、35.65%、2.68%，超亲优势与中亲优势排序相同，其数值为 59.22%、30.80%、1.20%。综合分析后得出甜高粱杂交组合 F1 中组合 S8/T52 最好，主要表现为糖锤度较其他组合杂种优势强，糖锤度为 18.40%，榨汁率较其他组合杂种优势最强，榨汁率为 41.62%，产量较其他组合杂种优势强，产量为 589.54 kg/亩。S8/T52 杂交组合在糖锤度、榨汁率、产量都较高。本研究结果为这些亲本的进一步有效利用及杂交高粱育种实践提供了理论指导。

关键词：高粱；杂种优势；农艺性状

高粱（*Sorghum bicolor*（L.）Moench）是世界上最重要的谷类粮食作物之一，也是我国的重要粮食作物、饲用作物和能源作物，具有耐盐碱、耐旱、耐涝、耐贫瘠等多重抗性（张华文等，2019）。甜高粱生物量高、营养物质丰富、适口性较好，是粗饲料作物的首选。甜高粱起源于非洲，光合效率较高，素有高能作物之称，具有耐旱、耐贫瘠、抗盐碱等特性，享有"作物中的骆驼"之美誉（金星娜等，2021；孙志强等，2021）。甜高粱又称芦粟、甜秆、糖高粱，是普通粒用高粱的一个变种（张丹等，2019）。甜高粱用来做青饲、青贮和干草，是良好的饲料（李春喜等，2016；何振富等，2021），在外国多个地区甜高粱常被作为青贮玉米的替代品。甜高粱可用于酿酒、制糖、生产乙醇等，在国民经济中占有重要地位（周亚星等，2019），而且甜高粱糖分汁液也十分丰富，汁液含量最高为 70%，茎秆含糖量最高为 21%，具有抗倒伏、作物产量高、营养品质高、适口性好等优点，在畜牧生产中已大面积栽培（张会慧等，2012）。另外，甜高粱可通过种植轮作换茬，可充分利用土壤中的养分。因此，开发甜高粱产业对促进农民增收增效、种植业调整和生态环境可持续发展具有重要意义（李帅等，2021）。

杂种优势由德国植物学家 Kolreuter 发现，Dar-win 为杂种优势奠定了基础（陈明凯，2021）。国内育种工作中利用杂种优势对作物进行抗病虫育种、矮秆育种、品质育种等（孙寰等，2004）培育出的"杂交豆 1 号"利用杂种优势使其增产 20% 以上。陈希勇等（1993）认为可通过杂种优势的利用，提高小麦的蛋白质含量。因此，利用杂种优势是提高作物产量和改进作物品质的重要途径之一（倪先林等，2016）。

目前关于普通高粱的研究较多，甜高粱的研究相对较少，所以针对甜高粱的研究有很大的进步空间（罗峰等，2019）。本试验通过对甜高粱不同亲本组合 F1 代进行农艺性状杂种优势的分析研究，探讨了各组合的杂种优势类型，分析出最优亲本组合，以期为这些亲本的进一步有效利用及杂交高粱育种实践提供理论指导。

1 材料与方法

1.1 供试材料

供试材料中母本为 4 个甜高粱材料,分别是 S798、S499、S13、S8,父本为 6 个甜高粱材料 T52、T48、H22、K8、B69、W92 及其 24 个杂交组合。

1.2 试验地概况

试验在内蒙古自治区通辽市农业科学研究院试验基地进行。通辽地区属于温带大陆性季风气候,年均气温为 6.4 ℃,≥10 ℃活动积温为 2 800 ℃ ~ 3 300 ℃,无霜期为 150 d,年均降水量为 399.1 mm,4—9 月份降水量占全年的 89%(唐艳梅,2015)。

1.3 试验设计

试验设 10 个亲本及其 24 个杂交组合,杂交组合分别为 S798/T52、S798/T48、S798/H22、S798/K8、S798/B69、S798/W92、S499/T52、S499/T48、S499/H22、S499/K8、S499/B69、S499/W92、S13/T52、S13/T48、S13/H22、S13/K8、S13/B69、S13/W92、S8/T52、S8/T48、S8/H22、S8/K8、S8/B69、S8/W92,每个处理 3 次重复。

1.4 测定项目

对 10 个亲本及其 24 个杂交组合随机选取 10 株,每个处理设 3 次重复。挂牌并记录茎粗、株高、主穗长度、穗粒数、糖锤度、榨汁率和产量。中亲优势、超亲优势计算公式如下:超亲优势(%)=(F1−HP)/HP×100%,中亲优势(%)=(F1−MP)/MP×100%。式中,HP 为高值亲本;MP 为双亲平均值;F1 为杂交种某一数量性状的数值。

1.5 数据分析

采用 SPSSS Tatistic19.0 和 Microsoft Excel 软件对试验数据进行分析处理。

2 结果与分析

2.1 方差分析

通过对甜高粱 24 个杂交组合 F1 代的 9 个性状进行方差分析（表 1）可知，各性状间存在显著或极显著水平差异。因此，可以对品种间的差异进行甜高粱性状的杂种优势分析等方面的研究。本试验主要针对甜高粱的株高、茎粗、穗粒数、产量、糖锤度、榨汁率等 6 个性状进行了杂种优势分析。

表 1　各性状方差分析的 F 检验

性状	组合间
株高	7.376*
茎粗	6.591*
主穗长度	23.837*
茎秆长	7.216*
穗粒数	1.077**
千粒重	5.277*
产量	9.427*
糖锤度	1.940**
榨汁率	18.443*

注：*和**分别表示在 0.05 和 0.01 水平差异显著。

2.2 糖锤度杂种优势分析

通过对全部组合糖锤度的中亲优势和超标优势比较可知（表 2），甜高粱糖锤度各 F1 组合中存在 4 个中亲优势，优势率为 0.15% ~ 2.68%，其中中亲优势最高组合是 S798/T52，优势率为 2.68%，中亲优势最低组合是 S13/H22，优势率为 0.15%。各 F1 组合中存在 1 个超亲优势，优势率为 1.20%，超亲优势组合是 S13/W92。F1 组合中 S8/T52 的糖锤度最高，糖锤度为 18.40%，组合 S499/B69 的糖锤度最低，为 16.48%。

表 2　甜高粱糖锤度杂种优势分析

组合名称	糖锤度/%				杂种优势/%	
	母本	父本	均值	组合	中亲优势	超亲优势
S798/T52	17.03	19.07	18.05	18.53	2.68	-2.80
S798/T48	17.03	17.57	17.30	17.45	0.87	-0.66
S798/H22	17.03	17.37	17.20	16.78	-2.46	-3.40
S798/K8	17.03	18.30	17.67	17.57	-0.53	-3.97

组合名称	糖锤度/%				杂种优势/%	
	母本	父本	均值	组合	中亲优势	超亲优势
S798/B69	17.03	17.87	17.45	16.91	−3.11	−5.37
S798/W92	17.03	18.03	17.53	17.34	−1.10	−3.84
S499/T52	18.43	19.07	18.75	18.13	−3.31	−4.91
S499/T48	18.43	17.57	18.00	17.15	−4.72	−6.96
S499/H22	18.43	17.37	17.90	17.11	−4.39	−7.16
S499/K8	18.43	18.30	18.37	17.75	−3.36	−3.71
S499/B69	18.43	17.87	18.15	16.48	−9.20	−10.60
S499/W92	18.43	18.03	18.23	17.66	−3.14	−4.20
S13/T52	17.57	19.07	18.32	16.95	−7.46	−11.10
S13/T48	17.57	17.57	17.57	17.26	−1.73	−1.73
S13/H22	17.57	17.37	17.47	17.49	0.15	−0.42
S13/K8	17.57	18.30	17.93	17.68	−1.39	−3.37
S13/B69	17.57	17.87	17.72	17.50	−1.24	−2.07
S13/W92	17.57	18.03	17.80	18.25	2.53	1.20
S8/T52	19.20	19.07	19.13	18.40	−3.85	−4.18
S8/T48	19.20	17.57	18.38	17.36	−5.58	−9.60
S8/H22	19.20	17.37	18.28	16.89	−7.62	−12.03
S8/K8	19.20	18.30	18.75	16.88	−9.97	−12.08
S8/B69	19.20	17.87	18.53	17.44	−5.92	−9.18
S8/W92	19.20	18.03	18.62	16.77	−9.90	−12.64

2.3 榨汁率杂种优势分析

通过分析可知(表3),各 F1 组合中甜高粱榨汁率均存在中亲优势,优势率为 11.91% ~35.65%,其中中亲优势最高组合是 S798/W92,优势率为 35.65%,中亲优势最低组合是 S8/K8,优势率为 11.91%;超亲优势存在 22 个,优势率为 0.17% ~30.80%,超亲优势最高的组合是 S13/H22,优势率为 30.80%,超亲优势最低的组合是 S8/B69,优势率为 0.17%。F1 组合中 S8/T52 榨汁率最高,为 41.62%,S13/B69 榨汁率最低,为29.54%。

表3　甜高粱杂交组合榨汁率杂种优势分析

组合名称	榨汁率/%				杂种优势/%	
	母本	父本	均值	组合	中亲优势	超亲优势
S798/T52	26.82	28.67	27.75	33.55	20.91	17.01
S798/T48	26.82	25.68	26.25	33.50	27.62	24.91
S798/H22	26.82	25.92	26.37	34.02	29.01	26.86
S798/K8	26.82	26.03	26.42	33.54	26.93	25.06
S798/B69	26.82	22.25	24.54	32.89	34.05	22.63
S798/W92	26.82	22.01	24.42	33.12	35.65	23.49
S499/T52	25.54	28.67	27.10	33.15	22.32	15.64
S499/T48	25.54	25.68	25.61	32.31	26.18	25.83
S499/H22	25.54	25.92	25.73	32.01	24.41	23.48
S499/K8	25.54	26.03	25.78	32.32	25.37	24.19
S499/B69	25.54	22.25	23.89	30.72	28.56	20.28
S499/W92	25.54	22.01	23.77	29.81	25.41	16.75
S13/T52	25.19	28.67	26.93	33.49	24.34	16.80
S13/T48	25.19	25.68	25.44	32.64	28.33	27.12
S13/H22	25.19	25.92	25.56	33.91	32.66	30.80
S13/K8	25.19	26.03	25.61	33.52	30.89	28.79
S13/B69	25.19	22.25	23.72	29.54	24.53	17.25
S13/W92	25.19	22.01	23.60	30.85	30.70	22.44
S13/T52	25.19	28.67	26.93	33.49	24.34	16.80
S8/T52	33.44	28.67	31.05	41.62	34.04	24.48
S8/T48	33.44	25.68	29.56	33.27	12.56	−0.50
S8/H22	33.44	25.92	29.68	34.10	14.89	1.98
S8/K8	33.44	26.03	29.73	33.27	11.91	−0.49
S8/B69	33.44	22.25	27.84	33.49	20.29	0.17
S8/W92	33.44	22.01	27.72	34.09	22.97	1.95

2.4　产量杂种优势分析

通过各组合产量中亲优势和超亲优势比较结果(表4)可知,组合 S8/T52 杂交产量值较其他组合高,且母本 S8 在 10 个亲本产量中最高。甜高粱产量各 F1 组合中都存在中亲优势,优势率为 4.78% ~62.40% ,其中中亲优势最高的组合是 S13/K8,中亲优势最低组合是 S8/T48,优势率为 4.78% 。24 个组合中只有 S8/H22 未表现出超亲优势,超亲优势最高的组合是 S13/K8,优势率为 59.22% ,S8/T48 的超亲优势和中亲优势最低,分别为 1.20% 、4.78% 。S798×父本组合平均超亲优势为 29.39% ,S499×父本组合平均超亲优势为 27.29% ,S13×父本组合平均超亲优势为 45.53% ,S8×父本组合平均超亲优势为 9.31% ,全部 F1 组合平均超亲优势为 9.31% 。

表 4　甜高粱杂交组合产量杂种优势分析

组合名称	产量/(kg·亩$^{-1}$)				杂种优势/%	
	母本	父本	均值	组合	中亲优势	超亲优势
S798/T52	357.80	425.35	391.57	519.04	32.55	22.03
S798/T48	357.80	399.27	378.53	519.86	37.34	30.20
S798/H22	357.80	308.60	333.20	410.16	23.10	14.63
S798/K8	357.80	302.17	329.99	486.64	47.47	36.01
S798/B69	357.80	344.99	351.40	505.30	43.80	41.22
S798/W92	357.80	378.10	367.95	500.07	35.91	32.26
S499/T52	372.34	425.35	398.84	525.46	31.75	23.54
S499/T48	372.34	399.27	385.80	518.04	34.27	29.75
S499/H22	372.34	308.60	340.47	435.82	28.00	17.05
S499/K8	372.34	302.17	337.26	468.41	38.89	25.80
S499/B69	372.34	344.99	358.67	495.27	38.09	33.01
S499/W92	372.34	378.10	375.22	508.81	35.60	34.57
S13/T52	314.49	425.35	369.92	564.48	52.60	32.71
S13/T48	314.49	399.27	356.88	536.27	50.27	34.31
S13/H22	314.49	308.60	311.54	464.99	49.25	47.85
S13/K8	314.49	302.17	308.33	500.72	62.40	59.22
S13/B69	314.49	344.99	329.74	520.39	57.82	50.84
S13/W92	314.49	378.10	346.30	515.12	48.75	36.24
S8/T52	428.55	425.35	426.95	589.54	38.08	37.57
S8/T48	428.55	399.27	413.91	433.68	4.78	1.20
S8/H22	428.55	308.60	368.57	394.86	7.13	−7.86
S8/K8	428.55	302.17	365.36	464.21	27.06	8.32
S8/B69	428.55	344.99	386.77	453.94	17.37	5.92
S8/W92	428.55	378.10	403.32	474.41	17.63	10.70
S798×父本 组合平均值	—	—	—	—	—	29.39
S499×父本 组合平均值	—	—	—	—	—	27.29
S13×父本 组合平均值	—	—	—	—	—	45.53
S8×父本 组合平均值	—	—	—	—	—	9.31
全部 F1 组合平均值	—	—	—	—	—	27.38

2.5 株高、茎粗、穗粒数杂种优势分析

研究结果表明,株高和穗粒数中组合 S499/K8 表现最好,茎粗中组合 S8/T52 表现最好,针对株高表现为超亲优势的组合有 17 个,优势率为 0.11% ~ 24.26%,超亲优势最高的组合是 S499/K8,优势率为 24.26%,超亲优势最低的组合是 S13/B69,优势率为 0.11%(表 5)。针对茎粗表现为超亲优势的组合有 6 个,优势率为 1.59% ~ 26.01%,超亲优势最高的组合是 S798/K8,优势率为 26.01%,超亲优势最低的组合是 S8/T52,优势率为 1.59%。针对穗粒数表现为超亲优势的组合有 14 个,优势率为 0.52% ~ 48.55%,超亲优势最高的组合是 S499/K8,优势率为 48.55%,超亲优势最低的组合是 S798/B69,优势率为 0.52%。株高和穗粒数杂种优势均较高的组合是 S499/K8。茎粗杂种优势最好的是 S8/T52 组合。

表 5　甜高粱株高,茎粗,穗粒数性状分析

组合名称	株高/cm	超亲优势/%	茎粗/cm	超亲优势/%	穗粒数	超亲优势/%
S798/T52	290.00	5.97	1.97	1.72	2 167.00	2.54
S798/T48	294.00	-4.13	1.83	-19.12	2 107.33	2.95
S798/H22	315.00	-2.07	1.93	16.00	2 093.33	2.26
S798/K8	283.00	3.41	1.93	26.09	2 073.67	1.30
S798/B69	317.67	12.51	1.87	0.00	2 057.67	0.52
S798/W92	334.33	11.32	1.90	-13.64	2 080.67	1.64
S499/T52	297.67	5.68	2.00	3.45	2 130.00	0.79
S499/T48	322.00	5.00	1.90	-16.18	2 059.00	-1.31
S499/H22	333.33	3.63	2.00	5.26	2 038.00	-2.32
S499/K8	350.00	24.26	1.90	0.00	3 099.33	48.55
S499/B69	322.00	14.05	1.90	0.00	2 086.00	-0.02
S499/W92	325.33	8.32	1.90	-13.64	2 077.33	-0.43
S13/T52	293.67	0.00	1.83	-5.17	2 068.00	-2.15
S13/T48	300.33	-2.07	1.83	-19.12	2 141.00	3.68
S13/H22	331.67	3.11	1.87	0.00	2 141.67	3.71
S13/K8	284.33	-3.18	1.80	-3.57	2 043.33	-1.05
S13/B69	294.00	0.11	1.83	-1.79	2 055.00	-0.48
S13/W92	328.33	9.32	1.90	-13.64	2 132.33	3.26
S8/T52	333.33	5.26	2.13	1.59	2 226.33	5.33
S8/T48	319.33	0.84	1.80	-20.59	2 041.33	-3.42
S8/H22	327.67	1.87	1.93	-7.94	20 166.33	2.49
S8/K8	279.33	-11.79	2.03	-3.17	2 080.00	-1.59
S8/B69	294.33	-7.05	1.80	-14.29	2 128.00	0.68
S8/W92	322.00	1.68	1.83	-16.67	2 140.33	1.26

3　讨论

通过研究分析可知,各杂交组合性状的中亲优势和超亲优势差别均很大,其中 S8/T52 组合杂种优势最强。各组合糖锤度的中亲优势、超亲优势及方差较其他性状均低,但亲本 S8 在 S798、S499、S13、S8 4 个母本中糖锤度、产量、榨汁率最高,数值分别为19.20%、428.55 kg、33.44%,亲本 T52 在 T52、T48、H22、K8、B69、W92 6 个父本中糖锤度、产量、榨汁率最高,数值分别为19.07%、425.35 kg、28.67%,组合 S8/T52 的糖锤度、产量、榨汁率最高,数值分别为18.40%、589.54 kg/亩、41.63%,说明这两个亲本的配合力高,杂种优势明显。亲本 S8 在 4 个母本中茎粗最大,数值为2.10 cm,亲本 T52 在 6 个父本中茎粗虽然不是最大,但在父本中排序第二,数值为1.93 cm,其组合 S8/T52 的茎粗杂种优势较其他组合最高,茎粗为2.13 cm。母本 S499,父本 K8 在株高和穗粒数的 4 个母本和 6 个父本中数值虽然不是最大值,但株高和穗粒数杂种优势均较高的组合却是S499/K8,株高为350 cm,穗粒数为3 099.33 个,可见某一单一性状上数值高的亲本其后代在该性状上的数值不一定高。吕建澎等(2019)分析高粱株高受两对主基因控制的原因可能是供试亲本的遗传背景、群体大小、试验设计缺少重复等造成的。王黎明等(2020)指出针对农艺性状研究,多数的甜高粱性状遗传力估计值不高,受环境条件影响较大,类似的研究结果在以往的研究中也有发现,所以在组配杂交种时应该综合考虑亲本之间的配合力、环境因素、营养条件等多方面影响。

甜高粱作为优良的饲用作物,近几年畜牧业不断发展扩大,饲料的需求也在不断增长,豆科牧草青贮困难,但甜高粱容易青贮且营养物质保留多,可通过饲喂牛、羊、马、兔等提高肉的品质和产量,这对甜高粱饲用品质提出了更高的要求,本试验 S8/T52 杂交组合的综合性状较其他组合好,在糖锤度、榨汁率、产量都比较高,表现为适口性更好、营养价值更高,不仅能促进畜牧业的发展,还能满足人们对肉蛋奶的需求。甜高粱的糖锤度、榨汁率以及产量作为饲用高粱的重要指标,还需进一步提高甜高粱的品质及经济效益。

参 考 文 献

[1]陈希勇,黄铁城,张爱民.T 型杂种小麦产量、蛋白质含量及其有关部分生理特性的配合力分析[J].北京农业大学学报,1993(S2):65-70.

[2]何振富,贺春贵,陈平,等.不同甜高粱品种(系)农艺性状与产量、品质的相关性研究[J].中国饲料,2021(13):84-91.

[3]金星娜,王旭,田新会,等.8 个饲用甜高粱品种的农艺性能及营养品质[J].草业科学,2021,38(7):1362-1372.

[4]李春喜,冯海生,闫慧颖,等.不同海拔生态区甜高粱和玉米及甜高粱不同刈割次数的养分含量[J].草地学报,2016,24(2):425-432.

[5]李帅,姜曙光,孟雪,等.豫东地区甜高粱优质高产高效栽培技术[J].安徽农学通报,2021,27(1):44-45.

[6]吕建澎,段霞飞,孙瑄玮,等.高粱重组自交系含糖量及相关性状遗传分析[J].分子植

物育种,2019,17(7):2238-2245.

[7]罗峰,裴忠有,高建明,等.甜高粱杂交种F1代杂种优势研究[J].安徽农业科学,2019,47(10):49-52.

[8]倪先林,龙文靖,赵甘霖,等.糯高粱主要农艺性状配合力与杂种优势的关系[J].作物杂志,2016(5):50-55.

[9]孙志强,罗撄宁,熊乙,等.甜高粱作为优质饲草在我国草牧业发展中的潜力分析[J].中国草地学报,2021,43(3):104-112.

[10]唐艳梅.蓖麻农艺性状杂种优势分析[J].内蒙古民族大学学报:自然科学版,2015,30(2):119-125.

[11]王黎明,焦少杰,严洪冬,等.甜高粱主要农艺性状的遗传性及其在杂交育种中的应用[J].山西农业大学学报:自然科学版,2020,40(3):9-14.

[12]张丹,王楠,李超,等.甜高粱:一种优质的饲料作物[J].生物技术通报,2019,35(5):2-8.

[13]张会慧,张秀丽,胡彦波,等.高粱-苏丹草杂交种的生长特性和光合功能研究[J].草地学报,2012,20(5):881-887.

[14]张华文,王润丰,徐梦平,等.根际盐分差异性分布对高粱幼苗生长发育的影响[J].中国农业科学,2019,52(22):4110-4118.

[15]周亚星,周伟,徐寿军,等.不同生育时期甜高粱茎秆糖锤度与农艺性状及生物产量的相关分析[J].河南农业科学,2019,48(9):46-53.

西辽河流域耐盐碱高粱产业发展探讨

魏庆兰[1],余忠浩[1],周亚星[1],金广洋[1],王振国[2],李　岩[2],周　伟[1*]

(1. 内蒙古民族大学,内蒙古 通辽 028043;2. 通辽市农牧科学研究所,内蒙古 通辽 028000)

摘要:在介绍西辽河流域分布、气候特点及盐碱地现状的基础上,总结了西辽河流域高粱品种选育与品牌打造情况,提出了盐碱地种植高粱的技术要点与难点、西辽河流域高粱产业需求,并对西辽河流域未来高粱产业的发展进行了展望,以期促进当地经济发展。

关键词:高粱产业;盐碱地;西辽河流域

高粱(*Sorghum bicolor*(L.)Moench)是世界第五大作物,又名蜀黍、芦粟等,是禾本科高粱属一年生草本植物[1]。高粱不但是重要的粮食作物,在畜牧业、工业、农业、食品业上也有很大的发展空间。相对于其他作物,高粱对土壤酸碱度的适应性较强,在含盐量小于0.5%的盐碱土壤中也能正常生长[2]。根据中国作物协会,作为世界三大苏打盐碱土集中分布区之一的东北松嫩平原[3]目前约有760万 hm^2 的盐渍化土壤,占土地面积的6.2%,而且还在以约2万 hm^2/a的速度增加,对我国农业生产和粮食安全造成了严重威胁。近年来,我国土地盐碱化越来越严重,耐盐水稻种植推广迅速,耐盐碱特性强的高粱也将在农业生产和盐碱地改良中发挥重要的作用。因此,大力发展耐盐碱高粱生产对于改善盐碱地土壤质量,进而推动当地的经济发展、提高农民收益具有重要意义。

1　西辽河流域概述

1.1　西辽河流域分布

西辽河流域是与长江流域、黄河流域并列的三大中华文明起源地之一,处于我国东北部,位于蒙古高原向辽河平原递降的斜坡地带[4],坐落在内蒙古高原、东北平原、华北平原的衔接三角区。其东侧为西辽河平原,西侧为大兴安岭南段,南部为燕山山脉东段,北部为霍林河南侧分水岭,介于东经116°36′~124°34′、北纬41°05′~45°12′之间,土地面积约为13.6万 km^2,占辽河流域的43%[4]。在行政区划上涉及内蒙古自治区、河北省、辽宁省和吉林省的10个地级市(盟)27个旗县市区。

1.2　西辽河流域气候特点

西辽河流域地处大陆性季风气候区及干旱、半干旱气候区,雨热同期且降水较少。受蒙古高原气流的制约,存在季节性变化,春秋冬降水(雪)少,夏季降水较多。年平均气温为 $5.0 \sim 6.5$ ℃,年均日照时数为 $2\ 800 \sim 3\ 100$ h,相对湿度为 $45\% \sim 58\%$,年均降雨量为 $300 \sim 450$ mm,蒸发量为 $1\ 199 \sim 2\ 200$ mm[4]。70%的降水主要集中在 $6 \sim 8$ 月,流域降水呈显著地带性差异,整体表现为自东北向西南递减,平原低于山区。

2　西辽河流域盐碱地现状

2.1　盐碱地成因、面积及分类

盐碱地作为盐类集聚堆积的土地种类之一,土壤内所含的高盐碱物质已严重影响作物的正常生长发育,阻碍了农业发展。目前,土地盐碱化已上升为全球问题,并受到了国际学术界的特别关注。土壤盐碱化是由一定的气候、地形、水文地质等多种自然因素对土壤水、盐运移产生作用的结果[5]。据统计,世界盐碱土资源涉及 100 多个国家,受影响土壤面积多达 10 亿 hm^2[6]。我国盐渍土壤面积约为 3 460 万 hm^2,耕地盐碱化面积为760 万 hm^2,近1/5耕地发生了盐碱化[7]。盐碱地在分类利用过程中,可以分为轻度盐碱地、中度盐碱地和重度盐碱地。轻度盐碱地植物的出苗率在80%左右,含盐量在0.3%以下;重度盐碱地含盐量超过0.6%,出苗率低于50%[8];中度盐碱地含盐量和植物出苗率介于轻度盐碱地和重度盐碱地之间。

2.2　西辽河盐碱地现状

西辽河流域地处辽河上游,受半干旱季风气候、地下水状况和人为等因素的影响,形成了大面积的盐碱土[9]。据有关资料,1917—1956 年,西辽河共有 5 次大的改道,小的改道则更多[10]。当河流的改道发生洪涝时,水分较长时间覆盖在土壤方面,土壤毛细管被水分填充,使地下水与表层水连通,地下水位提高;洪水退去,表层水蒸发时,地下水中的盐分会在土壤表层过量积累,引起土壤盐碱化[11]。西辽河流向为由西向东,沿河两岸地势平坦,广泛分布着山丘草原和黄土丘陵地貌,大部地区盐碱化严重。西辽河平原盐碱地面积约为 100 万 hm^2,盐碱地面积占西辽河平原总面积的 9.3%[12]。西辽河盐碱地发展日益恶化,当地的过度放牧、不合理耕作及农田大水漫灌等导致了次生盐渍化的发展[13]。西辽河流域的盐碱地面积巨大,严重阻碍了当地农业的健康发展。

3 西辽河流域高粱品种选育与品牌打造情况

3.1 西辽河流域高粱品种选育

西辽河流域拥有悠久的高粱种植历史,随着现代农业产业结构的调整,高粱种植面积不断萎缩,由主要农作物转变为特色杂粮作物。但是,由于高粱具有极强的耐盐碱特性,在盐碱地改良中扮演重要角色。通辽市农牧科学研究所依据西辽河流域特殊气候、土壤条件,相继培育出通甜 1、通杂 136 等高粱品种。耐盐高粱品种的大面积推广以及盐碱改良剂等大规模应用为盐碱地改良提供了新的解决方案。

3.2 西辽河流域高粱品牌

通辽市科左中旗不断调整优化农业产业结构,依托盐碱地红高粱特色种植和国家出台杂粮发展的政策优势,通过与龙头企业合作、土地流转、签约订单等方式,成功打造"科尔沁左翼中旗红高粱"农业地理标志,推动地理农业品牌的发展,促进农业增效、农民增收。目前,科左中旗已有多个高粱品牌注册商标。

近年来,国家鼓励产业发展模式的创新,大力支持"互联网+"等电子商务及供应链产业发展,乡村旅游、生态宜居产业等都是重点实施的产业扶持开发工程。西辽河流域盐碱地高粱可以实现从个体实体产业到合作社形式的产业模式发展,根据当地地广人稀的特点,可以通过成立合作社的形式实现高粱管理统一化,以便高粱品牌做大、品种统一、价格稳定。

4 盐碱地种植高粱的技术要点与难点

4.1 技术要点

盐碱地种植高粱最主要的技术要点在于改良盐碱地理化性质,盐碱地理化性质包括物理性质、化学性质和生物性质。盐碱地物理性质可以通过大型机械耕作改善,大型机械耕作可以改变土壤的通透性与结构性,使其有利于高粱的种植生长发育。盐碱地化学性质可以通过选择种植优质高粱品种改善,选择高粱良种种植能够改善土壤酸碱度并且优化土壤保肥能力。此外,土壤改良剂能够提高土壤有机质含量和调节土壤酸碱度,同时改善盐碱地物理性质和化学性质的效果。如果土壤的物理性质和化学性质得到改善,土壤中包含的微生物自然也会变多,即土壤的生物性质也会随之改善。

4.2 技术难点

高粱虽然综合抗性强、耐瘠薄,但是耕层深厚、有机质含量高的优质土壤仍是其高产高效的关键[14]。盐碱地种植高粱,首先对人工技术要求较高;其次,盐碱地盐分含量区间大,盐分含量高并不适合种植作物,即使是耐盐碱的高粱,其产量也会受到一定的影响。盐分含量高能够造成作物生理干旱,破坏作物的正常代谢,且土壤所含的某些离子对高粱生长发育还具有毒害作用[15]。不同品种高粱的耐盐碱程度也不同,所以选择适宜的品种尤为重要。西辽河流域地广人稀且大面积土壤盐渍化,而人工种植高粱需要大量劳动力,因而选择适宜的农业机械尤为重要,它是决定大面积盐碱地高粱机械化种植的关键。

5 西辽河流域高粱产业需求

5.1 市场需求

高粱作为粮食和能源作物,在畜牧业、汽车工业、酿酒业、新能源等各大行业具有突出优势,市场需求广泛。随着高粱消费需求的增加,西辽河流域作为高粱主要生产地得到了进一步发展。

5.2 生态影响

盐碱地对生态的危害不容小觑,它能够改变土壤的理化特性,影响作物的正常生长,进而阻碍农业发展。种植多年耐盐碱高粱后的盐碱地土壤理化性质会大幅度改善。盐碱地种植高粱使土壤富含营养,盐分含量明显减少,能够促进作物对养分的吸收,使作物营养均衡。因此,种植耐盐碱高粱是解决盐碱地土壤板结的有效方法。

5.3 人民生活水平提高需求

依靠政策扶持、机制创新和典型带动,推动完善龙头企业与农牧民紧密型利益联结机制[16-17],扶持利益联结强、带农增收多、诚信履约好的重点龙头企业、专业合作社及种植大户,发挥试点示范作用,促进土地规模流转,大力发展红高粱种植,带动地区经济快速发展,实现人民生活水平提高。

6 展望

6.1 市场培育

根据高粱产业自身资源特色,因地制宜优化生产和市场布局,积极研发高粱新品种和盐碱改良新技术、新模式,推动高粱产业和市场整体布局向区域化、标准化方向发展。大规模种植高粱作为开发生物质绿色能源新途径,在未来新能源市场的份额会逐步增加。同时,近年来酒用高粱种植面积和新品种数目增加,酿酒业发展势头不减,高粱的需求量还将逐年上升[18]。

6.2 乡村振兴模式

高粱具有较强的耐盐碱和耐旱性,依靠高粱独特的抗逆性开发利用盐碱地,对推进当地乡村振兴战略的实施具有重要的现实意义[19-21]。西辽河大部分地区能够通过耐盐碱高粱的种植和国家政策的扶持迈出乡村振兴的重要一步。

6.3 高粱文化打造

西辽河作为孕育中华儿女的重要河流之一,其历史悠长、文化灿烂辉煌。伴随着西辽河流域人类文明的发展脉络,高粱的种植与发展也扮演着重要角色,西辽河流域以高粱为载体的农耕文化应运而生。现阶段,着力打造西辽河流域高粱文化品牌,通过历史探寻、文化节建设等方式,不断丰富高粱文化内涵,奠定西辽河流域"红高粱"文化产业发展基础。

参 考 文 献

[1]施雨,陈许兵,季中亚,等.种植密度与施氮量对沿海盐碱地饲用高粱产量和品质的影响[J].扬州大学学报(农业与生命科学版),2021,42(2):26-31.

[2]蒋瑞文,王殿亭.河西沙漠治理区甜高粱种植研究回顾与展望[J].中国糖料,2018,40(3):72-74.

[3]张会慧,张秀丽,胡彦波,等.施用农家肥和化肥对盐碱地桑树生长和叶片光合日变化的影响[J].土壤,2013,45(3):444-450.

[4]徐凯.西辽河流域水循环规律及平原区生态稳定性研究[D].北京:中国水利水电科学研究院,2013.

[5]庞国锦,王涛,孙家欢,等.基于高光谱的民勤土壤盐分定量分析[J].中国沙漠,2014,34(4):1073-1079.

[6]王遵亲,祝寿泉,俞仁培,等.中国盐渍土[M].北京:科学出版社,1993.

[7]姜岩.盐碱地土壤改良[M].长春:吉林人民出版社,1979.

[8]张倩文.南荻(*Miscanthus lutarioriparius*)种质资源遗传多样性分析及耐盐评价[D].长沙:湖南农业大学,2020.

[9]张振石.哲里木盟盐渍土类型、利用现状及改良利用对策[J].土壤通报,2000,31(5):203-204.

[10]刘祥,孙文丽.西辽河水系变迁[J].内蒙古水利,2001(4):70-72.

[11]范富,张庆国,邰继承,等.通辽市盐碱地形成及类型划分[J].内蒙古民族大学学报(自然科学版),2009,24(4):409-413.

[12]杨恒山,李华,李志刚,等.内蒙古西辽河平原生态环境问题与农业持续发展对策[J].中国农学通报,2000,16(6):45-47.

[13]李莲华.老哈河流域信息系统的建设与应用[D].北京:北京师范大学,2006.

[14]李玉忠.吉林西部盐碱地高粱栽培技术[J].农业与技术,2013,33(11):123.

[15]张冬明,张文,郑道君,等.海水倒灌农田土壤盐分空间变异特征[J].土壤,2016,48(3):621-626.

[16]余天霞.物业服务企业参与脱贫攻坚的作用分析[J].农村经济与科技,2021,32(8):149-150.

[17]王伟.建立完善农企利益联结机制的探索[J].农村工作通讯,2018(22):55-56.

[18]邹剑秋,朱凯.入世后我国高粱发展面临的机遇与挑战[J].农业经济,2003(6):17-18.

[19]赵燕燕.基于细胞发光信息的作物耐盐性活体评价方法研究[D].西安:西安理工大学,2016.

[20]李泽.肇源县农村居民消费结构优化研究[D].哈尔滨:东北农业大学,2018.

[21]王乐,陈中华,李海红.乡村振兴战略下的白城高粱产业发展问题及对策研究[J].东北农业科学,2021,46(2):108-111.

种植密度对杂交甜高粱"甜格雷兹"生长、品质及产量的影响

郑庆福[1],李凤山[1],杨恒山[1],赵雅莲[2],郑　威[1],王振国[3]

(1.内蒙古民族大学农学院,内蒙古 通辽 028042;2.通辽市金山种业有限责任公司,
内蒙古 通辽 028000;3.通辽市农业科学院,内蒙古 通辽 028000)

摘要:在内蒙古西辽河平原研究了不同种植密度对杂交甜高粱甜格雷兹生长、品质及产量的影响。结果表明,不同种植密度下单株分蘖数在生育前期消长明显,株高、茎叶比、叶面积系数(LAI)、光合色素含量和单株干物质积累在后期均呈显著差异,且品质和产量受种植密度影响较大,处理间的鲜、干草产量均显著增加($P<0.05$)。综合分析,种植密度为20.00万株/hm²可较好地协调群体与个体的生长,使鲜、干草和粗蛋白质都达到较高的产量。

关键词:种植密度;甜高粱;生长;营养品质;产量

甜高粱又称糖高粱、芦粟、甜秆,是粒用高粱的变种,在我国有悠久的栽培历史,但因其种植条件差,籽粒产量低,长期以来种植面积有限[1]。20 世纪 60 年代以后,随着畜牧业的发展,饲草料的需求迅速增加。草学先辈王栋先生提出引草入田、养畜肥田的观点[2],并种抗逆性强、茎叶量大、糖分含量高、适口性好、绿期长的甜高粱青贮饲草品种,对农牧交错带畜牧业持续发展极为有利[4]。为了发挥该饲草作物的生产潜力,必须掌握其生物学性状,以利于进行生产利用[5]。目前,对籽粒高粱种植密度研究成果甚多[6],但对以营养体为收获对象的杂交甜高粱的种植密度研究则鲜见报道[7],通过不同种植密度对杂交甜高粱甜格雷兹生长、产量及品质的影响的研究,以期确定其适宜种植密度,为推广种植提供技术支撑。

1　材料和方法

1.1　试验区基本概况

试验于 2004 年 4—9 月在西辽河平原中部的内蒙古民族大学试验农场进行,试验区地处 N43°36′,海拔 178.5 m,为典型的温带大陆季风气候。年平均气温为 6.4 ℃,>10 ℃的活动积温为 3 184 ℃,年平均降水量为 399.1 mm。试验年度 4—9 月降水量为231.4 mm,平均气温为 19.1 ℃。试验田土壤为灰色草甸白五花土,土壤有机质含量为16.00 g/kg,碱解氮含量为62.01 mg/kg,速效磷含量为 25.60 mg/kg,速效钾含量为154.79 mg/kg,pH 为 8.38。

1.2 试验设计

供试材料为澳大利亚太平洋种子公司生产的甜高粱杂交种甜格雷兹（Sorghum Sugargraze），由德农种业公司引进。试验设 3 个种植密度处理，D1：11.11 万株/hm²，株行距50 cm×18 cm；D2：14.29 万株/hm²，株行距 50 cm×14 cm，D3：20.00 万株/hm²，株行距50 cm×10 cm，3 次重复，随机排列，面积为 5 m×3 m。2004 年 5 月 9 日播种，底肥施尿素75 kg/hm²，磷酸二铵 150 kg/hm²，氯化钾 150 kg/hm²，拔节期、孕穗期结合中耕培土，追施尿素 150 kg/hm²；铲耥 3 次，生育期内浇水 3 次。

1.3 测定项目及方法

株高、分蘖测定各小区连续标记 10 株，每 10 d 测 1 次。叶面积系数（LAI）、茎叶比、单株干物质测定每 10 d 取样 5 株，用 L3000A 便携式叶面积仪测定叶面积，计算 LAI；茎、叶、穗分别称鲜重，后于 65 ℃恒温箱烘干，称干重，计算茎叶比和全株鲜干比。

光合色素含量测定在拔节期（8 月 3 日）、抽穗期（8 月 29 日）、收获前（9 月 28 日）用乙醇、丙酮混合浸提法[8]提取叶绿素，用岛津 UV-240 紫外分光光度计测定在 470 nm、645 nm、663 nm 的光密度，计算叶绿素 a、叶绿素 b、叶绿素 a+b、叶绿素 a/b 和类胡萝卜素含量。

营养物质量测定收获时，取样烘干、粉碎后，用凯氏定氮法测定粗蛋白质含量，用酸碱煮沸法测粗纤维含量，用索氏提取法测定粗脂肪含量，测定粗灰分和吸附水，并计算无氮浸出物[7]；用手持糖锤度仪在近地面 10 cm 处测茎秆糖锤度；用钨酸钠比色法[9]测定单宁含量。

草产量测定留茬 10 cm 刈割，整区测产（9 月 28 日），并由鲜干比、粗蛋白质含量算干物质产量和粗蛋白质产量。

2 结果与分析

2.1 种植密度对甜格雷兹农艺性状的影响生育时期记载

2004 年生育时期记载见表 1。

表 1 2004 年生育时期记载

生育时期	播种	始见苗	全苗	拔节	抽穗	开花	灌浆	收获
出苗后天数/d	0	0	3	46	95	105	114	134
日期	05-09	05-17	05-20	07-02	08-20	08-30	09-08	09-28

2.1.1 对株高的影响

不同种植密度下，在拔节前期株高无明显差异（图 1），拔节后期株高差异拉大。进入灌浆前期,D1 的株高优势表现较明显,达 3.51 m。随后各处理的株高差异趋于减小。从整个生长过程看,D1、D2 的株高比 D3 均高 10 cm,这主要是拔节后期肥水的影响和生物的自身调节作用,对产量有较小的影响。

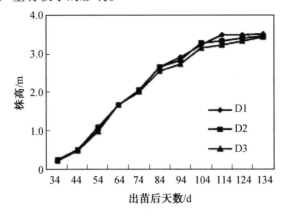

图 1　不同种植密度下株高动态

2.1.2　对单株分蘖动态的影响

不同种植密度单株分蘖数差异在苗期至拔节期最为显著(图 2)。其中,苗期密度处理间单株分蘖数平均相差 0.8 个/株。拔节期间因密度效应的加强,茎蘖缺乏营养及严重遮阴而迅速消亡,D2 和 D1 的降幅分别较 D3 多 0.88 个/株、0.72 个/株,表明增加密度可减少无效茎蘖生长,从而减少对养分的大量消耗。拔节后趋于稳定,表现为:D1>D2>D3。处理间最终群体密度较 D1 处理的种植密度增加 21%、47% 和 95%,这是影响产量的主要原因。

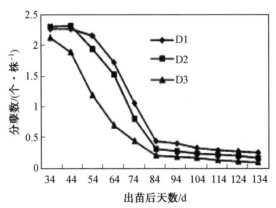

图 2　不同种植密度下单株分蘖动态

2.1.3　对 LAI 和茎叶比的影响

各种植密度对群体 LAI 影响较大(图 3),在苗后期出现明显差异,D3 最大,为 2.86,D2 和 D1 较为接近,仅相差 0.31。随种植密度增加群体的 LAI 增加,且越在生育后期这种差异越大,D3 群体 LAI 最高,达 10.87,较 D2 和 D1 分别高 1.57 和 1.89,这是导致其高产的另一主要原因。

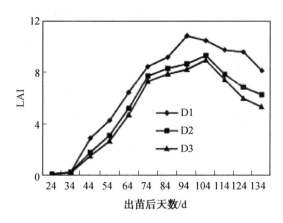

图3 不同种植密度下 LAI 动态

2.1.4 对茎叶比的影响

各处理的茎叶比在生长过程中均在增加(图4),其中拔节前差异小,拔节后差异显著,D3 最高,在收获期达5.01。原因主要是群体内竞争激烈,个体穗形成较晚,其中营养物质向穗中转移的比例较低所致。

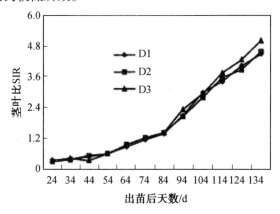

图4 不同种植密度下茎叶比动态

2.2 种植密度对光合色素含量的影响

光合色素含量是衡量叶片生理状态的重要指标,与光合速率正相关。在相同条件下,叶绿素含量高,光合作用就强。随着种植密度的增加,叶绿素 a、叶绿素 b、叶绿素 a+b、类胡萝卜素和叶绿素 a/b 均呈下降趋势(表2);从生育进程上看均呈先升高后降低的趋势,其中类胡萝卜素变化较缓说明其稳定性较好,且具有光保护和传递光能的功能。叶绿素 a/b 的变化可能与高密度下株间水肥矛盾和群体生长密闭程度以及叶绿素 b 适应阴生条件有关。由此表明,种植密度较生育进程对光合色素含量的影响不明显。

表2 不同密度下光合色素含量动态　　　　　　　　　　　　　mg/g

时期	密度处理	叶绿素	叶绿素	叶绿素	类胡萝卜素	叶绿素
拔节期	D1	2.64	0.76	3.40	0.54	3.49
	D2	2.49	0.73	3.22	0.53	3.39
	D3	2.42	0.71	3.14	0.35	3.39
	平均	2.52	0.73	3.25	0.47	3.42
抽穗期	D1	2.75	0.75	3.50	0.56	3.66
	D2	2.59	0.73	3.33	0.49	3.54
	D3	2.44	0.70	3.14	0.49	3.48
	平均	2.59	0.73	3.32	0.51	3.56
灌浆期	D1	1.68	0.51	2.18	0.53	3.31
	D2	1.60	0.52	2.12	0.52	3.11
	D3	1.56	0.58	2.13	0.41	2.71
	平均	1.61	0.54	2.14	0.49	3.04

2.3 营养物质含量比较

随着种植密度的增大,单株粗脂肪、无氮浸出物和单宁含量升高,而粗蛋白质、粗纤维和粗灰分含量则有所降低(表3、表4)。经相关分析表明,种植密度对单株粗蛋白质、粗纤维含量呈极显著负相关($r_1 = -0.99$,$r_2 = -0.99 > r_{0.01} = 0.990$),其线性回归方程分别为:$y_1 = 5.1906 - 0.09x$,$y_2 = 22.959 - 0.05x$;种植密度与单宁含量呈极显著正相关($r_3 = 1.00 > r_{0.01} = 0.990$)线性回归方程为:$y_3 = -0.0041 + 0.0007x$。说明随着种植密度增大,群体生长条件逐渐恶化,叶片枯黄较多,茎秆纤细,单株的茎叶生长发育明显受到限制,粗蛋白含量和粗纤维含量降低。糖锤度和吸附水在种植密度为D2时植株的含量相对较高。

表3 不同种植密度下甜格雷兹营养品质的比较　　　　　　　　　　　　%

密度处理	粗蛋白	粗纤维	粗脂肪	粗灰分	吸附水	无氮浸出物	糖锤度	单宁
D1	4.15	22.42	0.42	4.31	3.96	73.01	10.16	0.0035
D2	3.95	22.20	0.25	4.29	4.45	73.50	11.13	0.0052
D3	3.36	21.96	0.90	4.14	4.01	73.78	10.43	0.0094

表4 不同种植密度下甜格雷兹营养品质相关性分析

相关系数	密度 (x_1)	粗蛋白 (x_2)	粗纤维 (x_3)	粗脂肪 (x_4)	粗灰分 (x_5)	吸附水 (x_6)	无氮浸出物 (x_7)	糖锤度 (x_8)	单宁 (x_9)
1	1								
2	-0.99**	1							
3	-0.99**	0.97*	1						

相关系数	密度 (x_1)	粗蛋白 (x_2)	粗纤维 (x_3)	粗脂肪 (x_4)	粗灰分 (x_5)	吸附水 (x_6)	无氮浸出物 (x_7)	糖锤度 (x_8)	单宁 (x_9)
4	0.82	−0.88	−0.73	1					
5	−0.97*	0.99**	0.92	−0.93	1				
6	−0.07	0.18	−0.07	−0.6	30.32	1			
7	0.95	−0.91	−0.98*	0.59	−0.84	0.25	1		
8	0.11	0	−0.25	−0.48	0.14	0.98*	0.42	1	
9	1.00**	−1.00**	−0.98*	0.86	−0.98*	−0.15	0.92	0.03	1

注 * 表示 $P<0.05$，** 表示 $P<0.01$。

2.4 种植密度对单株干物质积累及产量的影响

不同种植密度下,甜格雷兹单株干物质积累均呈持续增加趋势(图5)。D1 和 D2 单株干物质积累量相近,二者均较 D3 单株干物质积累量大,说明在 20.00 万株/hm² 密度下,单株干物质积累受到影响,必然相应加大肥水投入,才能满足其营养供应。

甜格雷兹的鲜、干草产量均随种植密度增加而增加(表5),其中 D3 的鲜草产量最高,达 104.29 t/hm²,经多重比较分析,与 D1 差异显著($P<0.05$)。D3 干草产量最高,为 31.32 t/hm²,与 D1、D2 差异极显著($P<0.01$),说明高密度下,鲜草产量迅速增加时,干物质积累较多,所以有较高的干草产量。粗蛋白质产量以 D1 最高,这与 D2 下成穗数较多、穗大、穗的粗蛋白质含量高有关;但与 D3 差异不显著($P>0.05$),说明群体密度大粗蛋白质总量较高。

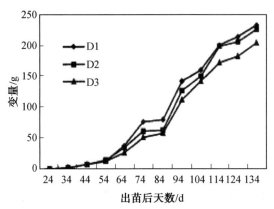

图5 不同种植密度对单株干物质积累动态

表5 种植密度对甜格雷兹产量的影响   t/hm²

密度处理	鲜草	干草	粗蛋白
1	96.31[bA]	25.88[bB]	1.09[aA]
2	100.20[abA]	26.24[bB]	1.01[bA]
3	104.29[aA]	31.32[aA]	1.05[abA]

注:同列中含有不同大写字母间差异极显著($P<0.01$),含有不同小写字母间差异显著($P<0.05$)。

3 小结

种植密度对甜格雷兹鲜、干草产量的影响显著,其中,以高密度处理的最高,鲜草产量达104.29 t/hm²、干草产量达31.32 t/hm²,且与其他密度处理差异显著或极显著。原因可能为群体密度大,限制无效分蘖生长,从而减少主茎的营养消耗,且有较大 LAI(10.7)促进光合产物的合成和积累。综合产量分析表明,在高的种植密度下(20.00 万株/hm²),可较好地发挥甜高粱杂交种茎叶及其资源空间优势,协调群体与个体的生长,使鲜、干草产量达到最高,粗蛋白产量也达到了 1.05 t/hm² 的较高水平,且此时茎中糖锤度高达10.43。

对于收获营养体的植物,种植密度对单株干物质积累及营养成分的影响较大,在高密度下,粗蛋白和粗纤维的含量相对较低,因此,必须增加肥水投入,才能使个体的营养物质含量达到较高水平,从而使整体的营养水平达到最高。

种植密度对甜格雷兹单株农艺性状变化的影响,主要表现在拔节期单株分蘖数消长明显,但其整体调节幅度小于密度因子,后期株高、茎叶比和群体 LAI 随密度增大均呈显著变化,其中高密度下的群体茎叶比均分别达高 10.7 和 5.01。

参 考 文 献

[1]曹玉瑞,曹文伯,王孟杰.我国高能作物甜高粱综合开发作用[J].杂粮作物,2002,22(5):296-298.

[2]许鹏.弘扬王栋导师学术思想,深化草业科学教学改革[J].草原与草坪,2002(4):52-53.

[3]林洁荣,刘建昌,苏水金,等.种植密度对闽牧42牧草的影响[J].草原与草坪,2001(2):30-34.

[4]师尚礼.羊茅属牧草的生物学特性分析及其利用[J].草原与草坪,2000(3):44.

[5]卢庆善,毕文博,刘河山,等.高粱高产模式栽培研究[J].辽宁农业科学,1994(1):24-28.

[6]杨恒山,曹颖霞,郑庆福,等.杂交甜高粱——甜格雷兹生长及营养品质动态[J].内蒙古民族大学学报,2004,(10):536-538.

[7]宁开桂.实用饲料分析手册[M].北京:中国农业科技出版社,1993.

[8]苏正淑,张宪政.几种测定植物叶绿素含量的方法比较[J].植物生理学通讯,1989,

（5）:77-78.

[9]彭丽莎,卢向阳,洪亚辉.谷物单宁提取方法的改进及高粱稻单宁含量分析[J].湖南农业大学学报,1999,25(1):113-115.

第二部分
谷子、糜子

谷子新品种通谷 1 号选育及栽培技术

徐庆全,李 岩,王振国,李 默,邓志兰,文 峰,于春国

（通辽市农业科学研究院，内蒙古 通辽 028015）

通谷 1 号是通辽市农业科学研究院从通辽地方农家品种白沙谷中选择天然优良单株,经过 5 代自交,采用系统选育方法育成的。在各级试验和生产应用中均表现出丰产性好、抗逆性强、品质好、适应性广等特点。2016 年通过内蒙古自治区农作物品种审定委员会认定,准予在适宜地区推广应用。

1 品种来源与选育经过

1.1 品种来源

通谷 1 号是从通辽地方农家品种白沙谷中选择天然优良单株,经过 5 代自交,采用系统选育方法育成的。

1.2 选育经过

2006 年在田间选择天然优良单株,2007—2012 年参加通辽市农业科学研究院谷子产量比较试验,丰产性和抗逆性表现良好,2013—2014 年参加内蒙古自治区常规谷子区域试验,2015 年参加内蒙古自治区常规谷子生产试验。试验结果表明,通谷 1 号是一个高产、稳产、优质、抗逆性强、适应性广的优良谷子品种。通谷 1 号于 2016 年通过内蒙古自治区农作物品种审定委员会认定,编号为蒙认谷 2016003 号。

2 特征与特性

2.1 植物学特征

幼芽鞘绿色,幼苗绿色,植株整齐,株高为 116 cm,纺锤形紧穗,穗长为 25 cm,单株穗重为 22.7 g,单株粒重为 18.3 g,出谷率为 81.0%,黄谷黄米,千粒重为 2.6 g。

2.2 生育期

内蒙古自治区区域试验和生产试验 3 年平均生育期为 116 d,比对照赤谷 8 号

长1.9 d。

2.3 抗性

抗旱性强,抗倒伏,抗谷子白发病,中抗谷瘟病,中抗谷子黑穗病。

3 产量表现

3.1 内蒙古自治区区域试验结果

区域试验 2 年平均结果,通谷 1 号比对照赤谷 6 号平均增产 11.7%,比对照赤谷 8 号平均增产率 2.7%,平均产量为 5 752.5 kg/hm²(表 1)。

表 1   2013—2015 年内蒙古自治区谷子品种试验产量结果

年度及试验	平均产量 /(kg·hm⁻²)	比对照赤谷 6 号增产/%	比对照赤谷 8 号增产/%	居位
2013 年区域试验	5 797.5	11.7	2.7	5
2014 年区域试验	5 707.5	11.3	2.6	9
2015 年生产试验	5 835.0		1.9	3

3.2 内蒙古自治区生产试验结果

2015 年生产试验,平均产量为 5 835.0 kg/hm²,居第 3 位,较对照赤谷 8 号增产 1.9%,7 个点次中有 5 个点次增产、2 个点次减产。

4 栽培技术要点

4.1 整地

秋翻春旋,也可春季灭茬,翻地深度一般为 16～20 cm,有条件的地区结合施用有机肥进行。耕、耙、压等作业环节紧密结合以确保墒情[1-3]。

4.2 播种

播种前进行种子精选、浸种、晒种,为了防治病虫害进行种子包衣处理。在缺少微量元素的地区或地块,可施用少量微肥。在通辽地区适宜 5 月中旬抢墒播种,深播浅覆土,播后及时镇压[4]。

4.3　留苗密度及中耕除草

一般保苗 45 万株/hm^2。加强田间管理,尽早中耕除草,早间苗、早定苗,去弱留壮,均匀留苗,勤铲勤趟。

4.4　施肥

提倡测土配方施肥以提高化肥的利用率,播种时底肥施磷酸二铵 225 kg/hm^2 左右,拔节期追施尿素 225 kg/hm^2 左右。

4.5　灌水

按照谷子生长发育规律进行合理灌水,是获取高产的关键。从生育期上看,浇足底墒水,确保抓全苗,育壮苗;生长中后期遇旱及时浇水[5]。

4.6　收获

谷粒全部变黄,硬化后及时收割、晒晾干后脱粒。

5　适宜推广地区

适宜在内蒙古的呼和浩特市、通辽市、赤峰市等出苗至成熟 ≥10 ℃ 活动积温在 2 500 ℃ 以上的地区种植。

参 考 文 献

[1]李世,苏淑欣.承谷 10 号谷子新品种选育报告[J].承德民族职业技术学院学报,2004 (2):84-85.

[2]张磊,何继红,董孔军,等.谷子新品种陇谷 12 选育报告[J].甘肃农业科技,2015(5): 1-3.

[3]田岗,王玉文,李会霞,等.谷子新品种长农 0302 选育报告[J].甘肃农业科学,2011 (9):12-13.

[4]王子胜,孙洪国,闫敏.谷子新品种辽谷 12 选育报告[J].作物杂志,2011(3):13.

[5]郭二虎,郭义堂,范惠萍,等.谷子新品种晋谷 22 选育报告[J].甘肃农业科技,1997 (1):11-12.

通辽市谷子生产优势与发展对策

徐庆全,呼瑞梅,崔凤娟,王振国,李　岩,李　默,邓志兰

（通辽市农业科学研究院,内蒙古 通辽 028015）

摘要:文章根据通辽市谷子生产优势、现状及种植中存在的问题,提出了发展壮大通辽市谷子生产的对策,即优化种质资源,开发产品,健全并扩大市场,加强机械化生产,建立标准种植体系。

关键词:谷子;生产;发展

1　通辽市发展谷子生产的优势

1.1　通辽地区发展谷子生产具有悠久的历史渊源

通辽市的气候特点适宜谷子的生产,水热资源与谷子这一物种的所需条件较吻合,谷子的生产水平也较高。通辽市毗邻赤峰市,是我国谷子五大产区之一,也是谷子栽培最早的地区之一,有着悠久的谷子栽培历史。千百年来,人类发扬光大了谷子这一古老的传统作物,成为我国人民生活中的主要食物。近年来,谷子生产水平有了新的发展,虽然已经不是主栽作物,但种植在旱薄地上,连年获得丰收,为山区农民的脱贫致富做出了贡献。

1.2　通辽地区发展谷子生产的地理生态优势

发展谷子生产符合当地的自然气候特点,通辽市位于北纬 42°15′~45°41′、东经 119°15′~123°43′之间,远离海洋,气候受海洋影响较小,而受西伯利亚和蒙古冷高压及东南季风影响较大,属于温带大陆季风气候类型。虽主体地处平原,但西南部和北部各旗县都处在低山丘陵、漫甸地区。春季升温快,气温日较差大,干燥多大风;夏季湿热,降水集中;秋季短暂而凉爽;冬季漫长而寒冷,大部分地区无霜期为 90~150 d,年降雨量为200~450 mm。大部分属于干旱半干旱地区,特别是近年来旱灾发生的周期越来越短,旱情日趋加重,持续时间越来越长,地下水位急剧下降,水源越来越缺,谷子的蒸腾系数比其他作物都小,对水分的利用效率最高,在同样干旱条件下,比小麦、玉米、高粱等受害较轻;通辽市的三大旗县开鲁、奈曼、库仑以适宜盛产小米,品质优异而扬名。谷子品质的好坏不仅取决于品种,生态气候条件和土质也与其有直接的关系。通辽市的气候、地理条件独特,雨热同季,昼夜温差大,与春谷生长要求相吻合,使得当地生产的小米具有优良的品质,是良好的优质小米生产基地。

1.3 通辽地区发展谷子生产的科技和品种资源优势

通辽市拥有专业而悠久的农业研究部门——通辽市农业科学研究院,并且是内蒙古有民族特色的综合性大学内蒙古民族大学所在地,内蒙古民族大学设立的农学院也有悠久的历史。在两所科研院所的有力推动下,在过去以至未来的农业发展中都起到关键性作用。

通辽市的生态气候条件同样也造就了丰富的种质资源。近年来,谷子育种事业得到了长足的发展,通辽市农业科学研究院从 20 世纪 60 年代谷子品种资源的收集、整理开始,到系选品种,以及生物技术的应用,育种水平不断提高,哲谷系列品种一直都为当地首推高产的品种。在谷子育种、栽培、植保及基础理论方面的研究水平位居内蒙古自治区的前列。

1.4 地理交通优势

通辽市地处内蒙古东部,毗邻黑、吉、辽三省,是我国东北地区的交通枢纽,有着便捷的交通运输网络,有连接东三省以及全国各地的铁路线和各等级公路,是内蒙古自治区通往东北三省各大城市的必经之路,并且是特色农产品出口韩国、日本的有利通道。随着经济的发展,各地的商贸流通日益频繁,通辽市独特的地理位置也为商品的快速流通提供了便利条件。

1.5 市场及产业开发优势

随着内蒙古自治区杂粮产业的兴起,高粱、燕麦、荞麦、谷子、糜子、绿豆、其他杂豆等一系列小杂粮都代表着地方特色悄悄崛起,国内、国际市场的拓宽为小杂粮走出了一条光明大道。各地品牌名牌的形成也为杂粮产业的发展虎身添翼,政府注重对市场的培育,既抓生产,又抓订单销售,大力推进产、加、销一体化的产业化经营。同时,充分发挥内蒙古地区资源优势,大力培育推广优质专、特用杂粮品种,适应市场多元化的需要。在政府的积极引导下,由社会投资巩固和新建了一大批产地批发市场,进一步完善了加工设施,不断培育扶持龙头企业,在组织化程度上开始形成了生产加工基地、经纪人(农民经营大户)加基地等不同模式的产业化雏形。各类营销协会、专业协会、经纪人队伍不断壮大,使得本地的杂粮生产逐步走上产业化道路。

2 通辽市发展谷子生产存在的问题

2.1 谷子品种问题

品种选择至关重要,选择一个好的品种,适宜本地区的种植,对于农民来说是首要任务。由于外来品种的市场竞争,通辽地区一直没有确定适合本地区的谷子当家品种,谷农在用种方面更是不科学,重复用种,留用去年剩余的种子,不提纯,不管芽率高低,致使产量大大降低。

2.2　谷子选地与施肥问题

农民选择种植谷子的地块一般都是比较贫瘠的、土质较差的,肥力相对不足,很少施用农家肥。

2.3　耕作粗放,机械化水平低

通辽市适宜种植谷子的土地占总耕地面积的1/3,每户农民种植面积大多在5.0～20.2 hm²,由于机械化水平低和玉米、高粱等作物的挤压,种植面积在逐年降低。耕作方式粗放、简单化,基本上是传统的农耕方式,马犁或者是牛犁,未形成规模。

2.4　谷子病虫害问题

由于谷子和各类作物共同种植在一片田地里或相邻地块,各种病虫害相互交叉传播。如,谷子锈病的发病率在逐年上升。另外,蝼蛄、钻心虫、黏虫的危害也较为严重。这些病虫害的出现致使谷子大面积减产。

2.5　谷子产品深加工问题

将谷子加工成小米为初加工,在完成初加工的基础上对成品小米进一步加工,以追求更高附加值的生产,即为深加工。通过深加工,一方面可以提高谷子的利用率,确保我国粮食安全;另一方面提高小米附加值,增加农民收入,促进农村经济稳定发展,不断提高城乡人民生活水平,满足城乡居民不同消费层次的需要。但是,这一经济渠道越来越被生产厂家所误解,导致生产厂家过分追求产品的"精、细、黄",不仅使谷子中的营养素流失,而且也浪费粮食资源,这与时下提倡"全谷物食品"的精神是相悖的。

3　通辽市谷子生产持续发展对策

3.1　优化种质资源,健全种子市场

通辽市农业科学研究院参加了全国谷子种质资源的调查收集入库工作,并逐步开始高产优质的品种选育和谷子灌溉制度、种植模式等高产栽培技术研究工作。选育出了大金苗、刀把齐、老来变、白沙谷以及哲谷3、哲谷4、哲谷5、哲谷6、哲谷7、哲谷8等哲谷系列品种,各项成果获得了多项国家及地区级的奖励,大大促进了当地谷子生产的发展。搜

集、评价和保存谷子地方种质,负责通辽市谷子种质资源的收集、繁殖、评价和保存,并进行纯化、改良与利用,采取多途径进行科技创新,加强新品种选育工作,提供优质、高产、多抗的新品种服务于生产,现有谷子品种资源入库630余份。

3.2 精心选地,做好施肥工作

选地要轮作倒茬,谷子切忌复种,前茬要选玉米、高粱、蓖麻以及豆类为宜,以调节土壤肥力,减少病虫害的发生。播种前进行深耕,并将农家肥施入地里,播种时要施底肥,一般施在离植株 10～15 cm 处较好,每亩施肥 15 kg。

3.3 加强节本增效技术研究,努力发展机械化生产

通辽市旱地面积潜力巨大,是推动谷子产业发展和生产的重要基地之一。制定适合通辽市旱坡地种植谷子的高产高效栽培技术是解决农民种植方面的困难,满足区域发展旱作谷子的需要,并根据谷子生产的特点,研制出谷子播种机、间苗机、收获机、脱粒机等以降低成本,减小劳动强度。

3.4 对症下药,适时施药

首先,要选择抗病害的品种,选好的种子在播前选择阳光充足的天气,在外面晒种 2～3 d,并经常翻动。各种农药都有一定的防治范围和对象,在决定施药时,首先要弄清楚防治对象,然后对症下药,才能取得事半功倍的防治效果。关键的问题是合理用药,每次施药前应当根据当地的植保部门提供的时间和配方进行施药,才能很好地防治各种病虫害。根据通辽市病虫发生情况对谷子的几种主要病虫害提出合适的施药时间和适用药剂,蝼蛄、蛴螬、金针虫等药剂防治:用50%对硫磷乳油拌种;用40%乐果乳油制成毒谷防治;用黑光灯诱杀。农艺防治:秋后深翻土地。钻心虫、黏虫防治:药剂防治,在谷子拔节期,用1.5%辛硫磷颗粒剂兑细沙撒于谷子植株上。生物防治,在谷子生长季,放赤眼蜂2～3次。

3.5 积极开发生产安全、优质、营养的米制食品

随着经济的不断发展,人民的生活水平有了很大提高,更注重膳食的营养,粗粮食品越来越受到人们的青睐,小米开发也因此得到了较大的发展。小米营养丰富,蛋白质含量高于玉米、高粱,略高于小麦,并具有较高的保健价值,是人们膳食中的重要食品之一。同时,小米还可作为轻工业原料制成醋、糖、酒、米粉等副食品,谷糠还是制造谷维素的原料。随着市场经济的发展和食品工业的不断进步,由小米制成的产品将会更加丰富,谷子的市场会进一步地拓宽,在农业经济发展中将占据更重要的地位。

市场需求是一切生产最原始的动力所在。随着杂粮市场的兴起,通辽市的一些龙头企业也在不断地壮大,集生产、加工、销售于一体的企业的发展必将带动通辽市杂粮走向

规模化产业化的道路,使通辽市谷子深加工产品向多样化(家用、餐厅用和食品企业用等)、专用化(生产各种米制食品的专用米)、功能化(低血糖指数米饭等功能性米制食品)、营养化(营养素含量显著高于普通小米的富营养产品)等方向发展。以市场为导向,重点发展安全、优质、营养的米制食品,加快其工业化生产的进程。

参 考 文 献

[1]马金丰,李延东,王绍滨.黑龙江省谷子生产现状、存在问题及发展思路[J].中国农技推广,2010(2):20-21.

[2]张桂英,李金萍,李世华,等.青龙山近10年气候条件与奈曼旗谷子高产相关分析[J].畜牧与饲料科学,2012(1):91.

[3]郝晓芬,王节之,王潞英,等.SSR标记分析谷子遗传多样性[J].山西农业科学,2005(4):29-31.

谷子抗除草剂品种施用除草剂应用研究

文　峰,金晓光,白乙拉图,塔　娜,张力焱,王　健,孙晓梅

（通辽市农牧科学研究所,内蒙古 通辽 028015）

摘要:通过研究,确定阔叶杂草除草剂 2,4-D 异辛酯乳油最佳施用量为1.32 L/hm²,二甲四氯钠可溶粉剂最佳施用量为 1.05 kg/hm²;禾本科杂草除草剂烯禾啶乳油,最佳用量为1.50 L/hm²。

关键词:谷子;除草剂;安全性;防除效果

谷子[*Setariaitalica*(L.)Beauv] 耐旱耐瘠薄,是我国北方干旱省份的重要粮食作物,甚至是部分地区首要栽培作物[1]。通辽市属春谷中熟区,气候、地理条件独特,昼夜温差大,是良好的优质小米生产基地[2]。随着农业种植业结构调整,谷子种植也得到了较大的发展,种植面积逐年扩大。谷子生产过程中,杂草是影响产量的重要因素之一,杂草对谷子的危害极大,不仅使谷子的生产发育条件恶化(其与谷子争水、肥及光能等),降低谷子产量和品质,而且杂草促使谷田病虫害蔓延[3]。随着谷子种植业的发展,谷子种植由零散种植逐渐转型规模化、机械化种植,传统除草方式成本高,无法满足规模化种植需求,而化学除草可以达到省工、省时、不损伤农作物等特点,已成为谷子生产的有力措施之一。

1 试验地概况

试验在通辽市农牧科学研究所试验基地进行。属于中温带半干旱大陆性气候,海拔165 m,年平均降雨量为300~450 mm,≥10 ℃活动积温为2 000~3 200 ℃,无霜期为90~150 d。

前茬作物为黄豆,土质为白壤土,肥力中等,有机质含量为 11.69 g/kg,碱解氮含量为67.59 mg/kg,速效磷含量为 266 mg/kg,速效钾含量为 73 mg/kg,pH 为 8.1。试验区主要杂草为狗尾草(39.46%)、稗草(17.78%)、灰菜(21.41%)、田旋花(12.36%)、苘麻(8.59%)等。

2 材料与方法

2.1 供试材料

供试品种为抗除草剂品种"豫谷31"。供试药剂为50% 2,4-D 异辛酯乳油,山东中石药业有限公司;56%二甲四氯钠可溶粉剂,山东滨农科技有限公司;12.5%烯禾啶乳油,中农立华(天津)农用化学品有限公司。

2.2 试验设计

田间试验设计 6 个行区,小区宽为 3 m,行长为 7 m,面积为 21 m²。供试药剂 3 个,共设 9 个处理,1 个对照,随机区组排列,3 次重复。试验药剂和剂量处理见表 1。

表 1 试验药剂和剂量处理

处理	药剂	试用量
1	50%2,4-D 异辛酯乳油	0.99 L/hm²
2	50%2,4-D 异辛酯乳油	1.16 L/hm²
3	50%2,4-D 异辛酯乳油	1.32 L/hm²
4	56% 二甲四氯钠可溶粉剂	0.80 kg/hm²
5	56% 二甲四氯钠可溶粉剂	0.93 kg/hm²
6	56% 二甲四氯钠可溶粉剂	1.05 kg/hm²
7	12.5% 烯禾啶乳油	1.20 L/hm²
8	12.5% 烯禾啶乳油	1.35 L/hm²
9	12.5% 烯禾啶乳油	1.50 L/hm²
ck	清水	

2.3 田间管理

播前整地,施入种肥,孕穗期结合中耕追肥。人工条播、除草剂在谷苗 4 叶期茎叶喷施处理,其他管理方式与谷子生产相同。

2.4 调查方法

2.4.1 安全性调查

除草剂安全性调查,在施药后 15 天、25 天调查株数、叶色以及药害等级,同时每点取 10 株,测量株高,每个处理取 5 个点,调查面积为 1 m²。

2.4.2 防除效果调查

在施药后 15 天、30 天调查株防除效果,最后一次调查时拔除取样点内所有杂草,称量鲜重,计算鲜重防除效果。采用随机取点法调查,每个处理取 5 个点,调查面积为 1 m²。

株防除效果(%)=(空白对照杂草株数-药剂处理杂草株数)/空白对照杂草株数×100%
鲜重防除效果(%)=(空白对照杂草鲜重-药剂处理杂草鲜重)/空白对照杂草鲜重×100%

收获时统一取 10 株进行考种,并调查各种除草剂对谷子产量的影响。

表 2   药害等级划分标准

药害等级	药害症状描述
1 级	谷子生长正常,无任何受害症状
2 级	谷子轻微药害,药害株率少于 10% ,不影响产量
3 级	谷子轻中等药害,能恢复,不影响产量
4 级	谷子较重药害,难以恢复,造成明显减产
5 级	谷子严重药害,不能恢复,造成严重减产或绝产

3   结果与分析

3.1   安全性调查

从表 3 结果分析可知,50% 2,4-D 异辛酯乳油施用量 0.99 ~ 1.32 L/hm²、56% 二甲四氯钠可溶粉剂施用量 0.80 ~ 1.05 kg/hm² 对谷子施用安全;12.5% 烯禾啶乳油施用量 1.20 ~ 1.50 L/hm² 时对谷子抗除草剂品种施用安全。

表 3   不同苗后除草剂对谷子的安全性试验结果

年份 /年	处理	施药后 15 天				施药后 25 天			
		株数 /(株·m⁻²)	株高 /cm	叶色	药害等级	株数 /(株·m⁻²)	株高 /cm	叶色	药害等级
2017	1	63.0	34.2	绿	1	63.0	64.3	绿	1
	2	62.2	37.5	绿	1	62.2	68.9	绿	1
	3	64.0	38.0	绿	1	64.0	74.9	绿	1
	4	63.8	30.6	绿	1	63.8	67.7	绿	1
	5	66.4	35.8	绿	1	66.4	69.4	绿	1
	6	67.8	35.7	绿	1	67.8	71.2	绿	1
	7	64.0	33.6	绿	1	64.0	60.8	绿	1
	8	65.6	34.8	绿	1	65.6	65.6	绿	1
	9	65.2	36.2	绿	1	65.2	68.1	绿	1
	ck	61.6	28.7	绿	—	61.6	49.2	绿	—

年份 /年	处理	施药后 15 天				施药后 25 天			
		株数 /(株·m⁻²)	株高 /cm	叶色	药害 等级	株数 /(株·m⁻²)	株高 /cm	叶色	药害 等级
2018	1	60.4	35.2	绿	1	60.4	62.8	绿	1
	2	62.8	35.0	绿	1	62.8	71.2	绿	1
	3	65.4	38.7	绿	1	65.4	73	绿	1
	4	63.4	37.1	绿	1	63.4	64.2	绿	1
	5	65.2	39.0	绿	1	65.2	66.3	绿	1
	6	64.4	39.4	绿	1	64.4	69.5	绿	1
	7	62.2	32.5	绿	1	62.2	64.2	绿	1
	8	65.0	37.1	绿	1	65.0	65.5	绿	1
	9	68.4	37.7	绿	1	68.4	67.4	绿	1
	ck	64.8	30.9	绿	—	64.8	55.7	绿	—

3.2 杂草防除效果

从表4结果分析可知,50%2,4-D异辛酯乳油最佳施用量为1.32 L/hm²(处理3)阔叶杂草15天防除效果为88.5%~89.3%,30天防除效果为87.7%~89.5%;56%二甲四氯钠可溶粉剂最佳施用量为1.05 kg/hm²(处理6),阔叶杂草15天防除效果为87.7%~88.6%,30天防除效果为87.2%~87.4%;12.5%烯禾啶乳油最佳施用量为1.50 L/hm²(处理9)禾本科杂草15天防除效果为91.7%~94.3%,30天防除效果为86.1%~88.2%。

表4 苗后药剂处理对杂草的防除效果

年份 /年	处理	施药后 15 天				施药后 30 天			
		禾本科杂草		阔叶杂草		禾本科杂草		阔叶杂草	
		株数 /(株·m⁻²)	防除效果 /%	株数 /(株·m⁻²)	防除效果 /%	株数 /(株·m⁻²)	防除效果 /%	株数 /(株·m⁻²)	防除效果 /%
2017	1	—	—	13.7	84.7	—	—	40.6	71.3
	2	—	—	12.2	86.4	—	—	25.7	81.8
	3	—	—	10.3	88.5	—	—	14.8	89.5
	4	—	—	15.7	82.5	—	—	29.9	78.9
	5	—	—	13.8	84.6	—	—	22.8	83.9
	6	—	—	10.2	88.6	—	—	17.8	87.4
	7	27.3	76.6	—	—	40.8	75.6	—	—
	8	20.9	82.1	—	—	34.2	79.6	—	—
	9	9.7	91.7	—	—	19.7	88.2	—	—
	ck	116.5	—	89.6	—	167.3	—	141.5	—

年份/年	处理	施药后15天				施药后30天			
		禾本科杂草		阔叶杂草		禾本科杂草		阔叶杂草	
		株数/(株·m⁻²)	防除效果/%	株数/(株·m⁻²)	防除效果/%	株数/(株·m⁻²)	防除效果/%	株数/(株·m⁻²)	防除效果/%
2018	1	—	—	16.1	83.1	—	—	32.8	76.5
	2	—	—	13.9	85.4	—	—	27.7	80.1
	3	—	—	10.2	89.3	—	—	17.2	87.7
	4	—	—	18.5	80.6	—	—	35	74.9
	5	—	—	13.2	86.2	—	—	18.9	86.4
	6	—	—	11.7	87.7	—	—	17.8	87.2
	7	37.3	71.9	—	—	47.8	69.0	—	—
	8	14.6	89.0	—	—	25.4	83.5	—	—
	9	7.6	94.3	—	—	21.5	86.1	—	—
	ck	132.6	—	95.4	—	154.2	—	139.4	—

表5 苗后药剂处理对杂草的防除效果(鲜重)

年份/年	处理	禾本科杂草		阔叶杂草		年份/年	处理	禾本科杂草		阔叶杂草	
		鲜重/(g·m⁻²)	防除效果/%	鲜重/(g·m⁻²)	防除效果/%			鲜重/(g·m⁻²)	防除效果/%	鲜重/(g·m⁻²)	防除效果/%
2017	1	—	—	16.8	81.2	2018	1	—	—	18.5	76.2
	2	—	—	10.5	88.3		2	—	—	12.1	84.4
	3	—	—	8.4	90.6		3	—	—	7.7	90.1
	4	—	—	17.4	80.5		4	—	—	19.9	74.4
	5	—	—	14.4	83.9		5	—	—	16.5	78.7
	6	—	—	11.7	86.9		6	—	—	10.3	86.7
	7	24.5	72.3	—	—		7	20.3	73.6	—	—
	8	15.8	82.1	—	—		8	15.7	79.6	—	—
	9	9.5	89.3	—	—		9	7.6	90.1	—	—
	ck	88.5	—	89.4	—		ck	76.8	—	77.6	—

从表5结果分析可知,50%2,4-D异辛酯乳油最佳施用量为1.32 L/hm²(处理3)阔叶杂草鲜重防除效果为90.1%~90.6%;56%二甲四氯钠可溶粉剂最佳施用量为1.05 kg/hm²(处理6)阔叶杂草鲜重防除效果为86.7%~86.9%;12.5%烯禾啶乳油最佳施用量为1.50 L/hm²(处理9)禾本科杂草鲜重防除效果为89.3%~90.1%。

3.3 不同除草剂对谷子产量的影响

从表6结果分析可知,从不同处理对谷子产量的影响来看,50%2,4-D异辛酯乳油1.32 L/hm² 时产量最高,增产率为15.4%;56%二甲四氯钠可溶粉剂最佳施用量为1.05 kg/hm²,增产率为12.7%;12.5%烯禾啶乳油最佳用量为1.50 L/hm²,增产率为13.2%。

表6 不同苗后除草剂对谷子产量的影响

| 处理 | 2017 年 | | 2018 年 | | 平均 | | 增产率/% |
	株高/cm	产量/(kg·hm⁻²)	株高/cm	产量/(kg·hm⁻²)	株高/cm	产量/(kg·hm⁻²)	
1	128.2	4 931.3	133.5	4 736.5	130.9	4 833.9	2.9
2	136.3	5 275.3	135.8	4 879.2	136.1	5 077.3	8.1
3	137.3	5 465.8	135.5	5 374.1	136.4	5 420.0	15.4
4	134.5	4 643.6	129.8	4 835.6	132.2	4 739.6	0.9
5	133.7	5 038.7	131.9	5 139.0	132.8	5 088.9	8.3
6	135.7	5 167.2	136.9	5 422.7	136.3	5 295.0	12.7
7	126.5	4 873.4	130.5	5 134.0	128.5	5 003.7	6.5
8	128.8	5 005.3	134.0	5 199.5	131.4	5 102.4	8.6
9	130.4	5 364.7	133.7	5 271.2	132.1	5 318.0	13.2
ck	120.3	4 632.4	117.5	4 762.5	118.9	4 697.5	—

4 讨论与结论

通过谷子田除草剂筛选试验,阔叶杂草除草剂50%2,4-D异辛酯乳油用量0.99 ~1.32 L/hm²,56%二甲四氯钠可溶粉剂用量为0.80 ~1.05 kg/hm² 时对谷子安全。50%2,4-D异辛酯乳油最佳施用量为1.32 L/hm²,增产率为15.4%;56%二甲四氯钠可溶粉剂最佳施用量为1.05 kg/hm²,增产率为12.7%;禾本科杂草除草剂12.5%烯禾啶乳油,用量1.20 ~1.50 L/hm² 时对谷子施用安全,最佳用量为1.50 L/hm²,增产率为13.2%。

谷子对除草剂较敏感,使用不当会产生药害,导致减产或绝产。影响除草剂施用因素较多品种抗药性、土壤类型、土壤有机质含量、施用时间、施用器械、施用方法等。

参 考 文 献

[1] 刁现民.中国现代农业产业可持续发展战略研究:谷子糜子分册[M].北京:中国农业出版社,2018.

[2] 徐庆全,呼瑞梅.通辽市谷子生产优势与发展对策[J].内蒙古农业科技,2013(4):119-120.

[3] 于占斌,赵敏.谷田杂草的种类及防治方法[J].内蒙古农业科技,2007(6):124.

有机肥在谷子生产中的应用研究

文　峰,金晓光,白乙拉图,呼瑞梅,黄前晶,塔　娜,费　宁,白　峰,李清泉

(1.通辽市农牧科学研究所,内蒙古 通辽 028015;

2.中国科学院智能农业机械装备工程实验室,北京 100039;

3.通辽市库伦旗农畜产品质量安全服务中心,内蒙古 通辽 028200;

4.通辽市农业推广中心,内蒙古 通辽 028000)

摘要:通过有机肥替代化肥试验,明确有机肥对谷子产量的影响,生产中增产增效的同时兼顾耕地质量改善。在本试验条件下种肥(有机肥掺混化肥)加追肥(化肥)方式时谷子产量最高。最佳施肥方案为种肥(有机肥 45 kg/亩掺混磷酸二铵1 045 kg/亩)加追肥(尿素 1 045 kg/亩),其产量为397.545 kg/亩,与常规施肥比较增产9.95%,纯收入增加113.8 元。

关键词:谷子;有机肥;化肥;施肥量

谷子(Setariaitalica(L.)Beauv)耐旱、耐瘠薄,是我国北方干旱省份的重要粮食作物,甚至是部分地区首要栽培作物[1]。通辽市属春谷中熟区,气候、地理条件独特,昼夜温差大,是良好的优质小米生产基地[2],通辽市谷子种植面积为 33 333.33 hm²(2015—2021年)以上。而不施肥、过量施肥和重用化肥等施肥措施不仅使谷子低产,也造成耕地质量下降。谷子生产中,化肥的过量、不均衡使用是我国农业的一个主要特点,由此不仅降低了农产品质量,还会给环境带来严重污染,长期过量而单纯地施用化肥会使土壤酸化或碱化[3]。有机肥可提高土壤培肥地力、土壤质量,促进土壤微生物繁殖,为农作物生长提供全面营养,使农作物生长健壮[4]。有机肥虽然营养元素全面,但作物需要的有效营养成分(如 N、P、K 等)含量远低于化肥,而且有机肥在土壤中分解和被植物吸收过程较慢,很难满足农作物高产、高效的需要,必须与化肥配合施用[5]。

谷子施肥应根据谷子生产特点、不同地区、不同生产条件,研究制订不同的配方施肥技术标准,提高谷子产量与品质[6]。根据谷子需肥规律和肥料特点有机肥合理替代化肥,可使农业增产、农民增收,也是食品安全和农业可持续发展的重要保障。

1　试验地概况

试验在通辽市农牧科学研究所试验基地进行。属于中温带半干旱大陆性气候,海拔为165 m,年平均降雨量为300~450 mm,≥10 ℃活动积温为2 000~3 200 ℃,无霜期为90~150 d。

试验地前茬种植玉米,土壤类型含量为白壤土,肥力中等以上。耕作层有机质含量为20.34 g/kg,碱解氮含量为 65.5 mg/kg,速效磷含量为 22.39 mg/kg,速效钾含量为352.03 mg/kg,耕作层土壤pH 为7.5。

2 材料与方法

2.1 试验材料

供试谷子品种"通谷1号"。试验使用肥料为有机肥(颗粒型有机肥, w(有机质)$\geq$45%, w(N)$\geq$5%、w(P_2O_5)$\geq$5%、w(K_2O)$\geq$5%,内蒙古广天生态农业有限公司生产)、磷酸二铵(w(N)$\geq$18%、w(P_2O_5)$\geq$46%,云南云天化股份有限公司生产)、尿素(w(N)$\geq$46%,河南普煤天庆煤化工有限责任公司)。

2.2 试验设计

采用随机区组设计,3次重复,试验小区行长为8 m、宽为3 m,6行区,密度为4万株/亩。试验A组单施有机肥、B组施种肥(有机肥)加追肥(化肥)、C组施种肥(有机肥掺混化肥)加追肥(化肥),每组设3个不同施肥量,2个对照,分别为空白对照(CK1)、常规施肥(CK2),试验施肥方式及施肥量见表1。

表1 试验施肥方式及肥料用量　　　　　　　　　　　　kg/亩

处理	种肥		追肥(尿素)
	有机肥	磷酸二铵	
A1	50	—	—
A2	70	—	—
A3	90	—	—
B1	50	—	10
B2	70	—	10
B3	90	—	10
C1	25	10	10
C2	35	10	10
C3	45	10	10
常规施肥(CK2)	—	20	10
空白对照(CK1)	—	—	—

注:施肥量为肥料商品用量。

2.3 田间管理

播前整地,施入种肥,孕穗期结合中耕追肥。人工条播、间苗、除草,孕穗期灌溉1次,预防粟灰螟2次,其他管理方式与谷子生产相同。

2.4 测定项目及数据处理

开花期调查记载叶片色,收获前每小区取 10 株测定株高、主穗长、穗粗、单穗重、穗粒重、千粒重等项目。收获时去掉边行及行头,实收 15 m² 测定小区产量。试验数据采用 DPS 数据处理软件进行计算处理。

3 结果与分析

3.1 不同处理对谷子生物学性状的影响

从表 2 可知,抽穗期至开花期,空白对照叶片呈淡绿色,其余处理叶片呈绿色;各处理株高与空白对照比较均高,单施有机肥的 A 组处理与常规施肥比较低。各处理间相互比较,A 组株高随着有机肥施肥量的增加先增后减,B 组和 C 组株高随着有机肥施肥量的增加而下降;各处理穗长与空白对照比较均长,与常规施肥比较除 C3 处理外均短,相互比较差异小;各处理穗粗与空白对照比较均高,与常规施肥比较 3 个处理(B3、C2、C3)穗粗高,其他处理比常规施肥低;各处理穗重、穗粒重与空白对照比较均高,与常规施肥比较只有 C2、C3 处理穗粒重高;C3 处理千粒重与 CK1、CK2 比较增加,其他处理千粒重无明显规律。表明单施有机肥与常规施肥比较株高、穗长、穗粗、穗重、穗粒重降低,证明有机肥肥效慢,无法满足谷子各生长阶段养分需求;种肥(有机肥)加追肥(尿素)方式对穗的影响较大,这可能与追肥只补充 N 素有关,叶面追施 N、P、K 及微量元素可能效果不同;种肥(有机肥掺混磷酸二铵)加追肥(尿素)时农艺性状最佳。

表 2　生物性状调查

处理	叶片色	株高/cm	主穗长/cm	穗粗/cm	单穗重/g	穗粒重/g	千粒重/g
A1	绿	133.24	23.42	2.13	22.63	14.14	2.66
A2	绿	135.66	25.58	2.19	22.57	14.32	2.74
A3	绿	132.53	25.26	2.26	21.69	14.59	2.68
B1	绿	140.87	25.25	2.20	23.32	15.67	2.76
B2	绿	135.60	25.27	2.23	24.32	15.92	2.75
B3	绿	132.33	25.64	2.38	22.19	15.40	2.78
C1	绿	141.05	25.61	2.27	24.52	15.73	2.75
C2	绿	136.82	25.87	2.36	26.00	16.91	2.73
C3	绿	136.20	25.93	2.46	25.04	16.98	2.84
常规施肥(CK2)	绿	138.53	25.90	2.33	25.28	16.92	2.75
空白对照(CK1)	淡绿	127.60	22.33	2.01	21.03	13.07	2.69

3.2 不同施肥处理对谷子产量性状的影响

从表 3 可知,区组间 $F=0.575$、$F_{0.05}=3.49$,其 $F<F_{0.05}$,说明试验区土壤肥力差异不显著,土壤养分分布均匀,对试验结果影响不显著。处理间 $F=3.651$、$F_{0.01}=3.37$,其 $F>F_{0.01}$,说明各处理间施肥效果达到极显著水平,不同处理间肥效存在极显著差异。

表 3 试验产量方差分析

变异来源	平方和	自由度	均方	F 值	$F_{0.05}$	$F_{0.01}$
区组间	0.513 6	2	0.256 8	0.575	3.49	5.85
处理间	16.291 1	10	1.629 1	3.651**	2.35	3.37
误差	8.924 4	20	0.446 2			
总变异	25.729 1	32				

从表 4 可知,与空白对照比较 C2 和 C3 达到极显著,C1、B1、B2、B3 达到显著。各处理与常规施肥比较不显著,C3 处理产量与常规施肥比较增产 9.95%,与 A1 和 A3 处理比较达到极显著水平,与 A2 和 B3 差异显著。C2 处理与常规施肥比较增产 2.66%,与 A1 和 A3 处理差异显著。

C 组 2 个处理较常规施肥增产。B 组和 A 组处理较常规施肥减产,B 组减产幅度为 3.69% ~ 6.15%,A 组减产幅度为 9.06% ~ 14.35%。A 组处理(单施有机肥)较空白对照增产,增产幅度为 11.7% ~ 18.59%。

种肥有机肥掺混化肥加追施尿素方式产量最高,最佳施肥模式为种肥(有机肥 45 kg/亩掺混磷酸二铵 10 kg/亩)加追肥(尿素 10 kg/亩)。

表 4 不同处理对产量的影响及差异显著性(SSR 法)

处理	小区产量/(kg·15 m⁻²)				产量 /(kg·亩⁻¹)	与对照(CK2) 比较/%	差异显著性	
	Ⅰ	Ⅱ	Ⅲ	平均			0.05	0.01
C3	8.71	9.15	8.97	8.94	397.5	9.95	a	A
C2	8.76	8.44	7.85	8.35	371.1	2.66	ab	AB
CK2	8.45	7.45	8.50	8.13	361.5	—	abc	AB
C1	7.38	7.51	8.74	7.88	350.1	−3.16	abc	ABC
B2	8.15	7.40	7.95	7.83	348.1	−3.69	abc	ABC
B1	6.15	7.75	9.20	7.70	342.2	−5.33	abc	ABC
B3	7.35	8.35	7.20	7.63	339.3	−6.15	bc	ABC
A2	6.85	7.93	7.41	7.40	328.7	−9.06	bcd	ABC
A1	7.23	6.47	7.31	7.00	311.3	−13.90	cd	BC
A3	7.05	7.00	6.85	6.97	309.6	−14.35	cd	BC
CK1	6.34	6.57	5.80	6.24	277.2	—	d	C

3.3 不同施肥处理对谷子经济效益的影响

从表5可知,A组种肥施有机肥(有机生产)时,A2处理(有机肥70 kg/亩)总产出和纯收入较高。B组种肥(有机肥)加追肥(尿素)时,B1处理(种肥施有机肥50 kg/亩加追肥施尿素10 kg/亩)纯收入和产投比最高。C组种肥(有机肥掺混磷酸二铵)加追肥(尿素)时,C3处理的产量、总产出、纯收入均超过常规施肥方式,产投比接近常规施肥方式。种肥(有机肥45 kg/亩掺混磷酸二铵10 kg/亩)加追肥(尿素10 kg/亩)处理经济效益最佳。

表5 不同处理经济效益分析

处理	投入/(元·亩$^{-1}$)			产量/(kg·亩$^{-1}$)	总产出/元	纯收入/元	产投比
	肥料	人工	合计				
A1	110	450	560	311.3	1 494.1	934.1	2.67
A2	154	450	604	328.7	1 578.0	974.0	2.61
A3	198	450	648	309.6	1 486.2	838.2	2.29
B1	136	450	586	342.2	1 642.7	1 056.7	2.80
B2	180	450	630	348.1	1 671.1	1 041.1	2.65
B3	224	450	674	339.3	1 628.5	954.5	2.42
C1	121	450	571	350.1	1 680.4	1 109.4	2.94
C2	143	450	593	371.1	1 781.3	1 188.3	3.00
C3	165	450	615	397.5	1 907.9	1 292.9	3.10
CK2	106	450	556	361.5	1 735.1	1 179.1	3.12
CK1	0	450	450	277.2	1 330.5	880.5	2.96

注:有机肥价格为2.2元/kg,磷酸二铵价格为4.0元/kg,尿素价格为2.6元/kg;谷子价格为4.8元/kg;因机械施肥人工投入相同。

4 讨论与结论

4.1 结论

各处理当中种肥(有机肥掺混磷酸二铵)加追肥(尿素)方式产量最高,与常规施肥方式比较增产,增产幅度为2.66%~9.95%。最佳施肥方式为种肥(有机肥45 kg/亩掺混磷酸二铵10 kg/亩)加追肥(尿素10 kg/亩),其产量为397.5 kg/亩,与常规施肥比较增产9.95%,纯收入比常规施肥增加113.8元。

4.2 讨论

单施有机肥时,施肥量超过 70 kg/亩后产量开始下降,说明施有机肥虽然有利于保护环境、培肥地力、改善农作物品质,但存在增产效果和经济效益低的弱点。在施种肥时有机肥完全替代化肥加追施化肥时产量比单施有机肥高,但产量和经济效益低于常规施肥。在施种肥时有机肥替代部分化肥加追施化肥较常规施肥增产,且经济效益最高。

在种肥有机肥替代部分化肥时增产,但最高产量在有机肥施肥量最大时,说明替代比例有待于进一步调整。同时本次试验重点研究种肥施肥方法及施肥量,但存在种肥施有机肥,叶面追施 N、P、K 及微量元素也有增产的可能。

有机肥对土壤改良、提高化肥肥效、提升小米品质都有积极作用。李燕研究认为,有机肥替代部分化肥可提高土壤有效磷和速效钾含量。冯守疆研究认为,氮、磷、钾与有机肥配施时蛋白质含量提高 2.8 ~ 6.1 g/kg,粗淀粉含量提高 15 ~ 49 g/kg,粗脂肪含量提高 6.5 ~ 9.2 g/kg,赖氨酸含量提高 0.7 ~ 1.6 g/kg。有机肥不仅能提高谷子产量、经济效益,也能改善土壤和提高小米品质。有机肥替代化肥对谷子生产效益最大化的同时可兼顾改良土壤、食品安全和保护环境,有利于农业可持续发展。

参 考 文 献

[1]刁现民.中国现代农业产业可持续发展战略研究:谷子糜子分册[M].北京:中国农业出版社,2018.

[2]徐庆全,呼瑞梅.通辽市谷子生产优势与发展对策[J].内蒙古农业科技,2013(4):119-120.

[3]赵崇山,楚君.农药、化肥与农业污染[J].商丘职业学院学报,2006,5(26):101-103.

[4]王炜.论有机肥在绿色农业中的作用[J].青海农技推广,2021(1):14-15.

[5]符纯华,单国芳.我国有机肥产业发展与市场展望[J].化肥工业,2017,44(2):9-12,30.

[6]马金丰,李延东.浅谈黑龙江省谷子生产现状、存在问题及发展思路[J].中国农技推广,2010(2):20-21.

通辽市谷子产业发展现状及建议

金晓光,文　峰,白乙拉图,徐庆全,王　健,黄前晶,呼瑞梅,李　默

（通辽市农牧科学研究所,内蒙古 通辽 028015）

摘要:文章阐述了通辽市谷子产业的发展现状,分析了谷子产业发展存在的主要问题,并提出有针对性的谷子产业发展建议,主要包括明确谷子产业发展方向、推行谷子产业规模化和集约化发展模式、建设谷子产业高标准示范推广基地、加大科研投入力度、建立谷子产业供需关系信息调节机制、发挥谷子产业品牌拉动效应、发挥谷子产业旱作优势等方面内容,以期为全面推动通辽市谷子产业持续健康发展提供参考。

关键词:谷子产业;发展现状;问题;建议;内蒙古通辽

谷子,又称粟,是我国的传统粮食作物,距今已有逾 8 000 年的栽培历史,具有抗旱、耐瘠薄、营养丰富等特点,是我国居民膳食结构的主体作物。我国是世界上谷子生产量和消费量最大的国家,种植面积与总产量分别占世界的80%与85%左右[1]。内蒙古自治区是我国谷子最大的主产区之一,栽培面积和总产量均约占全国的1/4,主要种植在赤峰市、通辽市和兴安盟等地区[2]。在农业现代化高速发展阶段,绿色高效、生态环保、抗旱节水、节本增效已成为现代农业发展的基本要求,特别是在干旱与半干旱地区,发展谷子产业是农业供给侧改革和种植结构调整的关键抓手,也是拓宽农牧民增收渠道的重要途径。谷子产业是通辽市优势特色产业,具有得天独厚的发展优势,但由于缺乏中长期发展规划,生产方式传统、经营主体单一、规模化程度较低等仍严重制约谷子产业高效发展。本文主要分析通辽市谷子产业发展现状及存在的问题并提出建议,以期为谷子产业发展提供参考。

1　通辽市谷子产业发展现状

1.1　谷子种植面积稳步增加

随着谷子生产水平的提升,市场需求量不断加大,谷子种植规模明显增长,种植观念产生根本转变,由过去的零散种植向适度规模种植转变,由保障自给自足向发展增产创收产业转变,由低产田种植向高产田种植转变,谷子种植已成为通辽市杂粮经济发展的支柱产业之一。近几年,谷子种植面积稳中有增。据统计,2014—2020 年,通辽市谷子年平均种植面积为 3.09 万 hm²,总体呈持续增长趋势。2020 年通辽市杂粮种植面积为7.86 万 hm²,其中谷子种植面积为3.37 万 hm²,占杂粮总面积的43%,谷子已经成为通辽市种植面积最大的杂粮作物。

1.2　谷子单产水平显著提高

通辽地区具备适宜谷子生长的气候条件和丰富的土壤类型,主要种植的谷子品种有通谷、赤谷、豫谷、张杂谷等系列,新品种具有抗除草剂,丰产性、适应性及抗逆性较强等特点,解决了谷田禾本科杂草难以进行化控除草的关键技术难题,有效降低了生产成本,实现了谷子轻简化栽培。2014—2018 年,通辽市谷子平均产量为 3 163.5 kg/hm²,从 2020年开始,平均产量可达 3 876 kg/hm² 左右。近 2 年,随着高效栽培技术和高产优质新品种的推广应用,在具备水浇条件的高产田产量达 5 250 ~ 6 750 kg/hm²,谷子产量水平得到了显著提高。

1.3　谷子种植分布逐步扩大

通辽市谷子生产历史悠久,各地均有不同面积分布,种植面积较大的旗(县)为库伦旗和奈曼旗,分别占全市总面积的 35% 和 30%,扎旗、左中旗分别占 16%、10%,其他旗(县、市、区)合计占9%。扎旗及以北地区由于无霜期较短,多种植早熟品种,其他地区多种植中熟品种。库伦旗和奈曼旗以旱作生产为主,其他地区主要以水浇地种植为主。近几年,在种植效益的拉动下,除在旱作区进行谷子生产外,很多种植大户、农业合作社、企业等经营主体,逐渐开始在具备水浇条件的优质耕地上进行大面积谷子生产,种植面积逐步扩大,规模化程度不断加强。

1.4　谷子种植效益大幅提高

受谷子传统生产方式落后、人工成本较高、劳动强度大、市场价格不稳定等因素影响,种植效益无法保证,严重制约了谷子产业发展。现阶段,谷子种植实行了轻简化栽培,生产成本骤减,种植效益相比以往成倍增长。谷子种植效益的大幅提高,主要得益于栽培技术轻简化、生产成本降低、高产优质新品种应用和原粮价格稳中提升等有利条件。具体表现:机械精量播种,省去了人工间苗环节;地方老品种和不抗除草剂品种基本被高产优质抗除草剂新品种所取代,实现了谷田化学除草,省去了人工除草环节,有效降低了生产成本,产量水平整体提升;通辽地区已发展成内蒙古自治区的谷子主产区之一,规模化效应有力地促进了本地区谷子原粮价格稳定运行,使谷子种植效益大幅提高,在杂粮作物中效益优势突显。

2　通辽市谷子产业发展存在的问题

2.1　高效栽培技术应用不到位

通辽市耕地类型多样,不同土壤条件对谷子田间管理技术要求不尽相同,传统的栽培技术很难满足生产需要。特别是旱作区谷子种植，田间管理粗放，广种薄收的种植观念依然存在，高效栽培技术推广应用难度大，精量播种、化控除草、病虫害防治等栽培管理措施落实不到位，减产欠收情况时有发生。

2.2 机械化程度低

谷子种植专用机械较少，严重降低了谷子生产效率。缺少专用型谷子精量播种机械，生产中的谷子播种机多为其他作物小型播种机简单改装而成，难以进行谷子精量播种而达到免间苗的目的，无法适应规模化生产需求。缺少大型联合收割机，大面积谷子收获不及时，成熟后遇大风降雨天气容易造成倒伏，无法机械收获，或出现籽粒在谷穗上霉变、含水率增高等情况，对产量和品质影响严重。

2.3 品种老化及自留种问题

随着科研水平的快速提高，谷子高产优质新品种不断涌现，品种适应性分类更加细化，根据不同气候、土壤、生产水平等条件，选择适宜的品种，实现良种良法配套栽培，才能达到增产增收的目的。但是，新品种示范推广不足、新技术接受应用能力有差异，致使一些已经退化、老化的谷子品种仍占有较大的种植面积，生产力水平提升缓慢。同时，为了节省种子成本，常规品种自留种现象也不同程度存在。自留种品种混杂、纯度严重不足、谷种播前处理不规范，导致种传病害如白发病、线虫病及谷瘟病等易发、多发，对谷子生产影响较大。

2.4 生产经营模式传统

通辽市谷子生产按种植面积分为散户小面积种植、种植大户较大面积种植、合作社和企业大面积种植3类。其中，散户小面积种植仍是谷子生产的最大主体，也是新品种、新技术推广应用的重点和难点，直接影响谷子产业的规模效应。种植大户、合作社和企业对高产高效栽培技术应用不成熟，缺少专业的技术服务和及时掌握谷子市场动态信息的有效途径，生产实际与市场需求脱节问题较为突出，供需关系信息调节机制不健全，生产经营模式相对传统。

2.5 谷子生产附加值低

通辽市谷子生产中深加工产品相对较少，绝大多数以原粮出售的形式产生效益，谷子生产附加值较低，大中型谷子产品加工企业稀缺，多数以小型加工作坊为主，加工产品比较粗放，主要用于自食，而且数量不大，对提升谷子生产附加值作用有限。受市场需求大和产品深加工能力不足、大中型加工企业少等因素限制，谷子生产附加值提升表现乏力。

2.6　科研投入较少

通辽市谷子产业发展资源优势突出，但谷子产业发展动力不足。高端谷子科研人才紧缺，科研设备短缺、老化，科研成果培育周期过长，转化推广机制不畅，很大程度上削弱了科研单位对谷子产业发展的科技贡献。

3　通辽市谷子产业发展建议

3.1　明确谷子产业发展方向

通辽市地理位置优越，位于我国东北地区杂粮生产核心区域，与内蒙古自治区最大的谷子主产区赤峰市紧密相接；气候条件独特，土质肥沃，适宜谷子生长发育，原粮品质优良，蛋白质、脂肪、维生素等营养成分含量较高；谷子种植历史悠久，文化底蕴丰厚，生产经验丰富，市场需求旺盛，具有谷子原粮基地建设的生产优势、区位优势和市场优势，产业化发展基础坚实。结合通辽市谷子产业发展实际，应坚持以建设谷子原粮生产基地为主要发展方向，以提高散户和种植大户谷子生产水平和原粮品质为重点，利用政策及项目带动合作社和企业进行谷子品牌建设和产品深加工，逐步完善和延长产业发展链条。

3.2　推行谷子产业规模化和集约化发展模式

加强政策扶持，引导种植大户、专业种植合作社及企业等农业经营主体进行适度规模的土地流转，大力推行散户联合生产、专业合作社生产、企业+种植大户、企业+订单、粮饲兼顾+种养结合等多种灵活的生产经营模式，提高谷子生产规模化和集约化程度，提升谷子生产的规模化效应和重要原粮生产基地的带动效应。

3.3　建设谷子产业高标准示范推广基地

当前正值谷子产业快速发展阶段，建设高标准示范推广基地有利于新品种、新技术的推广应用，可大幅度提升通辽市谷子原粮品质和生产水平，吸引更多新型农业经营主体投入谷子产业发展中。政府、科研、科技、农牧等部门要通过政策引导、科技服务、专项补贴、项目整合等有效措施，建设谷子高标准示范推广基地，发挥示范引领作用。积极推广覆膜种植、穴播技术、精量播种、配方施肥等谷子先进生产技术，扭转通辽市谷子生产方式传统落后的被动局面。特别要加强全程机械化生产配套的精量播种机、大型中耕机、联合收割机、多功能覆膜机等谷子生产专用机械的引进和推广，配套绿色轻简化生产技术应用，有力推动通辽市谷子产业高效发展[3]。

3.4 加大科研投入力度,强化新品种和新技术研究

加大科研投入力度,发挥科技项目的带动作用,升级设备,引进人才,有效改善科研条件。加强对外交流合作,深度融入国家谷子高粱产业技术体系,吸纳借鉴国内谷子育种及栽培技术研究的先进经验和成果,增强谷子产业科技创新能力。重点开展新品种适应性及配套高产高效栽培技术研究,为谷子规模化生产提供强有力的科技支撑。广泛收集利用种质资源,为新品种选育提供丰富的遗传数据,大力提高谷子育种水平,培育具有本土特色的谷子新品种,建立具有多样性、广适性、独特性的品种结构,着力提高通辽市谷子原粮及加工产品的市场竞争力。

3.5 建立谷子产业供需关系信息调节机制

建立生产与市场衔接机制,预防出现谷子产业供需失衡现象,增强生产风险的预判能力,保障谷子产业持续健康发展[4]。充分发挥政府主导作用,组织科技、科研、贸易、统计等职能部门,分析国内谷子大型集散地市场动态及加工企业原料需求标准,根据通辽市谷子生产实际,遵循供需关系发展规律,定期发布综合性谷子生产指导建议,为各类农业生产经营主体确定谷子生产规模、主栽品种类型、市场行情信息动态等产业发展要素提供科学依据,也可为科研单位确定谷子新品种选育方向提供参考依据。

3.6 发挥谷子产业品牌拉动效应

加强品牌建设和产品深加工,逐步延长产业发展链条,以"少而精、中高端、重绿色、全营养"为品牌建设的主要内涵,重点扶持通辽市谷子主产区大中型加工企业,打造"科尔沁小米"绿色农产品品牌,稳步提升谷子品牌影响力。大力宣传科尔沁谷子原粮品牌,把品质优良、地域特色和资源优势转化为市场竞争力,增强对国内大型谷子产品加工企业专用原料的供应能力,为谷子生产争取更大的市场空间。

3.7 发挥谷子产业旱作优势

通辽市属于干旱与半干旱地区,发展旱作农业是现代农业可持续发展的必由之路。谷子是典型的抗旱作物,是旱作生产的主要作物,在种植效益和生产水平上与玉米等大宗作物比较相差无几,且生态节水优势明显,更加适应现代农业发展要求。通辽市谷子主要产区60%以上的面积属于旱作区,研究提高自然降雨利用率是当前谷子产业高质量发展的重要方向和亟待解决的关键问题。通辽市年平均降雨量为400 mm左右,6—8月降雨量占全年总降雨量的80%以上,仅靠自然降雨难以满足旱作区谷子生长要求,经常出现播期延误、出苗不全、后期干旱、成熟不完全等现象,对产量造成不可避免的损失。利用渗水地膜和生物降解渗水地膜的集雨功能种植谷子,可有效提高自然降雨利用率,正常年份依靠自然降雨既能满足谷子生长所需水分,又能起到控温、控湿、控草的多重功用,促进谷

子生长,进一步提高产量,解决旱作谷子生产的难点问题,激发谷子产业的旱作优势[5]。

参 考 文 献

[1]刘斐,李顺国,夏显力.中国谷子产业竞争力综合评价研究[J].农业经济问题,2019,
    40(11):60-71.
[2]柴晓娇,李书田,赵敏,等.内蒙古谷子产业发展存在的问题与解决对策[J].内蒙古
    农业科技,2012,40(5):8.
[3]李顺国,夏雪岩,刘猛,等.我国谷子轻简高效生产技术研究进展[J].中国农业科技
    导报,2016,18(2):19-24.
[4]李顺国,刘斐,刘猛,等.近期中国谷子高粱产业发展形势与未来趋势[J].农业展望,
    2018,14(10):37-40.
[5]姚建民,毕昕媛,尚武平,等.生物降解渗水地膜覆盖旱地谷子试验[J].山西农业科
    学,2020,48(2):198-202.

蒙东粮食主产区不同谷子品种的适应性分析

包雪莲[1],文　峰[1],金晓光[1],呼瑞梅[1],黄前晶[1],张桂华[1],齐金全[1]
白颖哲[2],乌月汗[3],白乙拉图[1]

(1.通辽市农牧科学研究所,内蒙古 通辽 028015;2.通辽市气象局,内蒙古 通辽 028000;
3.通辽市蒙古族中学,内蒙古 通辽 028000)

摘要:为了筛选出适合内蒙古自治区东部通辽地区的优良谷子品种,通过2年区域试验鉴定,客观地反映参试品种的丰产性、区域性、抗逆性及主要农艺性状,为本地谷子育种提供理论依据。本试验以"九谷11"作为对照,通过对10个谷子品种进行比较分析表明:与产量相关性状中,株高和千粒重呈负相关不显著,穗粗、穗粒重、单穗重与产量间呈显著正相关;谷子穗粗和单穗粒的变异系数较大,株高、出谷率和千粒重变异系数较小,有一定遗传性;"九谷41"、"瑞香谷2号"和"20H819"这三个品种农艺性状表现良好、抗逆性较好、产量较高,综合表现优良,更适合在通辽地区进行推广种植。

关键词:谷子;品种;适应性;农艺性状

谷子(*Setaria italica*),亦为粟,为单子叶植物禾本科狗尾草属的一年生作物,是古老的抗旱作物[1-2]。谷子具有抗旱节水、耐贫瘠、生育期短、适应性广等优势[2],这些优势在农业生产中发挥着重要作用[3]。我国谷子主要的种植地区分布于东北、西北以及华北地区,平均年种植面积约为200万 hm^2,平均年产量维持在350 t 左右[2,4-5]。内蒙古自治区是我国谷子的主要种植省份,年种植面积约为142.4万 hm^2。通辽市属温带大陆性气候区,春季干旱多风,夏季高温多雨,每年杂粮种植面积为13万 hm^2 左右,而谷子种植面积为4万 hm^2 左右,在库伦旗、奈曼旗等干旱半干旱地区农业生产中谷子占有非常重要的地位。但由于当地农民长期采用传统种植方式,缺少种子提纯复壮和标准生产栽培的技术,传统谷子品种逐渐退化,而新品种推广示范力度不够,新技术接受能力较差,自留种伴发病虫害问题使产量降低和小米品质下降,在一定程度上制约着谷子种植产业的发展[6]。因此,选育稳产、抗逆、品质优良、适应性强的谷子新品种迫在眉睫。

一个优良的品种由环境、基因型以及环境和基因互相作用等多重因素决定[7],评价其丰产性、稳定性和适应性时,在区域和时间性上差异很大,所以在其有利的区域上进行推广有十分重要的意义[7]。作物品种的区域试验确定了参试品种推广的适宜性、种植区域和品质质量,为下一步的推广示范和审定登记品种工作提供了有效依据[8-9]。为了更好地评价品种的特性,在区域试验中选择具有代表性的试验点解决了人力物力的浪费,也更具有时效性[10]。本试验通过2年区域试验,引进全国谷子品种区域适应性联合鉴定试验——东华春谷区组不同地区的谷子品种,对10份参试品种的表型性状进行综合分析,探索内蒙古自治区东部通辽地区适宜种植的优质高产抗病谷子品种,为其应用和推广提供科学依据。

1 材料与方法

1.1 试验地的基本概况

区域试验地在通辽市农牧科学研究所试验田(海拔 165 m,东经 122°37′,北纬 43°43′),土壤类型为壤土。

1.2 供试材料

试验材料为参加全国谷子品种区域适应性联合鉴定试验——东华春谷区组的试验品种,共 10 个,分别为瑞香谷 2 号、瑞香谷 5 号、朝 202026、龙谷 46、九谷 40、九谷 41、赤金谷 17、公谷 96、20H819 和九谷 11(对照品种)。瑞香谷 2 号、瑞香谷 5 号为蛟河市瑞兴种业有限公司选育品种;朝 202026 为辽宁省旱地农林研究所选育品种;龙谷 46 为黑龙江农业科学院作物资源研究所和河北省农林科研院谷子研究所联合选育品种;九谷 40、九谷 41 为吉林市农业科学院与河北省农林科学院谷子研究所联合选育品种;赤金谷 17 为赤峰农牧科学研究所选育品种;20H819 为河北省农林科学院谷子研究所选育品种;九谷 11 为吉林市农业科学院选育品种。

1.3 试验设计

区域试验进行 3 次重复,小区面积为 24 m²,6 个行区,采用随机区组设计,密度为 3.5 万苗/亩,试验为 2 年区域试验。

1.3.1 栽培管理

每年 5 月 15 日结合旋耕机旋耕,每亩施磷酸二氨和尿素各 10 kg,5 月 20 日采用人工开沟溜籽的方法进行播种,随后进行覆土踩实。7 月初进行追肥和培土,每亩施尿素 10 kg,7 月中旬喷灌浇水一次,9 月末进入收获期。2021 年与 2022 年采取同一方案进行栽培管理。

1.3.2 测定项目及方法

于谷子生育期观察记载谷子形态特征、生长发育动态、抗病性等特征,收获期每个重复取 10 株测定平均株高、穗长、穗粗、单穗重、穗粒重、产量等农艺性状。

1.4 数据处理

采用 SPSS 进行数据统计分析处理。

2 结果与分析

2.1 2021—2022 年气候条件分析

2021—2022 年平均气温总体相差不明显,2021 年 6 月和 7 月较 2022 年同月温度偏高,而 8 月和 9 月较之温度偏低。

2021 年 5—9 月降水量为 417.5 mm,2022 年 5—9 月总降水量为 396.6 mm,2021 年总体降水量比 2022 年多 17.9 mm。2021 年 5 月上旬至 7 月中旬降水量减少,水分严重缺失不利于种子萌发出苗,影响苗期生长。2021 年 7 月下旬—8 月下旬(抽穗期—灌浆期)降水量大,阴雨寡照,结实率下降,8 月 26 日发生纹枯病病害,对产量形成有一定影响。2022 年 6 月上旬至 7 月下旬,降水量较多,连续阴雨天数增加,病虫害较常年重(表 1)。

2022 年日照时长较 2021 年普遍增加,5 月、7 月、8 月和 9 月分别增加 49.5 h、14.6 h、76.9 h 和 85.1 h,只有 6 月减少 52.7 h。日照会影响到谷子的结实率,尤其是 7 到 8 月份正值授粉时期,从而影响产量等相关性状。2022 年 9 月 19 日下霜,较常年提前 10 d 下霜,对产量有一定影响,尤其对生育期长的品种影响较大。

2.2 不同谷子品种生育期比较

由表 2 可以看出,在播种日期一致的情况下,参试谷子品种的生育期范围在 110 ~ 125 d。各品种的出苗期基本相同,而抽穗期和成熟期则有差别,瑞香谷 5 号、朝 202026、九谷 46 和九谷 40 这几个品种的抽穗期及成熟期与对照品种九谷 9 的生育期基本相似,在 110 ~ 115 d,公谷 96 两年的生育期差别较大,其他品种生育期在 120 d 左右,所有参试品种成熟度适宜。

表1 2021—2022年生育期间平均气温和降水量

项目	旬别	5月 2021年	5月 2022年	5月 差值	6月 2021年	6月 2022年	6月 差值	7月 2021年	7月 2022年	7月 差值	8月 2021年	8月 2022年	8月 差值	9月 2021年	9月 2022年	9月 差值
平均气温/℃	上旬	14.1	16.13	2.03	19.8	17.93	-1.87	23.9	25.19	1.29	23.6	26.32	2.72	19.7	19.96	0.26
	中旬	20.9	16.61	-4.29	23.5	21.83	-1.67	27	24.31	-2.69	21.5	22.27	0.77	17.4	18.94	1.54
	下旬	18.7	21.71	3.01	22.8	23.29	0.49	26.5	24.75	-1.75	21.2	19.84	-1.36	16	17.45	1.45
	平均	18.1	18.15	0.05	22.2	21.02	-1.18	25.5	24.75	-0.75	22.1	22.81	0.71	17.1	18.78	1.68
降水量/mm	上旬	2.6	1.7	-0.9	12.7	36.6	23.9	10.5	20.7	10.2	52.3	9.2	-43.1	7.2	0	-7.2
	中旬	0	2.3	2.3	19.2	40.5	21.3	4.9	80.2	75.3	30.9	44.6	13.7	37	0	-37
	下旬	0.9	28.9	28	2.3	54.6	52.3	108.9	44.7	-64.2	70.3	13.5	-56.8	57.8	19.1	-38.7
	总计	3.5	32.9	29.4	34.2	131.7	97.5	124.3	145.6	21.3	153.5	67.3	-86.2	102	19.1	-82.9
日照/h	上旬	73	105.7	32.7	77.1	44.2	-32.9	66.8	61.4	-5.4	45.9	84.3	38.4	57.5	96.6	39.1
	中旬	93.6	105.4	11.8	85.5	73	-12.5	58.6	68.7	10.1	34.4	71.6	37.2	71.1	82.8	11.7
	下旬	86.6	91.6	5	66.2	58.9	-7.3	46.8	56.7	9.9	94.7	96	1.3	43.3	77.6	34.3
	总计	253.2	302.7	49.5	228.8	176.1	-52.7	172.2	186.8	14.6	175	251.9	76.9	171.9	257	85.1

表 2　2021—2022 年不同谷子品种生育期

年份/年	品种	出苗期	抽穗期	成熟期	生育期/d
2021	瑞香谷 2 号	05—21	07—28	09—15	117
	瑞香谷 5 号	05—21	07—30	09—12	114
	朝 202026	05—21	07—19	09—12	114
	龙谷 46	05—21	07—25	09—10	112
	九谷 40	05—21	07—30	09—14	116
	九谷 41	05—21	07—29	09—14	116
	赤金谷 17	05—21	07—21	09—14	116
	公谷 96	05—21	07—26	09—11	113
	20H819	05—21	07—28	09—20	122
	九谷 11(ck)	05—21	07—21	09—13	115
2022	瑞香谷 2 号	05—23	08—01	09—20	120
	瑞香谷 5 号	05—23	07—30	09—14	114
	朝 202026	05—23	07—20	09—15	115
	龙谷 46	05—23	07—25	09—10	110
	九谷 40	05—23	07—27	09—15	115
	九谷 41	05—23	07—30	09—19	119
	赤金谷 17	05—23	07—28	09—19	119
	公谷 96	05—23	07—28	09—19	119
	20H819	05—23	07—28	09—19	119
	九谷 11(ck)	05—23	07—22	09—10	110

2.3　不同谷子品种农艺性和经济性状比较

在每年的收获考种后进行测定分析,2021 年结果表明(表3):各品种株高为96.47～151.4 cm,对照品种九谷 11 最高,株高达 151.4 cm,与其他品种差异显著($P<0.05$),瑞香谷 2 号株高最低,也与其他品种差异显著($P<0.05$),龙谷 46 与九谷 41、瑞香谷 5 号差异不显著($P>0.05$),赤金谷 17、20H819 与九谷 40、公谷 96 差异不显著($P>0.05$);穗长以赤金谷 17 最长,与公谷 96、20H819、瑞香谷 5 号差异性不显著($P>0.05$),与龙谷 46 差异性显著($P<0.05$),龙谷 46 穗长最短,仅龙谷 46 穗长短于对照九谷 11;穗粗相差不大,瑞谷香 2 号、瑞谷香 5 号、朝 202026、九谷 41、赤金谷 17 与公谷 96 差异性显著($P<0.05$),与其他品种差异性不显著($P>0.05$);以瑞香谷 2 号、九谷 41、赤金谷 17、20H819 单穗重最重,与对照九谷 11 呈显著性差异($P<0.05$),与其他品种差异性不显著($P>0.05$);穗粒重以龙谷 46 最重,为 16.3 g,与其他品种呈显著性差异($P<0.05$);出谷率以瑞香谷 5 号和龙谷 46 最高,出谷率分别为 68.11% 和65.89%,与其他品种差异性不显著($P>0.05$);千粒重以九谷 41 最重,为 3.49 g,与九谷 40 差异性显著($P<0.05$),与其他品种差异性不显著($P>0.05$)。

2022 年结果表明(表 4):各品种株高为 98.37~171.32 cm,对照品种九谷 11 最高,株高达 171.32 cm,与其他品种呈显著性差异($P<0.05$),瑞香谷 2 号株高最低,也与其他品种差异显著($P<0.05$);穗长以赤金谷 17 最长,与对照品种呈显著性差异($P<0.05$),其他品种均长于对照品种九谷 11;穗粗依然差异性不明显,范围在 2.87~2.31 cm 之间,所有品种均粗于对照品种九谷 11;以九谷 41、龙谷 46 单穗重最重,与对照九谷 11 呈显著性差异($P<0.05$),其他品种均重于对照品种;穗粒重同样以九谷 41、龙谷 46 最重,分别为 19.12 和 20.89 g,与其他品种呈显著性差异($P<0.05$),其他品种均高于对照品种九谷 11;出谷率以龙谷 46 最高,出谷率分别为 77.26%,其他品种出谷率均低于对照品种九谷 11;千粒重以对照品种九谷 11 最重,为 3.25 g,与 20H819 呈显著性差异($P<0.05$),而与其他品种差异性不显著($P>0.05$)。

通过 2 年的试验比较发现 2022 年的不同谷子农艺性状略高于 2021 年的农艺性状,这可能与气候和种植环境相关。在 2 个年份中,谷子农艺性状的变异系数变化幅度分别为 1.09%~23.35% 和 0.89%~30.3%。其中,穗粗和单穗粒重变异系数较大,说明在不同谷子品种中表现出较大的差异性,株高、出谷率和千粒重变异系数较小,说明这三种性状有一定的遗传性。

表 3 2021 年不同谷子品种不同农艺性状比较

品种	株高/cm	穗长/cm	穗粗/cm	单穗重/g	穗粒重/g	出谷率/%	千粒重/g
瑞香谷 2 号	96.47±2.44[f]	24.49±3.11[bcd]	2.28±0.53[a]	26.97±2.44[a]	14.3±3.06[c]	53.01±2.4[ab]	3.18±0.23[ab]
瑞香谷 5 号	122.73±12.23[bc]	25.27±4.05[abc]	2.21±0.38[a]	23.13±3.11[b]	15.76±2.47[b]	68.11±3.6[a]	3.02±0.14[ab]
朝 202026	119.7±5.91[c]	22.94±2.4[def]	2.24±0.5[a]	20±1.8[c]	11.45±2.98[de]	57.23±3.5[ab]	3.07±0.23[ab]
龙谷 46	131.2±4.19[b]	21.72±2.19[f]	2.09±0.36[ab]	24.73±2.34[a]	16.3±3.12[a]	65.89±3.7[a]	2.99±0.31[ab]
九谷 40	105.63±2.37[de]	23.67±2.38[cde]	2.06±0.21[b]	22.13±2.65[bc]	13.7±2.34[cd]	61.91±2.1[ab]	2.89±0.21[b]
九谷 41	121.17±7.77[bc]	22.54±2.67[ef]	2.27±0.45[a]	26.42±3.23[a]	15.25±3.56[b]	57.72±1.3[ab]	3.49±0.32[a]
赤金谷 17	108.97±5.45[d]	26.87±3.84[a]	2.19±0.25[a]	26.87±2.56[a]	14.68±2.32[bc]	54.61±2.6[ab]	3.1±0.04[ab]
公谷 96	101.63±5.85[de]	25.93±4.04[ab]	2.06±0.31[b]	25.05±2.34[a]	12.42±3.89[d]	49.58±5.6[b]	2.9±0.32[b]
20H819	108.83±2.65[d]	25.55±3.22[ab]	2.11±0.43[ab]	27.57±2.01[a]	15.62±3.12[b]	56.63±4.8[ab]	2.96±0.12[ab]
九谷 11(ck)	151.4±3.82[a]	22.36±4.1[ef]	2.03±0.45[b]	23.98±1.98[b]	13.36±3.65[cd]	55.69±3.7[ab]	2.98±0.28[ab]
变异系数/%	2.25~9.96	10.05~18.34	10.19~23.35	7.29~13.46	15.67~32.32	2.25~11.29	1.09~11.03

表 4 2022 年不同谷子品种不同农艺性状比较

品种	株高 /cm	穗长 /cm	穗粗 /cm	单穗重 /g	穗粒重 /g	出谷率 /%	千粒重 /g
瑞香谷 2 号	98.37±2.56[h]	24.45±2.67[bcd]	2.71±0.67[b]	24.91±3.67[b]	17.32±3.13[c]	69.54±3.4[ab]	3.21±0.45[a]
瑞香谷 5 号	142.39±8.98[b]	25±3.12[bc]	2.64±0.8[bc]	26.2±3.45[ab]	18.82±2.83[b]	71.81±3.6[a]	3±0.23[ab]
朝 202026	133.66±7.34[e]	23.79±2.08[cd]	2.58±0.56[bc]	25.81±2.54[b]	17.11±3.12[cd]	66.29±2.5[b]	3.2±0.45[a]
龙谷 46	135.51±3.6[d]	25.78±3.2[ab]	2.87±0.6[a]	27.04±3.55[a]	20.89±3.43[a]	77.26±3.4[a]	3.16±0.34[ab]
九谷 40	135.35±2.1[d]	24±2.34[bcd]	2.63±0.5[bc]	25.76±2.45[b]	17.26±2.73[cd]	67.01±1.2[b]	3.02±0.23[ab]
九谷 41	124.86±8.14[f]	24.67±2.76[bc]	2.72±0.4[b]	28.25±3.23[a]	19.12±4.12[b]	67.68±1.3[b]	3.27±0.2[a]
赤金谷 17	134.71±4.89[de]	27±4.1[a]	2.46±0.57[c]	24.82±4.12[b]	16.56±2.34[c]	66.71±1.8[b]	3.15±0.23[ab]
公谷 96	121.77±5.1[g]	25.26±2.88[abc]	2.87±0.37[a]	24.85±3.21[b]	17.44±4.23[c]	70.16±2.3[ab]	3.21±0.24[ab]
20H819	138.35±3.4[c]	24.66±2.45[bc]	2.85±0.24[a]	25.71±3.52[b]	17.94±2.98[c]	69.75±0.8[ab]	2.93±0.19[b]
九谷 11(ck)	171.32±4.8[a]	22.73±2.08[d]	2.31±0.53[d]	22.82±3.12[c]	16.86±3.89[d]	73.85±2.4[a]	3.25±0.32[a]
变异系数/%	0.89 ~ 9.03	8.74 ~ 15.19	8.42 ~ 30.3	9.51 ~ 16.6	14.13 ~ 24.25	1.15 ~ 5.01	6.12 ~ 14.06

2.4 不同谷子品种抗逆性比较

2021 年表 5 可知,参试品种中瑞香谷 2 号、瑞香谷 5 号、龙谷 46、赤金谷 17、20H819 的纹枯病发病率为零,公谷 96 的谷瘟病和纹枯病抗病性都为 2 级,相对较差。2021 年整体白发病的发病率较低,范围是 0.13% ~ 0.43%,以九谷 40 最低。2022 年表 6 可知,所有品种纹枯病都为 1 级;谷瘟病中赤金谷 17 和公谷 96 为 2 级,其他品种为 1 级;白发病较 2021 年有所增加,可能与阴雨天较多有关系,朝 202026 发病率最低,为 0.33%,公谷 96 发病率最高为 4.67%。综合两年的抗病性比较,朝 202026、瑞香谷 2 号、瑞香谷 5 号和龙谷 46 抗病性较好。

表 5 不同谷子品种抗逆性比较   %

年份/年	品种	谷瘟病	纹枯病	白发病
2021	瑞香谷 2 号	1	0	0.22
	瑞香谷 5 号	1	0	0.21
	朝 202026	1	2	0.22
	龙谷 46	1	0	0.3
	九谷 40	1	1	0.13
	九谷 41	1	1	0.3
	赤金谷 17	2	0	0.38
	公谷 96	2	2	0.43
	20H819	1	0	0.4
	九谷 11(ck)	1	1	0.3

年份/年	品种	谷瘟病	纹枯病	白发病
2022	瑞香谷2号	1	1	1.67
	瑞香谷5号	1	1	1.67
	朝202026	1	1	0.33
	龙谷46	1	1	2
	九谷40	1	1	2
	九谷41	1	1	1.67
	赤金谷17	2	1	3.33
	公谷96	2	1	5
	20H819	1	1	2.33
	九谷11(ck)	1	1	4.67

2.5 不同谷子品种产量比较

从产量比较表中可以看出,2022年产量明显高于2021年产量,可能与当年的气候条件相关,2021年高湿多雨寡照,造成纹枯病的发生。在10个品种中,除朝202026相较于对照极显著减产外,其他品种相较于对照都增产,但差异不显著。2021年产量(表6),排前四的有20H819、瑞香谷2号、九谷41、瑞香谷5号;2022年产量(表7)排前四的有龙谷46、九谷41、20H819、瑞香谷2号;2年区域试验九谷41、20H819和瑞香谷2号产量高、变化幅度小,且较稳定。

表8为不同谷子品种农艺性状间相关性系数,从中可以看出与产量相关性状中,株高和千粒重呈负相关不显著,株高影响大于千粒重,穗长、穗粗、穗粒重、单穗重和产量间呈正相关,其中穗粗、穗粒重、单穗重与产量间呈显著正相关;株高除与出谷率呈正相关外,与其他农艺性状均呈负相关;穗长与出谷率和千粒重呈不显著负相关,与其他性状呈不显著正相关;穗粗与千粒重呈不显著负相关,与其他性状呈不显著正相关;单穗重与穗粒重呈显著正相关性,与出谷率和千粒重呈不显著负相关性;出谷率与千粒重呈不显著负相关性。

表6 2021年不同谷子品种产量比较

品种名称	小区产量/kg				亩产/kg	对比对照	差异显著性		排名
	I	II	III	平均			0.05	0.01	
瑞香谷2号	6.65	6.8	6.85	6.77	338.2	11.8	a	A	2
瑞香谷5号	6.54	6.95	6.26	6.58	329	8.76	ab	A	4
朝202026	4.85	6.05	5.84	5.58	278.9	-7.8	b	A	10
龙谷46	5.87	6.73	5.58	6.06	302.6	0.07	ab	A	7
九谷40	5.65	5.67	7.03	6.12	305.7	1.06	ab	A	6

品种名称	小区产量/kg				亩产/kg	对比对照	差异显著性		排名
	I	II	III	平均			0.05	0.01	
九谷41	6.6	6.45	7.03	6.69	334.5	10.58	a	A	3
赤金谷17	5.46	6.14	6.57	6.06	302.7	0.07	ab	A	7
公谷96	5.85	6.45	7.2	6.5	324.8	7.37	ab	A	5
20H819	6.58	6.5	7.8	6.96	347.8	14.98	a	A	1
九谷11（ck）	5.75	6.16	6.25	6.05	302.5	—	ab	A	9

注：大写字母表示在0.01水平极显著相关，小写字母表示在0.05水平显著相关，下同。

表7　2022年不同谷子品种产量比较

品种名称	小区产量/kg				亩产/kg	对比对照	差异显著性		排名
	I	II	III	平均			0.05	0.01	
瑞香谷2号	7.24	7.55	7.32	7.37	368.3	18.05	ab	AB	4
瑞香谷5号	7.04	7.3	6.71	7.02	350.7	12.39	bc	ABC	7
朝202026	7.15	6.25	6.15	6.52	325.7	4.38	cd	BC	8
龙谷46	8.32	7.16	8.13	7.87	393.3	26.05	a	A	1
九谷40	7.43	7.14	7.42	7.33	366.3	17.41	ab	AB	5
九谷41	8.07	7.8	7.65	7.84	391.8	25.57	b	A	2
赤金谷17	5.75	6.2	6.75	6.23	311.5	-0.16	d	C	9
公谷96	7.25	6.85	7.19	7.1	354.7	13.67	bc	ABC	6
20H819	7.83	7.39	7.28	7.5	374.8	20.13	ab	A	3
瑞香谷2号	6.23	6.55	5.95	6.24	312	—	d	C	10

注：大写字母表示在0.01水平极显著相关，小写字母表示在0.05水平显著相关，下同。

表8　不同谷子品种农艺性状间相关性

性状	产量	株高	穗长	穗粗	单穗重	穗粒重	出谷率	千粒重
产量	1							
株高	-0.469	1						
穗长	0.134	-0.364	1					
穗粗	0.754*	-0.545	0.403	1				
单穗重	0.748*	-0.369	0.318	0.527	1			
穗粒重	0.741*	-0.047	0.255	0.53	0.713*	1		
出谷率	0.238	0.35	-0.032	0.172	-0.094	0.629	1	
千粒重	-0.219	-0.029	-0.067	-0.316	-0.107	-0.016	-0.11	1

3　讨论与结论

不同谷子品种之间农艺性状的差异性是基因型与环境相互作用的结果,是生态和进化相互作用的主要驱动力。不同谷子品种的基因型决定遗传性状,另外,与谷子种植地区的环境和气候条件密切相关,比如气候、水文、土壤和肥力等[11-13]。2 年试验中,2021 年整体的产量和农艺性状相比 2022 年要差,这可能与当年的气候有关,阴雨寡照,影响结实率,纹枯病发生影响产量。比较不同谷子品种的产量,与对照九谷 11 对比,九谷 41、20H819、瑞香谷 2 号的增产效应明显,产量增加 10% 以上,朝 202026 和赤金谷 17 的产量略低于对照。研究表明,谷子的单株产量与单个植株重呈极显著的正相关性,与植株干重也呈极显著正相关,所以,较高的生物学产量是谷子高产的前提[1]。这是本试验中九谷 41、瑞香谷 2 号和 20H819 产量较高的原因之一,3 个品种的株高明显高于其他品种。另外,谷子穗部性状也是决定谷子产量的重要因素,九谷 41、瑞香谷 2 号和 20H819 的穗粗、单穗重和单穗粒重明显高于其他品种,是 3 个品种高产的另外一个原因。但是从株高上观察,与产量的关系不呈正相关关系,对照品种在两年试验中最高,但产量上并不占优势,龙谷 46 在 2021 年与对照品种产量相近,但在 2022 年处于最高的产量,可能与品种性状不稳定有关,不同的谷子品种所适宜的最佳种植区域不同,同一谷子品种在不同种植区域种植,受到不同的气候、水文、土壤类型和肥力的影响,产量和品质会表现出很大的差异[13]。

本试验中谷子穗粗和单穗粒的变异系数较大,证实谷子产量相关的农艺性状在不同谷子品种中有很大的差异,这与李涛等的研究结果比较接近,而株高、出谷率和千粒重变异系数较小,具有一定遗传性。根据谷子遗传性状差性的大小,在选择谷子品种进行研究时,应该多关注这些变异系数较高的性状,通过一定方式的土壤改良、栽培模式的改进或者杂交利用等方式以优化这些性状的表现,使性状趋于稳定,会对谷子的产量和品质的进一步提升起着重要作用。

本研究中,穗粗、穗粒重、单穗重对产量有显著的正向影响效应,而且这些性状互相之间也呈显著或极显著的正相关性,是决定谷子能否高产最关键的遗传性状;产量与株高负相关,这一试验结果与先前报道的研究结果略有不同,可能是品种和环境共同影响的结果。在综合考虑谷子的适宜种植性时,应优先考虑与产量和品质具有显著相关性性状的品种进行推广种植。同时,为了使谷子农艺和品质性状达到最优表现,建立相应的配套栽培和管理技术体系,以最大限度地提高谷子的产量,提升营养品质十分必要。

参 考 文 献

[1] 李明哲,郝洪波,崔海英. 谷子规模化高效栽培技术研究[M]. 北京:中国农业科学技术出版社,2016.

[2] 李涌泉,金赟,李佳月,等. 晋北谷子农艺和营养品质性状的相关性分析[J]. 中国农学通报,2022,38(29):22-30.

[3] 王瑞,李齐霞,祁丽婷,等. 不同产地谷子籽粒营养品质与食味品质的比较研究[J]. 中

国农学通报,2020,36(3):154-157.

[4]杨慧卿,王根全,郝晓芬,等.山西谷子品种主要农艺性状的相关和主成分分析[J].农学学报,2020,10(10):19-23.

[5]赵芳,魏玮,张晓磊,等.不同肥料对谷子农艺性状及产量的影响[J].耕作与栽培,2020,40(6):1-5.

[6]陈瑶,郭秀.大同地区谷子生产现状及发展建议[J].现代农业科技,2018(21):45,47.

[7]马静文,丁一,陈虹地,等.吉林黑土地粮食主产区不同玉米品种适应性评价[J].分子植物育种,2022,20(24):23-31.

[8]李燕,林峰,李潞潞,等.浙江省糯玉米品种稳定性、适应性和试点综合评价[J].浙江大学学报(农业与生命科学版),2017,43(3):281-288.

[9]卢秉生,杨辉,陈殿军,等.10个不同类型中晚熟玉米品种在辽宁地区丰产性[J].适应性和稳定性分析,种子,2018,37(3):102-106.

[10]樊龙江,胡秉民.作物区域试验点区辨力估算方法的比较研究[J].生物数学学报,2000,15(2):175-179.

[11]秦岭,管延安,杨延兵,等.不同生态区谷子创新种质主要农艺性状与产量相关性分析[J].山东农业科学,2008(9):10-13.

[12]王军,郭二虎,袁峰,等.基于AMMI模型分析谷子基因型与环境互作效应[J].河北农业科学,2010,14(11):107-111.

[13]张艾英,刁现民,郭二虎,等.西北春谷早熟区谷子品种十五年变化趋势及主要性状分析[J].中国农业科学,2017,50(23):4496-4506.

内蒙古通辽地区糜子不同播种量对主要农艺性状和产量的影响

金晓光,文　峰*,白乙拉图,徐庆全,王　健,黄前晶,呼瑞梅,李　默,张桂华,吕静波

(通辽市农牧科学研究所,内蒙古 通辽 028015)

摘要:为有效提高通辽地区糜子生产效率,以通黍 21 为试验材料,采用随机区组设计,研究糜子不同播种量对主要农艺性状和产量的影响。结果表明:播种量对单穗重和单穗粒重的影响达到显著水平,对产量影响达到极显著水平;播种量对株高、主茎节数和主穗长的影响未达到显著水平;出苗密度及出苗率随着播种量的变化,表现为由低到高的变化趋势;播种量为 0.625 kg/亩时,实际出苗密度为 7.04 万株/亩,糜子产量达到最大值,为 218.18 kg/亩。建议内蒙古通辽地区糜子播种量适宜控制在0.5 ~ 0.75 kg/亩范围内。

关键词:通辽地区;糜子;播种量;农艺性状;产量

糜子是起源于我国的传统粮食作物,种植范围广泛,具有抗旱、耐盐碱、耐瘠薄等特性,是干旱半干旱地区主要栽培作物。近年来,随着农业种植结构的不断调整和优化,国家对杂粮产业发展的高度重视,科技投入持续加大,产品深加工业快速兴起,这为小杂粮产业化发展带来了新的机遇[1]。内蒙古自治区是我国糜子最大的主产区之一,产地主要集中在通辽市、赤峰市、鄂尔多斯市和呼和浩特市等地区。内蒙古通辽地区糜子生产历史悠久,"科尔沁"糜子品质独特、营养丰富,糜子产业化发展区域优势显著[2-3]。实际生产中,由于栽培技术传统,生产力水平较低及种植效益不高等因素制约,严重影响了糜子规模化生产的积极性。本文旨在研究探索通辽地区糜子种植的适宜播种量范围,重点解决用种不足和过量用种等问题,促进形成合理的群体结构,达到节本增效的栽培目的;通过控制播种量,实现免间苗或少间苗,降低人工劳动强度,节约生产成本,提高生产力水平,增加种植效益,为通辽地区糜子高效生产提供技术参考。

1　材料与方法

1.1　试验概况

试验于 2021 年在通辽市农牧科学研究所试验基地进行。基地海拔 203 m,122°37′E,43°43′N,属温带大陆性气候。0 ~ 20 cm 土层的土壤有机质含量为 10.58 g/kg,碱解氮含量为 65.75 mg/kg,速效磷含量为 15.98 mg/kg,速效钾含量为 136.6 mg/kg,pH 为 8.31。土质为白五花土,前茬作物为向日葵。年平均降雨量为 378.2 mm,6—8 月份降雨占全年的 80% 以上,年均气温为 7.5 ℃。

1.2　试验设计

供试糜子品种为通黍 21,供种单位为通辽市农牧科学研究所。试验采用随机区组设计,设置 6 个播种量处理水平,分别为 A1:0.25 kg/亩,A2:0.375 kg/亩,A3:0.5 kg/亩,A4:0.625 kg/亩,A5:0.75 kg/亩,A6:0.875 kg/亩。小区面积为 15 m²,行长为 5 m,行距为 0.5 m,6 行区。随机区组排列,每个处理 3 次重复,共 18 个小区。2021 年 5 月 31 日开沟施入底肥二铵 10 kg/亩,人工条播,不间苗,不追肥,其他田间管理措施与大田同步。

1.3　试验测定项目及方法

在出苗期调查出苗密度,以每个小区 1 m² 内实际苗数,折算成出苗密度(万株/亩)及出苗率(%);在成熟期每小区选取 10 株进行考种,测定主要农艺性状株高、主茎节数、主穗长、单株穗重、单穗粒重;取样后每小区单独收获,整区测产。

1.4　数据统计与分析

采用 Excel 和 DPS 系统进行试验数据处理及统计分析。

2　结果与分析

2.1　播种量对出苗密度及出苗率的影响

由表 1 可知,随着播种量的不断加大,实际出苗密度与出苗率的变化趋势一致,均呈现明显的递增趋势,整体可分为 A1 ~ A3 和 A4 ~ A6 两个变化阶段,阶段内处理间变化幅度不大,阶段间变化显著,在播种量达到 A4 处理时阶段间表现出较强的增长势态。分析认为变化增强的主要原因是播种量增加,糜子群体顶土能力发挥作用,实际出苗密度和出苗率大幅提高。

表 1　不同播种量下的出苗密度及出苗率变化

处理	实际出苗密度/(万株·亩⁻¹)	理论出苗数/(万株·亩⁻¹)	出苗率/%
A1	2.11	3.60	59
A2	2.44	5.40	45
A3	3.50	7.20	49
A4	7.04	9.00	78
A5	7.80	10.80	72
A6	9.34	12.59	74

2.2 播种量对主要农艺性状的影响

由表 2 可知,播种量对主要农艺性状的影响不尽相同,其中对株高、主茎节数和主穗长的影响不显著,各处理间差异不显著。主要是因为株高、主茎节数和主穗长属于高遗传力农艺性状,在一定的栽培条件范围内受环境因素影响较小。播种量对单株穗重和单穗粒重的影响显著,表现为由高至低的变化规律,特别是单穗粒重,处理间差异达到极显著水平。单株穗重经多重比较分析,在 A1、A2、A3、A4 处理间差异不显著,A1、A2 与 A5、A6 处理间差异显著。单穗粒重经多重比较分析,A1、A2、A3 处理间差异不显著,均与 A4、A5、A6 处理间表现出显著差异水平;A1、A2、A3、A4 处理间差异未达到极显著水平,但与 A5、A6 处理间均达到了极显著水平。由于播种量的不断加大,超过适宜播种量范围,群体结构失衡,植株生长空间受限,养分争夺严重,间接造成了结实率、千粒重、单株穗重、单穗粒重等性状由高至低的变化结果。

表 2 不同播种量对主要农艺性状的影响

处理	株高/cm	主茎节数/个	主穗长/cm	单株穗重/g	单穗粒重/g
A1	153.6[aA]	9.7[aA]	36.3[aA]	17.42[aA]	14.05[aA]
A2	153.4[aA]	10.1[aA]	36.2[aA]	17.63[aA]	14.19[aA]
A3	154.3[aA]	9.3[aA]	35.6[aA]	14.99[abA]	13.85[aA]
A4	155.0[aA]	10.1[aA]	35.3[aA]	14.73[abA]	11.64[bA]
A5	148.9[aA]	9.2[aA]	35.2[aA]	13.45[bA]	8.33[cB]
A6	151.5[aA]	9.4[aA]	32.4[aA]	12.44[bA]	7.30[cB]

注:同列数据不同小写、大写字母分别表示 0.05、0.01 水平上差异显著。下同。

2.3 播种量对产量的影响

由表 3 可知,不同播种量对产量的影响达到了显著或极显著水平,产量随着播种量的递增,表现为先增长后下降的变化趋势,A3 处理的产量显著增加,A6 处理产量明显下降。经多重比较分析,A4 与 A5 处理间差异不显著;A4、A5 与其他处理间差异均达到显著水平,A6 与 A1、A2、A3 处理间差异不显著,A3 与 A1、A2 处理间差异达到显著水平。A3、A4、A5 处理间差异未达到极显著水平,A4、A5 与 A1、A2、A6 处理间差异均达到极显著水平。当播种量低于或超出适宜的播种量范围,将使产量构成的关键要素间无法达到平衡状态,从而造成产量下降。在免间苗或少间苗的前提下,控制合理的播种量是实现糜子高产的重要措施。

表 3 不同播种量对产量的影响

| 处理 | 小区产量/kg | | | 小区平均产量/kg | 产量/(kg·亩⁻¹) | 排序 |
	I	II	III			
A1	1.16	1.47	1.79	1.47	65.51[cB]	6
A2	2.03	1.05	1.65	1.58	70.11[cB]	5
A3	2.34	3.74	3.88	3.32	147.63[bAB]	3
A4	3.85	5.62	5.25	4.91	218.18[aA]	1
A5	5.46	3.78	5.39	4.88	216.85[aA]	2
A6	2.68	2.18	2.79	2.55	113.39[bcB]	4

3 讨论与结论

3.1 不同播种量对出苗密度及出苗率的影响

本研究中,随着播种量的增加,出苗密度及出苗率均表现出持续增长趋势;在 A4 和 A5 处理条件下,糜子产量达到最高,在 A6 处理的播种量条件下,产量明显下降,说明本地区糜子生产适宜的保苗密度为 7 万株/亩左右。播种量是影响糜子出苗密度及出苗率的主要因素之一,根据不同的气候条件、种植方式和品种特性等生产要素特点,控制适宜的播种量是实现合理群体结构,达到免间苗或少间苗目的关键栽培措施。张磊等[4]报道,不同生态区糜子保苗密度对产量的影响研究表明,通过对 9 个试点糜子不同保苗密度与产量的分析,确定甘肃省中部干旱区域适宜的糜子保苗密度为 4.5 万~7.5 万株/亩。高志军等[5]通过对糜子在不同播量下的群体出苗密度研究结果显示,当播种量在 1.0 kg/亩时,群体出苗密度为 6.75 万株/亩,与糜子在实际生产应用中的最佳密度相吻合,可免去间苗、定苗栽培措施。以上研究表明,不同地区环境条件和栽培模式存在很大差异,对播种量与出苗密度及出苗率关系的影响程度也不同,但随着播种量的逐步加大,出苗密度及出苗率的变化趋势基本一致。这与本试验的研究结果相近。

3.2 不同播种量对农艺性状的影响

本试验中,播种量对株高、主茎节数和主穗长的影响不显著,对单株穗重和单穗粒重的影响显著,表现为随播种量逐渐加大呈现出由高至低的变化规律。说明株高、主茎节数和主穗长受密度和环境因素的影响较小,而与产量密切相关的单株穗重和单穗粒重则受密度和环境因素影响较大。保苗密度过大,植株间争夺生长空间和养分,表现为主穗数增加,分蘖穗减少,同时造成了茎秆变细、易倒伏、秕粒增加、千粒重降低等现象,从而影响产量;保苗密度过小,单株生长发育充分,单穗重和单穗粒重实现最大化,分蘖穗增加,但有效穗数不足,群体产量仍较低。确定适宜的播种量,保证合理的群体结构,是获得糜子高产的主要途径之一。李星聪等[6]关于糜子农艺性状的变异和相关性分析研究表明,穗重、穗粒重的变异程度较大,株高、主茎节数、主穗长、千粒重等农艺性状的变异程度小。张立媛等[7]关于10个糜子品种产量与农艺性状的灰色关联度分析结果表明,单穗重、穗粒重、出糜率、千粒重4个性状对产量影响较大;株高和穗长对产量影响较小。王显瑞等[8]关于不同播种量与施肥量对糜子产量及农艺性状的影响研究显示,随着播种量的增加,地上生物量呈增加趋势,播种量对株高、穗长、千粒重的影响没有达到显著水平。本文与相关研究结果相同,认为播种量的变化对遗传力较高的株高、主茎节数、主穗长的影响不显著,对与产量密切相关的单穗重和单穗粒重的影响显著。

3.3 不同播种量对产量的影响

研究表明,播种量对产量的影响极显著,在播种量不断加大的情况下,产量呈现先由低至高、再由高至低的变化曲线。A4处理(0.625 kg/亩)产量达到最高值218.18 kg/亩,A6处理(0.875 kg/亩)产量出现明显的下降趋势,适宜播种量为0.5~0.75 kg/亩之间。建议在内蒙古通辽地区,实现糜子生产不间苗或少间苗目的,应根据不同的气候、土壤及墒情等生产条件,把播种量控制在0.5~0.75 kg/亩范围内。王德慧等[9]关于种植密度对糜子生长发育及产量的影响研究结果显示,种植密度超过一定范围值时,随着密度的增加,株高增大,茎粗变细,分蘖数减少和光合生理指标均降低,穗重、穗粒重和有效穗粒数逐渐减少,干物质积累量减少,产量随着种植密度增加呈先升后降的趋势。庞宁等[10]关于不同栽培密度对糜子产量的影响研究表明,随种植密度的增加,有效分蘖减少,千粒重降低,此外密度的增大会影响糜子的抗病性及抗倒伏性。王晓军等[11]关于种植密度和肥料配比对糜子产量和生物性状的影响分析得出,宁南山区旱地糜子最佳适宜种植密度为4万株/亩,最佳产量为332.02 kg/亩。董旭等[12]研究不同密度对糜子农艺性状及产量的影响结果表明,随着种植密度的增加,株高、主茎粗、主茎节数及主穗长等逐渐减小,而主穗质量、主穗粒质量、总穗质量、总粒质量及产量则呈现先增加后减少的趋势;播种密度为4万株/亩的产量最高,为237.79 kg/亩。本研究结果与上述相关研究存在一定差异,主要原因是地区气候、栽培措施、品种等试验因素的影响。

参 考 文 献

[1]刘斐,刘猛,赵宇,等.2017年中国谷子糜子产业发展趋势[J].农业展望,2017,13(6):40-43.

[2]程炳文,孙玉琴,杨军学,等.糜子产业发展现状调研报告[J].宁夏农林科技,2019,60(9):13-15,48.

[3]门果桃,陈强,范挨计,等.内蒙古糜子产业发展现状与对策[J].内蒙古农业科技,2009(2):79-82.

[4]张磊,何继红,董孔军,等.不同生态区糜子保苗密度对产量的影响[J].甘肃农业科技,2012(9):8-10.

[5]高志军,闫俊先,高俊山.糜子在不同播种量下的群体出苗密度研究初探[J].内蒙古

农业科技,2013(3):30,32.

[6]李星聪,李强,郭世华,等. 糜子农艺性状的变异和相关性分析[J]. 分子植物育种,2020,18(21):7179-7186.

[7]张立媛,杨恒山,王显瑞,等. 10个糜子品种产量与农艺性状的灰色关联度分析[J]. 种子,2014,33(11):68-69.

[8]王显瑞,赵敏,赵禹凯,等. 不同播种量与施肥量对糜子产量及农艺性状的影响[J]. 现代农业科技,2013(19):10-12.

[9]王德慧,乔治军,盛晋华,等. 种植密度对糜子生长发育及产量影响[J]. 干旱区资源与环境,2015,29(5):127-131.

[10]庞宁,霍建平. 不同栽培密度对糜子产量的影响[J]. 农业科技与信息,2020(5):32-33,36.

[11]王晓军,张晓娟,王勇,等. 种植密度和肥料配比对糜子产量和生物性状的影响[J]. 农业科学研究,2015,36(3):14-18.

[12]董旭,景小兰,李志华,等. 不同密度对糜子农艺性状及产量的影响[J]. 山西农业科学,2017,45(4):572-574.

不同播期对糜子农艺性状、抗倒伏性状及产量的影响

文　峰[1],白乙拉图[1],金晓光[1],包雪莲[1],塔　娜[1*],张春华[1],

张桂华[1],呼瑞梅[1],黄前晶[1],齐金全[1],白　峰[2]

(1.通辽市农牧科学研究所,内蒙古 通辽 028015;

2.库伦旗农畜产品质量安全服务中心,内蒙古 通辽 028200)

摘要:试验设6个不同播期,研究播期对糜子生育期、农艺性状、抗倒伏性状及产量的影响。结果表明,播期对生育期的影响主要在出苗至抽穗阶段,生育期随着播期的推迟而缩短。随着播期的推迟糜子株高、主茎节数、主穗长等农艺性状下降,抗倒伏能力加强。播期 5 月 28 日产量最高,达到 3 540.0 kg/hm²;播期 6 月 4 日产量次之,为 3 430.0 kg/hm²,因此通辽地区糜子在5月28日至6月4日适宜播种,不宜过早或过晚播种。

关键词:糜子;播期;农艺性状;抗倒伏;产量

糜子(Panicum miliaceum L.)是起源于我国最早的农作物[1],具有抗旱、耐瘠薄、生育期短的特性。我国水资源严重短缺,旱涝灾害发生频繁,农业生产不稳定[2],因此,糜子在我国东北、西北和华北等旱地广泛种植[3]。糜黍是内蒙古东部栽培最早的作物,通辽地区糜子生产历史悠久,科尔沁糜子品质独特、营养丰富,糜子产业化发展区域优势显著[4-6],糜子以直链淀粉含量不同分粳性糜子和糯性糜子,当地粳性糜子制炒米,糯性糜子加工黄米面食用。炒米是民族特色美食,蒙古语称"胡日森巴达"或"阿木",易存放,便携带,食法简单,营养丰富。通辽市炒米加工企业较多,经走访调查2015年仅科尔沁左翼中旗就有20多家中小型炒米加工企业,炒米产品销往全国各地和出口蒙古国,因此对原料需求量大,但品种产量低、管理粗放和机械化程度低等因素导致与玉米和其他杂粮作物相比较种植效益低,种植面积严重下降,经通辽市农牧业局统计2020年全市糜子种植面积为3.25万亩,原材料供应无法满足企业生产需求,使得炒米加工企业生产原料从外地购买,产业链不配套,产业发展受限。

通辽市旱作农业区在6月下旬至7月初雨后抢墒播种糜子,播种时间晚,且不固定。晚播习惯形成的主要原因:一是晚播可避免春季大风天气对幼苗的伤害;二是为了降低株高防止倒伏。多数研究表明糜子随着播期的推迟产量下降[7-10],因此试验主要研究糜子播期对生育期、农艺性状、抗倒伏性状及产量的影响,寻最佳播期,为糜子栽培与育种提供依据。

1　试验地概况

试验于2022年在通辽市农牧科学研究所试验基地进行,该地区属于中温带半干旱大

陆性气候,海拔为 165 m,年平均降雨量为 300～450 mm,≥10 ℃ 活动积温为 2 000～3 200 ℃,无霜期为 90～150 d。前茬作物为大豆,土壤为砂壤土,耕作层有机质含量为 20.31 g/kg,碱解氮含量为 65.3 mg/kg,速效磷含量为 22.24 mg/kg,速效钾含量为 351.14 mg/kg,耕作层土壤 pH 为 7.4。

2　材料与方法

参试品种为通黍 21,糯性糜子,侧穗,生育天数为 89～92 d,株高为 155.76 cm,主茎节数为 8 节,主穗长为 31.47 cm,穗重为 12.6 g,主穗粒重为 7.60 g,千粒重为 7.98 g。种肥为磷酸二铵(含 $w(N)=16\%$、$w(P_2O_5)=42\%$),施用量为 15 kg/亩,拔节至孕穗期追施尿素($w(N)=46\%$),施用量为 5 kg/亩。

试验设 6 个不同播期,第一次播期为 5 月 14 日(B1),播种天数间隔 7 d,3 次重复,6 个行区,行距为 45 cm,小区面积为 15 m²,每亩保苗 6 万株,栽培管理同大田。

3　测定项目与方法

田间调查记录糜子主要生育期、倒伏日期和倒伏类型,成熟期调查倒伏级别。收获时取 10 株考种,测定伸直株高、分蘖数、无效分蘖数、分蘖位置、茎粗、主茎节数、主穗长、主穗重、主穗粒重、千粒重等,同时测小区产量,实测面积为 10 m²。

试验数据利用 Excel 2003 和 DPS 数据软件进行统计。倒伏级别根据《黍稷种质资源描述规范和数据标准》[11] 进行分级,见表 1。

表 1　倒伏级别及性状描述

级别	倒伏程度
0 级	基本不倒伏
1 级	倒伏 16°～30°
2 级	倒伏 31°～60°
3 级	倒伏 60° 以上

4　结果分析

4.1　不同播期对糜子生育期的影响

从表 2 可知,糜子出苗天数随着播期的推迟而下降,其中 B1 与 B5、B6 处理比较出苗天数相差 4 d。播期对出苗至抽穗阶段的影响较大,B1 与 B6 处比较出苗至抽穗天数相差 16 d。播期对抽穗至成熟阶段的影响较小,不同播期抽穗至成熟天数相差 1～2 d。

播期对生育期影响主要在出苗至抽穗阶段,随着播期的推迟出苗至抽穗天数缩短,生育期随之缩短,不同播期条件下参试品种通黍 21 正常成熟。

表 2　不同播期对生育期的影响

处理	播种时间	出苗期	抽穗期	成熟期	播种-出苗 /d	出苗-抽穗 /d	抽穗-成熟 /d	生育期 /d
B1	05-14	05-24	07-18	09-03	10	55	47	102
B2	05-21	05-29	07-20	09-05	8	52	47	99
B3	05-28	06-04	07-21	09-08	7	47	49	96
B4	06-04	06-11	07-24	09-11	7	43	49	92
B5	06-11	06-17	07-28	09-15	6	41	49	90
B6	06-19	06-25	08-03	09-20	6	39	48	87

4.2　不同播期对糜子农艺性状的影响

从表 3 可知,随着播期的推迟株高下降,B1～B4 处理株高差异不显著,与 B5、B6 处理差异极显著。不同播期处理茎粗差异不显著。随着播期的推迟主茎节数下降,B1～B4 处理差异不显著,与 B5、B6 处理差异极显著。随着播期的推迟主穗长下降,B1～B3 处理不显著,B1 处理与 B4 处理差异显著,与 B5、B6 处理差异极显著,B2 处理与 B5、B6 处理差异极显著。主穗重当中 B3 与 B6 处理差异极显著,与 B1、B5 处理差异显著。不同播期主穗粒重中 B3、B4 处理差异不显著,与其他处理差异极显著。千粒重只有 B3 与 B6 差异显著,其他处理差异不显著。说明随着播期的推迟糜子的株高、主茎节数、主穗长下降,B3、B4 处理主穗重和主穗粒重较高,播期对茎粗和千粒重的影响较小。

表 3　糜子播期对农艺性状的影响

处理	株高 /cm	茎粗 /mm	主茎节数 /个	主穗长 /cm	主穗重 /g	主穗粒重 /g	千粒重 /g
B1	173.18±4.54[aA]	6.25±0.10[aA]	8.31±0.12[aA]	38.26±2.04[aA]	11.75±0.55[bA]	7.34±0.04[bB]	6.64±0.07[abA]
B2	168.26±2.62[aA]	6.24±0.05[aA]	8.29±0.10[aA]	36.75±1.59[abA]	11.98±0.15[abA]	7.50±0.05[bB]	6.63±0.06[abA]
B3	167.12±2.74[aA]	6.47±0.16[aA]	8.20±0.10[aA]	34.53±1.02[abcAB]	12.93±0.22[aA]	8.04±0.12[aA]	6.67±0.19[aA]
B4	168.18±1.48[aA]	6.28±0.06[aA]	8.23±0.07[aA]	33.72±2.48[bcAB]	12.32±0.27[abA]	8.23±0.23[aA]	6.56±0.07[abA]
B5	154.47±7.86[bB]	6.17±0.06[aA]	7.87±0.14[bB]	30.71±0.67[cB]	11.68±0.62[bA]	7.39±0.16[bB]	6.54±0.05[abA]
B6	132.52±1.40[cC]	6.15±0.08[aA]	7.64±0.08[cB]	25.03±2.92[dC]	9.46±0.81[cB]	5.94±0.11[cC]	6.38±0.19[bA]

4.3　不同播期对糜子分蘖的影响

从表 4 可知,B1 处理无效分蘖较多,可能根倒影响其光合作用的进行和养分的吸收所致。B2～B4 处理有效分蘖和无效分蘖无明显规律。B5 处理开始无效分蘖增加,B6 处理生育后期 4～6 节出现无效分蘖,这可能与气候因素或主穗成熟后糜子养分分配有关。糜子有效分蘖穗虽能够正常成熟,但空秕粒较多。

表4　不同播期对糜子分蘖的影响

处理	分蘖数/个		分蘖位置/节
	有效分蘖	无效分蘖	
B1	1.57	1.10	根部
B2	2.43	0.46	根部
B3	2.45	0.54	根部
B4	2.30	0.45	根部
B5	1.23	1.40	根部
B6	1.35	1.85	根部、4～6节

4.4　不同播期对抗倒伏性状的影响

从表5可知,随着播期的推迟糜子抗倒伏能力加强。B1处理倒伏严重,倒伏级别为3级,倒伏类型为根倒,倒伏面积为100%,主要原因是开花、灌浆期连续降雨(7月28日至7月29日),茎秆水分含量大、穗长势旺引起倒伏。B2处理7月29日倒伏,3～5 d后部分恢复直立。8月5日降雨后糜子B2～B5处理均倒伏,B5处理倒伏较轻,B6处理未发生倒伏。证明糜子播期对抗倒伏能力影响较大,主要与气候因素和糜子株高、穗长、穗重等农艺性状相关。

表5　不同播期对抗倒伏性的影响

处理	倒伏级别(级)	倒伏类型	倒伏时间
B1	3	根倒	07-29
B2	2	茎倒	07-29、08-05
B3	2	茎倒	08-05
B4	2	茎倒	08-05
B5	1	茎倒	08-05
B6	0	—	—

4.5　不同播期对糜子产量的影响

从方差分析结果(表6)可知,区组间 $F = 3.30$、$F_{0.05} = 4.10$,其 $F < F_{0.05}$,说明试验重复间差异不显著,不存在对试验结果显著影响的其他因素。处理间 $F = 28.38$、$F_{0.01} = 5.64$,其 $F > F_{0.01}$,说明各处理间差异极显著。

从表7可知,B3处理产量最高,为3 540.0 kg/hm²,与B1、B2、B5、B6处理差异极显著;B4处理产量次之,为3 430.0 kg/hm²,与B1、B2、B5、B6处理差异显著,B3与B4处理产量差异不显著。不同播期各处理产量依次为B3>B4>B2>B5>B1>B6。证明通辽地区在5月28日至6月4日适宜播种糜子,可得最优产量,播期过早或过晚均对产量产生影响。

表6 方差分析结果

变异来源	平方和	自由度	均方	F 值	$F_{0.05}$	$F_{0.01}$
区组间	0.087 4	2	0.043 7	3.30	4.10	7.56
处理间	1.881 3	5	0.376 3	28.38**	3.33	5.64
误差	0.132 6	10	0.013 3			
总变异	2.101 2	17				

表7 不同播期对抗倒伏性及糜子产量的影响

处理	小区产量/(kg·10 m⁻²)				折合产量 (kg·hm⁻²)	差异显著性	
	Ⅰ	Ⅱ	Ⅲ	平均		0.05	0.01
B3	3.47	3.61	3.54	3.54	3 540.0	a	A
B4	3.41	3.39	3.49	3.43	3 430.0	a	AB
B2	3.15	3.08	3.21	3.15	3 146.7	b	BC
B5	3.07	2.77	3.25	3.03	3 030.0	bc	C
B1	2.75	2.86	2.93	2.85	2 846.7	c	CD
B6	2.41	2.62	2.76	2.60	2 596.7	d	D

5 讨论与结论

5.1 讨论

赵敏等[7]研究认为,糜子播期对生育期的影响在出苗至抽穗期,本试验结果与之相同。王志兴等[12]研究认为,水稻晚播时无效分蘖多,本试验受倒伏影响第一播期无效分蘖较多,其他处理中播期最晚的 B5 和 B6 播期无效分蘖呈上升趋势。

高志军等[13]研究认为倒伏是导致糜子减产的重要原因之一。董孔军等[14]研究认为抗倒伏性状是糜子株高、株穗质量、茎粗和茎秆机械强度等农艺性状的综合体现,因此通过矮化株高增强糜子抗倒伏性,矮化育种是糜子抗倒伏重要研究方向。本研究与上述研究基本一致,糜子倒伏与株高和穗重相关,晚播时株高和穗重降低,抗倒伏能力加强,但过晚播种穗粒重降低,也会导致减产,只有根据当地气候条件和品种特性,调节播期是增产的关键。大多数研究支持通过矮化育种防止倒伏提高产量,郭英杰等[15]通过甲基磺酸乙酯(EMS)诱导方法获得突变体材料海 5(dm5),其株高为 60.72 cm,在上述抗倒伏品种基础上适当早播可能产量更高。另外,董扬[16]研究认为分蘖期喷施化学矮化药剂也能对糜子抗倒伏和产量有效果。王显瑞等[17]研究认为施钾量适度的情况下糜子倒伏角度、倒伏率下降,产量增加。糜子产量与产地气候、品种、播期、肥料等因素相关,生产栽培需综合考虑。

5.2 结论

播期对生育期影响主要在出苗至抽穗阶段,随着播期的推迟,出苗至抽穗天数缩短,生育期随之缩短。随着播期的推迟,糜子株高、主茎节数、主穗长下降,播期对茎粗和千粒重的影响较小,倒伏和生育期影响糜子穗粒重。随着播期的推迟,糜子抗倒伏能力加强,晚播可达到防止倒伏的目的。不同播期产量依次为 B3>B4>B2>B5>B1>B6。B3(5 月 28 日)处理播期产量最高,为 3 540.0 kg/hm^2,B4(6 月 4 日)处理产量次之,为 3 430.0 kg/hm^2。

证明早播时,糜子生育期长,营养生长繁茂,株高、穗长、节数等上升,但易倒伏,影响光合和养分吸收,穗粒重下降;晚播时,生育期缩短,株高、穗长、节数、穗重、粒重等下降,抗倒伏能力加强,但无效分蘖增加,穗粒重下降,所以糜子过早或过晚播种均可导致减产,在通辽地区适宜播期为 5 月 28 日至 6 月 4 日间。

参 考 文 献

[1]王星玉,温琪汾.中国黍稷种质资源的繁种入库[J].山西农业科学,2003(2):27-29.

[2]曲祥春,杨微.中国粒用高粱产业问题探讨[J].东北农业科学,2020,45(2):16-19,35.

[3]王显瑞,赵敏.糜子产量及其构成因素的相关性研究[J].河北农业科学,2012,16(4):6-8,20.

[4]程炳文,孙玉琴.糜子产业发展现状调研报告[J].宁夏农林科技,2019,60(9):13-15,48.

[5]门果桃,陈强.内蒙古糜子产业发展现状与对策[J].内蒙古农业科技,2009(2):79-82.

[6]金晓光,文峰.内蒙古通辽地区糜子不同播种量对主要农艺性状和产量的影响[J].农业与技术,2023,43(5):10-12.

[7]赵敏,王显瑞.播期对黍产量、生育时期及农艺性状的影响[J].江苏农业科学,2012,40(9):74-76.

[8]景小兰,李志华.不同播期对糜子不同品种生长发育及产量的影响[J].作物杂志,2019(1):146-151.

[9]王德慧,盛晋华.播期对糜子生长发育及产量影响的研究[J].中国种业,2013(4):61-63.

[10]张盼盼,李建依.播期对引进糜子品种产量性状的影响[J].黑龙江农业科学,2017(6):17-20.

[11]王星玉,王纶.黍稷种质资源描述规范和数据标准[M].北京:中国农业出版社,2006.

[12]王志兴,钟鸣.播期对滨海稻区水稻湿润直播生育及产量的影响[J].东北农业科学,2022,47(4):1-4,42.

[13]高志军,杨文耀.糜子品种抗倒伏试验研究[J].安徽农学通报,2016,22(8):30-31.

[14]董孔军,刘天鹏.糜子种质材料的抗倒伏性、农艺性状及力学特征[J].西北农业学报,2018,27(8):1119-1126.

[15]郭英杰,刘洋.糜子矮秆突变体海5农艺性状及对GA3的敏感性鉴定[J].作物杂志,2023(3):80-85.

[16]董扬.不同化控剂对糜子生长发育的调控效应[J].江苏农业科学,2022,50(10):75-80.

[17]王显瑞,赵敏.钾肥施用量对糜子产量农艺性状及倒伏性状的影响[J].河北农业科学,2014,18(4):5-7,12.

科尔沁沙地优良糜子品种引种试验初报

文　峰,金晓光,白乙拉图,张桂华,呼瑞梅,黄前晶,塔　娜,吕静波,徐庆全

（通辽市农牧科学研究所,内蒙古 通辽 028015）

摘要:为提高科尔沁沙地糜子产量,引进国内优良糜子品种 9 份进行鉴定,主要鉴定其生育期、植物学性状及产量。参试 9 份糜子品种产量为 252.0 ~ 270.1 kg/亩,较地方品种增产 16.7% ~ 25.0%,其中"固糜 21 号"产量最高,为 270.1 kg/亩,较对照增产 25.0%,"宁糜 10 号"次之,产量为 265.4 kg/亩,较对照增产 22.9%。生育期及产量符合科尔沁沙地糜子生产需求。

关键词:糜子;品种;产量

糜子(*Panicum miliaceum* L.)是禾谷类作物中较抗旱的作物之一,具有抗旱、耐瘠薄、生育期短的特性,因此,在我国东北、西北和华北等旱地广泛种植[1]。科尔沁沙地年均气温为 5.8 ~ 6.4 ℃,≥10 ℃积温为 3 000 ~ 3 200 ℃,无霜期为 130 ~ 160 d,年降水量为 310 ~ 500 mm,蒸发量是降水量的 6 ~ 7 倍[2],适宜种植糜子、谷子、高粱等抗旱作物。

糜子分粳性和糯性,粳性糜子是蒙古族传统食物"炒米"的原材料,蒙古语称为"mongɣul"或"mongɣul amu",深受当地人民喜爱。通辽市位于科尔沁沙地腹部[3],全市糜黍种植面积为 3 ~ 4 万亩/年,主要种植在通辽市科尔沁左翼后旗、库伦旗、奈曼旗、科尔沁左翼中旗等干旱、雨养农业区域。糜子生产特点为零星种植、机械化程度低、品种退化严重,栽培模式落后,导致糜子低产、低效益,种植面积逐年减少。主栽糜黍品种以地方品种为主,其生育期短、抗逆性强、产量较低,亩产在 150 kg 左右。

内蒙古东部地区糜子传统耕作方式称为纳莫格-塔日雅(namuɣtariy-a,汉语称为漫撒子),是一种不翻土、不起垄、不施肥、不除草,春夏播种之后放任不管,只待秋收[4]的栽培模式,现如今糜子栽培模式改进速度较快,但仍存在管理粗放、施肥不合理、草害防治难等问题。

通辽地区栽培糜黍品种由于长期的栽培过程中缺乏良种繁育及保存措施,品种混杂退化严重,产量和品质下降,缺少高产、优质的糜黍品种,导致种植面积急剧下降,供应链断裂,加工企业从山西、陕西地区购买原材料来满足生产需求。为了改善糜子低产、低效益现状,引进一批优良糜黍品种进行鉴定,筛选适宜科尔沁沙地种植的高产、优质品种,为糜子生产和育种提供依据。

1 材料与方法

1.1 试验地概况

试验于 2019—2020 年在通辽市农牧科学研究所试验基地进行。属中温带半干旱大陆性气候,海拔 165 m,年平均降雨量为 300 mm~450 mm,≥10 ℃活动积温为 2 000~3 200 ℃,无霜期为 90~150 d。

试验地前茬作物为玉米,土壤类型为白壤土,肥力中等以上。耕作层有机质含量为 20.34 g/kg,碱解氮含量为 65.2 mg/kg,速效磷含量为 22.4 mg/kg,速效钾含量为 352.1 mg/kg,耕作层土壤 pH 为 7.5。

1.2 试验材料

供试品种 9 份,即赤糜 2 号、固糜 21 号、内糜 6 号、内糜 8 号、宁糜 9 号、宁糜 10 号、宁糜 14 号、赤黍 2 号、伊选黄黍等,对照为当地农家品种 T-KL-J-2(粳性)。

1.3 试验设计

试验采用随机区组排列,3 次重复,小区面积为 21 m²。种肥为磷酸二铵($w(N)=16\%$、$w(P_2O_5)=42\%$),施用量为 10 kg/亩。拔节至孕穗期追施尿素($w(N)=46\%$),施用量为 7.5 kg/亩,亩保苗 5 万株,栽培管理同大田。

1.4 测定项目

田间记录糜子生长发育主要阶段,收获时每个小区取 10 株考种,测量伸直株高、主穗长、穗粒重、节数、千粒重,并测定籽粒产量,小区实测面积为 21 m²。

2 结果与分析

2.1 参试品种生育期

由表 1 可见,对照品种生育期最短,生育期为 92 d,参试品种生育期均高于对照。参试品种当中伊选黄黍、固糜 21 号生育期最短,生育期为 96 d,宁糜 14 号、宁糜 9 号、赤黍 2 号生育期最长,生育期为 103 d,参试品种正常成熟收获(通辽地区生育期小于 105 d 品种正常成熟)。

表 1　不同糜子品种生育期

品种名称	播种日期		出苗日期		抽穗日期		成熟日期		生育天数/d		平均
	2019 年	2020 年	2019 年	2020 年	2019 年	2020 年	2019 年	2020 年	2019 年	2020 年	
赤糜 2 号	05-26	05-28	06-04	06-05	07-26	07-27	09-09	09-10	97	97	97
固糜 21 号	05-26	05-28	06-04	06-05	07-26	07-26	09-08	09-08	96	95	96
内糜 6 号	05-26	05-28	06-04	06-05	07-28	07-30	09-13	09-13	101	100	101
内糜 8 号	05-26	05-28	06-04	06-05	07-29	07-28	09-09	09-09	97	96	97
宁糜 10 号	05-26	05-28	06-04	06-05	07-30	07-30	09-09	09-10	97	97	97
宁糜 14 号	05-26	05-28	06-04	06-05	08-03	08-02	09-14	09-16	102	103	103
宁糜 9 号	05-26	05-28	06-04	06-05	07-29	07-30	09-15	09-15	103	102	103
伊选黄黍	05-26	05-28	06-04	06-05	07-26	07-26	09-07	09-10	95	97	96
赤黍 2 号	05-26	05-28	06-04	06-05	07-28	07-30	09-15	09-15	103	102	103
T-KL-J-2(CK)	05-26	05-28	06-04	06-05	07-22	07-24	09-04	09-04	92	91	92

2.2　参试品种植物学性状

①穗型:参试品种穗型均侧穗型。

②籽粒颜色:参试品种籽粒颜色为 4 种颜色,即黄、红、白、复色(白色和红色混合色)。

③株高:参试品种伸直株高均高于对照,株高在 199.16 ~ 221.07 cm 之间,赤黍 2 号株高最高,株高为 221.07 cm;内糜 8 号株高最矮,株高为 199.16 cm。

④穗长:参试品种穗长在 41.54 cm ~ 51.12 cm 之间,宁糜 9 号穗最长,穗长为 51.12 cm;宁糜 14 穗长最短,穗长为 41.54 cm。

⑤穗粒重:参试品种穗粒重均高于对照,在 6.26 ~ 10.44 g 之间,固糜 21 最高,穗粒重为 10.44 g;内糜 8 号最低,穗粒重为 6.26 g。

⑥主茎节数:参试品种主茎节数在 7.68 ~ 8.98 个之间,固糜 21 节数最少,为 7.68 节;赤黍 2 号节数最多,为 8.98 节。

⑦千粒重:参试品种千粒重均高于对照,在 7.12 ~ 8.71 g 之间,伊选黄黍最高,千粒重为 8.71 g;固糜 21 号最低,千粒重为 7.12 g。

表 2 参试品种植物学性状比较

品种	穗型	粒色	株高/cm			穗长/cm			穗粒重/g			节数/个			千粒重/g		
			2019年	2020年	平均	2019年	2020年	平均	2019年	2020年	平均	2019年	2020年	平均	2019年	2020年	平均
赤糜2号	侧穗	黄	201.87	202.94	202.41	39.32	43.83	41.58	9.51	10.30	9.91	8.28	8.53	8.41	7.56	7.35	7.46
固糜21号	侧穗	复色	210.41	207.62	209.02	45.44	48.65	47.05	10.36	10.52	10.44	7.37	7.99	7.68	7.00	7.23	7.12
内糜6号	侧穗	黄	211.93	216.15	214.04	42.83	44.26	43.55	5.34	7.96	6.65	7.95	8.72	8.34	8.17	7.67	7.92
内糜8号	侧穗	黄	196.84	201.47	199.16	44.62	43.20	43.91	6.17	6.34	6.26	8.00	8.24	8.12	8.26	8.31	8.29
宁糜10号	侧穗	红	210.72	212.53	211.63	43.77	42.17	42.97	6.83	6.76	6.80	8.67	8.97	8.82	7.17	7.32	7.25
宁糜14号	侧穗	红	208.76	207.35	208.06	41.75	41.33	41.54	7.14	6.68	6.91	7.93	7.95	7.94	7.55	7.53	7.54
宁糜9号	侧穗	黄	207.39	203.34	205.37	50.33	51.91	51.12	7.56	7.80	7.68	8.22	7.86	8.04	7.14	7.50	7.32
赤黍2号	侧穗	白	223.17	218.96	221.07	45.67	46.43	46.05	7.58	7.31	7.45	8.57	9.39	8.98	7.29	7.38	7.34
伊选黄黍	侧穗	黄	204.04	197.69	200.87	48.50	48.27	48.39	7.91	7.74	7.83	8.36	8.51	8.44	8.62	8.79	8.71
T-KL-J-2(CK)	侧穗	黄	168.91	172.23	170.57	45.24	44.85	45.05	4.84	5.42	5.13	8.38	8.15	8.27	6.68	6.52	6.60

2.3 参试品种籽粒产量比较

由表3可见,参试品种籽粒产量在252.0～270.1 kg/亩,与对照比较所有品种均增产10%以上,其中固糜21号籽粒产量最高,为270.1 kg/亩,与对照比较增产25.0%,宁糜10号次之,产量为265.4 kg/亩,与对照比较增产22.9%。

表3 不同糜子品种产量

品种	小区产量/kg			折亩产 /kg	较对照 增产/%	位次
	2019	2020	平均			
固糜21号	8.38	8.64	8.51	270.1	25.0	1
宁糜10号	8.19	8.52	8.36	265.4	22.9	2
内糜8号	8.21	8.34	8.28	263.0	21.8	3
赤糜2号	7.97	8.54	8.26	262.3	21.4	4
宁糜14号	8.14	8.26	8.20	260.4	20.6	5
赤黍2号	7.89	8.31	8.10	257.0	19.0	6
内糜6号	8.12	7.95	8.04	255.2	18.1	7
伊选黄黍	8.19	7.77	7.98	253.3	17.3	8
宁糜9号	7.87	8.00	7.94	252.0	16.7	9
T-KL-J-2(CK)	6.64	6.95	6.80	216.0	—	10

3 讨论与结论

3.1 讨论

糜子产量潜力的发挥受诸多因素如品种、气候、栽培措施等影响[1,5-7],其中品种要素对产量的构成起到决定性作用。根据通辽市当地气候条件及栽培模式下适宜栽培中熟矮秆、抗旱耐密、高产优质品种,引种或育种需考虑这方面因素。

通辽市糜子栽培也存在栽培密度小、播期晚、不施肥、肥料利用率低等诸多问题,在引进和改良品种的同时需完善配套栽培措施,才能达到糜子高产高效的目的。

3.2 结论

参试9个品种中粳性糜子品种7份,糯性糜子品种2份,生育期为96～103 d,能够正常成熟收获,符合科尔沁沙地糜子生产需求。

参试9个品种产量与对照T-KL-J-2产量比较均增产,增产幅度为16.7%～25.0%。可看出地方品种与外地糜子品种间的产量差距较大,引进优良糜黍品种应用于生产的同时改良地方品种加大新品种选育进程对通辽市糜子产业发展意义重大。

从试验结果分析粳性品种固糜 21 号、宁糜 10 号和糯性品种赤黍 2 号等品种产量高、综合性状优良,可直接应用于通辽市糜子生产。

参 考 文 献

[1]王显瑞,赵敏.糜子产量及其构成因素的相关性研究[J].河北农业科学,2012,16(4):6-8,20.

[2]蒋德明,刘志民.科尔沁沙地生态环境及其可持续管理:科尔沁沙地生态考察报告[J].生态学杂志,2004,23(5):179-185.

[3]宝金山,吕忠良.科尔沁沙地臭柏引种初报[J].林业实用技术,2006(1):20.

[4]吉田顺一.内蒙古东部地区的传统农耕以及汉式农耕的融入[J].内蒙古民族大学学报(社会科学版),2016,42(4):36-43.

[5]董立,李海权.覆膜穴播条件下种植密度对不同分蘖力糜子品种产量的影响[J].河北农业科学,2022,26(2):4-8,15.

[6]张研.我国小杂粮生产现状与发展策略[J].河北农业大学学报(农林教育版),2010,12(3):433.

[7]柴岩,万富世.中国小杂粮产业发展报告[M].北京:中国农业科学技术出版社,2007.

第三部分
荞麦、燕麦

不同生态类型荞麦品种的适合性评价

张春华,呼瑞梅

(通辽市农业科学研究院,内蒙古 通辽 028015)

摘要:为了促进通辽地区荞麦产业发展,对 14 个不同生态地区的 42 个甜、苦荞品种进行 3 年试验研究,调查其生育期、农艺性状及产量。结果表明:在通辽地区种植的甜、苦荞品种生育期应控制在 100 d 以内,才能保证正常成熟,参试甜荞品种蒙 0530、赤甜荞 1号和通荞 1 号与对照(CK)产量接近。苦荞品种中,增产率最高的为苦荞 1307-893,产量为 3 278.10 kg/hm²,平均增产 1 543.5 kg/hm²,其次为黔苦 5 号、黔苦 6 号、六苦 04 号分别比对照增产 1 063.35 kg/hm²、689.40 kg/hm²、295.65 kg/hm²,与对照产量接近的有云荞 2 号（1 878.60 kg/hm²）、晋苦荞 2 号（1 814.25 kg/hm²）、晋苦荞 6 号（1 752.60 kg/hm²）、川苦荞 3 号（1 664.55 kg/hm²）、酉苦 1 号（1 579.65 kg/hm²）,这些甜、苦荞品种高产、稳产、综合农艺性状较好,均适合在通辽地区种植。

关键词:生态类型;甜荞麦;苦荞麦;评价

荞麦是我国重要的小杂粮作物,是粮食作物中唯一具有"药食同补"特性的作物,集营养、保健、医药、饲料、蜜源作用于一身,被誉为 21 世纪新的优质功能性绿色食品资源,有"消炎粮食"的美称,被誉为"杂粮之王"。

通辽市作为全国荞麦主产区之一,荞麦常年种植面积在 5.0 万~5.3 万 hm²,年产量在 7 万 t 以上,但始终作为备荒或填闲作物,大多种植在干旱地、坡梁地或坨沼地上,土壤肥力低,产量低。随着人民生活水平的提高,追求营养、保健、药膳已成时尚,因此生产前景非常广阔。近年来,通辽地区荞麦种植面积已呈逐年上升趋势,种植者对优良品种的需求也越来越迫切。

为了促进通辽地区荞麦产业的发展,对引进的不同生态类型的荞麦品种进行鉴定和综合评价,旨在为筛选和培育出适合通辽地区种植的优良品种提供依据。

1 材料与方法

1.1 材料

参试品种均为近年来国内审(认)定的新品种,共有来自 14 个不同生态区域的优良品种 42 个(见表 1),其中以通辽地区的甜、苦荞品种为对照(CK)。

1.2 方法

1.2.1 试验设计

试验于2012—2014年在通辽市农业科学院农场进行。试验地为白五花土,前茬作物为玉米,肥力中等,随机区组排列,3次重复,甜荞小区面积为20 m^2,苦荞小区面积为30 m^2。每年6月上旬播种,9月中、下旬收获,中耕2次,其他管理同大田生产。

1.2.2 测定项目及方法

在整个生育进程中详细记载物候期,收获前每个小区随机取样10株进行考种,主要测定株高、主茎分枝、主茎节数、千粒重、单株粒重等性状,小区产量实收实测,所有数据分析均采用3年试验结果的平均值。

2 结果与分析

2.1 不同生态类型品种生育期差异

通辽市位于N42°15′~45°41′、E119°15′~123°43′,≥10 ℃积温为3 000~3 200 ℃,属典型的半干旱大陆性季风气候,由于受该地气候条件的影响,不同生态类型荞麦品种植株的生长发育特性差异很大[1]。

由表1可知,参试甜荞品种的生育期为81.5~96 d,主要表现在部分地区甜荞品种(如固原、定西、榆林、贵阳的品种)较对照品种(CK)生育期推迟4~9 d,但基本都能成熟。

参试苦荞品种的生育期为73~93.33 d,部分地区苦荞品种(如贵阳、太原、西昌、六盘水、昆明的品种)较对照品种(CK)生育期提早4.67~19.67 d,其中苦荞1307–893生育期为73 d,川荞1号为77.5 d,属早熟苦荞品种。

有一些甜、苦荞品种(如呼和浩特、赤峰、贵阳、太原、重庆、威宁的品种)与对照品种(CK)的生育期差异不大,提早或推迟0.33~3 d。

还有一些苦荞品种生育期较长,到9月下旬才逐渐现蕾、开花,以致不能正常结实成熟,不适合通辽地区种植(如威宁的黔苦3号,迪庆的羊坪早熟荞、大安苦荞、格务、吃鸽苦荞、大安本苦荞、格阿莫苦荞、野鸡苦荞、海子鸽苦荞等)。

因此,在通辽地区种植的甜、苦荞品种生育期应控制在100 d以内,才能保证正常成熟。

表1　不同生态类新品种生育期

品种	地区	生育期/d	与CK比较	品种	地区	生育期/d	与CK比较
宁荞1号	宁夏	95.5	8.5	黔苦3号	贵州	未成熟	
信农1号	固原	95.5	8.5	黔苦5号	威宁	93	0.33
定甜荞2号	甘肃	92.33	5.33	WQ2013-1		未出苗	
定甜荞3号	定西	96	9	黔苦6号		93	0.33
蒙0208	内蒙古	86	-1	六苦3号	贵州	89	-3.67
甜0103-3	呼和浩特	90	3	六苦04号	六盘水	86	-6.67
蒙0530		86	-1	云荞1号	云南	84.33	-8.34
赤甜荞1号	赤峰	87.5	0.5	云荞2号	昆明	87.5	-5.17
荞杂-1	陕西	95	8	羊坪早熟荞	云南	未成熟	
榆荞4号	榆林	90	3	大安苦荞	迪庆	未成熟	
荞杂-2	贵阳	93.5	6.5	格务		未成熟	
综甜1号		86	-1	吃鸽苦荞		未成熟	
丰甜1号		91	4	大安本苦荞		未成熟	
苦荞1307-893	山西	73	-19.67	格阿莫苦荞		未成熟	
晋苦荞2号	太原	93.33	0.66	野鸡苦荞		未成熟	
晋苦荞6号		86.33	-6.34	海子鸽苦荞		未成熟	
酉苦1号	重庆	91.5	-1.17	通荞1号	内蒙古	86	-1
川荞1号	四川	77.5	-15.17	通辽小粒甜荞	通辽	89	2
川荞2号	凉山	86	-6.67	通辽大粒甜荞		81.5	-5.5
川苦荞3号		88	-4.67	甜荞对照(CK)		87	—
西荞5号		未出苗		苦荞对照(CK)		92.67	—

2.2 主要农艺性状及产量差异

2.2.1 甜荞

从表2可以看出,参试甜荞品种的株高为121.00~163.85 cm,除宁荞1号、信农1号、定甜荞3号、荞杂-2、综甜1号、通荞1号较对照(CK)高外,其余品种均较对照(CK)低,以宁荞1号最高,为163.85 cm,较对照(CK)高21.42 cm;最低是榆荞4号,为121.00 cm,较对照(CK)低21.43 cm。主茎分枝数除宁荞1号(3.50个)、综甜1号(3.00个)外,定甜2号、蒙0208、甜0103-3、荞杂-2、通辽小粒甜荞均较对照(4.00个)多,其中通辽小粒甜荞最多,为5.50个,较对照(CK)多1.50个。主茎节数介于15.00~20.00节之间,荞杂-1(15.00节)、综甜1号最少(15.00节),较对照(18.00节)少3.00节,通辽小粒甜荞最多,为20.00节,较对照(CK)多2.00节。单株粒重为1.68~4.86 g,较对照低的有 8 个品种,最少为通辽小粒甜荞,较对照(CK)低 1.65 g;较对照(CK)高的有 8 个品种,最重为蒙 0208,比对照(CK)高 1.53 g。千粒重以综甜 1 号最高,为 33.5 g,其次为通荞 1 号、荞杂 2 号、丰甜 1 号、甜荞对照(CK)、通辽大粒甜荞、蒙 0530、蒙 0208、甜 0103- 3、定甜荞 3 号、荞杂 -1、赤甜荞 1 号等,分别为 31.50 g、31.45 g、31.45 g、30.90 g、30.85 g、30.60 g、30.50 g、30.50 g、30.40 g、30.40 g、30.15 g,最小为通辽小粒甜荞,为 27.65。从单位面积产量来看,参试甜荞品种均比对照(CK)低,但与对照(CK)产量接近的有蒙 0530、赤甜荞 1 号和通荞 1 号,而对于一些产量太低的品种(如甜 0103-3、榆荞 4 号、通辽小粒甜荞等)尽量作为种质资源保存,也就是说大部分参试甜荞品种均适合在通辽地区种植。

表 2 不同生态类新品种主要农艺性状

品种	主茎分枝数	主茎节数	株高/cm	千粒重/g	单株粒重/g	产量/(kg·hm^{-2})	与对照比/(kg·hm^{-2})
宁荞 1 号	3.5	19	163.85	29	2.18	1 244.1	-574.65
信农 1 号	4	18.5	149	28.65	3.65	1 222.35	-596.4
定甜荞 2 号	4.33	18.67	141.9	28.3	2.95	1 164.45	-654.3
定甜荞 3 号	4	17	148.3	30.4	4.63	1 470.45	-348.3
蒙 0208	5	18	138.3	30.5	4.86	1 623.9	-194.85
甜 0103-3	5	17	132	30.5	2.05	600	-1 218.75
蒙 0530	4	19	136.7	30.6	4.14	1 745.85	-72.9
赤甜荞 1 号	4	15.5	129.65	30.15	3.88	1 780.65	-38.1
荞杂 -1	4	15	139	30.4	3.11	1 137.45	-681.3
榆荞 4 号	4	16	121	29	2.57	667.5	-1 151.25
荞杂 -2	4.5	19	162.75	31.45	4.3	1 283.4	-535.35
综甜 1 号	3	15	149.3	33.5	1.8	1 254.15	-564.6
丰甜 1 号	4	16.5	141	31.45	4.19	1 128.15	-690.6
通荞 1 号	4	16	143.3	31.5	3.11	1 766.7	-52.05
通辽小粒甜荞	5.5	20	137.5	27.65	1.68	485.7	-1 333.05
通辽大粒甜荞	4	18	137	30.85	4.32	1 261.5	-557.25
甜荞对照(CK)	4	18	142.43	30.9	3.33	1 818.75	—
苦荞 1307-839	6	21	151.4	17.6	8.62	3 278.1	1 543.5
晋苦荞 2 号	5.33	20.33	156.2	21.03	5.37	1 814.25	79.65
晋苦荞 6 号	5	20.33	149.43	19.23	4.89	1 752.6	18
西苦 1 号	5	21	154.9	18.85	4.63	1 579.65	-154.95
川荞 1 号	6	18.5	121.5	18.35	3.15	1 373.25	-361.35
川荞 2 号	4.5	18.5	119	18.15	3.02	597	-1 137.6
川苦荞 3 号	5	24	175.4	19	3.63	1 664.55	-70.05

品种	主茎分枝数	主茎节数	株高/cm	千粒重/g	单株粒重/g	产量/(kg·hm⁻²)	与对照比/(kg·hm⁻²)
黔苦5号	6	22	197.3	17.4	8.16	2 797.95	1 063.35
黔苦6号	5	20	173.9	19.7	8.65	2 424	689.4
六苦3号	6	19	114	17.1	5.96	896.7	−837.9
六苦04号	5	22	164.7	18.8	7.48	2 030.25	295.65
云荞1号	6.33	21	134.5	18.5	5.28	1 516.5	−218.1
云荞2号	5.5	19.5	132.95	18.85	4.78	1 878.6	144
苦荞对照(CK)	4.67	22.67	165.1	17.83	4.93	1 734.6	—

2.2.2 苦荞

参试苦荞品种株高为114.00～197.30 cm,其中黔苦5号最高,为197.30 cm,较对照(CK)品种高32.20 cm,川苦荞3号为175.40 cm、黔苦6号为173.90 cm,其余品种均比对照(CK)低,以六苦3号最低,为114.00 cm。主茎分枝数除川荞2号为4.50个外,其余均较对照(CK)多,其中以云荞2号最多,为6.33个,较对照(CK)多1.66个。主茎节数介于18.50～24.00节,除川苦荞3号(24.00节)外,其余均较对照(CK)少。单株粒重为3.02～8.65 g,超对照(CK)的品种有7个品种,其中以黔苦6号最高,较对照(CK)重3.72 g。千粒重为17.10～21.03 g,除苦荞1307-893(17.60 g)、黔苦5号(17.40 g)、六苦3号(17.10 g)比对照(CK)低外,其余品种均高于对照(CK),其中晋苦荞2号最高。从单位面积产量来看,参试的苦荞品种比对照(CK)增产的有7个品种,增产最高为苦荞1307-893,平均增产1 543.5 kg/hm²,依次为黔苦5号、黔苦6号、六苦04号,分别比对照增产1 063.35 kg/hm²、689.40 kg/hm²、295.65 kg/hm²,但与对照产量接近的有云荞2号,为1 878.60 kg/hm²、晋苦荞2号产量为1 814.25 kg/hm²、晋苦荞6号为1 752.60 kg/hm²、川苦荞3号为1 664.55 kg/hm²、酉苦1号为1 579.65 kg/hm²,对于一些产量太低的苦荞品种可以作为种质资源保存[2],而对于产量较高、综合农艺性状较好的品种可以在通辽地区种植。

3 讨论与结论

综合分析表明,在通辽地区种植的甜、苦荞品种生育期应控制在100 d以内,才能保证正常成熟。参试甜荞品种蒙0530、赤甜荞1号和通荞1号与对照(CK)产量接近。苦荞品种中,增产最高为苦荞1307-893,产量为3 278.1 kg/hm²,平均增产1 543.5 kg/hm²,其次为黔苦5号、黔苦6号、六苦04号,分别比对照增产1 063.35 kg/hm²、689.40 kg/hm²、295.65 kg/hm²,与对照产量接近的有云荞2号,为1 878.6 kg/hm²、晋苦荞2号产量为1 814.25 kg/hm²、晋苦荞6号为1 752.6 kg/hm²、川苦荞3号为1 664.55 kg/hm²、酉苦1号为1 579.65 kg/hm²,这些甜、苦荞品种高产、稳产、综合农艺性状较好,均适合在通辽地区种植。

目前,市场上甜荞品种比较杂乱,盲目引种现象较多,但一定要依据当地的生产条件和气候条件进行引种[3],也就是说根据品种的生育期及产量性状引进适合当地种植的新品种,才能有好的产量。一般情况下从低纬度向高纬度引种的苦荞品种丰产性较突出,尤其在抗性上(植株高大、茎秆粗壮)较强。对生育期较长的品种,如果条件允许可适当通过提早播种来调节其生育期。但苦荞品种的抗旱性相对甜荞较弱,在旱象达到一定程度时,必须进行浇水。

参 考 文 献

[1]李世贵.荞麦对环境条件的要求及其高产栽培技术[J].现代农业科技,2007(27):136,138.
[2]李月,石桃雄,黄凯丰,等.苦荞生态因子及农艺性状与产量的相关分析[J].西南农业学报,2013(1):35-41.
[3]王振国.不同生态条件下荞麦生长、产量及营养品质的差异性研究[D].通辽:内蒙古民族大学,2013.

国鉴荞麦新品种通荞 1 号选育及栽培技术

呼瑞梅,张春华,王振国,黄前晶,李卓然

（通辽市农业科学研究院,内蒙古 通辽 028000）

内蒙古自治区是荞麦的主产区之一,而通辽地区的荞麦种植面积在全区居首位。通辽地区的荞麦种植历史悠久,种植面积大,地方品种多,资源十分丰富,这是发展荞麦生产的重要条件[1]。通辽地区的荞麦素以品质优良而著称,如库伦荞麦、奈曼荞麦。通辽地区荞麦生产有得天独厚的自然优势,但由于品种供应、种植习惯以及产品开发滞后等因素的制约,品种混杂退化严重,管理粗放,亟须推广新品种,改变栽培方式,充分发挥荞麦的生产潜力[2]。

1 选育过程

从通辽市地方品种库伦大三棱(原引进荞麦品种美国大粒)中选取的优良单株经系统选育而来。2005 年,种植亲本库伦大三棱,田间编号为 05-5,单株选择;2006 年,株系选择,田间编号为 06-2,系谱号为 05-5-8;2007 年,株系选择,田间编号为 07-8,系谱号为 05-5-8-3;2008 年,株系鉴定,田间编号为 08-5;2009 年,品种比较,田间编号为 09-5;2010 年,品种比较,田间编号为 10-5;2011—2012 年内蒙古自治区荞麦区域试验、生产试验;2012—2014 年第十轮国家甜荞品种区域试验、生产试验。

2 特征与特性

幼苗绿色,株高为 92.6～103.4 cm,主茎分枝数为 3～5 个,主茎节数为 9～11 节,花白色,株型紧凑,植株整齐。单株粒重为 2.8～3.9 g,千粒重为 25.9～30.0 g。籽粒三棱形,褐色,生育天数为 77～80 d。籽粒平均碳水化合物含量为 67.59%,脂肪含量为 3.78%,蛋白质含量为 12.11%,黄酮含量为 0.24%。

3 产量表现

3.1 2011—2012 年内蒙古自治区荞麦区域试验、生产试验。

2011 年区域试验平均单产为 2 233.1 kg/hm²,较对照增产 13.20%;2012 年区域试验平均单产为 2 051.4 kg/hm²,较对照增产 9.56%;2012 年生产试验平均单产为 2 230.5 kg/hm²,较对照增产 12.80%。

3.2 2012—2014 年第十轮国家甜荞品种区域试验、生产试验

2012 年,平均单产为 1 550.4 kg/hm²,较对照平荞 2 号增产 7.04%,居第 2 位,14 个试点有 11 个试点增产,增产试点达 78.57%;2013 年,平均单产为 1 538.2 kg/hm²,较对照平荞 2 号增产 14.53%,居第 1 位,12 个试点有 8 个试点增产,增产试点达 66.67%;2014 年,平均单产为 1 623.2 kg/hm²,较对照平荞 2 号增产 3.38%,居第 2 位,13 个试点有 8 个试点增产,增产试点达 61.54%;2012—2014 年国家甜荞区域试验汇总,通荞 1 号平均单产为 1 598.8 kg/hm²,较对照平荞 2 号增产 7.49%,居第 1 位,39 个试点次有 27 个增产,增产点次比例达 69.23%。2014 年生产试验,平均单产为 1 557.9 kg/hm²,较统一对照平荞 2 号增产 17.59%,较当地对照增产 24.38%。

4 适应地区

内蒙古通辽、赤峰、武川、达拉特,山西大同、五寨,甘肃庆阳,西藏拉萨等地区均可种植。

5 栽培技术要点

5.1 选地

选择正茬地块,合理轮作、切忌连作,荞麦对茬口选择不严格,但为了调节土壤肥力,防除病虫草害,实现作物高产稳产,豆类、马铃薯、小麦、菜地茬口都是荞麦的主要茬口,在通辽地区适宜 6 月中、下旬抢墒播种,前茬以豆类、薯类、瓜菜类、玉米、绿肥等为好,进行耕翻、耙糖达到播种状态。

5.2 选种

播种前进行晒种、选种、拌种,清除病虫粒、破损粒及杂质,清选后种子进行包衣处理。

5.3 施肥

条件许可施优质有机肥 22 500 kg/hm²,结合播种施磷酸二铵 150 kg/hm²,并在花期封垄前结合中耕追施尿素 75 kg/hm²。地力条件较好的可不施或少施肥。

5.4 播种

5 月下旬到 6 月中旬播种,通辽地区以 6 月中旬播种为宜。播种深度在 4~6 cm,覆

土严密,但不能过厚。保苗60万~120万株/hm²,肥地苗密度低、薄地苗密度加大。

5.5 田间管理

适时中耕,以进入开花封垄前完成为宜。辅助授粉在花期实行田间放蜂或人工辅助授粉,提高结实率。

5.6 适时收获

70%的籽粒成熟即可收获,收获时间应选在早晨和上午,以免严重脱粒。

参 考 文 献

[1]张春华.通辽地区荞麦产业存在的问题及发展对策[J].北方农业学报,2014(6):108-109.
[2]呼瑞梅,王振国.内蒙古通辽市荞麦发展现状、优势及应用前景[J].园艺与种苗,2010,30(2):156-158.

内蒙古通辽市荞麦发展现状、优势及应用前景

呼瑞梅,王振国

(通辽市农业科学研究院作物研究所,内蒙古 通辽 028015)

摘要:荞麦作为集营养、保健与药用为一体的作物,越来越受到人们的青睐。通辽地区由于特殊的自然优势,生产的荞麦产品在国际、国内市场很受欢迎。种植历史悠久的库伦旗有"中国荞麦之乡"的美誉。通辽地区大力发展荞麦产业有广阔的市场前景。

关键词:荞麦;经济价值;优势;前景;建议

荞麦又称为三角麦、乌麦、花荞,属于双子叶的蓼科荞麦属,有两个栽培种,一个是甜荞,另一个是苦荞,为一年生草本植物,因其生育期短(60~90 d)、耐瘠、适应性强而在世界各地广泛分布。荞麦不仅能充分利用土地资源,而且能与小麦、豆类等早熟作物复种,是较好的救灾备荒作物,也是粮食作物中比较理想的填闲补种作物,而且是我国三大蜜源作物之一。荞麦作为集营养、保健与药用为一体的作物,越来越受到人们的青睐。通辽地区荞麦种植历史悠久,资源丰富。在国内、国际市场行情越来越好的背景下,荞麦产业蓬勃兴起。

1 通辽地区的荞麦种植情况

内蒙古自治区是荞麦的主产区之一,而通辽地区的荞麦种植面积在全区居首位。库伦旗荞麦每年种植面积达 2.67 万 hm^2 左右,正常年景荞麦产量为 4 万 t,约占全国总产量的 1/3;奈曼旗荞麦种植面积近 2 万 hm^2,年均产量 3 000 万 kg。另外荞麦在科左后旗等地也有不小的种植面积和产量。

2 荞麦的经济价值

2.1 营养价值

据有关资料记载,荞麦籽粒中,蛋白质含量为 14.4%,粗脂肪含量为 2.4%~6.7%,粗纤维含量为12.9%,淀粉含量为 64.7%~85%。22 种氨基酸中,荞麦含有 17 种,其中精氨酸含量为 12.7%,赖氨酸含量为 7.9%,胱氨酸含量为 1%,胱氨酸啶含量为 0.59%。荞麦米含有有机酸、马来酸、草酸、烟酸和叶酸,以及维生素 B_1、B_2、B_6,芦丁,核黄素等。

2.2 药用价值

荞麦面有抑病菌、消积化滞、除湿解毒、治胃炎等功效,荞麦米粥能治疗便秘;能防治脑出血、高血压、腹膜炎、偏头疼、脑膜炎。对血管性浮肿、麻疹等病均有一定疗效。荞麦壳人们习惯作为枕头的填充物,对身体健康十分有益。

2.3 栽培价值

荞麦生育期短,适应性广,耐瘠性强,丰产性好,在北方种植较为普遍,可春播、夏播,是提高土地利用率和单位面积产量、备荒救灾的优良作物。荞麦还可将土壤中难溶性的钾转化为可溶性的钾,不易溶解的磷转化为可溶解性磷,供应作物吸收利用。

荞麦是我国传统的出口商品之一。由于荞麦有特殊的治病和保健功效,所以近年来,荞麦产品身价百倍,国际市场需求很旺,特别是欧、美、日等国家市场行情更好。国内一些大城市,如:北京、广州等地区荞麦食品也深受群众喜爱,市场售价为同类普通食品的 3 ~ 5 倍,荞麦及其系列产品有着广阔的销售市场和极大的发展潜力。

3 发展荞麦产业的优势

3.1 资源优势

通辽地区的荞麦种植历史悠久,种植面积大,地方品种多,资源十分丰富,这是发展荞麦生产的重要条件。通过产业化的发展战略,可以将资源优势转变为产业优势和经济优势。

3.2 生产优势

通辽地区的自然条件非常适宜发展荞麦生产,生产条件的显著特点是:①干旱少雨,但降雨集中,而且雨热同期,年平均降雨量为 300 ~ 500 mm,多集中在 6—8 月份,这个时期也是热量条件最好的季节,适宜荞麦生长发育;②无霜期短,但光热充沛,无霜期平均为 135 ~ 150 d,有效积温为 2 800 ~ 3 400 ℃,多集中于荞麦的生长发育季节,作物光合作用旺盛;③昼夜温差大,有利于荞麦的养分积累;④土壤比较瘠薄,但结构松软,通透性好,又无污染,有利于土壤微生物繁殖,养分分解和作物根系发育,生物能量转化机能旺盛,可生产出纯粹的绿色天然产品。所有这些都为荞麦生产提供了得天独厚的有利条件。

3.3 品质优势

独特优越的自然条件,必然造就产品的优良品质。通辽地区的荞麦素以品质优良而著称。据有关资料表明,由于优越的光热条件,促进了作物的生物理化作用,荞麦所含蛋白质、脂肪、膳食纤维等营养成分不仅高于大宗粮食作物,而且高于其他地区的荞麦。而且,工业化、城镇化程度低,水、土、肥、气极少污染,生产的荞麦都是无污染、无公害的天然绿色产品。如库伦(旗)荞麦、奈曼荞麦以其优良的品质成为国内外驰名的地域品牌,深受欢迎的绿色食品和保健食品。许多国家和地区的商家,指名要通辽地区的荞麦产品。

3.4 价格优势

随着人们生活水平的提高和食物结构的改善,荞麦作为营养保健食品,深受消费者的青睐,其价格也越来越看好。随着粮食流通体制改革,国家取消了粮食统购统销,放开了粮食价格。玉米、小麦等大宗作物粮食供大于求,价格稳中有降,而且经常出现卖粮难问题。而荞麦市场需求旺盛,价格大幅度提高,一般高于大宗粮食 1~2 倍。如,玉米每千克价格为 0.8~0.9 元,荞麦平均价格为 200~220 美元/t,另外,荞麦的生产成本比大宗粮食作物低很多。据调查分析,玉米、小麦等大宗粮食作物的生产成本为 35%~40%,纯效益只有 60% 左右,如遇灾年欠产或粮价下跌,扣除成本几乎所剩无几;而荞麦一般都种植在比较次的土地上,由于经济效益的拉动,近几年荞麦生产呈现明显上升趋势。

4 发展荞麦产业需要解决的问题及建议

4.1 需要解决的问题

通辽地区荞麦生产有得天独厚的自然优势,但由于品种供应、种植习惯以及产品开发滞后等因素的制约,荞麦的生产一直没有引起农民的足够重视,只是作为备荒或填闲作物,导致生产规模和效益一直上不去。要想使荞麦生产有新的突破,走上增产、增收的良性循环轨道,应该首先做好以下几个方面的工作:一是要不断推出新品种,加快品种更新换代速度,满足农民对良种的不断需求;二是以村为单位,有针对性地集中搞一些生产示范片,使农民从实际种植的比较效益中激发对种植荞麦的积极性;三是积极主动与当地政府、本地经销商或外商取得联系,通过交流、观摩、座谈等形式,让他们多了解生产产品的优良特性,将农民的生产优势变为价格优势,逐步向基地化、商品化、产业化方向发展;四是在农民尝到种植荞麦的甜头的前提下,引导农民彻底改变掠夺性的粗放的传统耕作方式,进行精耕细作、合理施肥、科学管理,以满足荞麦不同生长发育阶段对水分、养分等生育条件的需求,充分发挥荞麦的生产潜力。

4.2 发展荞麦产业的建议

4.2.1 加强高新技术的应用,从深度和广度上对荞麦进行综合开发利用

人们已充分认识到荞麦的营养价值、药用价值,荞麦是公认的天然无公害食品。但荞

麦加工企业多徘徊在初级加工阶段,深加工、精加工较少,总体技术含量较低,荞麦的价值未被充分利用。为此迫切需要现代科学技术诸如酶促反应工程技术、超临界萃取等现代食品分离技术、纳米技术等食品工程高新技术及现代生化技术广泛应用于荞麦产品的开发中,使荞麦的营养、药用、保健价值在较大程度上得到充分利用,研制出更多更好的营养与药用的功能性食品。

4.2.2 加大产品的研发力度,生产符合市场需求的荞麦制品

目前,荞麦因其颗粒较粗、口感差、又不易消化仅作为一种辅助调节食品,因此要提高消费者的认可程度,必须加大荞麦产品的研制力度,开发出营养全面、适口性好、易消化的新型配方产品,推出更多的主食品、早餐食品、休闲食品、方便食品。通过提高产品的科技含量,来满足不同消费者的需求,增强荞麦系列产品的市场竞争力,提高经济效益和社会效益。

4.2.3 注重荞麦的功能特性,形成工业化生产

由于荞麦含有特殊的功效成分,具有明显的降血糖、降血脂作用,且纤维素、灰分含量高,可以满足人们对食品营养、健康、安全的基本需求。在荞麦育种上,应注意优质专用品种的选育,如选育生产黄酮类产品的专用品种和选育易制粉、白度高、香味浓的品种,提高荞麦的经济价值;推出荞麦淀粉的工业化应用,为淀粉工业、黏合剂生产、药物缓释剂的生产带来新的产品;利用荞麦的"药食同源"性,发挥我国传统食疗学、中医药学等医药保健理论的优势,并利用现代科技成果,研制开发新型保健食品和药品,例如用荞麦叶生产芦丁可形成批量工业化生产。所有这些均逐步形成产业化,促使荞麦生产的健康发展。

5 发展荞麦产业的前景

5.1 龙头企业的蓬勃兴起

荞麦是通辽市传统出口粮食品种之一,被称为"中国荞麦之乡"的库伦旗通过招商引资的方式先后引进了清谷新禾有限公司和北大荒有机食品有限公司两户杂粮杂豆加工企业,建立起"公司+基地+农户"的经营模式,依托"荞麦原产地商标认证"的品牌优势,精心打造以荞麦为主的杂粮品牌,不断加大种植、加工、销售力度,走产业化经营道路。目前,企业开发的荞麦系列产品如荞麦面、荞麦米、荞麦挂面、荞麦白酒、荞麦花蜂蜜、荞麦皮枕芯等深受消费者欢迎。这些产品在国际、国内市场上需求量逐年上升,特别是日本、韩国、新加坡等国家,有供不应求之态势。奈曼旗也把荞麦作为优势产业大力培育,通过招商引资等多项举措,已有三家公司开始生产荞麦系列深加工产品,经过精心包装和推销,2008年仅其中一家公司就实现了荞麦产品出口创汇200多万美元的目标,荞麦系列加工产品漂洋过海走出国门,这是荞麦产业化发展的成功之笔,必将带来荞麦基地的大发展,也将给种植荞麦的农民带来更多的实惠,奈曼荞麦与国内外的广阔市场对接,使奈曼旗的荞麦产业跨上新台阶。

5.2 综合加工利用的前景

荞麦全身是宝,幼枝嫩叶、茎叶花果、根和秸秆、外壳米面无一废物。从自然资源的利用到养地增产,从农业到养殖业,从食品工业到轻化工生产,从食品(食药同源)到保健防病,从国内市场到国际市场,都有不可低估的市场前景,在特色农业中,荞麦更将显示特有的经济价值。因此,大力发展荞麦生产,变荞麦的资源优势为商品优势,可以帮助农民实现增产增收。

总之,荞麦作为近代公认的世界性的新兴作物,集营养、保健药用为一体,具有较高的开发利用价值。随着科学技术的不断发展,荞麦的综合开发技术将越来越先进,荞麦的新产品也会越来越丰富,荞麦的开发利用前景也会越来越广阔。

参 考 文 献

[1]林汝法.中国荞麦[M].北京:中国农业出版社,1994.

[2]朱锡义.荞麦的营养价值与综合利用[J].云南农业科技,1986(1):40-41.

[3]杨桂琴,杨瑞芹.荞麦的经济价值及其旱作增产技术[J].农业科技通讯,2007(11):92.

[4]罗中旺.内蒙古自治区荞麦科研、生产、开发现状及发展思路[J].内蒙古农业科技,2003(4):3-5.

[5]王红育,王越文,姚俊卿.荞麦的研究现状及应用前景[J].食品科学,2004(10):388-391.

荞麦大豆间混作试验研究

黄前晶[1],赵 亮[2],呼瑞梅[1],张春华[1],张桂华[1],文 峰[1],王 健[1]

(1.通辽市农业科学研究院,内蒙古 通辽 028015;

2.通辽市科左后旗原种场,内蒙古 通辽 028112)

摘要:在通辽市农业科学研究院试验农场进行了荞麦大豆间混作试验,结果表明:各处理间混作均比对照表现好,增收效益率为81.34% ~ 139.96%,其中蒙混表现最好,综合效益为7 906.8 元/hm²,增收效益率达到139. 96%;其次是黑混,再次黑间。与对照相比,各种间混作方式均有一定的推广价值,不但提高了土地利用率,还提高了单位面积产量。

关键词:荞麦;大豆;间混作;效益

荞麦是我国小宗杂粮作物[1-2],单位面积生物产量低,经济效益低[3-5],降低了农户对荞麦种植的积极性,为了解决这一难题,进行了荞麦大豆间混作试验研究,不仅提高了单位面积产量及土地利用率[6-7],激发了农民生产的积极性,同时为荞麦生产提供了理论依据。

1 材料与方法

1.1 试验材料

供试荞麦品种为通荞1号,大豆品种为黑河35(生育期为91 d)、蒙豆11(生育期为101 d),由通辽市农业科学研究院提供。

1.2 试验方法

试验田位于通辽市农业科学院试验农场,前茬作物为玉米,五花土,肥力中等,2017年6—9月份月平均气温为22.6 ℃,平均日照时数为8.01 h。降水量为404.7 mm,各种气象要素基本能满足荞麦生长的需要。荞麦、大豆于6月15日同期播种,荞麦播种量为37.5 kg/hm²,大豆播种量为75 kg/hm²。播种方式为荞麦大豆混播,即荞麦、大豆种子按一定比例混合播种。以常规种植荞麦为对照(CK),共设5个处理,3次重复,共计15个小区,小区面积为15 m²(行长5 m、宽3 m),各处理方案见表1,其他管理同大田生产。到8月3日遇大雨(降水量为179. 0 mm)加大风,试验荞麦全部倒伏,之后又连续10 d降雨,此时正值荞麦花期,一定程度上影响荞麦授粉结实。在荞麦收获前,每个小区选取具有代表性的植株5株,然后进行室内考种。测量项目:株高(cm)、主茎分枝数、主茎节数、单株粒数、单株粒重、倒伏率。收获期对每个小区进行实收测产,相关数据采用电子表格进行分析统计。

表 1 荞麦大豆间混作处理方案

处理	荞麦大豆间混作方式	简称
1	黑河 35 和通荞 1 号按垄 1 : 1 间隔种植	黑间
2	蒙豆 11 和通荞 1 号按垄 1 : 1 间隔种植	蒙间
3	蒙豆 11 和通荞 1 号混合种植	蒙混
4	黑河 35 间和通荞 1 号混合种植	黑混

2 结果与分析

2.1 荞麦大豆间混作对荞麦农艺性状的影响

由表 2 可知,各处理与对照相比,株高、主茎分枝数均比对照低,主茎节数均比对照高,单株粒数、单株粒重除了处理 1 黑间和处理 2 蒙间较高外,其他处理均比对照低。

表 2 荞麦大豆间混作性状分析

处理	荞豆间混作	株高/cm	主茎分枝数/个	主茎节数/个	单株粒数/粒	单株粒重/g
1	黑间	140.53	5.47	17.60	205.73	6.69
2	蒙间	149.47	5.93	19.60	208.33	6.90
3	蒙混	147.00	4.67	19.33	128.00	3.70
4	黑混	134.47	5.47	18.40	157.47	4.90
5	CK	154.87	6.47	16.87	164.87	5.04

2.2 荞麦大豆间混作对荞麦经济效益的影响

由表 3 可知,各处理与对照相比,处理 3 蒙混综合效益、增收效益率最高,分别为 7 906.8 元/hm²、139.96%,其次是处理 4 黑混,分别为 7 128.63 元/hm²、116.34%,再次是处理 1 黑间,分别为 6 911.85 元/hm²、109.76%,最后是处理 2 蒙间,分别为 5 975.25 元/hm²、81.34%。各处理之间相比,处理 3 蒙混综合效益、增收效益率最高;混作与间作相比,混作均比间作综合效益、增收效益率高;混作之间相比,混作表现最好的是处理 3 蒙混;间作之间相比,间作表现最好的是处理 1 黑间。由此可见:各处理均比对照增产增收效果明显。

3 结果与讨论

各处理间混作均比对照表现好,增收效益率为 81.34% ~ 139.96%,其中蒙混表现最好,综合效益为 7 906.8 元/hm²,增收效益率达到 139.96%;其次是黑混,再次黑间。与对照相比,各种间混作方式均有一定的推广价值,不但提高了土地利用率,还提高了单位面积产量。

由于试验当年气候条件对荞麦影响较大,特别是 8 月 3 日遇大雨(179 mm),而后刮大风,导致荞麦、大豆全部倒伏,产量受到一定影响。

表3　荞麦大豆间混作经济效益分析

| 处理 | 荞豆间混作 | 荞麦 | | 大豆 | | 荞豆综合效益/（元·hm⁻²） | 增收效益率/% |
		产量/（kg·hm⁻²）	效益/（元·hm⁻²）	产量/（kg·hm⁻²）	效益/（元·hm⁻²）		
1	黑间	1 256.25	3 266.25	455.70	3 645.60	6 911.85	109.76
2	蒙间	1 067.25	2 774.85	400.05	3 200.40	5 975.25	81.34
3	蒙混	1 434.00	3 728.40	522.30	4 178.40	7 906.80	139.96
4	黑混	1 100.55	2 861.43	533.40	4 267.20	7 128.63	116.34
5	CK	1 267.35	3 295.11				

注:荞麦 2.6 元/kg,大豆 8 元/kg。

参 考 文 献

[1]尹万利,雷绪劳,王敬昌,等. 甜荞的食用价值与高产栽培措施[J]. 陕西农业科学,2009(3):207-209.

[2]林汝法,柴岩,廖琴. 中国小杂粮[M]. 北京:中国农业科学技术出版社,2002.

[3]柴岩等. 甜荞光反应特性研究初报[C]. 北京:学术期刊出版社,1989.

[4]郝晓玲. 温光条件对荞麦生长发育的影响[C]. 北京:学术期刊出版社,1989.

[5]王永亮,蒋玉明. 半干旱地区荞麦干物质积累及生长规律的研究[J]. 内蒙古农业科技,1996(5):9-11.

[6]刘杰英. 旱地荞麦丰产栽培措施[J]. 甘肃农业科技,1998(4):27.

[7]黄前晶. 色素万寿菊与小麦套作丰产栽培技术研究[J]. 内蒙古农业科技,2010(5):55-56.

荞麦间作高粱试验研究

黄前晶¹,张春华¹,呼瑞梅¹,周景忠¹,张桂华¹,马乃娇²
(1.通辽市农牧科学研究所,内蒙古 通辽 028015;
2.通辽市农业技术推广中心,内蒙古 通辽 028000)

摘要:2019—2021 年设计荞麦间作高粱 7 种植方式,通过 3 年试验研究得出,荞麦间作高粱具有延缓荞麦倒伏的作用,处理区荞麦表现中等倒伏或轻微倒伏,对照区荞麦倒伏较重。荞麦间作高粱种植方式可以缓解荞麦倒伏问题,提高土地利用率与产量,具有一定的推广价值。

关键词:荞麦间作高粱;倒伏;产量

荞麦是一种药食同源的纯天然绿色食品。内蒙古自治区是全国荞麦主产区和甜荞麦播种面积最大的省级行政区,历年播种面积为 18.0 万 ~20.0 万 hm²,总面积占全国荞麦面积的 1/4,居全国首位。内蒙古自治区光、热、水、土资源等自然条件和荞麦生物学特性比较吻合,是荞麦生产的理想基地[1]。荞麦耐贫瘠、成熟期短、前期投入少,是内蒙古自治区重要的"填闲补种"作物。

1　文献综述

张桂华等[2]认为,通辽地区苦荞麦具有高产量、高商品性、高附加值等特点。随着科学技术的进步,饮食文化不断加深,人民的生活质量由温饱向小康转变,愈发追求时尚营养、药膳保健。荞麦含有芦丁、叶绿素、蛋白质、脂肪、无机盐等,富含人体不能合成的 8 种必需氨基酸,被誉为"杂粮之王"。张寒(2020)[3]研究表明,防止幼林地水土流失的最好方法是套种金荞麦。邓蓉等(2015)[4]认为,缓解冬春季和夏季优质饲草短缺供应不均衡的难题可以采用黔金荞麦 1 号与多花黑麦草间套种模式。陈洁等(2018)[5]认为,荞麦、大豆、玉米与北柴胡套作对北柴胡生产发展有一定的推广价值。荞麦根、茎、叶、花、果实是理想的营养、食疗、保健佳品。随着食品、饮品、药品及床头用品加工产业的发展,荞麦产品被加工成挂面、糕点、茶、酒、醋、药、枕头等,市场对荞麦原材料的需求不断攀升,甚至出现没有货源的尴尬局面。但荞麦产量低、规模小、品质差、极易倒伏,导致荞麦种植面积呈逐年缩减趋势。钟林等(2019)[6]认为,荞麦倒伏受播种方法、合理密植、施肥量、品种抗性等因素影响。何声灿等(2013)[7]认为,幼龄茶园要实现一块园地用途多、收入多、盈利多可套作荞麦。黄前晶等(2019)[8]认为,荞麦与大豆间作可提高土地利用率,增收效益率高达 139.96%。倒伏是影响荞麦产量的重要因素之一,也是目前荞麦科研生产上亟待解决的难题。文章提出荞麦与高粱间作试验研究,以期缓解荞麦倒伏对产量的影响,同时为荞麦生产提供理论依据。

2 研究目的与研究意义

2.1 研究目的

我国野生荞麦资源非常丰富,在陕西省大巴山以南的地区均有分布,但缺少对其实用价值的探索。近年来,大量学者研究荞麦的价值,获得了大量有价值的理论结果。

2.2 研究意义

我国牧草资源较为丰富,随着人们生活水平的提高,生态环境问题愈发凸显,优质种质资源逐渐减少,需要挖掘和利用更多的牧草种质资源。将荞麦作为饲料的历史悠久,荞麦含有丰富的营养物质,可以有效改善土壤肥力。与其他优质牧草相比,荞麦的优势为以下几方面:首先,荞麦具有丰富的营养物质,包括蛋白质以及碳水化合物等,有利于畜牧养殖动物生长;其次,荞麦具有独特的次生代谢物质;再次,荞麦对环境的要求较低,在不同的地域均可有效利用光热和土地资源。综上所述,荞麦是一种潜能巨大的牧草资源,具有较大的开发利用价值。

荞麦间作高粱的试验研究表明,荞麦对于高粱种植具有良性作用,可以促使其增产。高粱是禾本科一年生草本植物,成熟后会长出高粱米,除了食用外还具备药用价值。研究荞麦间作高粱具有十分重要的作用,可以提高高粱产量,促进农民增收。

3 试验材料与方法

3.1 试验材料

供试品种为通荞 5 号,高粱品种为 AA-35,生育期为 98 d。

3.2 试验方法

试验地位于通辽市农牧科学研究所试验农场内,是有灌溉条件的黑五花土地。6 月 18 日荞麦、高粱同期播种,荞麦播种量为 37.5 kg/hm^2,保苗 52.5 万株/hm^2,高粱播种量为 18.75 kg/hm^2,保苗 22.5 万株/hm^2,荞麦间作高粱处理方案见表 1。采用随机区组设计,共设 7 个处理,其中荞麦常规种植设为对照,3 次重复,小区面积为 10 m^2(长 4 m×宽 2.5 m),共计 21 个小区,其他管理同大田生产。

表 1   2019—2021 年荞麦间作高粱处理方案

处理	荞麦高粱间作方式	荞麦与高粱的间作比例
1	荞麦 3 垄+高粱(2 埂+中间 2 垄)	3∶4
2	荞麦 4 垄+高粱(2 埂+中间 1 垄)	4∶3
3	荞麦 5 垄+高粱(2 埂+中间 2 垄台)	5∶4
4	荞麦 5 垄+高粱(2 埂+中间 1 垄台)	5∶3
5	荞麦 4 垄+高粱(中间 1 垄)	4∶1
6	荞麦 3 垄+高粱 2 垄	3∶2
CK	5 垄荞麦	5∶0

3.3   测量项目

荞麦收获前对每个小区进行倒伏测定,调查高粱株数,方法见表 2。收获期按小区对荞麦和高粱实收测产,试验数据采用 Excel 分析统计。

表 2   荞麦倒伏测定分级标准

分级	分级标准
1	不倒伏
2	倒伏轻微,植株倾斜角度小于 30°
3	中等倒伏,植株倾斜角度 35°~45°
4	倒伏较重,植株倾斜角度 45°~60°
5	倒伏严重,植株倾斜角度 60°以上

3.4   气象要素

2019—2021 年 6—9 月平均气温为 22.4 ℃,平均日照时数为 7.6 h,较常年偏多,降水量为 430 mm,各种气象要素基本能满足荞麦生长需要。每年 7 月中旬和 8 月上旬的两次大风导致对照区荞麦全部倒伏,间作区荞麦倒伏各异。此时正值荞麦盛花期,对荞麦授粉结实影响较大,会严重影响产量。

4   结果分析

4.1   荞麦间作高粱对荞麦倒伏情况及产量的影响

由表 3 可知,在倒伏情况方面,各处理与对照相比,除了处理 5、处理 6 中等倒伏外,其他处理均为轻微倒伏,对照倒伏较重达到 4 级。在产量性状方面,各处理与对照相比,除了处理 6 与对照差别较小外,其他处理表现均较高。其中,处理 4 表现最高,为 1 730.85 kg/hm²,其次是处理 3、处理 1,分别为 1 462.80 kg/hm²、1 462.20 kg/hm²。

表3 2019—2021 年荞麦间作高粱性状分析

处理	倒伏级别	小区产量 /(g·m⁻²)	间作荞麦产量 /(kg·hm⁻²)	间作高粱产量 /(kg·hm⁻²)
1	2	146.15	1 462.20	2 284.50
2	2	100.23	1 002.75	1 250.70
3	2	146.20	1 462.80	433.50
4	2	173.00	1 730.85	683.70
5	3	105.77	1 058.25	1 050.60
6	3	91.74	1 142.55	2 568.00
CK	4	99.20	0.00	0.00

4.2 间作高粱与对照高粱株数的比较

由表 4 可知,与对照相比,各处理高粱株数明显减少,处理 1、处理 6 株数明显多于其他处理。从高粱播种方式看,高粱保苗率、垄播保苗率>埂播保苗率>垄台播保苗率,说明垄播高粱保苗率高于埂播和垄台播。

表4 2019—2021 年荞麦间作高粱株数分析

处理	荞麦、高粱间作方式	间作高粱小区株数		
		I	II	III
1	荞麦 3 垄+高粱(2 埂+中间 2 垄)	36/38/30/8	53/32/36/18	34/24/24/30
2	荞麦 4 垄+高粱(2 埂+中间 1 垄)	8/30/22	18/28/5	30/22/9
3	荞麦 5 垄+高粱(2 埂+中间 2 垄台)	22/3/6/12	5/2/4/7	2/2/8/22
4	荞麦 5 垄+高粱(2 埂+中间 1 垄台)	20/7/23	8/4/34	22/4/20
5	荞麦 4 垄+高粱(中间 1 垄)	26	22	30
6	荞麦 3 垄+高粱 2 垄	37/36	37/46	51/49
CK	5 垄	45/52/45/60/54	50/48/48/53/56	47/45/48/50/46

4.3 荞麦间作高粱对经济效益的影响

由表 5 可知,各处理与对照相比经济效益优势明显,荞粱间作效益为 5 515.5 ~ 10 326.0 元/hm²,增收效益效率为 85.2% ~ 246.8%。其中,处理 1 表现最高,荞粱间作效益为 10 326.0 元/hm²,增收效益率为 246.8%,其次是处理 6,荞粱间作效益为 9 394.5 元/hm²,增收效益率为 215.5%。

表 5　2019—2022 年荞麦间作高粱经济效益分析表

处理	荞麦		高粱		荞粱间作效益/(元·hm⁻²)	增收效益率/%
	产量/(kg·hm⁻²)	效益/(元·hm⁻²)	产量/(kg·hm⁻²)	效益/(元·hm⁻²)		
1	1 462.20	4 386.0	2 284.50	5 940.0	10 326.0	246.80
2	1 002.75	3 009.0	1 250.70	3 252.0	6 259.5	110.20
3	1 462.80	4 387.5	433.50	1 126.5	5 515.5	85.20
4	1 730.85	5 193.0	683.70	1 777.5	6 970.5	134.10
5	1 058.25	3 174.0	1 050.60	2 731.5	5 905.5	98.40
6	906.00	2 718.0	2 568.00	6 676.5	9 394.5	215.50
CK	992.55	2 977.5	0.00	0.0	0.0	0.00

注:荞麦 3 元/kg,高粱 2.6 元/kg。

5　讨论与小结

从倒伏测定情况看,荞麦高粱间作对荞麦倒伏具有延缓作用,其中处理 1、处理 2、处理 3、处理 4 表现最好,为 2 级倒伏。从经济效益方面看,各间作处理要比对照高很多,荞粱间作效益、增收效益率显著。

试验期间,气候条件对荞麦影响较大,特别是每年 7 月中旬和 8 月上旬两次大风,导致对照区荞麦 4 级倒伏,间作区荞麦 2、3 级倒伏,可见荞麦高粱间作对于荞麦倒伏问题有较好的预防作用。

我国荞麦种质资源评价与鉴定工作历史悠久,但评价系统不够完善,存在较多问题。荞麦间作高粱是使用荞麦种质资源的方式之一,荞麦的种质会影响高粱生长。随着社会的发展,人们的生活水平显著提高,荞麦的功能性愈发受到重视,并被大面积种植。荞麦作为一种半驯化种,在作物布局和特色经济作物价值方面具有较大的潜力。一些地区不断拓展荞麦产业的发展方向,如办荞节、赏荞花,与其他作物结合开发等。相关人员应落实我国荞麦优质选育工作,提高荞麦的产量,推动种植业发展,提高农民的收入水平。

参 考 文 献

[1]张春华.通辽地区荞麦产业存在的问题及发展对策[J].内蒙古农业科技,2014(6):108-109.

[2]张桂华,张春华,呼瑞梅,等.通辽地区苦荞麦栽培技术要点及开发利用[J].农业科技通讯,2021(4):39-40.

[3]张寒.幼林地套种金荞麦效果研究[J].现代农业科技,2020(21):195-197.

[4]邓蓉,向清华,王安娜,等.黔金荞麦 1 号与多花黑麦草间套种栽培和利用技术[J].贵州畜牧兽医,2015,39(1):55-57.

[5]陈洁,杨雪琴,吴继祥.宝鸡地区北柴胡套种模式下绿色丰产栽培技术[J].现代农业

科技,2018(20):80-82.

[6]钟林,熊仿秋,罗晓玲,等.苦荞抗倒伏栽培试验[J].农业科技通讯,2019(4):104-108.

[7]何声灿,李祝芳,江宗丽.幼龄茶园套种荞麦高产栽培技术初探[J].科协论坛,2013(2):101-102.

[8]黄前晶,赵亮,呼瑞梅.荞麦大豆间混作试验研究[J].农业科技与信息,2019(11):5-6.

荞麦新品种通荞 5 号选育及栽培技术

呼瑞梅[1],周景忠[1],张春华[1],黄前晶[1],张桂华[1],马乃娇[2]

(1.通辽市农牧科学研究所,内蒙古 通辽 028015;

2.通辽市农业技术推广中心,内蒙古 通辽 028000)

摘要:通荞 5 号系通辽市农牧科学研究所经系统选育而成的荞麦新品种,该品种属于中熟品种,在第十三轮国家区域试验中的大部分试点表现较好,适应性广,2019—2020 年第十三轮国家甜荞品种区域试验中平均产量为 1 462.7 kg/hm²,较对照平荞 2 号增产 4.8%,在参试的 6 个品种中排名第 1。

关键词:荞麦;栽培技术;特征与特性;产量

内蒙古自治区是荞麦的主产区之一,而通辽地区的荞麦种植面积居全区首位。通辽地区荞麦种植历史悠久,种植面积大,地方品种多,资源丰富,这是发展荞麦生产的重要条件[1]。通辽地区的荞麦素以品种优良而著称,如库伦荞麦。通辽地区荞麦生产有得天独厚的自然优势,但由于品种供应、种植习惯以及产品开发滞后等因素的制约,品种混杂退化严重,亟须推广新品种、新技术,充分发挥荞麦生产潜力[2]。

1 选育过程

以 13012(通荞 4 号原系谱号)为母本,贵 1412–16 为父本杂交后经系统选育而成。

2014 年,在杂交后代中选择优良单株;2015 年,进行株系选择;2016 年,进行田间株系鉴定;2017 年,进入品种比较试验;2018 年,进行品种比较试验;2019—2020 年,参加西北农林科技大学组织的全国荞麦品种区域试验。

2 特征与特性

该品种幼苗绿色,株高为 110.4 cm,主茎分枝 4.5 个,主茎节数为 11.6 节,花白色,株型紧凑,植株整齐。单株粒重为 3.6 g,千粒重为 26.6 g。籽粒三棱形,黑褐色,平均生育天数为 78 d。籽粒粗蛋白含量为 13.8 g/100 g,淀粉含量为 57.92%,粗脂肪含量为 2.21%,总黄酮含量为 0.37%。

3 产量表现

2019 年度全国区域试验中平均单产为 103.08 kg/亩,折合产量为 1 546.1 kg/hm²,14 个试点中有 8 个试点增产;2020 年度全国区域试验中平均单产为 97.67 kg/亩,折合产量为 1 465.0 kg/hm²,13 个试点中有 6 个试点增产;两年平均单产为 97.52 kg/亩,折合产量为1 462.7 kg/hm²,较对照平荞 2 号增产 4.8%,居第 1 位。

4 适应区域

吉林白城,内蒙古通辽、赤峰、武川,山西忻州,陕西延安、榆林,甘肃平凉、定西,宁夏固原,贵州贵阳,重庆酉阳等试点表现较好。

5 栽培技术要点

5.1 选地

为了实现作物高产稳产,选择质地疏松、排灌良好、有机质质量分数为 0.8% 以上的壤土或沙壤土,前茬作物首选豆科作物、马铃薯,其次玉米、小麦、杂粮,避免重茬。黏土或碱性偏重的土壤不宜种植。深翻或深松 20 cm 以上,耙平耱细。

5.2 选种

播种前进行选种、晒种、浸种、拌种。清除病虫粒、破损粒及杂质,清选;播种前 7 ~ 10 d 选无风晴天 10:00—16:00 时把种子摊开,厚 2 ~ 3 cm,在干燥向阳处晒种 2 ~ 3 d;晒种后进行浸种,用 35 ℃温水浸种 15 min 或用 40 ℃温水浸种 10 min。再用微量元素浸种 (如钼酸铵 0.005% 或高锰酸钾 0.1% 或硼砂 0.03%)30 min,捞出后晒干;播种前可用种子质量的 0.3% ~ 0.5% 辛硫磷或毒死蜱进行拌种,拌种后堆放 3 ~ 4 h 再摊开晾干。

5.3 施肥

施优质有机肥 22 500 kg/hm²,结合播种施入磷酸二铵 150 kg/hm²,在现蕾开花后视土壤肥力状况在封垄前结合中耕追施尿素 75 kg/hm²。地力条件较好的可不施肥或少施肥。

5.4 播种

通辽地区适宜 6 月中下旬抢墒播种,机械条播,播种深度在 4 ~ 6 cm,覆土严密,但不能过厚。保苗 60 万 ~ 120 万株/hm²,肥地苗密度低,薄地苗密度加大。

5.5 田间管理

播种后,随即喷施 96% 精-异丙甲草胺乳油,沙土地用药量为 60 ~ 80 mL/亩,有机质含量高的土壤用药量为 80 ~ 100 mL/亩,用水量为 60 kg/亩。使用扇形喷头喷施,喷后 5 d

内不浇水,整个生长季尽量不破坏药土层。当幼苗长至 6～7 cm 时,进行第一次中耕除草,封垄前进行第二次中耕除草。开花灌浆期如遇干旱及时灌水。辅助授粉在花期田间放蜂或人工辅助授粉,提高结实率。开花 2～3 d 内,每公顷地块安放 5 箱蜜蜂(足箱 10 框)。或盛花期采用人工辅助授粉,每隔 2～3 d 授粉一次,连续授粉 2～3 次。于 09:00—16:00,用长 20～25 m 的绳子,系一狭窄的麻布条,由两个人各执一端,沿地的两边从一头走到另一头,往复 2 次,行走时让麻布条接触甜荞麦的花部,振动植株。

5.6 适时收获

当全株籽粒 75%～80% 呈现本品种固有颜色时及时收获,一般在早晨或雨后收获为佳。收获时可用稻麦联合收割机直接脱粒,也可用小型割晒机收获。

参 考 文 献

[1]张春华.通辽地区荞麦产业存在的问题及发展对策[J].北方农业学报,2014(6):108-109.

[2]呼瑞梅,王振国.内蒙古通辽市荞麦发展现状、优势及应用前景[J].园艺与种苗,2010,30(2):156-158.

通辽地区不同播期对甜荞生长发育
及产量的影响

黄前晶,张春华,胡瑞梅,李卓然

(通辽市农业科学研究院,内蒙古 通辽 028015)

摘要:为了探究通辽地区不同播期对甜荞生长发育及产量影响,以确定提高产量的最佳播种时期。经过 2 年试验确定:通荞 1 号随着播期的推迟,出苗期、始花期、盛花期、成熟期均呈逐渐延长的趋势,而生育日数呈逐渐缩短的趋势,而主茎分枝、主茎节数随着播期的推迟变化差别较小。处理 4(6 月 11 日)和处理 5(6 月 19 日)的单株粒重、千粒重、产量表现最高,因此,通辽地区 6 月中旬播种较适宜。

关键词:甜荞;播期;产量;通辽地区

荞麦原产于我国,是较理想的填闲、救灾补种作物,也是我国重要的蜜源作物之一[1]。随着现代科学技术的发展,人民生活质量不断提高,追求营养、保健、药膳已成为时尚,因此,集营养、保健、医药、饲料、蜜源于一身的荞麦备受人们青睐,其系列产品市场前景非常可观,国内畅销北京、天津、沈阳等大中城市,国外远销欧美东南亚等 20 多个国家和地区[2],已成为通辽地区拉动产业惠及农民和壮大地区经济的新亮点。

1 材料与方法

1.1 试验地概况与材料

试验地位于内蒙古中东部、北纬 43°43′、东经 122°37′,海拔 203 m 的通辽市农业科学研究院试验地内。前茬作物为玉米,白五花土,肥力中等,水浇地。供试品种为通荞 1 号,供试肥料同大田生产。年平均温度为 20.7 ℃,降水量为 420.5 mm,日照时间为 1 200.7 h。2014 年气温与常年相当,5、6 月份降雨较常年偏多,7—9 月份降雨较常年偏低,日照较常年偏低;2015 年气温与常年相当,6 月份降雨较常年偏多,7 月中旬降雨较常年偏低,造成一定程度干旱,日照较常年偏低。但并未影响试验的顺利进行。

1.2 试验设计与方法

试验采用随机区组设计,试验分 2 年完成(2014—2015 年)。2014 年试验,5 月 21 日开始播种,每隔 7 d 一个播期(即为一个处理),至 7 月初结束共播种 7 期,播期分别为 5 月 21 日(处理 1)、5 月 28 日(处理 2)、6 月 4 日(处理 3)、6 月 11 日(处理 4)、6 月 19 日(处理 5)、6 月 23 日(处理 6)、7 月 2 日(处理 7)。每个播期 3 次重复,小区面积为

$21.6~m^2$。2015年重复作2014年试验,其他条件不变。其他管理同大田生产。

1.3　测定项目与方法

①物候期:记载各播期、出苗期、开花期、成熟期。

②经济性状:成熟期在每个小区取生长一致的植株10株,测量其株高、主茎分枝、主茎节数、单株粒重、千粒重,求平均值。

③产量:荞麦收获期,对每个小区进行实收测产,然后进行产量折算。

1.4　数据处理与分析

采用Excel和DPS分析软件对数据进行统计分析。

2　结果与分析

2.1　不同播期对物候期的影响

由表1可知,通过2年试验,通荞1号随着播期的推迟,出苗期、始花期、盛花期、成熟期均呈逐渐延长的趋势。而生育日数呈逐渐缩短的趋势,并且在5月21日播种时生育期最长,7月2日播种时生育期最短,6中旬播种时生育期中等。

2.2　不同播期对经济性状的影响

由表2可知,通过2年试验,从整体上看,随着播期的推迟,通荞1号株高、单株粒重、千粒重均呈逐渐变小的规律,而主茎分枝、主茎节数随着播期的推迟变化差别较小,并且可以看出在7个处理中,处理4和处理5的单株粒重、千粒重表现最高,而株高、主茎分枝、主茎节数表现中等。

2.3　不同播期对产量的影响

由表3可知,随着播期的推迟,各处理产量呈低-高-低的变化规律。各处理产量差异显著,其中处理4和处理5产量表现最高,分别为1 375.65 kg/hm²、1 266.9 kg/hm²,处理7产量表现最低,为805.95 kg/hm²。

表 1　2014—2015 年物候期调查结果

年份/年	处理编号	播期	出苗期	始花期	盛花期	成熟期	生育天数/d
2014	1	05-21	05-29	06-28	07-06	08-23	94
	2	05-28	06-03	07-02	07-15	08-25	89
	3	06-04	06-12	07-07	07-22	08-28	85
	4	06-11	06-17	07-11	07-30	08-31	81
	5	06-19	06-24	07-15	08-04	09-03	76
	6	06-23	06-29	07-23	08-12	09-3	72
	7	07-02	07-06	07-30	08-25	09-05	65
2015	1	05-21	05-26	06-18	07-10	08-29	100
	2	05-28	06-02	06-23	07-14	08-31	95
	3	06-04	06-09	07-01	07-25	09-09	97
	4	06-11	06-16	07-11	08-01	09-14	95
	5	06-19	06-26	07-16	08-02	09-23	96
	6	06-23	06-27	07-16	08-05	09-20	89
	7	07-02	07-07	07-26	08-12	09-24	84

表 2　2014—2015 年经济性状调查结果

处理编号	株高/cm		主茎分枝/个		主茎节数/节		单株粒重/g		千粒重/g	
	2014 年	2015 年	2014 年	2015 年	2014 年	2015 年	2014 年	2015 年	2014 年	2015 年
1	156.1	155.1	3	3	16	20	2.57	4.54	27.6	26.4
2	156.5	152.1	4	4	16	20	3.01	3.64	28.3	26.0
3	153.2	135.3	4	4	17	16	2.43	2.93	28.6	25.1
4	148.6	127.6	4	4	16	16	3.88	6.12	30.4	26.9
5	148.9	143.7	4	4	16	19	3.56	4.95	29.8	24.8
6	142.5	143.1	3	4	17	18	2.08	6.92	27.8	26.0
7	140.6	144.5	4	5	16	18	1.84	4.21	27.5	24.2

表 3　2014—2015 年小区产量分析结果　　　　　　　　　　　　kg

处理	小区实收产量		平均	每公顷产量
	2014 年	2015 年		
1	1.75	2.63	2.19	1 014.45[b]
2	2.10	2.78	2.44	1 130.25[b]
3	1.72	2.96	2.34	1 083.90[b]
4	2.60	3.34	2.97	1 375.65[a]

处理	小区实收产量		平均	每公顷产量
	2014 年	2015 年		
5	2.26	3.21	2.74	1 266.9[a]
6	1.30	2.72	2.01	931.05[c]
7	1.08	2.4	1.74	805.95[c]

3 结 论

通过 2 年试验研究表明,从不同播期对通荞 1 号经济性状、物候期、产量的影响来看,处理 4 和处理 5 表现最好。由此可见通辽地区,处理 4 和处理 5 为荞麦种植的最佳时期,即 6 月中旬播种较适宜。

参 考 文 献

[1]张清明,赵卫敏,桂梅,等.贵州苦荞生产现状与发展对策[J].中国农业信息,2009 (5):55-56.

[2]李静,刘学仪,向达兵,等.不同播期对荞麦生长发育及产量的影响[J].河南农业科 学,2013,42(10):15-18.

通辽地区苦荞麦栽培技术要点及开发利用

张桂华,张春华,呼瑞梅,黄前晶

(通辽市农业科学研究院,内蒙古 通辽 028015)

摘要:苦荞麦作为通辽地区新兴作物,具有产量高,商品性好,开发利用价值高等特点,备受农民、加工企业青睐。文章对苦荞麦的栽培技术及开发利用进行分析,以期为苦荞麦产业发展提供技术支撑。

关键词:苦荞麦;栽培;技术;开发利用

随着人们生活水平的提高,"三高"人群越来越多。苦荞麦富含生物类黄酮,是普通荞麦的 10～15 倍,具有"降三高"功效,可辅助治疗高血压、心脑血管疾病[1],长期食用可以达到营养保健的目的,被誉为 21 世纪具有前途的健康食品,市场前景广阔。

苦荞麦具有产量高、适应性广等特性。近年来,通辽地区种植面积日益扩大,但由于缺乏相关种植技术,产量不理想。为此,研发适合通辽地区苦荞麦栽培技术,并对苦荞麦的开发利用提出了指导性建议。

1 栽培技术

1.1 选地

选择质地疏松、排灌良好、有机质质量分数为 0.8% 以上的壤土或沙壤土,前茬作物首选豆科作物、马铃薯,其次玉米、小麦、杂粮,避免重茬[2]。黏土或碱性偏重的土壤不宜种植。

1.2 整地

深翻 20 cm 以上,耙平耱细,以减轻苦荞麦幼苗顶土能力较差的不利影响。

1.3 播种

1.3.1 播前种子处理

晒种播种前 7～10 d,选择晴天晒种 1～2 d。

拌种将晾晒好的种子 100 kg,用 20% 噻虫胺悬浮剂 480 g 兑水 2 000 mL 或 60% 吡虫啉悬浮剂 400 g 兑水 2 000～3 500 mL 进行拌种,防治荞麦田地下害虫、蚜虫、盲蝽、象甲、蓟马等。可以同时用6%戊唑醇悬浮剂30~45 mL(有效成分为1.8~2.7 g)或苯醚甲环唑按照种子量的0.3%~0.5%混合拌种,预防叶斑类病害。

1.3.2　播种时间

适时早播,播种时要保证土壤墒情,一次抓全苗,一般在雨后播种。通辽地区一般6月15日左右播种,比普通荞麦早播10~15 d[3]。

1.3.3　播种方法

机械播种,采用条播。行距为40~45 cm。播种量为2.0 kg/亩,保苗7万~8万株。耕深4~6 cm,覆土2~3 cm。

1.4　种肥

施磷酸二铵(w(N) = 18%、w(P_2O_5) = 46%)5 kg/亩左右,硫酸钾(w(K_2O) = 50%)11.5 kg/亩。

1.5　田间管理

1.5.1　中耕除草

当幼苗长至6~7 cm时,进行第一次中耕除草、间苗,封垄前再中耕除草一次。也可以使用化学防除杂草,即播种后,随即喷施96%精-异丙甲草胺乳油,砂土地用药量为60~80 mL/亩,有机质含量高的土壤用药量为80~100 mL/亩,用水量为60 kg/亩。使用扇形喷头喷施,喷后5 d内不浇水,整个生长季尽量不破坏药土层。

1.5.2　灌溉

有灌溉条件的,开花灌浆期如遇干旱及时灌水。

1.5.3　追肥

封垄前追施尿素(w(N) = 46%)8~10 kg/亩[4],在开花结实期,叶面喷施肥料,可用尿素1 kg、磷酸二氢钾3 kg,兑水45~50 kg,于午后叶面喷施;或在10 kg水中加5 kg过磷酸钙;或在15 kg水中加草木灰5 kg,浸泡24 h,浸出上清液加水5倍分别叶面喷施。

1.6　病虫害防控

在苦荞麦生产过程中,一些病虫影响荞麦的正常生长。现阶段苦荞麦病害主要有黑斑病、立枯病、霜霉病、斑枯病、病毒病、白霉病、轮纹病、叶斑病等。虫害主要有蛴螬、蚜虫、黏虫、草地螟、荞麦钩翅蛾、地老虎、沟金针虫、西伯利亚龟象甲等[5]。

1.6.1 虫害防治

(1)西伯利亚龟象当虫口密度达到百株20头时,用10%虫螨腈悬浮剂1 000~1 500倍液均匀喷雾,或用2.5%三氟氯氰菊酯乳油2 500~3 000倍液喷雾。

(2)双斑萤叶甲当双斑萤叶甲虫口密度达到300头时,用4.5%高效氯氰菊酯乳油2 500~3 000倍液喷雾。

(3)蚜虫、盲蝽当蚜虫虫口密度达到百株500头、盲蝽达到百株20~30头时,用5%吡虫啉乳油2 000~3 000倍液或3%啶虫脒1 500~2 000倍液均匀喷雾。

(4)黏虫、草地螟虫和钩刺蛾等幼虫防治3龄以前的幼虫,可采用2.5%的溴氟菊酯4 000倍液喷雾防治。

(5)蝼蛄、蛴螬等地下害虫用5%阿维·辛硫磷或15%乐斯本颗粒剂随播种施于田间,用量为1.5~2 kg/亩。

1.6.2 病害防治

(1)叶斑病可用戊唑醇、5%腈菌唑、苯醚甲环唑、40%的复方多菌灵胶悬剂或75%的代森锰锌可湿性粉剂等杀菌剂500~800倍液喷施植株,可以明显减少生长期病原菌的危害。

(2)真菌和细菌性病害可采用70%福美双200 g拌种100 kg,或用25%多菌灵200~400 g拌种100 kg。

1.7 及时收获

全株籽粒75%~80%呈现本品种固有颜色时及时收获[6],收获后晾晒20 d左右,充分成熟后脱粒。或采用大型联合收割机收获时,收获期以茎秆变黄、不缠绕机械为宜,早晨或雨后收获为佳,防止落粒。

2 通辽地区苦荞麦开发利用

通辽地区居民有喜食荞麦食品的习俗,而苦荞麦作为通辽新兴作物,开发利用价值更高,其加工产品如苦荞面、苦荞米等备受广大居民的青睐。长期食用,可预防高血糖、高血压、高血脂,提高免疫力。

2.1 苦荞面

荞麦面是通辽市荞麦主产区的主要食品,随着人们对保健意识的加强,苦荞面的市场需求增加,用苦荞面可以制作饸饹、馒头、锅仑、疙瘩汤、饺子、卷子等。为达到食用口感好,和面时可以用甜荞面与苦荞面按7∶3的比例,或者甜荞面、苦荞面、白面按6∶3∶1的比例。

2.2 苦荞米

苦荞米可做米饭和粥,也可按1:3的比例掺入到大米和其他杂粮中食用。气味清香,色泽黄绿,柔软可口。

2.3 苦荞茶

通辽地区库伦旗生产的苦荞籽,经筛选、蒸煮、烘烤、脱壳等多道加工工序可制成苦荞茶,冲水后色泽黄绿,绵香可口,常饮苦荞茶可增强身体免疫力,达到保健功效。

3 小结

荞麦是通辽地区特色杂粮作物,实现高产离不开经验和栽培技术。而苦荞麦是本地区新兴作物,更需要结合实践优化栽培技术,才能达到稳产、增产、高产的目的。这将有力推动本地区荞麦产业的可持续发展,为荞麦增产增效、农民增收做出贡献。

参 考 文 献

[1]雷建鑫,刘云梅,严粙芬,等.药食同源作物荞麦的营养保健价值及栽培技术[J].农家参谋,2019(1):58.

[2]涂友发.荞麦的种植要求及高产种植技术要点[J].江西农业,2019(10):12,20.

[3]黄前晶,张春华,呼瑞梅,等.通辽地区不同播期对甜荞生长发育及产量影响[J].南方农业,2017(33):32-33.

[4]钟林,熊仿秋,罗晓玲,等.苦荞抗倒伏栽培试验[J].农业科技通讯,2019(4):104-108.

[5]丁超,张丽君.荞麦选种及高产栽培技术[J].吉林农业,2019(3):39-40.

[6]胡娟,杨永奎,申玲.苦荞新品种黔苦7号的特征与特性及高产栽培技术[J].农技服务,2018(3):55-57.

通辽地区绿色荞麦标准化种植技术

张春华

（通辽市农业科学研究院,内蒙古 通辽 028015）

荞麦是我国重要的小杂粮作物,是通辽地区的优势特色作物,其种植投入少,病虫害少,无公害,属低糖、健康食品,是粮食作物中唯一具有"药食同补"特性的作物。荞麦不仅能用作粮食、畜草、禽料、蜜源,还能防病治病强身健体,集营养、保健、医药、饲料、蜜源于一身,有"消炎粮食"的美称,被誉为"杂粮之王"[1]。

荞麦具有丰富的营养品质和较高的治病和保健价值,被视为益寿食物、保健佳品,属"食药两用"的粮食珍品,国际植物遗传资源研究所已将荞麦归到"未被充分利用的作物"之列,专家预言荞麦特别是苦荞是 21 世纪人类重要健康食物资源,将成为世界性的新兴作物。荞麦在世界贸易中的地位正在提高,已成为全球主要食物和保健食品来源,因此荞麦被誉为 21 世纪新的优质功能性绿色食品资源。

内蒙古通辽地区荞麦种植历史悠久,但始终作为备荒或填闲作物,大多种植在干旱地、坡梁地或坨沼地上。土壤肥力低,严重缺氮少磷,导致产量低。随着玉米等大宗作物的发展、机械化程度的提高,荞麦种植呈现严重缩水和拒种等现象。如今很多农民仅仅依据喜食,每个家庭只种植很少的荞麦,年产 200 kg 左右,而且不外卖,仅供食用,严重限制了通辽地区荞麦产业的发展[2-3]。

为了充分挖掘荞麦的生产潜力,实现高产、高效,经过多年试验研究,总结出一套科技含量高、操作简单、实用的绿色荞麦标准化种植技术。

1　选地与整地

1.1　选地

选择质地疏松、排灌良好、有机质质量分数在 0.8% 以上的壤土或沙壤土,黏土或碱性偏重的土壤不宜种植。选择前茬为非蓼科作物（如豆类、糜谷类等）,忌连作。推荐轮作方式:荞麦-豆类-大秋作物-荞麦。

1.2　整地与基肥

施腐熟有机肥 7 500 ~ 15 000 kg/hm²,配施过磷酸钙、钙镁磷肥等缓释肥 300 ~ 375 kg/hm² 作基肥,深翻或深松 20 cm 以上,耙平耱细。

2 播种

2.1 品种选择与种子处理

选择优质、高产、商品性良好的种子,如通荞1号、通荞2号等甜荞麦品种。在播种前7~10 d,选择晴天晒种1~2 d。用35 ℃温水浸种15 min,或用40 ℃温水浸种10 min。再用微量元素浸种(如钼酸铵0.005%、高锰酸钾0.1%、硼砂0.03%、硫酸镁0.05%)30 min,捞出后晒干。也可选用专用的种衣剂进行包衣,或用种子质量的0.3%~0.5%辛硫磷或乐斯本进行拌种,拌种后,堆放3~4 h再摊开晾干,预防地下害虫。

2.2 播种与播量

通辽地区一般6月上中旬播种。用机械或畜力人工播种,采用条播,行距为40~45 cm。播种量为52.5~60.0 kg/hm²,保苗6万~7万株/hm²。播种深度为4~6 cm,覆土2~3 cm。

2.3 种肥

按每生产100 kg荞麦籽粒需从土壤中吸收氮3.5 kg、磷1.5 kg、钾4.3 kg进行配方施肥。甜荞麦为忌氯作物,钾肥要用硫酸钾。一般施磷酸二铵($w(N)=18\%$、$w(P_2O_5)=46\%$)75 kg/hm²左右,硫酸钾($w(K_2O)=50\%$)172.5 kg/hm²[4]。

3 田间管理

3.1 中耕除草与灌溉

当幼苗长至6~7 cm时,进行第一次中耕除草、间苗,封垄前再中耕除草一次。有灌溉条件的,开花灌浆期如遇干旱及时灌水。

3.2 追肥

封垄前追施尿素($w(N)=46\%$)120 kg/hm²。

在开花结实期,叶面喷施肥料,可用尿素15 kg/hm²、磷酸二氢钾45 kg/hm²,兑水45~50 kg/hm²,于午后叶面喷施,或在150 kg/hm²水中加75 kg/hm²过磷酸钙,或在225 kg/hm²水中加草木灰75 kg/hm²,浸泡24 h,浸出上清液加水5倍分别叶面喷施。

3.3 辅助授粉

开花2~3 d,每2 000 m² 左右安放1 箱蜜蜂。也可在盛花期采用人工辅助授粉,每隔2~3 d 授粉1 次,连续授粉2~3 次。于09:00—11:00、14:00—16:00 时,用长20~25 m 的绳子,系一狭窄的麻布条,由两个人各执一端,沿地的两边从一头走到另一头,往复2 次,行走时让麻布条接触甜荞麦的花部,振动植株。

3.4 病虫害防控

3.4.1 主要病虫害

通辽地区甜荞麦主要病害有轮纹病、褐斑病、立枯病、灰霉病和斑枯病等,主要虫害有蚜虫、蝼蛄和蛴螬等。

3.4.2 防治方法

遵循"预防为主,综合防治"的植保方针。坚持以"农业防治、物理防治、生物防治为主,化学防治为辅"的绿色防控原则。

(1)农业防治。

选用优质、高产、抗病虫品种,播前进行种子消毒,增施腐熟有机肥,合理密植,保持田园清洁,创造适宜的生长发育条件。

(2)生物防治。

选用浏阳霉素、阿司米星、农抗120 和多抗霉素等生物药剂防控真菌性病害。选用印楝素、苦参碱、烟碱等植物源药剂和生物药剂阿维菌素防控蚜虫。

(3)化学防治。

按照绿色食品的规定,优先用生物制剂或高效、低毒、低残留、与环境相容性好的农药。不同农药应交替使用,任何一种化学农药在一个栽培期内只能使用一次。禁止和限制使用的农药应执行中华人民共和国农业部第199 号、274 号、322 号令。

①轮纹病、褐斑病、立枯病和斑枯病用70% 甲基硫菌灵500~600 倍液,或50% 多菌灵500 倍液,或25% 嘧菌酯1 500~2 000 倍液,或25% 溴菌腈1 000~1 500 倍液,或64% 恶霜灵·锰锌600~800 倍液防治。

②灰霉病用25% 嘧霉胺1 500~2 000 倍液,或50% 腐霉利1 000~1 500 倍液,或25% 嘧菌酯1 500~2 000 倍液防治

③蚜虫用3% 啶虫脒1 500~2 000 倍液,或10% 吡虫啉3 000 倍液,或1.8% 阿维菌素乳油1 500~2 000 倍液药剂防治。

④蝼蛄、蛴螬用5% 阿维·辛硫磷或15% 乐斯本颗粒剂22.5~30.0 kg/hm²,随播种施于田间[5]。

4 收获

全株籽粒75%~80%呈现本品种固有颜色时及时收获,早晨或雨后收获为佳。收获后晾晒20 d左右,充分成熟后脱粒。

参考文献

[1]李秀英,常敏,贺荣,等.绿色无公害荞麦高产栽培技术[J].内蒙古农业科技,2013(3):103.

[2]郝香梅.绿色荞麦丰产优质栽培技术[J].现代农业科技,2009(22):57.

[3]任巧萍.绿色荞麦模式化栽培技术[J].农业技术与装备2007(11):36.

[4]梁富勇,田开山,高俊,等.旱地优质荞麦的高产栽培模式[J].内蒙古农业科技,2006(7):96.

[5]欧阳羽彬.库伦荞麦栽培技术[J].现代农业,2000(3):21.

通辽地区荞麦产业存在的问题及发展对策

张春华

（通辽市农业科学研究院，内蒙古 通辽 028015）

摘要：针对通辽地区荞麦产业的生产形势和地域特点，分析了该地区荞麦产业发展存在的问题，并提出了荞麦产业可持续发展的思路和对策。

关键词：荞麦产业；存在问题；发展对策

荞麦具有丰富的营养品质和较高的防病保健价值，被视为益寿食物、保健佳品，属"食药两用"的粮食珍品，国际植物遗传资源研究所已将荞麦归到"未被充分利用的作物"之列，专家预言荞麦特别是苦荞是 21 世纪人类重要的健康食物资源，将成为世界性的新兴作物，在世界贸易中的地位正在提高，已成为全球主要食物和保健食品来源。因此，荞麦被誉为 21 世纪新的优质功能性绿色食品资源。

荞麦在世界粮食作物中虽属小宗作物，但作为一种传统作物，荞麦是一种低糖食品，药膳同源，在全世界广泛种植，已成为亚洲和欧洲等一些国家的重要农作物。据联合国粮农组织统计，截至 2012 年，全世界 18 个国家荞麦年总产量约为 212.528 万 t，而产量最大的国家如中国、俄罗斯、波兰、乌克兰、巴西和美国的年总产量为 197.167 2 万 t，占总数的 92.77%，其中我国的荞麦产量约为 70 万 t，约占全世界总产量的 32.94%（联合国粮食及农业组织 FAOSTAT 数据库）。

内蒙古自治区作为全国荞麦主产区之一，常年播种面积为 16.7 万~20.0 万 hm^2，居全国首位，2013 年内蒙古自治区荞麦种植面积约为 18.7 万 hm^2。由于特殊的地理环境和气候特点形成了独特的品质，生产的荞麦以"粒大、皮薄、面白、粉筋、无农药残毒、无污染"在全国首屈一指，是内蒙古自治区具有明显地区优势的特色农作物，也是出口创汇的品牌产品，在国际上久负盛名，年出口荞麦 7 万~8.8 万 t，占全国出口量的 70%~80%，主要销往日本及我国的香港、澳门等国家和地区。

1 通辽地区荞麦生产概况

通辽市作为全国荞麦主产区之一，常年种植面积都在 5 万~6 万 hm^2，年产量在 7 万 t 以上，被誉为"中国荞麦之乡"的库伦旗地处通辽市西南部、燕山余脉与科尔沁沙地交汇地带，境内南部为石质浅山区，中部是黄土丘陵沟壑区，北部为沙化漫岗区和沙沼坨甸区。特殊的土壤、气候条件，造就了"库伦荞麦"特有的品质优、产量高、品牌好的特点。2001 年，"库伦荞麦"被内蒙古自治区人民政府授予"内蒙古名牌农畜产品"称号；2006 年，国家商标总局正式批准"库伦荞麦"原产地证明商标；2008 年，"库伦荞麦"通过国家农业部食品质量安全中心审定，获得无公害产品商标标识使用权；2012 年，"库伦荞麦"成功走进国家地理标志保护产品行列，成为通辽地区最具地方特色的农字号金字招牌；2013 年，通辽荞麦基地升级为内蒙古自治区特色科技产业化基地。

多年来,通辽市以荞麦为原料进行深加工的大型企业已发展近20多家,具备了很强的荞麦全产业链条的深加工研发能力,采取自主研发与专家合作相结合的方式,从粗加工发展到生物质提取等精深加工,产业的广度和层级均得到了较大提升,荞麦产品不断向品牌化、系列化、多样化发展,已达到食品、家纺用品、药用物质、饲料、保健品等系列产品120多个品种的生产能力,产品畅销北京、天津、沈阳等国内大中城市,并远销日本、韩国、俄罗斯等20多个国家和地区,已成为通辽市促进产业转型升级、拉动农牧民增收和壮大地区经济的有力支撑。

通辽地区荞麦种植历史悠久,但始终作为备荒或田闲作物,大多种植在干旱地、坡梁地或坨沼地上,土壤肥力低,严重缺氮少磷,造成产量水平低下。随着玉米等大宗作物的发展和机械化程度的提高,荞麦种植呈现严重缩水、拒种等现象。如今很多农民仅仅依据喜食,每个家庭只种植很少的荞麦,年产200 kg左右,而且不外卖,仅供自己食用,严重限制了本地区荞麦产业的发展。

2 存在的问题

2.1 科技投入少,种质资源有限

由于荞麦研究起步晚,基础研究、应用技术研究相对薄弱,研究人员不足,科研资金少,科研单位争取得到科技项目的机会很少,即使列入国家发展规划和项目指南,争取难度也很大,为了事业的发展,只能自筹资金。

种质资源,尤其是自交甜荞新种质稀缺。生产上应用的高产优质新品种匮乏,虽然育成了新品种,但应用得少或得不到应用,应用较多的是传统品种、农民自己留种或串换用种,种子来源杂且不规范,产量均不清楚,种子质量难以保障,经多年种植品种严重退化、混杂,结实率低,由于缺乏管理,不仅引进品种混杂退化,还造成地方名优品种的退化,降低了产品的产量和质量。

2.2 配套栽培技术落实难,管理粗放,机械化水平低

由于配套的高产种植技术落实不到位,机械化水平不高,价格低,管理水平低下,耕作粗放,加之农民长期受栽培习俗的影响,广种薄收,肥料施用随心所欲,不是以地定肥、以产定肥,甚至不施肥。个别地区连作严重,茬口安排无序,农民不能及时收获,落粒严重。

2.3 生产布局不合理,种植分散、规模小

荞麦在全国的任何地方都是小作物,播种面积难以与大作物相比,主要种植在干旱、半干旱、山沙等土壤瘠薄地区,但如果合理规划,也能产生巨大的区域效应。由于荞麦生产受市场、气候、价格等因素影响较大,面积不稳定,单产水平不高。缺乏合理的规划布

局,往往使生产处于无序状态,不是按照市场需求安排生产,盲目扩大和引种、扩种现象较为严重,经常造成面积过大,产品供过于求,价格低,部分产品出现积压;或者面积过小,产品供不应求。

缺乏规范化、标准化生产基地。荞麦的种植仍然以一家一户分散经营为主,无法与千变万化大市场对接,小规模的农户家庭生产方式使荞麦生产缺乏经济性,效益低,无法实现规模效益。

2.4　加工与综合利用亟待加强

虽然我国是世界荞麦出口第一大国,从荞麦的出口价格看,不足美国、加拿大荞麦出口价格的1/2,不足澳大利亚荞麦出口价格的1/3,多数以荞麦原粮出口,只有少量以初级产品流入市场或消费,主要以简单的荞麦粉、荞麦酒、荞麦食品等半成品为主,经济效益较差,产业链条短,缺乏附加值高的产品。

很多荞麦加工龙头企业只以争取国家项目资金为主,不能合理规划、转型升级,无法支撑企业快速发展。缺乏规模化现代生产基地,未形成完善的产业化经营体系,与种植者没能形成利益共享,优势资源未充分转化为经济优势,这些因素都极大地限制了荞麦产业的健康发展。

2.5　政府重视程度不高,缺乏对荞麦产业的扶持和宣传

政府重视程度低,缺乏必要的资金扶持和政策引导,特别是缺乏种植户的良种补贴政策、农业保险政策,政府部门的承诺难以兑现,结果造成农民拒种现象。农民专业合作经济组织发展滞后或未形成,带动作用不突出,与产业化经营相关的技术和信息服务体系建设不完善,宣传意识不强,消费者不理解荞麦产品,最终导致农民没有种植积极性。

3　发展思路与对策

3.1　发挥地区优势,加强科研投入,加快杂交品种选育

政府要调整政策,争取国家科技项目的支持,加大荞麦的科研投入,强化科研队伍力量,真正认识到荞麦生产的地区优势。

在育种上,要不断推出新品种,加快品种更新换代速度;加强杂优利用研究,实现杂交、高产、绿色,培育具有自主知识产权的荞麦杂交品种。同时,注意优质专用品种的选育,如选育生产黄酮类产品的专用品种等,提高荞麦的经济价值。要对当地名优农家品种进行改良、提纯复壮,并引进新种质,尽可能收集国内外优良资源和地方野生资源,拓展基因库,选育出生态适应性强、商品性好、在国际市场有竞争力的新品种,努力提高荞麦的单产和品质。

为充分发挥荞麦的地域资源优势和生产优势,应加强配套高产栽培技术研究,着力解

决荞麦生产中的关键技术,抓好配套的荞麦高产、高效栽培技术示范推广,研究出的高产、高效栽培技术要符合实用化、简单化、精细化的原则。

3.2 建立规范化、标准化良种繁育基地和示范基地

争取建立在政府财政、政策支持下的标准化良种繁育基地及示范基地,实现"一村一种"或"一镇一种",以保持优良品种的种性。

在荞麦优势产区,按照市场需求合理规划布局,杜绝盲目扩大面积和盲目引种、扩种现象。

按照适当、相对集中连片、规模发展的原则,推广以龙头企业带动为主的发展模式,实行定向投入、定向服务、定向收购的订单生产方式,保障种植户的收益,加快良种推广,实行统一选种、统一配置生产资料、统一田间管理等标准化栽培技术,统一协调产品价格,实现荞麦产业区域化布局、规模化经营、专业化生产。

改变"次地种荞麦,旱地种荞麦"的传统生产习惯,进行精耕细作、科学管理,加强落实配套的高产种植技术,通过示范区的展示(以村为单位,有针对性地集中搞一些生产示范片),使农民了解荞麦的生产潜力,达到增产与增收的良性循环,实现规模效益,区域效应。

农机部门要立足当地,引进、推广荞麦机械化生产的新机具、新技术,提高全程机械化水平,彻底改变传统农业生产模式,发展现代化农业。

3.3 加大政府扶持力度,挖掘荞麦产业潜力

通过政府的积极引导、政策补贴、农业保险等扶持措施,提高农民种植的积极性,将一定规模的农业扶贫资金用于开发、生产基地建设及项目研究。

以各行政村村民委员会为载体,组建农民专业化合作组织,形成合力,引导农民彻底改变粗放的传统耕作方式,进行科学管理,将农民的生产优势变为价格优势,充分发挥荞麦的生产潜力,依靠市场带动荞麦生产,进一步提升产品的优势竞争力。

建立政、产、学、研、推相结合的产业联盟,认清消费者才是最大的推广人员,在通辽周边适合地区加快布点,打造通辽荞麦示范园区。

3.4 加强协作和宣传,提高对荞麦价值的认识

应利用电视、广播、报纸等媒体宣传工具及各级农业推广部门,加强协作和宣传,提高人们对荞麦价值的认可程度,增强人们的保健消费意识。

荞麦作为近代公认的世界性新兴作物,集营养、保健、药用为一体,具有较高的综合开发利用价值,前景也越来越广阔,通过种植荞麦可实现农业增产、农民增收,对于贫困地区脱贫致富,维护民族团结、稳定与发展具有重要意义。

参 考 文 献

[1]邵金良,黎其万,刘宏程,等.云南荞麦开发利用现状及其发展对策[J].粮食科技与经济,2010(3):17-19.

[2]刘荣甫,常庆涛,陈学荣,等.江苏省荞麦产业发展现状及对策[J].现代农业科技,2012(6):389,396.

[3]王欣欣,唐超,彭立强,等.赤峰市荞麦生产现状与发展对策[J].内蒙古农业科技,2011(4):5-6.

[4]张以忠,陈庆富.荞麦研究的现状与展望[J].种子,2004(3):39-42.

[5]盛晋华,张雄杰,陕方.内蒙古自治区荞麦生产开发现状与对策[J].作物杂志,2009(3):1-4.

[6]呼瑞梅,王振国.内蒙古通辽市荞麦发展现状、优势及应用前景[J].杂粮作物,2010(2):156-158.

[7]冯佰利,姚爱华,高金峰,等.中国荞麦优势区域布局与发展研究[J].中国农学通报,2005(3):375-377.

[8]海兰,婷吉思.库伦旗荞麦产业发展研究[J].内蒙古科技与经济,2010(5):72-73.

[9]罗中旺,李凤英,王桂珍.中国苦荞生产开发现状及内蒙古自治区苦荞发展设想[J].内蒙古农业科技,2005(6):17-19.

[10]阎红.荞麦的应用研究及展望[J].食品工业科技,2011(1):363-365.

[11]张玲,高飞虎,高伦江,等.荞麦营养功能及其利用研究进展[J].南方农业,2011(6):74-77.

[12]秦培友.我国主要荞麦品种资源品质评价及加工处理对荞麦成分和活性的影响[D].北京:中国农业科学院,2012.

通荞 2 号高产高效栽培数学模型研究

张春华[1],呼瑞梅[1],黄前晶[1],刘景辉[2],张雪松[1]

(1. 通辽市农业科学研究院,内蒙古 通辽 028015;2. 内蒙古农业大学,呼和浩特 010019)

摘要:采用二次正交旋转组合设计,选择密度、氮、磷、钾肥用量等主要栽培因子为决策变量,产量为目标函数,建立通荞 2 号产量与栽培因素间的数学模型,达 5% 显著水平,密度对荞麦产量影响最大,氮肥,磷、钾肥互作效应对荞麦产量影响最大。经模拟寻优,优化出平均产量为 2 017.45 kg/hm^2 以上的栽培措施组合方案,种植密度为 117.02 ~ 123.25 万株/hm^2,氮(N)施用量为 39.18 ~ 41.54 kg/hm^2,磷(P$_2$O$_5$)施用量为 42.40 ~ 45.32 kg/hm^2,钾(K$_2$O)施用量为 41.95 ~ 44.56kg/hm^2。

关键词:荞麦;数学模型;产量

荞麦属蓼科荞麦属一年生草本植物,已在全世界广泛种植,成为亚洲和欧洲一些国家的一种重要作物,也是我国重要的杂粮作物,其种植投入少,病虫害少,无公害,属低糖、健康食品,是粮食作物中少有的"药食同补"特性的作物,集营养、保健、医药、饲料、蜜源于一身,有"消炎粮食"的美称,被誉为"杂粮之王"。内蒙古自治区是全国荞麦播种面积最大的省区,常年播种面积为 17 万 ~20 万 hm^2,居全国首位。荞麦是通辽地区的优势特色作物,常年种植面积在 6 万 hm^2 以上,产量在 10 万 t/a 左右[1-4]。为充分发挥荞麦在本地区生产中的作用,有必要对其增产潜力和综合栽培技术措施进行系统研究,以确定它们之间的关系,进而为荞麦高产高效栽培提供科学依据。

1 材料与方法

1.1 试验材料

供试品种通荞 2 号,由通辽市农业科学研究院提供,肥料为重过磷酸钙(w(P$_2$O$_5$) ≥ 44%)、硫酸钾(w(K$_2$O) ≥50%)、尿素(w(N) ≥46%)。

1.2 试验方法

试验于 2016 年在通辽市农业科学研究院试验农场进行,白五花土,肥力中等。小区面积为 21.6 m^2,行距为 40 cm。采用 4 因素 5 水平 2 次正交旋转组合设计,选择对通荞 2 号生长发育影响较大的可控栽培因素——密度、氮(N)、磷(P$_2$O$_5$)、钾(K$_2$O)肥施用量作为研究因子,肥料全部用量的 70% 作为底肥,30% 作为追肥。各因素水平与编码见表 1。

表1　各因素水平与编码

因素	水平与编码					
	距离	-2	-1	0	1	2
X_1(密度)/(株·hm^{-2})	22.5万	60万	82.5万	105万	127.5万	150万
X_2(N)/(kg·hm^{-2})	7.5	22.5	30.0	37.5	45.0	52.5
X_2(P$_2$O$_5$)/(kg·hm^{-2})	7.5	30	37.5	45	52.5	60
X_2(K$_2$O)/(kg·hm^{-2})	7.5	30	37.5	45	52.5	60

2　产量结果与分析

2.1　产量回归模型的建立

利用二次正交旋转组合设计,以 X_1、X_2、X_3、X_4 为决策变量,产量(Y)为目标函数。依据小区测产结果,折算产量见表2,得到回归模型为

$Y = 2\ 103.16 + 143.93X_1 + 60.07X_2 - 37.63X_3 - 48.46X_4 - 83.99X_1^2 - 70.17X_2^2 + 37.81X_3^2 -$
$12.21X_4^2 + 27.33X_1X_2 - 59.84X_1X_3 - 69.66X_1X_4 + 62.41X_2X_3 + 65.93X_2X_4 + 80.76X_3X_4$　　(1)

模型(1)中,常数项反映各因子均处在零水平时的产量,即平均效应,回归系数反映因素的交互效应。为了检验回归方程的有效性,对回归方程进行失拟性方差测验和显著性测验[5]。

表2　试验产量结果

处理号	X1	X2	X3	X4	产量/(kg·hm^{-2})
1	1	1	1	1	2 292.15
2	1	1	1	-1	2 313.45
3	1	1	-1	1	2 193.15
4	1	1	-1	-1	2 390.40
5	1	-1	1	1	1 941.90
6	1	-1	1	-1	2 000.85
7	1	-1	-1	1	1 749.75
8	1	-1	-1	-1	2 763.00
9	-1	1	1	1	1 843.35
10	-1	1	1	-1	1 997.85
11	-1	1	-1	1	1 800.15
12	-1	1	-1	-1	1 633.05
13	-1	-1	1	1	1 818.60
14	-1	-1	1	-1	1 671.15

处理号	$X1$	$X2$	$X3$	$X4$	产量/（kg·hm^{-2}）
15	−1	−1	−1	1	1 576.05
16	−1	−1	−1	−1	1 912.20
17	−2	0	0	0	1 713.75
18	2	0	0	0	1 744.80
19	0	−2	0	0	1 681.65
20	0	2	0	0	1 887.45
21	0	0	−2	0	2 407.65
22	0	0	2	0	2 025.30
23	0	0	0	−2	1 940.40
24	0	0	0	2	2 092.35
25	0	0	0	0	2 456.40
26	0	0	0	0	2 008.95
27	0	0	0	0	2 183.10
28	0	0	0	0	1 997.25
29	0	0	0	0	2 371.35
30	0	0	0	0	1 905.90
31	0	0	0	0	2 148.60
32	0	0	0	0	1 891.80
33	0	0	0	0	1 943.55
34	0	0	0	0	2 051.70
35	0	0	0	0	2 175.45
36	0	0	0	0	2 103.90

2.2 失拟性检验及显著性测验

通过检验 $F_1 = 1.976\,2 < F_{0.05} = 2.86$，失拟项不显著，可进一步用统计量 F_2 对二次回归模型进行检验（表3）。

表3 试验结果方差分析

变异来源	平方和	自由度	均方	偏相关	比值 F
X_1	497 188.93	1	497 188.93	0.584 7	10.910 8
X_2	86 598.12	1	86 598.12	0.288 1	1.900 4
X_3	33 986.66	1	33 986.66	−0.185 2	0.745 8
X_4	56 352.20	1	56 352.20	−0.235 8	1.236 6

变异来源	平方和	自由度	均方	偏相关	比值 F
X_1^2	225 733.21	1	225 733.21	−0.436 9	4.953 7
X_2^2	157 563.93	1	157 563.93	−0.376	3.457 7
X_3^2	45 749.35	1	45 749.35	0.213 60	1.004 0
X_4^2	4 773.87	1	4 773.87	−0.070 5	0.104 8
X_1X_2	11 949.22	1	11 949.22	0.111 1	0.262 2
X_1X_3	52 294.41	1	57 294.41	−0.237 7	1.257 3
X_1X_4	77 652.79	1	77 652.79	−0.274	1.704 1
X_2X_3	62 318.88	1	62 318.88	0.247 3	1.367 6
X_2X_4	69 557.47	1	69 557.47	0.260 3	1.526 4
X_3X_4	104 369.38	1	104 369.38	0.313 6	2.290 4
回归	1 491 088.38	14	106 506.31	$F_2 = 2.337\ 3^*$	
剩余	956 939.29	21	45 568.54		
失拟	614 752.84	10	61 475.28	$F_1 = 1.976\ 2$	
误差	342 186.46	11	31 107.86		
总和	2 448 027.67	35			

注：* 表示差异达 5% 显著水平。

经过测验 $F_2 = 2.3373 > F_{0.05} = 2.20$，回归方程达 5% 显著水平，试验数据与所采用的二次回归数学模型基本上是符合的，方程与实际情况拟合较好，可以直接利用模型进一步分析和优化。

2.3 模型的解析

2.3.1 主效应分析

在模型中各因素处理已经过无量纲线性编码，各偏回归系数均已标准化，其绝对值的大小反映了各因子对试验结果影响的大小。从模型(1)一次项回归系数来看各因素对产量影响大小顺序为：密度>氮肥>钾肥>磷肥；从二次项看，密度>氮肥>磷肥>钾肥，说明密度是影响产量的主要因素，其次是氮肥，而磷肥、钾肥也是不可忽视的[6]。

2.3.2 单因素效应分析

采用"降维法"对因子的主效应进一步分析，即固定其中 3 个因素为零水平，便可获得另一个因子与产量关系的数学模型，以考察该因子取不同值时产量的变化规律，另一个因子与产量关系式为

$$Y_1 = 2\ 103.16 + 143.93X_1 - 83.99X_1^2$$
$$Y_2 = 2\ 103.16 + 60.07X_2 - 70.17X_2^2 \tag{2}$$

$$Y_3 = 2\,103.16 - 37.63X_3 + 37.81X_3^2$$
$$Y_4 = 2\,103.16 - 48.46X_4 - 12.21X_4^2$$

将各因素编码值代入(2)函数,求得表4。

表4　单因子效应分析

水平	X_1	X_2	X_3	X_4
-2	1 479.30	1 702.35	2 329.65	2 151.15
-1	1 875.30	1 972.92	2 178.60	2 139.45
0	2 103.16	2 103.16	2 103.16	2 103.16
1	2 163.16	2 093.10	2 103.34	2 042.55
2	2 055.07	1 942.65	2 179.20	1 957.35

图1显示:X_1、X_2 二因素曲线呈开口向下的抛物线,表明因素有极大取值,平方项效应明显;虽然 X_4 抛物线开口向下,但其与 X_3 一样趋于1条直线,且近水平分布,表明磷、钾肥的平方项效应不太显著,对通荞2号的增产效应也不太明显。

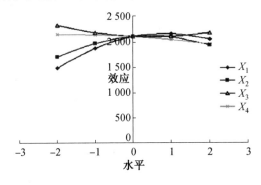

图1　主效应解析图

2.3.3　交互效应分析

经方差分析可知,因素间互作项未达显著水平(表3),但因子间的交互效应对通荞2号产量还是有一定影响,X_1X_2、X_2X_3、X_2X_4、X_3X_4 的回归系数为正,因素间存在正相关,表明在一定范围内增大通荞2号密度,提高氮、磷、钾肥施用量可提高通荞2号产量;X_1X_3、X_1X_4 的回归系数为负,因素间存在负相关,表明密度与磷、钾肥施用量之间有一定的互补作用。互作项效应大小顺序为:磷、钾肥互作效应>密度、钾肥互作效应>氮、钾肥互作效应>氮、磷肥互作效应>密度、磷肥互作效应>密度、氮肥互作效应,磷、钾肥互作效应对荞麦产量影响最大[7]。

2.3.4　最高产量的方案组合

对模型(1)产量数学函数各因素取偏导进行优化,寻求目标函数的极大值,采用DPS数据处理平台对模型寻优[8],在约束范围内(-2,2)目标函数的最大值为3 242.51 kg/hm²,各因素水平为:$X_1=2$,$X_2=-1$,$X_3=-2$,$X_4=-2$,即密度为150万株/hm²,氮肥施用量为30 kg/hm²,磷肥施用量为30 kg/hm²,钾肥施用量为30 kg/hm²。

2.3.5 最佳产量综合农艺措施模拟选优

据回归模型采用频数分布法[9],寻找以抵消耗获得高产次数多、频数较高的最优综合农艺措施,将试验结果输入计算机进行模拟运算[7],经统计分析将产量达 2 017.45 kg/hm² 以上(223 个)各因子水平进行分析。从表 5 可以看出荞麦产量在 2 017.45 kg/hm² 以上的最佳实施方案:种植密度为 117.02 ~ 123.25 万株/hm²,氮肥(N) 施用量为 39.18 ~ 41.54 kg/hm²,磷肥(P_2O_5)施用量为 42.40 ~ 45.32 kg/hm²,钾肥 (K_2O)施用量为 41.95 ~ 44.56 kg/hm²。

表 5 因素取值频率分布及综合农艺措施最优组合方案($Y \geqslant 2\ 017.45$ kg/hm²)

水平	X_1	频率	X_2	频率	X_3	频率	X_4	频率
-2	7	0.031	19	0.085 2	58	0.260 1	49	0.219 7
-1	23	0.103	32	0.143 5	45	0.201 8	53	0.237 7
0	62	0.278	61	0.273 5	38	0.170 4	50	0.224 2
1	75	0.336	67	0.300 4	37	0.165 9	43	0.192 8
2	56	0.251	44	0.197 3	45	0.201 8	28	0.125 6
合计	223	1	223	1	223	1	223	1
加权均数	0.673		0.381		-0.152		-0.223	
标准误	0.071		0.08		0.099		0.089	
95%区间	0.534 ~ 0.811		0.224 ~ 0.538		-0.347 ~ 0.042		-0.407 ~ -0.059	
农艺措施	117.02 ~ 123.25 万株/hm²		39.18 ~ 41.45 kg/hm²		42.40 ~ 45.32 kg/hm²		41.95 ~ 44.56 kg/hm²	

3 讨论与结论

通过二次正交旋转组合设计方法,建立的回归模型达 5% 显著水平。通过主效应分析得到各因素对产量影响最大的因素是密度,其次为氮肥,磷、钾肥对荞麦的增产效应不太明显,但也是不可忽视的,其互作效应对通荞 2 号产量影响最大。

经优化综合农艺措施,荞麦在 2 017.45 kg/hm² 以上产量的最佳实施方案:种植密度为 117.02 ~ 123.25 万株/hm²,氮肥(N)施用量 39.18 ~ 41.54 kg/hm²,磷(P_2O_5)肥施用量为 42.40 ~ 45.32 kg/hm²,钾(K_2O)肥施用量为 41.95 ~ 44.56 kg/hm²。

密度、氮肥、磷肥、钾肥作为高产栽培技术的主要人为控制因子,也是创造高产的基础因子,如果这 4 互作关系不合理,就很难表现出荞麦的产量水平,而且离开这 4 个因子的优化区域,即使再优化其他因子,也很难达到最佳产量,因此,适当密植是夺取高产的重要途径,合理的肥料运筹是取得高产的基础,综合的农艺措施是取得高产的关键。

<h2 style="text-align:center">参 考 文 献</h2>

[1]张春华,呼瑞梅.不同生态类型荞麦品种的适合性评价[J].黑龙江农业科学,2015

(9):14-15.

[2]张春华. 通辽地区绿色荞麦标准化种植技术[J]. 黑龙江农业科学,2015(2):164-165.

[3]张春华. 通辽地区荞麦产业存在的问题及发展对策[J]. 内蒙古农业科技,2014(6):
108-109.

[4]呼瑞梅,王振国. 内蒙古通辽市荞麦发展现状、优势及应用前景[J]. 杂粮作物,2010
(2):156-158.

[5]张春华,文峰,黄前晶,等. 色素万寿菊高产高效栽培模型研究[J]. 内蒙古农业科技,
2009(6):64-65.

[6]丁希泉,郑秀梅. 农业实用回归分析[M]. 长春:吉林科学技术出版社,1989.

[7]毛新华,石高圣,倪松尧. 氮肥、磷肥、钾肥与荞麦产量关系的研究[J]. 上海农业科技,
2004(4):52-53.

[8]唐启义,冯明光. 实用统计分析及其 DPS 数据处理系统[M]. 北京:科学出版社,2002.

[9]周汇. 运用二次正交旋转组合回归设计组建作物栽培学模型[J]. 云南农业科技,1988
(3):23-25.

微生物菌肥对通荞2号生育动态的影响

张春华[1],呼瑞梅[1],胡跃高[2],黄前晶[1],张雪松[1]

(1.通辽市农业科学研究院,内蒙古 通辽 028015;2.中国农业大学,北京 100094)

摘要:以通荞2号为供试品种,进行荞麦微生物菌肥试验。结果表明A5处理下荞麦产量最高,为2 426.25 kg/hm²,各处理间产量差异达显著水平,其中A5与A1、A3之间差异达5%显著水平、与A2之间差异达1%极显著水平。微生物菌肥拌种和喷施可以替代一定数量的氮肥,有效降低株高,增加茎粗、单株粒数、千粒重,提高荞麦籽粒饱满度。对于防止荞麦因氮素施用量过多而出现倒伏或成熟期推迟,造成减产起到一定的作用。

关键词:荞麦;微生物菌肥;生育动态

荞麦是我国重要的小杂粮作物,是通辽地区的优势特色作物,其种植投入少,病虫害少,无公害,属低糖、健康食品,是粮食作物中少有"药食同补"特性的作物。荞麦不仅能给人粮、给畜草、给禽料、给蜜源,还能防病治病强身健体,集营养、保健、医药、饲料、蜜源于一身,有"消炎粮食"的美称,被誉为"杂粮之王"。

荞麦具有丰富的营养品质和较高的治病和保健价值,被视为益寿食物、保健佳品,属"食药两用"的粮食珍品,国际植物遗传资源研究所已将荞麦归为"未被充分利用的作物"之列,专家预言荞麦是21世纪人类重要的健康食物资源,将成为世界性的新兴作物。荞麦在世界贸易中的地位正在提高,已成为全球主要食物和保健食品来源,因此荞麦被誉为21世纪新的优质功能性绿色食品资源[1]。

通辽地区荞麦种植历史悠久,是全国荞麦主产区之一,常年种植面积在600 km²左右,年产量在10万t以上。被誉为"中国荞麦之乡"的库伦旗拥有"原产地证明商标"的"库伦荞麦",以其优良的品质享誉国内外。荞麦主产区地处燕山余脉与科尔沁沙地交汇地带,土壤矿物质含量较高,雨量集中,日照时间较长,是国际上公认的荞麦黄金种植带。随着科研和产业开发的发展,荞麦在农业生产中的地位正在由"救灾补种"作物转变为农民脱贫致富的经济小作物[2]。

微生物菌肥是以优质褐煤、作物秸秆为主要原料,通过科学配比,添加自主研发的生物菌种进行充分发酵,经过多道工序精制而成的广谱性生物肥料,富含具有固氮、解磷、释钾等功能的有效活性菌,能提高化肥、有机肥料利用率,从而提高肥效。

关于微生物菌肥在荞麦上的应用,国内外报道较少。本研究利用3年时间对微生物菌肥对荞麦生育动态的影响进行了探讨,以期为通辽地区荞麦有机生产提供科学依据。

1　材料与方法

1.1　试验材料

荞麦品种为通荞2号,由通辽市农业科学研究院育成。微生物菌肥由北京某生物工程技术有限公司提供。

1.2　试验方法

试验以氮90 kg/hm^{2}为参照,其他处理的用氮量(以纯氮计)为参照的75%、50%、25%、0(表1),每个处理重复3次,小区面积为40 m^2,行距为40 cm,各小区随机排列。氮肥用尿素,各处理60%的尿素随播种一起条施,40%尿素在三叶期随灌溉(或降水)撒施;磷、钾肥用硫酸钾和过磷酸钙,全部基施,保证P$_2$O$_5$施加量为45 kg/hm^2、K$_2$O$_4$施加量为5 kg/hm^2。微生物菌肥用来拌种、喷施,拌种用量为22.5 kg/hm^2,使用方法为将种子润湿,加入肥料拌匀,堆放8~12 h后播种;喷施时间为苗后40 d,用量为15 kg/hm^2,用法为1∶30兑水搅拌,放置2 h后,取上清液喷施。

表1　试验处理

编号	处理 /(kg·hm^{-2})	约合尿素含量 /(kg·hm^{-2})	具体施肥量 /(g·40 m^{-2})	小区尿素施用量/g	
				60%沟施	40%撒施
A1	清水拌种+氮90	清水拌种+192.7	清水拌种+770.8	462	308
A2	菌肥拌种、喷施+氮67.5	菌肥拌种、喷施+144.5	菌肥拌种、喷施+578.0	347	231
A3	菌肥拌种、喷施+氮45	菌肥拌种、喷施+96.4	菌肥拌种、喷施+385.6	231	154
A4	菌肥拌种、喷施+氮22.5	菌肥拌种、喷施+48.2	菌肥拌种、喷施+192.8	116	77
A5	菌肥拌种、喷施+0	菌肥拌种、喷施+0	菌肥拌种、喷施+0	0	0

注:本试验为3年定位试验。

在整个生育进程中调查播种期、出苗期、分枝期、现蕾期、开花期、成熟期、生育期。收获前取样进行田间考种及收获后室内考种,主要进行株高、主茎分枝、主茎节数、茎粗、单株粒数、单株粒重、千粒重等性状测量。小区产量实收实测。

1.3　试验概况

试验于2014—2016年在通辽市农业科学研究院农场进行,试验地土壤为白五花土。每年4月20日机耕,基施30%富过磷酸钙150 kg/hm^2、50%硫酸钾90 kg/hm^2,折合每个小区施用量分别为600 g、360 g。每年6月16日播种,播种深度为4~6 cm,播种量为52.5 kg/hm^2,等行距开沟条播,A1、A2、A3、A4处理每个小区分别施用46%尿素462 g、347 g、231 g、116 g。7月2日A1、A2、A3、A4处理每个小区分别施用46%尿素308 g、

231 g、154 g、77 g,7 月 26 日喷施微生物菌肥。

2 结果与分析

2.1 不同处理对通荞 2 号生育期的影响

由表 2 可知,各处理荞麦 6 月 16 日播种,7 月 21 日出苗,7 月 3—6 日出现分枝,7 月 10—14 日现蕾,7 月 14—19 日开花,9 月 19—22 日成熟,生育期为 95 ~ 98 d。从 3 年平均来看,A1、A2 处理的各物候期较其他处理略迟 1 ~ 2 d。由此可见,在微生物菌肥拌种和喷施的基础上,在施氮量为 0 ~ 90 kg/hm² 范围内,随着施氮量的减少,各处理物候期之间差异不大,但高氮肥会造成荞麦贪青,成熟期延迟。

表 2　不同处理荞麦的物候期

处理	物候期(月-日)						生育期/d
	播种期	出苗期	分枝期	现蕾期	开花期	成熟期	
A1	6.16	7.20–7.21	7.3–7.4	7.10–7.12	7.14–7.18	9.20–9.22	96 ~ 98
A2	6.16	7.21	7.4–7.5	7.13	7.15–7.19	9.21	97
A3	6.16	7.21	7.3–7.4	7.11–7.12	7.15–7.19	9.19–9.21	95 ~ 97
A4	6.16	7.21	7.4	7.13–7.14	7.16–7.19	9.19–9.21	95 ~ 97
A5	6.16	7.21	7.5–7.6	7.13	7.15–7.19	9.20–9.21	96 ~ 97

注:本试验为 3 年定位试验。

2.2 不同处理对通荞 2 号主茎动态的影响

在荞麦生育进程中,在施氮量为 0 ~ 90 kg/hm² 范围内,随着施氮量的递减,荞麦株高呈下降趋势,茎粗呈增大趋势,但各处理之间差异不显著(表 3);在施氮量为 45 ~ 90 kg/hm² 范围内,随着施氮量的递减,荞麦主茎节数呈增加的趋势,当达到 45 kg/hm² 时,主茎节数最多为 18.39,之后随着施氮量的递减呈减少趋势,因此,在施氮量为 0 ~ 90 kg/hm² 范围内,随着施氮量的递减,荞麦主茎节数呈先增加后减少的趋势,但各处理之间差异不显著;可见,在微生物菌肥拌种和喷施的基础上,在一定的施氮量范围内,随着施氮量的减少,可以降低株高、增加茎粗,而主茎节数先增加后减少,对防止荞麦因氮素施用量过多出现倒伏起到一定的作用。

表3　不同处理荞麦的主茎动态

处理	株高/cm	主茎节数/节	茎粗/mm
A1	153.56ᵃ	17.41ᵃ	5.70ᵃ
A2	150.63ᵃ	17.99ᵃ	6.10ᵃ
A3	147.02ᵃ	18.39ᵃ	6.27ᵃ
A4	148.42ᵃ	18.29ᵃ	6.31ᵃ
A5	149.64ᵃ	17.31ᵃ	6.39ᵃ

注:表中数据为3年平均值。数据后的小写字母表示0.05水平差异不显著。

2.3　不同处理对通荞2号主要经济性状的影响

在施氮量为0~90 kg/hm² 范围内,随着施氮量的减少,荞麦单株粒数呈先增后减趋势,单株粒重呈递减趋势,但各处理之间的单株粒数、单株粒重差异不显著;而随着施氮量的递减,千粒重则呈增加趋势,处理间差异达1%极显著,A1与A5、A3、A4比差异达1%极显著,A1与A2比差异达5%显著,其他处理间比较差异不显著(表4)。可见,在微生物菌肥拌种和喷施的基础上,在一定范围内,随着施氮量的减少,微生物菌肥拌种、喷施可以有效增加单株粒重、提高籽粒饱满度。

表4　不同处理荞麦的经济性状

处理	单株粒数/个	单株粒重/g	千粒重/g
A1	201.36ᵃ	4.17ᵃ	26.52ᴮᵇ
A2	210.16ᵃ	3.98ᵃ	27.64ᴬᴮᵃ
A3	210.99ᵃ	4.07ᵃ	27.92ᴬᵃ
A4	170.06ᵃ	3.87ᵃ	27.89ᴬᵃ
A5	170.64ᵃ	3.81ᵃ	28.36ᴬᵃ

注:表中数据为3年平均数,数据后的不同大小写字母分别表示0.05、0.01水平上差异显著。

2.4　不同处理对通荞2号产量的影响

表5表明,A5处理下荞麦产量最高,为2 426.25 kg/hm²,其次为A4处理(2 199.41 kg/hm²)。方差分析表明,处理间 F 值(2.952)$>F_{0.05}$(2.78),表明处理间产量差异达显著水平。多重比较可知,A5与A1、A3之间差异达5%显著水平,与A2之间差异达1%极显著水平,其他处理间差异不显著。可见,生物菌肥拌种和喷施能促进荞麦产量的提高,并可以替代40%左右的氮肥。

表5 2014—2016 年小区产量汇总

| 处理 | 小区产量/kg | | | | | | | | | 总平均数 | 产量/(kg·hm⁻²) |
| | 2014 年 | | | 2015 年 | | | 2016 年 | | | | |
	I	II	III	I	II	III	I	II	III		
A1	8.79	7.55	8.02	7.78	8.43	7.63	9.71	9.2	8.03	8.35^{ABb}	2 088.62
A2	9.03	8.32	6.89	8.53	9.5	7.72	7.05	6.47	7.82	7.92^{Bb}	1 981.61
A3	9.88	9.51	8.82	7.46	9.24	6.99	6.85	8.23	8.23	8.36^{ABb}	2 091.14
A4	7.91	6.67	10.77	10.09	9.51	9.85	8.56	7.57	8.23	8.79^{ABab}	2 199.41
A5	9.18	12.43	7.49	10.83	9.35	9.04	10.45	9.58	8.97	9.70^{Aa}	2 426.25

3 讨论与结论

研究表明,A5 处理下通荞 2 号产量最高,为 2 426.25 kg/hm²,各处理间产量差异达显著水平,其中 A5 与 A1、A3 之间差异达 5% 显著水平,与 A2 之间差异达 1% 极显著水平,生物菌肥拌种和喷施能促进通荞 2 号荞麦产量的提高,并可以替代 40% 左右的氮肥。在微生物菌肥拌种和喷施的基础上,在施氮量为 0~90 kg/hm² 范围内,随着施氮量的减少,各处理物候期之间差异不大,但可以降低株高、增加茎粗,增加单株粒数、千粒重,提高籽粒饱满度。这对防止荞麦因氮素施用量过多出现倒伏或成熟期推迟造成减产起到一定的作用。

可以预见,微生物菌肥的示范、推广应用对于通辽地区农业生态环境保护、减少污染、减肥增效、改善土壤、提高作物品质以及荞麦有机生产都有着积极的作用。

参 考 文 献

[1]张春华.通辽地区绿色荞麦标准化种植技术[J].黑龙江农业科学,2015(2):164-165.
[2]张春华.通辽地区荞麦产业存在的问题及发展对策[J].内蒙古农业科技,2014(6):108-109.

甜荞麦良种生产技术规程

张春华，呼瑞梅

（通辽市农业科学研究院，内蒙古 通辽 028015）

甜荞麦也称荞麦，属蓼科一年生异花授粉作物，是我国重要的小杂粮作物，其种植投入少，病虫害少，无公害，属低糖、健康食品，是粮食作物中唯一具有"药食同补"特性的作物，具有丰富的营养品质和较高的治病和保健价值，被视为益寿食物、保健佳品，是集营养、保健、医药、饲料、蜜源于一身，被誉为 21 世纪新的优质功能性绿色食品资源，已成为全球主要食物和保健食品来源，有"消炎粮食"的美称，被誉为"杂粮之王"。

内蒙古自治区通辽地区荞麦种植历史悠久，但始终作为备荒或填闲作物，大多种植在干旱地、坡梁地或坨沼地上，土壤肥力低，严重缺氮少磷。加之生产上应用的高产优质新品种匮乏，农户应用较多的是传统品种、自留种或串换用种，种子来源杂且不规范，产量不清楚，种子质量难以保障，即使是新品种经多年种植也严重退化、混杂，结实率低，降低了产品的产量和质量，严重限制了该地区荞麦产业的发展[1]。

为了充分提振荞麦的生产潜力，提高品种纯度，实现高产、高效。经过多年试验研究，总结出一套科技含量高、操作性简单、实用性强的甜荞麦良种生产技术，本文介绍了甜荞麦良种生产技术，主要包括选地、隔离、整地、播种、施肥、去杂、病虫害防治、适时收获、检验等方面的内容，以期为甜荞麦良种生产提供技术参考。

1 选地与整地

1.1 选地与隔离

选择质地疏松、排灌良好、有机质质量分数在 0.8% 以上的壤土或沙壤土为宜，黏土或碱性偏重的土壤不宜种植。选择前茬为非蓼科作物（如豆类、糜谷类等），忌连作，忌葵花茬、甜菜茬。

良种生产应严格隔离，在周围 10 km 以内不能种植其他荞麦[2]。

1.2 整地与基肥

深翻或深松 20 cm 以上，耙平耱细。结合整地施腐熟有机肥 7 500 ~ 15 000 kg/hm^2，配施过磷酸钙、钙镁磷肥等缓释肥 300 ~ 375 kg/hm^2。

2 适时播种

2.1 品种选择与种子处理

选用通过国家、省或自治区审(认)定的优质、高产、抗逆品种。在播种前 7～10 d,选择晴天晒种 1～2 d。

用 35 ℃温水浸种 15 min,或用 40 ℃温水浸种 10 min,有提高种子发芽力的作用。再用微量元素(如钼酸铵 0.005%、高锰酸钾 0.1%、硼砂 0.03% 或硫酸镁 0.05% 等)浸种 30 min,捞出后晒干,可杀灭种子表面的病菌,增强抗性,促进荞麦幼苗的生长,提高产量。也可选用专用的种衣剂进行包衣,或用种子质量的 0.3%～0.5% 辛硫磷或乐斯本进行拌种,拌种后,堆放 3～4 h 再摊开晾干,也可以随播种时施入毒饵,预防地下害虫。

2.2 播种

2.2.1 播种时间

适时早播,通辽地区一般在 6 月上、中旬播种较为适宜。

2.2.2 播种方法

机械或畜力人工播种,采用条播,行距为 40～45 cm。

2.2.3 播种量与播种深度

播种量为 30.0～37.5 kg/hm²,保苗 75 万株/hm² 左右。播种深度为 4～6 cm,覆土 2～3 cm。

2.2.4 种肥

施磷酸二铵($w(N)=18\%$、$w(P_2O_5)=46\%$)约 75 kg/hm²,硫酸钾($w(K_2O)=50\%$)172.5 kg/hm²。

3 田间管理

3.1 中耕除草

当幼苗长至 6～7 cm 时,进行第 1 次中耕除草、间苗,封垄前再中耕除草一次。

3.2 灌溉

有灌溉条件的,开花灌浆期如遇干旱及时灌水。

3.3 追肥

封垄前结合中耕追施尿素(N46)120 kg/hm²。也可在开花结实期,用尿素15 kg/hm²或磷酸二氢钾45 kg/hm²,兑水45~50 kg/hm²,于午后叶面喷施。

3.4 田间去杂

在苗期、花期、成熟期要根据品种典型性严格拔除杂株、劣株、病株,异常株全部拔除,并就地及时掩埋,每个时期拉网式去杂2~3次。收获前依据植株高低、穗形、落粒性等再严格去杂1次。

3.5 辅助授粉

开花2~3 d内每2 000 m² 安放1箱蜜蜂[3],也可在盛花期采用人工辅助授粉,每隔2~3 d授粉1次,连续授粉2~3次。于09:00—11:00、14:00—16:00时,用长20~25 m的绳子,系一狭窄的麻布条,由两个人各执一端,沿地的两边从一头走到另一头,往复2次,行走时让麻布条接触甜荞麦的花部,振动植株。

3.6 病虫害防控

3.6.1 主要病虫害

通辽地区甜荞麦病虫害较少,但个别地区也有不同程度的发生,主要病害有轮纹病、褐斑病、立枯病、灰霉病、斑枯病等,主要虫害有蚜虫、蝼蛄、蛴螬等。

3.6.2 防控原则

遵循"预防为主,综合防治"的植保方针,坚持以"农业防治、物理防治、生物防治为主,化学防治为辅助"的绿色防控原则。

3.6.3 农业防治

选用优质、高产、抗病虫品种,播前进行种子消毒,增施腐熟有机肥,合理密植,保持田园清洁,创造适宜的生长发育条件。

3.6.4 生物防治

选用浏阳霉素、阿司米星、农抗120、多抗霉素等生物药剂防控真菌性病害。选用印楝素、苦参碱、烟碱等植物源药剂,生物药剂阿维菌素防控蚜虫。

3.6.5 化学防治

优先用生物制剂或高效、低毒、低残留、与环境相容性好的农药。不同农药应交替使用,任何一种化学农药在一个栽培期内只能使用一次。

①轮纹病、褐斑病、立枯病、斑枯病:用70%甲基硫菌灵500~600倍液,或50%多菌灵500倍液,或25%嘧菌酯1 500~2 000倍液,或25%溴菌腈1 000~1 500倍液,或64%恶霜灵·锰锌600~800倍液防治[4]。

②灰霉病:用25%嘧霉胺1 500~2 000倍液,或50%腐霉利1 000~1 500倍液,或25%嘧菌酯1 500~2 000倍液防治。

③蚜虫:用3%啶虫脒1 500~2 000倍液,或10%吡虫啉3 000倍液,或1.8%阿维菌素乳油1 500~2 000倍液药剂防治。

④蝼蛄、蛴螬:用5%阿维·辛硫磷或15%乐斯本颗粒剂用量22.5~30.0 kg/hm²,随播种施于田间。

4 收获、晾晒、贮放

4.1 收获

收获前将晒场、机器内部清理干净,不得留有荞麦和杂草种子,避免机械混杂。确保包装物品避免污染,禁止使用化肥、农药及其他有毒有害有污染的包装物品。收获标准:当全株籽粒75%~80%呈现本品种固有颜色时及时收获,早晨或雨后收获为佳。

4.2 晾晒

及时晾晒种子,使含水量降至13.5%以下,晾晒过程中防止机械和人为混杂。

4.3 包装、贮藏

种子精选后装袋,袋内外各附标签,标明品种名称、产地、生产日期及编号,入库贮藏。仓库要干净、整洁、防鼠、防虫、防雨、防潮,按品种、生产批次分区或分库存放,严防混杂。

5 种子检验

检验方法执行《农作物种子检验规程》(GB/T 3543.1—1995)规定。种子纯度、发芽率、净度等执行 DB1505/T022—2014(通辽市农业地方标准)规定:纯度≥92.0%、净度≥98.0%、发芽率≥88.0%、水分≤13.5%,并在标签中标注。

参 考 文 献

[1]张春华.通辽地区绿色荞麦标准化种植技术[J].黑龙江农业科学,2015(2):164-166.

[2]植保所黏虫组,小作物所荞麦组.荞麦花粉昆虫与风力传播距离的测定及昆虫传粉与产量的关系[J].内蒙古农业科技,1986(1):21-23.

[3]逯彦果,刘长仲,缪正瀛,等.蜜蜂为荞麦授粉的效果研究[J].中国蜂业,2008(12):33-34.

[4]卢文洁,王莉花,周洪友,等.荞麦立枯病的发病规律与综合防治措施[J].江苏农业科学,2013(8):138-139.

燕麦草复种荞麦栽培技术及效益分析

张桂华,张春华,黄前晶,呼瑞梅

(通辽市农牧科学研究所,内蒙古 通辽 028015)

摘要:从选地、播种、田间管理、收获等方面对燕麦草复种荞麦栽培技术进行分析,以期为燕麦草复种荞麦生产提供参考。2018—2020 年在内蒙古通辽市农牧科学研究所农场、扎鲁特旗小黑山、库伦旗库伦镇白庙子村等地进行试验。结果显示:3 个示范点中燕麦草平均生育期为 68.3 d,荞麦平均生育期为 77.7 d,燕麦干草最高产量为 16 662.00 kg/hm²,复种荞麦最高产籽粒为 2 254.80 kg/hm²,平均经济效益达到31 351.99 元/hm²。

关键词:燕麦草;荞麦;复种;效益

燕麦是一种较好的耐瘠薄作物,生育期短,适合在内蒙古通辽市南部丘陵和北部山区的荞麦种植区进行套种,其籽粒营养价值高,秸秆也是畜牧业的优良饲料,可作为畜牧业的高蛋白饲料的补充。荞麦是集食用、药用、保健等功能于一身的重要食物资源,是内蒙古自治区重要的杂粮作物。随着食品加工业的发展,荞麦已加工成面、糊、酒、醋等产品,市场对原料的需求呈上升趋势。

燕麦草复种荞麦有利于生态脆弱区生态治理与经济发展,内蒙古通辽市生态环境脆弱,地方经济发展较落后,发展燕麦草茬复种荞麦的栽培技术可有效提高单产水平,增加农民收入,对当地调整种植业结构、改善生态环境具有重要意义。

1　品种选择

选择生育期适合的优良品种,可以提高单位面积产量,改善农产品品质。本研究选用国家或内蒙古自治区审(认)定或登记的优质、高产、抗性强、适宜当地种植的燕麦草品种有白燕 2 号、蒙燕 1 号等,生育期在 70 d 左右;荞麦品种如通荞 1 号、通荞 2 号等通荞系列品种,生育期在 80 d 左右。

2　选地整地

燕麦对土壤要求不严格,在山坡地、砂坨地、肥力较贫瘠的地区均可生长。燕麦忌重茬连作,否则病虫害加重,会造成减产。选好地后,要深翻旋耕土壤,起到保水保肥的作用。人工清除小灌木、大石块等杂物,将地块清理干净,深翻或深松 20 cm 以上,耙平耱细。第一茬收获后,及时将地块清理干净,保持田间清洁,便于第二茬播种,第一茬燕麦草收获和第二茬荞麦播种间隔时间尽量控制在 1 周之内。

3 栽培技术

3.1 燕麦草栽培技术

3.1.1 种子处理

选用新鲜、成熟度一致、饱满的籽粒,播种前 3~5 d 选无风晴天把种子摊开在干燥向阳处晒 2~3 d;为减少地下害虫,可用拌种霜拌种,用量为 150 g/50 kg 种子;为防治燕麦草穗部病害,播前用种子质量的 0.2%~0.3% 的多菌灵或甲基托布津拌种。

3.1.2 播种

播种方法主要有条播、撒播、点播等,应根据当地实际情况确定播种方法。适时早播,在 3 月下旬至 4 月上旬播种,用 2BF-9 或 2BF-11 或 2BF-13 等种肥分层播种机条播,行距为 20~25 cm。播种量应遵循"肥地减量,瘦地加量"的原则,播种量为 150~225 kg/hm²,播种深度为 3~4 cm。在种植过程中施用纯氮 60 kg/hm²、纯磷 22.5~45 kg/hm²、纯钾 75~150 kg/hm²。

3.1.3 田间管理

一般在整个生育期需要中耕除草 2 次,第一次中耕除草在燕麦长到 10 cm 时进行,第二次中耕除草在拔节前期进行。有灌溉条件的地区,在燕麦分蘖期、抽穗期、开花期、灌浆期各灌水 1 次。在分蘖期或拔节期施入纯氮 80~100 kg/hm²,孕穗期施入纯磷150 kg/hm²。

3.1.4 病虫害防治

(1)病害防治。

燕麦草常见病害主要有黑穗病、红叶病、秆锈病等,对燕麦草危害较大,不仅造成减产,而且还影响燕麦草的品质。

①燕麦秆锈病的防治。病发时用 25% 三唑酮可湿性粉剂 75 g/hm² 兑水 375 kg 喷雾,或用 20% 萎锈灵乳油 1 500~2 000 倍液喷雾,或用 70% 甲基托布津等 500 倍液喷雾防治。

②燕麦黑穗病的防治。农业防治主要是利用抗病品种、合理安排作物茬口。化学防治主要用 50% 福美双按种子质量的 0.4% 拌种,或用 25% 萎锈灵按种子质量的 0.4% 拌种,或用 50% 甲基托布津 500 倍液在燕麦灌浆期喷雾防治。

③燕麦红叶病的防治。用 40% 乐果乳油 2 500 倍液,或用 50% 抗蚜威可湿性粉剂 150 g 兑水 900 kg/hm² 喷雾,或用 25% 多菌灵或 50% 甲基托布津等 500 倍液喷雾防治。

(2)虫害防治。

燕麦草常见虫害有蚜虫、黏虫、草地螟、蛴螬、蓟马等。

①蚜虫防治。燕麦进入孕穗期和抽穗期是蚜虫发生期,可用 800 倍乐果乳剂或 1 000~1 500 倍 12% 甲维·虫螨腈进行喷雾防治。

②黏虫防治。三龄期以前是黏虫防治的关键时期,喷施黏虫粉 60 kg/hm² 或 1 000 倍 12% 甲维·虫螨腈进行喷雾防治。

③草地螟防治。秋季可进行深耕翻耙,破坏草地螟的越冬环境,增加越冬草地螟的死亡率。在害虫发生初期,用 40% 氯虫·噻虫嗪水分散粒剂 225 g/hm² 兑水 375 kg 喷雾防治。

④蛴螬、蓟马防治。用 30% 氯虫·噻虫嗪悬浮剂按照种子质量的 0.5% 的比例进行拌种,可有效杀灭蛴螬、蓟马。

3.1.5 收获

在 6 月下旬,燕麦乳熟期及时收割,并在短时间内收割完毕,晾晒、打捆或进行半干青贮。干草含水量控制在 13% 左右,贮藏温度控制在 15 ℃ 以下。

3.2 复种荞麦栽培技术

3.2.1 种子处理

选用新鲜、成熟度一致、饱满的籽粒在播前选无风晴天晒种 1~2 d。播种前进行药剂拌种预防地下害虫和叶斑类病害,100 kg 种子用 20% 噻虫胺悬浮剂 480 g 兑水 2 000 mL,同时用 6% 戊唑醇悬浮剂 30~45 mL 混合拌种,拌种后堆放 3~4 h 再摊开晾干即可。

3.2.2 播种

在 6 月下旬至 7 月上旬进行播种,采用机械条播,行距为 40~45 cm,播种量为 37.5 kg/hm²,播种深度为 4~6 cm。播种前施入底肥纯磷 30 kg/hm²、纯钾 45~60 kg/hm²。

3.2.3 田间管理

荞麦是耐旱作物,整个生育期正常降雨能满足其水分需要,有灌溉条件的地区,在开花至灌浆期如遇干旱,灌水 1~2 次。当幼苗长至 6~7 cm 时和封垄前进行 2 次中耕除草,结合中耕在封垄前施纯氮 37.5~45 kg/hm²。

甜荞麦是异化授粉作物,为提高结实率,在甜荞麦开花 2~3 d 内安放蜜蜂(足箱 10 筐)5~7 箱/hm²,也可在盛花期采用人工辅助授粉,每隔 2~3 d 授粉 1 次,连续授粉 2~3 次。

3.2.4 病虫害防治

(1)病害防治。

发生在荞麦叶片上的病害主要是真菌病害,包括荞麦黑斑病、荞麦轮纹病、荞麦叶斑病、荞麦斑枯病、荞麦霜霉病等,可以用生物防控和化学防控防治。

荞麦轮纹病是荞麦叶片和茎秆上的主要病害。在播种前选用种子质量 0.4% 的 40% 五氯硝基苯粉剂进行拌种,或 80% 代森锰锌可湿性粉剂 500 ~ 800 倍液、36% 甲基硫菌灵(甲基托布津)悬浮剂 600 倍液喷防。

荞麦立枯病是苗期荞麦的主要病害,常造成烂种、烂芽,缺苗断垄。可用 95% 噁霉灵水剂 3 500 倍液、20% 甲基立枯磷乳油 800 ~ 1 000 倍液、25% 嘧菌酯(阿米西达)悬浮剂 1 500 倍液进行防治,每隔 7 d 喷 1 次,连续喷施 2 ~ 3 次。

荞麦褐斑病发生在荞麦叶片上,可在播种前用种子质量 0.3% 的 40% 福美双·拌种灵可湿性粉剂进行拌种,或在发病时用 70% 甲基硫菌灵悬浮剂 800 倍液、64% 噁霜·锰锌可湿性粉剂 400 倍液喷雾进行防治,隔 7 d 喷 1 次,连喷 2 ~ 3 次。

荞麦霜霉病主要发生在荞麦叶片上,可在播种前用种子量 0.5% 的 70% 敌克松粉剂进行拌种,或在发病初期用 75% 百菌清可湿性粉剂 750 倍液或 25% 甲霜灵可湿性粉剂 850 倍液喷雾进行防治。

(2)虫害防治。

荞麦主要虫害有双斑萤叶甲、蚜虫、盲蝽、西伯利亚龟象等。

①双斑萤叶甲防治:用 4.5% 高效氯氰菊酯乳油 2 500 倍液喷雾防治。

②蚜虫、盲蝽防治:可用 5% 吡虫啉乳油 2 500 倍液喷雾防治。

③西伯利亚龟象防治:西伯利亚龟象常造成缺苗断垄甚至毁种,幼虫蛀茎引起荞麦根腐病发生,造成减产甚至绝收。播种后至出苗前可使用 8% 丁硫啶虫脒 450 mL/hm² 兑水 450 kg 喷雾防治。当西伯利亚龟象虫口密度 20 头/百株时,用 10% 虫螨腈悬浮剂 1 000 倍液喷雾防治。

3.2.5 收获荞麦

收获可人工收获也可机械收获,选择晴天湿度大的上午或者小雨过后收获,这样可以减少荞麦落粒损失。一般荞麦收获在 9 月下旬,当全田植株籽粒 75% ~ 80% 呈现本品种固有颜色时及时收获。

4 经济效益

4.1 2016—2018 年在通辽市农牧科学研究所试验的产量及农艺性状

燕麦草茬复种荞麦试验结果表明:第一茬燕麦鲜草平均产量为 69 513.60 kg/hm²,燕麦干草平均产量为 17 378.40 kg/hm²,第二茬复种荞麦平均产籽粒为 1 658.70 kg/hm²。第一茬燕麦草农艺性状株高、分蘖数、穗长、小穗数、单株粒数、单株粒重、千粒重分别为 112.08 cm、3.20 个、20.93 cm、23.68 个、165.10 个、3.85 g、23.09 g。第二茬复种荞麦农艺性状株高、主茎分枝数、主茎节数、单株粒数、单株粒重、千粒重分别为 86.9 cm、6 个、15 个、230 粒、8.5 g、36.9 g。第一茬燕麦草生育期为 70 d,第二茬复种荞麦生育期需要 80 d。

4.2　2018—2020 年燕麦草茬复种荞麦示范区产量及经济效益

2018—2020 年分别在通辽市农牧科学研究所农场、扎鲁特旗小黑山、库伦旗库伦镇白庙子村等地示范试验,各示范点测产结果及经济效益表明:通辽市农牧科学研究所农场第一茬燕麦鲜草平均产量为 66 648.00 kg/hm²,燕麦干草平均产量为 16 662.00 kg/hm²,第二茬复种荞麦平均产籽粒为 1 632.00 kg/hm²,经济效益为 30 337.80 元/hm²;扎鲁特旗小黑山第一茬燕麦鲜草平均产量为 61 595.33 kg/hm²,燕麦干草平均产量为 15 023.25 kg/hm²,第二茬复种荞麦平均产籽粒为 1 884.75 kg/hm²,经济效益为 29 674.05 元/hm²;库伦旗库伦镇白庙子村第一茬燕麦鲜草平均产量为 63 587.16 kg/hm²,燕麦干草平均产量为 15 139.80 kg/hm²,第二茬复种荞麦平均产籽粒为 2 254.80 kg/hm²,经济效益为 34 044.12 元/hm²。农牧研究所第一茬燕麦草生育期为 70 d,第二茬复种荞麦生育期需要 80 d。扎鲁特旗小黑山(第一茬)燕麦草生育期为 68 d,第二茬复种荞麦生育期为 78 d。库伦旗第一茬燕麦草生育期为 67 d,第二茬复种荞麦生育期为 75 d。

5　小结

本文从品种选择、选地、整地、播种、田间管理、病虫害防治到收获系统地介绍了燕麦草复种荞麦的栽培技术。燕麦草和荞麦都是耐瘠薄作物,需要的水肥量少,抗病抗逆性强,在内蒙古通辽市南部丘陵和北部山区复种能提高土地利用率,提高农民经济效益。

燕麦双种双收栽培技术研究

黄前晶,胡瑞梅,张春华,李卓然

(通辽市农业科学研究院,内蒙古 通辽 028015)

摘要:对燕麦双种双收栽培技术进行了试验研究,结果表明:扎旗燕麦双种双收试验亩纯效益为899.6元,农业科学院双种双收燕麦试验亩纯效益为1 909.1元,农业科学院一季燕麦+复种荞麦亩纯效益为1 576.9元,农业科学院一季燕麦+复种玉米亩纯效益为2 073.7元。以上几种燕麦双种双收栽培技术其经济效益均达到了此次试验的目的,对于通辽地区特别是半农半牧地区有一定的推广价值。

关键词:燕麦;双种双收;栽培技术;产量

1 引言

探讨在本地生态环境下,燕麦双季(粮食、饲草)种植、双季收获技术,对于合理利用土地资源、提高土地利用率[1]、缓解草场压力、调节农牧业产业结构[2]、改善人们膳食结构、农牧业可持续发展都具有重要意义。

2 试验设计及方法

2.1 试验地概况及试验材料

农业科学研究院(农科院)试验农场试验:土质为白五花土,地势平坦,前茬为玉米,肥力中等的水浇地。扎鲁特旗小黑山试验:前茬作物为玉米,肥力中等的山坡地旱地。

供试品种:燕麦品种(白燕2号)由白城农业科学院提供,玉米品种(京科516)和荞麦品种(通甜2号)由通辽市农业科学院提供。

供试肥料:富隆惨混复合肥(含N18%、$P_2O_5$18%、K_2O 18%),复合肥(含N 25%、$P_2O_5$13%、K_2O7%)。

2.2 试验设计与田间管理

(1)农业科学院试验农场进行试验。

第一茬春播燕麦主要以收获种子为主,于4月5日采用人工划沟点播,平均垄距为30 cm,亩用种量为12.5 kg,亩保苗41万株左右,亩施富隆惨混复合肥12.5 kg作为底肥,4月22日出苗,5月17日浇水一次,7月19日燕麦成熟收获。第二茬复种荞麦、玉米饲草、燕麦饲草。于 7 月 20 日采用大犁开沟人工点播复种燕麦、荞麦、玉米。燕麦亩用种量为 12.5 kg,平均垅距为 33 cm,亩保苗 41 万株左右。燕麦 7 月 25 出齐苗,10 月 8 日收获。荞麦亩用种量为 2.5 kg,平均垅距为 43 cm,亩保苗 12.5 万株左右,7 月 23 日苗齐,10 月 8 日收获。玉米饲草亩用种量为 1.75 kg,平均垅距为 50 cm、株距为 12 ~ 15 cm,亩保苗 6 000 株左右,7 月 26 苗齐,10 月 8 日收获。在收获结束前,每个小区取 10 株进行田间考种,其他田间管理同大田生产。由于春播燕麦生长的前期气温较低,日照偏少,燕麦生长发育受抑制,生长缓慢,虽然基本能满足燕麦第一茬的生长需要,却导致燕麦成熟期延长 7 d 左右,从而影响了第二茬作物产量进一步提高。

(2)扎鲁特旗小黑山试验。

第一茬春播燕麦主要以收获青草为主,平均垅距为 33 cm,亩用种量为 12.5 kg,亩保苗 41 万株左右,亩施复合肥 12.5 kg 作为底肥,于 4 月 5 日采用大犁开沟人工点播,4 月 22 日出苗,5 月 17 日浇水一次,7 月 15 日燕麦收获。第二茬复种燕麦以收获青草为主,于 7 月 16 日采用大犁开沟人工点播,燕麦亩用种量为 12.5 kg,亩保苗 41 万株左右,平均垅距为 37.5 cm,亩施富隆掺混复合肥 12.5 kg 作为底肥,燕麦 7 月 20 苗齐,10 月 8 日收获。其他管理同大田生产。

2.3 调查方法

燕麦收获籽粒随机选取具有代表性的 3 个样点,每个样点取 10 株。

测定项目包括株高、分蘖数(个)、穗长(cm)、小穗数(个)、单株粒数(个)、单株粒重(g)、千粒重(g)。燕麦及玉米饲草以收获青草的取 3 个样点,每个样点取 5 m²,测定每平方米株数,鲜重(kg),晾干后称其干重(kg),并计算亩产鲜干草的产量及经济效益。复种荞麦随机选取具有代表性的 3 个样点,每个样点取 5 m²,测定每平方米株数,每个样点取 5 株测定:株高(cm)、主茎分枝数(个)单株粒数(个)、粒重(g)/m²、千粒重(g)。

3 结果与分析

燕麦双种双收试验结果见表 1。扎旗燕麦二季平均亩产干草 827.08 kg。农业科学院燕麦(第一茬)平均产籽粒 210.11 kg/亩、(第二茬)平均产燕麦干草 617.64 kg/亩,复种荞麦平均亩产籽粒 86.71 kg,复种饲草玉米平均亩产干草 1 420.71 kg。从上面产量结果可以看出,农业科学院一茬燕麦平均亩产干草的量,仅比扎旗燕麦两茬亩产量少 200 kg 左右。

表 1 燕麦双种双收产量分析

处理区	鲜重 /(kg·m⁻²)	干重(干草或种子) /(kg·m⁻²)	鲜干比	折合亩 产鲜草/kg	平均亩 产干草或种子/kg
扎旗燕麦(第一茬)	2.03	0.58	4	1 354.01	386.86
扎旗燕麦(第二茬)	2.13	0.66	3.23	1 420.71	440.22
农业科学院燕麦(第一茬)	0	0.32	0	0	210.105
复种燕麦(第二茬)	3.07	0.93	3.31	2 047.69	617.642
农业科学院复种荞麦	0	0.13	0	0	86.71
农业科学院复种玉米	6.19	2.13	2.9	4 128.73	1 420.71

农业科学院试验(第一茬)燕麦农艺性状株高、分蘖数、穗长、小穗数、单株粒数、单株粒重、千粒重分别为 112.1 cm、3.20 个、20.93 cm、23.68 个、165.1 个、3.85 g、23.09 g。复种荞麦株高、分枝数、粒重 g/m²、千粒重、株数(株/m²)、亩产量,分别为 104.5 cm、3 个、130.24 g、29.6 g、187 株、86.87 kg。

扎旗燕麦试验(第一茬)从播种到收获生育期为 68 d、第二茬为 86 d。农业科学院试验燕麦(第一茬)为 105 d、第二茬为 80 d,复种荞麦为 80 d,复种玉米需要 80 d。

4 经济效益分析

按照大田播种实际,燕麦双种双收亩生产投入情况为:扎旗燕麦两季试验投入为 341 元/亩,大于农业科学院两季燕麦投入(278 元/亩)。

经济效益分析表明(表 2):扎旗燕麦双种双收试验亩产值为 1 240.6 元、亩纯效益为 899.6 元;农业科学院双种双收燕麦试验亩产值为 2 187.1 元、亩纯效益为 1 909.1 元。农业科学院一季燕麦+复种荞麦亩产值为 1 780.9 元、亩纯效益为 1 576.9 元,农业科学院一季燕麦+复种玉米亩产值为 2 297.7 元、亩纯效益为 2 073.7 元。以上几种燕麦双种双收栽培技术其经济效益均达到了本次试验的目的,但其中以燕麦籽粒+复种玉米双种双收亩效益、亩纯效益最高,以收获燕麦种子和燕麦草为目的第二高。上述几种燕麦双种双收栽培方式均达到了双赢的效果,对于通辽地区特别是半农半牧地区有一定的推广价值。

表 2 燕麦双种双收经济效益分表

处理区	前期投入费 /(元·亩⁻¹)	干草或种子产量 /(元·亩⁻¹)	干草或种子价格 /(元·t⁻¹)	经济效益 /(元·亩⁻¹)	双种双收效益 /(元·亩⁻¹)	双种双收纯效益 /(元·亩⁻¹)
扎旗燕麦(第一茬)	183	386.86	1 500	580.3	1 240.6	899.6
扎旗燕麦(第二茬)	158	440.22	1 500	660.3		
农业科学院燕麦(第一茬)	149	210.105	6 000	1 260.6	2 187.1	1 909.1
农业科学院燕麦(第二茬)	129	617.642	1 500	926.5		
农业科学院复种荞麦	55	86.71	6 000	520.3	1 780.9	1 576.9
农业科学院玉米复种	75	1 420.71	730	1 037.1	2 297.7	2 073.7

5　小结

燕麦双种双收平均纯效益可达 899.6～2 073.7 元/亩,是农牧民的福音。

通过对两个试验地点的复种燕麦、复种荞麦、复种玉米进行对比分析表明:复种玉米的亩效益和亩增收效益都是最高的,其次是复种燕麦,再次是复种荞麦。

由于 7 月份底大雨夹大风,使燕麦倒折率 15% 以上,荞麦倒折率 85% 以上,产量受到一定影响。如果选用抗倒伏品种,产量可进一步提高。

燕麦双种双收模式的优点是极大地利用了土地资源,有效地调节了种植结构。

参 考 文 献

[1]曲建东.我国套作栽培技术应用分析[J].中国农资,2013(20):56-59.

[2]王永强.棉花-色素万寿菊双丰收高效套种技术[J].河北农业科学,2013(3):18-19.

[3]付立东,王宇,李旭,等.滨海盐碱地区燕麦栽培技术研究[J].干旱地区农业研究,2011,29(6):63-67,73.

[4]任生兰,刘彦明,边芳.燕麦栽培技术[J].现代农业科技,2010(1):88.

[5]申青岭.优质燕麦栽培技术[J].青海农林科技,2005(2):72-73.

[6]徐长林.高寒牧区燕麦丰产栽培措施的研究[J].草业科学,2003(3):21-24.

[7]刘秉信,祁翠兰.燕麦栽培技术的研究[J].中国草地,1993(5):40-43.

[8]陆家宝,刘欣,李青云,等.燕麦栽培技术措施的研究[J].青海畜牧兽医杂志,1990(5):1-3.

第四部分
杂豆类

通辽市红小豆产业发展现状及对策

刘晓芳[1]，王文迪[1]，查干哈斯[1]，郭方亮[1*]，周　祎[1]，罗车力木格[1]，苏日娜[1]，张智勇[1*]

（通辽市农牧科学研究所生物技术工程与资环研究中心，内蒙古 通辽 028015）

摘要：随着通辽市鼓励杂粮杂豆种植，红小豆的种植面积也逐渐加大，增大了在杂粮种植面积的比例，文章旨在通过通辽市红小豆产业发展的基础解决当前农业所面临的主要问题，通过政策和技术手段发展红小豆产业，将红小豆种植逐渐发展成为通辽市杂粮种植业的支柱型农作物，为发展通辽市"三农"及促进东北振兴贡献力量。

关键词：通辽；红小豆；产业现状

杂豆在内蒙古自治区具有悠久的种植历史和独特的地区优势，以生育期短、播种期长、耐寒、耐旱、耐痔、耐高温、抗风沙、补茬换茬性好、适应性广的特性深受农民欢迎，近年全区播种面积达 104 万 hm^2，占粮食作物总播种面积的 24%，达占全区粮食总产的 10% 左右，是全国杂豆的三大产区之一，全区杂豆种植面积仅次于云南省，在全国排第二位。2002 年内蒙古自治区红小豆播种面积为 2.95 万 hm^2，占全国红小豆的 10%，产量为 2.9 万 t，占全国的 7.6%，仅次于黑龙江省排在全国第二位。呼伦贝尔市岭东南地区、通辽市、赤峰市丘陵区和乌兰察布市阴山丘陵区是内蒙古自治区三大杂豆集中产区[1]。内蒙古自治区虽然是杂粮杂豆生产大区，但由于过去的科研基础薄弱，成果积累较少，杂粮杂豆种植、加工技术水平相对滞后。红小豆是我国北方旱作区主要杂粮作物之一[2]，通辽地区种植红小豆历史悠久，常年种植面积约几十万亩，尤其通辽市各个旗县常年种植，所生产的红小豆因品质优良而闻名，籽粒饱满均匀、有光泽、蛋白含量、淀粉含量较高，主要出口国外。

1　红小豆产业发展面临的主要问题

1.1　通辽市红小豆种植面积和总产量变化

如图 1 所示，2012—2021 年通辽市红小豆种植面积变化总体分为 3 个阶段。第一阶段是 2012—2015 年，红小豆种植面积呈上升趋势，且在 2015 年种植面积达到峰值；第二阶段是 2015—2020 年，这 6 年间红小豆种植面积呈下降趋势，在 2020 年种植面积为 10 年来最低，较 2015 年减少 73.55%；第三阶段是 2020—2021 年，在这个阶段红小豆种植面积恢复上涨趋势，但涨幅较小。2021 年种植面积仅占 2015 年种植面积的 35.83%，仍存在较大差距。

通辽市红小豆 2012—2021 年总产量变化总体分为 4 个阶段。第一阶段是 2012—2014 年，在这个阶段红小豆总产量呈下降趋势，其中 2012 年红小豆总产量为 10 年间最

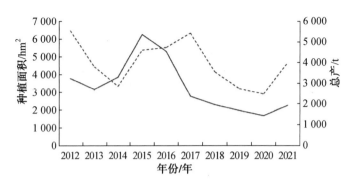

图1 通辽市 2012—2021 年红小豆种植面积、总产变化趋势

高;第二阶段是 2014—2017 年,在这个阶段红小豆总产量呈上升趋势,并在 2017 年达到 5 412 t,仅比 2012 年少 2.19%;第三阶段是 2017—2020 年,这个阶段红小豆总产量降低,在 2020 年达到 10 年间最低,为 2 468 t,与 2012 年相比减产 55.39%;第四阶段是 2020—2021 年,红小豆总产量恢复增长,比 2020 年增产 61.63%。

1.2 通辽市红小豆单产变化

如图 2 所示,通辽市红小豆 2012—2021 年单产变化总体分为 4 个阶段。第一阶段是 2012—2015 年,在这个阶段红小豆单产逐年降低,且在 2015 年红小豆单产为 10 年间最低,为 736 kg/hm²;第二阶段是 2015—2017 年,在这个阶段红小豆单产上升,在 2017 年达到 10 年间最高单产水平,为 1 972 kg/hm²,与 2015 年相比提高 166.46%;第三阶段是 2017—2019 年,这个阶段红小豆单产呈下降趋势;第四阶段是 2019—2021 年,这个阶段红小豆单产恢复增长,其中 2021 年单产为 1 786 kg/hm²,与 2017 年相比减少 9.43%。

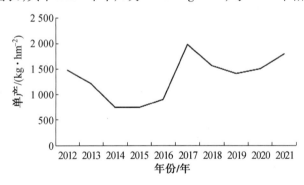

图2 通辽市 2012—2021 年红小豆单产变化趋势

1.3　通辽市红小豆种植历史及现状

通辽地区种植红小豆历史悠久,据《内蒙古种植业科技大事记》《内蒙古文史资料》等史料记载,在西辽河平原、嫩江西岸平原和广大丘陵地区,盛产高粱、糜谷、绿豆、红小豆、薯类等粮食作物。据通辽史料记载,建镇 1913 年到 1926 年,通辽市已形成了大宗的粮食(玉米、高粱、黄豆、杂粮、杂豆)、粮食商品、肉牛、骡马交易的集散地,且交易量相当可观。1935 年仅科尔沁左翼中旗红小豆种植面积已达到 780 亩。

科尔沁红小豆主要种植优质品种(大粒优质):津红 820039 垦引一号、京农 5 号等。播种面积约 15 万亩,每亩产量为 190 kg。科尔沁红小豆颗粒大、均匀、饱满、籽粒鲜红色有光泽、皮薄、出沙率高、易煮性好,口感好,粗淀粉、粗蛋白高,毒素含量低。主要营养指标等于或高于国家标准。"科尔沁红小豆"营养丰富,是一种高蛋白、低脂肪、多营养功能的小杂粮。"科尔沁红小豆"被誉为草原"红珍珠",既是调剂人民生活的营养佳品,又是食品、饮料加工业的重要原料之一。

2　通辽市红小豆产业发展存在的问题

2.1　缺乏市场引导,种植面积逐年降低

通辽市地处松辽平原西端,南部和北部高,中部低平,呈马鞍形。地形可划为 3 个区:北部为大兴安岭南麓余脉的石质山地丘陵,占全市总面积的 22.8%,海拔 400～1 300 m;中部为西辽河流域沙质冲积平原,占全市总面积的 70.70%,耕地面积为 2 200 万亩,其中玉米高产高收入,播种面积逐年扩大,占总耕地 70% 以上,导致杂粮杂豆种植面积被压缩,并且逐年减少,红小豆产量较低价格波动受到市场影响较大,连年耕作加重病虫害的发生,为农户带来的实际生产效益降低,打击了农户种植的积极性。较小的播种面积及不能长期连作都导致难以形成规模化种植,严重制约了红小豆的产业发展。

2.2　缺乏优良的种质资源,种植技术落后

农民有句谚语:"良种是个宝,还要种得好"[3]。大部地区杂粮杂豆属于农户自发小片种植,形成规模化、产业化生产的较少,使得杂粮杂豆生产缺乏统一技术指导、统一种植模式、影响了产品标准化生产,产品的品质和产量难以保证。红小豆在通辽市的种植历史悠久,但对于高产优质的种质资源却较为匮乏,市面主要以传统农家种植为主,缺少优良品种的购买渠道。近年来随着国家对杂粮杂豆产业发展的重视,红小豆也推陈出新更新种质资源,但农民在实际生产中不了解品种特性,未将红小豆的高产栽培技术在实际生产中加以应用,也因为种植地块及种植条件和技术的落后,严重制约了红小豆的产业发展。

2.3 销售渠道狭窄,深加工水平低

通辽市红小豆虽然种植历史悠久,但缺乏红小豆的工业生产,基本未形成标准的产业体系,红小豆生产还停留在初级生产阶段。红小豆产品主要以原粮销售为主,缺少农村合作社和种植大户的参与。而红小豆的深加工几乎看不见,市场也没有红小豆深加工的产品,这也使得红小豆的实际生产受到了各方面的压制和制约,通辽市红小豆的种植缺少市场核心竞争力。

3 通辽市红小豆产业发展建议

3.1 解读政策鼓励种植,提高农户种植积极性

食用豆产业过去长期不受重视,政策支持少,缺少战略定位和科学规划,即使出口创汇已达到了相当规模,仍因为食用豆产业发展是非主要作物而遭受冷落和漠视。每年的统计面积远低于实际面积,没有保护价格、没有项目驱动、没有任何补贴和优惠,没有完整的产业链[4]。2015年关于"镰刀湾"地域玉米结构调整的指导意见出台后,明确了该地区是典型的旱作农业区和畜牧业发展优势区,生态环境脆弱,玉米产量低而不稳。内蒙古自治区的杂粮杂豆应是内蒙古自治区在产业结构调整中重要的特殊产业[5]。红小豆作为通辽市农牧交错带优势作物,可以对当地不合理的种植结构进行调整,同时红小豆种植历史悠久,发展起来相对容易。鼓励跨行业跨地区及外资、社会闲资投资本地食用豆产业,重奖对产业发展做出突出贡献的企业和人员[6]。合理利用当地科研机构的技术资源联合当地的农村合作社和种植大户,对积极种植的农民进行培训和技术指导,申请地区及省部级项目发展当地红小豆种植,从根本上解决农民种植的积极性和红小豆产量低、不耐连作的实际问题,合理利用资源发展红小豆产业。

3.2 加强红小豆优质种质资源库的创新、保存

品种混杂退化严重,单产较低,由于杂粮杂豆作物品种选育研究滞后,更新速度缓慢,产业化程度不高,导致品种多乱杂,缺乏抗逆性强、产量高、品质优良的品种和加工专用品种。杂粮杂豆良种繁育体系尚未建立,繁种供种受到制约,新品种的生产用种得不到示范推广。收集目前稀缺的红小豆农家种及市场流通的红小豆种质资源,初步建立红小豆种质资源库,在更新和创制资源的同时,保护好当地的传统资源,通过改良、杂交等手段选育适宜当地的红小豆新品种,并且选育特异性红小豆资源,比如高抗(抗病、抗旱、抗虫)、高蛋白、高淀粉、极早熟等红小豆品种。繁育并筛选出一批适宜通辽地区种植条件的高产、高效、优质、适宜机械化生产的红小豆新品种,实现通辽地区红小豆轻简化栽培,最终建立长期稳定的种质资源收集利用工作体系、工作机制,为通辽市红小豆产业发展奠定基础。

3.3　培育龙头企业，提高红豆深加工水平

杂粮产业开发资金不足、人才短缺。尽管目前我国建立了部分专项资金，但由于研究起步晚、不够深入，能够直接推广应用的技术和模式短缺，不能满足杂粮杂豆生产和产业发展的需求，产品深加工技术滞后。目前内蒙古自治区现有的红小豆深加工产品技术及配套设备相对落后，难以按标准进行标准化生产，制约了产品档次的提升。首先以市场需求为导向，鼓励各类经济主体以绿色、有机、高质量为发展方向，大力扶持发展潜力高、带动效果显著的龙头企业，以龙头企业引领绿豆产业转型升级，构建种植、加工、销售为一体的产业链，构建生产规模化、经营集约化、管理现代化的高质量产销体系，加速通辽市绿豆产业集群建设，有力提高绿豆产业链整体竞争力；二是加强产学研协作，引导科研院所人才与绿豆加工企业对接，开展科技攻关，研究解决绿豆深加工领域产业化关键技术；三是企业通过引进先进生产设备、聘请专业技术人员等方式逐步淘汰老化设备，对原有生产设备进行换代升级以提高绿豆深加工水平；四是企业要充分利用"互联网+"，发挥地理标志资源优势，拓展绿豆销售新渠道，通过直播、淘宝等线上销售加线下快递配送等方式，打通红豆线上、线下销售壁垒，逐步实现运用品牌效益向市场要效益。另外，要大力推广杂粮杂豆标准化生产和高产栽培技术，通过培育一大批新型职业农民，建立产品追溯系统，以电商平台为介，扩大市场覆盖面和产品知名度[7]。

参 考 文 献

[1]王贵平,孟德.发展内蒙古杂粮产业的思考[J].内蒙古农业科技,2004(S1):1-5.

[2]包宝君,路海玲,肖华.吸湿－回干处理对红小豆种子活力的影响[J].内蒙古民族大学学报,2009(24):387-402.

[3]闫任沛,孙东显,苏允华,等.呼伦贝尔市食用豆产业发展现状及对策[J].农业工程技术,2017(8):9-10.

[4]于占斌,宁朝辉,鲍海洋.浅谈赤峰市小杂粮生产优势及发展对策[J].内蒙古农业科技,2010(1):84-85.

[5]王会才,魏云山,陈琪.内蒙古杂粮杂豆的分布与生产现状及其发展对策[J].华北农学报,2007,22(专辑):152-154.

[6]宫慧慧,孟庆华.山东省食用豆类产业现状及发展对策[J].山东农业科学,2014,46(9):134-137.

[7]李鹏飞,丛明琦,张嘉玮.阿鲁科尔沁旗杂粮杂豆特色产业发展概况[J].基层农技推广,2021(5):83-85.

通辽市绿豆产业发展现状、
存在问题及发展建议

王文迪[1],周景忠[1],刘晓芳[1],周　祎[1],罗车力木格[1],苏日娜[1],于静辉,战海云[2],郭方亮[1*]

(1.通辽市农牧科学研究所,内蒙古 通辽 028000;

2.通辽市农业技术推广中心,内蒙古 通辽 028000)

摘要:文章在分析通辽市绿豆产业发展现状的基础上,讨论了当前通辽市绿豆产业发展所面临的问题,并提出了通辽市绿豆产业发展建议,主要包括完善支持政策,提高农户种植积极性;加强科技创新,新品种选育及推广;培育龙头企业,提高绿豆深加工水平,为促进通辽市绿豆产业发展提供参考。

绿豆(*Vigna radiata*(Linn.)Wilczek),原产于我国,已有两千多年的栽培历史。21世纪初随着绿豆改良品种的推广利用,我国绿豆产业有了迅猛的发展,2002 年绿豆年种植面积达 97.06 万 hm^2,总产量约为 119 万 $t^{[1]}$。2003—2012 年我国绿豆种植面积和产量逐年下降,至 2013 年开始,绿豆种植面积和产量呈现恢复性增长趋势[2]。根据国家统计局统计数据,2018 年,我国绿豆种植面积为 48.51 万 hm^2,总产量为 68.11 万 t,单产为 1 404.08 kg/hm^2。我国绿豆区主要分布在内蒙古自治区、吉林省、山西省和河南省等地区[3]。内蒙古自治区绿豆优势产区在赤峰市、通辽市和兴安盟。通辽市地处松辽平原西端、科尔沁草原腹地,属中温带、干旱和半干旱、大陆性季风气候,气候条件为雨热同期,有利于绿豆生长及物质转化和积累。

1　通辽市绿豆产业现状

1.1　通辽市绿豆种植面积和总产量变化

通辽市作为内蒙古自治区绿豆优势产区,绿豆种植历史悠久,同时绿豆也是通辽地区主要种植食用豆之一。如图 1 所示,2012—2021 年通辽绿豆种植面积和总产量总体呈降-升-降趋势。在 2012—2014 年间,绿豆种植面积和总产量出现明显下降趋势。2014—2017 年种植面积和总产量开始升高,总产量在 2017 年达到最高,为 6.054 万 t,较2014 年总产量提高 5.33 倍。2017—2021 年,绿豆种植面积和总产量虽呈现小幅度增长,但总体仍呈下降趋势,其中种植面积在 2020 年达到 2015—2021 年的峰点,为2.997 万 hm^2,与 2014 年相比增长 54.75%。

1.2　通辽市绿豆单产变化

如图 2 所示,2012—2021 年通辽市绿豆单产分为 3 个阶段,第一阶段为 2012—2015

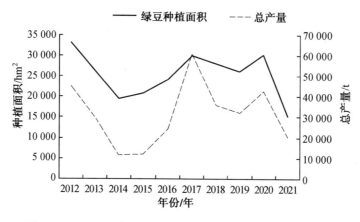

图1　2012～2021年通辽市绿豆种植面积和总产量变化趋势

年,在这个阶段绿豆单产大幅度下降,2015年比2012年单产减少58.66%;第二阶段为2015—2017年,通辽市绿豆单产在这个阶段呈升高趋势,绿豆单产从2015年的568 kg/hm^{2}增长到2017年的2 033 kg/hm^2,并达到十年间绿豆单产峰值;第三阶段为2017—2021年,在这个阶段绿豆单产总体呈下降趋势,2018—2021年绿豆单产波动幅度较小,其中2021年绿豆单产为1 311 kg/hm^2,与2012年相比降低5.33%。

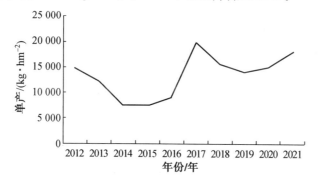

图2　2012—2021年通辽市绿豆单产变化趋势

1.3　通辽市绿豆主要种植区域

通辽市绿豆种植区主要集中在扎鲁特旗。扎鲁特旗位于通辽市西北部,属中温带大陆性季风气候,一年四季分明,日照时间长。目前,扎鲁特旗绿豆种植面积每年达2.5万～3万 hm^2,平均单产为80 kg,总产量稳定在5万 t 以上。扎鲁特旗不仅是通辽市重要的粮食主产区,还是全国著名的"杂豆之乡",2019年12月,扎鲁特绿豆被正式纳入"全国名特优新农产品名录"。特殊的自然环境和气候条件,使扎鲁特绿豆在绿豆家族中独树一帜,每100 g 中含蛋白质23.8 g,脂肪0.8 g,还有钙、铁、胡萝卜素、维生素 B$_1$、维生素 B$_2$、尼克酸等,具有清热、解毒、消暑、利尿等特殊功能,饱受市场欢迎,如今畅销韩国、日本和东南亚等诸多国家和地区。

1.4 通辽市绿豆研究与企业发展现状

近些年,国家和自治区不断调整农业种植结构,倡导因地制宜发展特色优势作物,通辽市着重扶持扎鲁特旗绿豆产业发展。企业方面,2022年,扎鲁特旗引进塞外粮源农产品生产加工企业,保障杂粮杂豆生产加工企业扩大生产,提高产品产量和加工转化能力。但是具备龙头带动能力的企业很少,通辽地区绿豆企业发展还处于起步阶段。科研方面,通辽市主要科研单位共2个,分别为通辽市农牧科学研究所和内蒙古民族大学农学院。通辽市农牧科学研究所在没有稳定项目支持下,已经收集了一批绿豆种质资源,同时依据现有种质资源进行相关栽培试验,为通辽市绿豆种质资源保护及综合利用奠定基础;内蒙古民族大学农学院依托教学优势为通辽市绿豆育种和栽培技术研究培育专业人才,助推通辽市绿豆产业发展。

2 通辽市绿豆产业发展存在的问题

2.1 缺乏市场引导,农户种植积极性低

"豆贱伤农",由于和种植主粮作物所获得的经济效益差距大,且受绿豆市场价格不稳定等因素影响,绿豆种植仍处于散户种植状态,规模化和组织化程度较低,对自然灾害和市场价格波动的应变能力弱。同时由于多年连作绿豆,病虫害发生率升高,绿豆产量降低,为农户带来的实际生产效益降低,由此严重打击农户绿豆种植积极性。直至目前多数地区农户仍将绿豆视作次要选择种植作物,或作搭配作物进行种植,难以形成规模化种植。

2.2 优质品种缺乏,种植技术落后

通辽地区绿豆种植历史悠久,但高产优质绿豆种质资源极度匮乏,新品种推广率低,多数农户种植绿豆仍以传统农家种为主。绿豆新品种科研投入少,对新品种的研发、试验和推广较慢,没有新品种的推陈出新,造成了绿豆优质品种少,单产水平低等问题,且因种植绿豆所得实际经济效益低,农户种植绿豆多选在地理条件差,水利设施落后的地块种植,而种植技术仍以传统的广种薄收粗放式经营为主,对制定的绿豆高产栽培技术规程无法在实际生产中加以应用。优质品种缺乏、种植条件差和种植技术落后等多种因素结合,严重制约着通辽地区绿豆产业发展。

2.3 销售渠道狭窄,深加工水平低

调研发现,农户绿豆销售除少部分种植订单外,多出售给小商贩,且均以原粮出售,不具备加工绿豆次级产品的能力。在通辽地区绿豆产品主要以绿豆糕、绿豆沙、绿豆饼等初

加工产品为主,且加工多以小作坊,小企业为主,绿豆加工能力不足,缺少对绿豆进行深加工的龙头企业。绿豆加工技术低,加工设备落后,使得通辽地区绿豆缺少市场核心竞争力。

3 通辽市绿豆产业发展建议

3.1 完善支持政策,提高农户种植积极性

扎鲁特旗作为通辽地区绿豆优势产区,应发挥主产区优势,进行种植业结构调整,立足当地自然条件,发挥扎鲁特绿豆特色作物优势,实现绿豆种植科学、生态和可持续发展,发展绿豆产业成为扎鲁特旗支柱产业之一。具体措施如下:一是利用绿豆名特优的市场竞争优势,将绿豆种植户组织起来,建立绿豆种植经济合作社,既提高绿豆种植规模化水平,又提高种植户对市场价格波动的抵御能力,促进绿豆产业化发展;二是加强对种植户的学习培训,通过培训班、观摩会等方式,通过专业技术人员讲解,提高种植户对绿豆相关政策及先进栽培技术的认识,提高种植积极性。

3.2 加强科技创新,选育、推广绿豆新品种

目前来看,由于在中高产田种植绿豆和种植大宗粮食作物所获得的实际生产效益差距过大,绿豆不具备竞争优势,选育绿豆新品种提高其在低产田竞争力成为未来绿豆研究主要方向。具体措施如下:一是政府要制定相关政策,加强对科研院所、科技企业和高校科研的支持力度,促进绿豆新品种选育、相关配套栽培技术研究及绿豆生产配套机械的研发,三位一体发展,共同助力通辽地区绿豆产业发展。二是搜集通辽地区绿豆农家种,建立绿豆种质资源库,做好种质资源评价和鉴定工作。选育并繁育出一批适宜通辽地区种植条件的高产、高效、优质、适宜机械化生产的绿豆新品种,实现通辽地区绿豆轻简化栽培,最终建立长期稳定的种质资源收集利用工作体系、工作机制,为通辽市绿豆产业发展奠定基础。

3.3 培育龙头企业,提高绿豆深加工水平

一是以市场需求为导向,鼓励各类经济主体以绿色、有机、高质量为发展方向,大力扶持发展潜力高、带动效果显著的龙头企业,以龙头企业引领绿豆产业转型升级,构建种植、加工、销售为一体的产业链,构建生产规模化、经营集约化、管理现代化的高质量产销体系,加速通辽市绿豆产业集群建设,有力提高绿豆产业链整体竞争力。二是加强产学研协作,引导科研院所人才与绿豆加工企业对接,开展科技攻关,研究解决绿豆深加工领域产业化关键技术。三是企业通过引进先进生产设备、聘请专业技术人员等方式逐步淘汰老化设备,对原有生产设备进行换代升级以提高绿豆深加工水平。四是企业要充分利用"互联网+",发挥地理标志资源优势,拓展绿豆销售新渠道[4]。通过直播、淘宝等线上销

售加线下快递配送等方式,打通绿豆线上、线下销售壁垒,逐步实现运用品牌效益向市场要效益。

参 考 文 献

[1]田静,程须珍,范保杰,等.我国绿豆品种现状及发展趋势[J].作物杂志,2021(6):15-21.

[2]韩昕儒,宋莉莉.我国绿豆、小豆生产特征及产业发展趋势[J].中国农业科技导报,2019,21(8):1-10.

[3]刘勇,叶鹏盛,韦树谷,等.中国绿豆生产现状[J].四川农业科技,2022,423(12):89-93.

[4]彭宣和.鄂西北绿豆产业现状、存在的问题与发展对策[J].湖北农业科学,2017,56(12):2209-2211.

2002—2021 年内蒙古自治区大豆主要性状变化分析及综合评价

余忠浩[1]，周　伟[1]，李志刚[1]，李资文[1]，贾娟霞[2]，周亚星[1]*

（1. 内蒙古民族大学农学院，内蒙古 通辽 028000；
2. 通辽市农牧科学研究所，内蒙古 通辽 028000）

摘要：综合分析内蒙古自治区大豆品种农艺性状与品质性状，旨在为内蒙古自治区品种选育中亲本选择及筛选优良品种提供理论参考。运用相关性分析、主成分分析、TOPSIS 分析和聚类分析等方法对内蒙古自治区 109 份大豆品种 6 个性状指标进行综合分析。结果表明，6 个性状的遗传多样性指数为 2.596 4 ~ 2.869 2，变异系数为 6.79% ~ 20.1%，其中蛋白质含量变异系数最低，遗传性最为稳定。通过主成分分析选出 3 个主成分，累计遗传贡献率为 79.98%，并构建优良品种评价方程 $S = 0.48S_1 + 0.31S_2 + 0.21S_3$。运用主成分分析和 TOPSIS 分析选出 7 个综合排名靠前的品种，可在新品种选育中作为优良亲本使用。通过聚类分析将 109 份大豆品种分为 5 类，其中第 I 类综合性状最好，可作为内蒙古自治区的优良大豆品种，第 V 类仅有"登科 2 号"具有极短的生育期，可在无霜期短的地区进行推广或者参与极早熟品种的选育。内蒙古自治区大豆品种类型繁杂多样，大豆育种水平也在逐年提高，但是高品质大豆品种匮乏，还需着重关注大豆高油、高蛋白育种，并且选育亲本大多来源于黑龙江省和吉林省，而本地品种并没有得到有效开发和利用，这也是限制内蒙古自治区大豆育种进一步提高的关键因素。

关键词：大豆；主成分分析；TOPSIS 分析；聚类分析；评价

大豆是我国主要经济作物之一，也是人类重要油脂和蛋白质来源。我国是大豆原产国，但是近年来国内大豆偏低的自给率与迅猛增长的国内大豆消费需求之间的矛盾日益突出，我国已成为世界最大的大豆进口国[1]。持续的大豆进口导致国内农业经济将长期面临国际动荡环境的威胁，农业"卡脖子"问题亟待解决[2-3]。提高大豆产量是目前需要解决的首要问题，由于耕地有限，国内大豆种植面积一直很难有所突破。提高大豆单产是增加国内大豆产量的关键，而品种改良则是增加大豆单产最有效的途径之一[4]。对大豆品种进行综合评价可为筛选优良品种提供参考，了解现有大豆品种遗传丰富程度，还可以通过将品种按照相应特性划分成多个群体，在进行品种选育时有目标地进行亲本选育。目前，对作物进行综合分析从而筛选特异种质的方法已在多个作物上应用[5-8]。也有许多学者对大豆农艺与品质性状间的相关性分析进行研究。代希茜等[9]通过对云南省 451 份夏大豆种质资源的 11 个重要表型性状进行研究，构建了大豆种质综合评价数学模型，为定向选择有重要价值亲本提供了理论依据。徐俊泽等[10]对 303 份黄淮海地区大豆种质进行多样性分析，筛选出多个综合性状好、可作为黄淮海地区选育亲本的大豆种质资源。李灿东等[11]对黑龙江省 28 个大豆主栽品种进行主成分分析及回归方程分析，发现主茎节数对黑龙江省大豆产量的影响呈正相关，单株荚数是影响大豆产量的关键因子。

刘歆等[12]分析了江汉平原的 64 个大豆品系 10 个农艺性状,归纳出产量因子、株高因子、粒重因子和品质因子 4 个主成分因子,遗传贡献率达 80.067%,并筛选出主茎节数、有效分枝数、单株荚数和单株粒数比较高的高产大豆品系。

优良的种质资源是提高一个地区大豆品质和实现大豆高产的重要基础,内蒙古自治区作为春大豆主产区,每年审定品种数量较多,但是对其现有大豆品种进行综合分析的研究还较少。笔者利用内蒙古自治区审定通过的 109 个大豆品种,运用相关性分析、主成分分析、聚类分析、TOPSIS 等分析方法对其进行综合评价,以期为内蒙古自治区品种选育及品种创新提供理论依据。

1 材料与方法

1.1 数据来源

数据来源于内蒙古自治区大豆审定公告。经整理分析后选取 109 个审定品种产量、株高、生育期、百粒重、蛋白质含量、脂肪含量 6 个性状指标。

1.2 数据处理

使用 Excel 2019 进行数据处理,使用 DPS 进行数据的相关性分析、主成分分析、聚类分析、TOPSIS 分析,使用 Origin 软件进行图片制作。

1.3 综合评价分析

1.3.1 遗传多样性指数

根据各性状的平均值(X)和标准差(σ)划分性状的等级,按照式(1)将各性状的数值进行分级,并将各农艺性状从第 1 级 $[X_i<(X-2\sigma)]$ 到第 10 级 $[X_i>(X+2\sigma)]$ 划分为 10 级,每 0.5σ 为 1 级,根据每一级的品种数量与总品种数的比值得到相对频率,每一级的相对频率用于计算多样性指数[13]。参试材料各性状的遗传多样性指数(H')[14]计算如式(2)所示。

$$r=X\pm k\sigma, \quad k=0,0.5,1,1.5,2 \tag{1}$$
$$H'=-\sum P_i\ln P_i \tag{2}$$

式中,r 为分级的参照值;P_i 为某一性状第 i 个级别出现的频率。

1.3.2 主成分分析

使用模糊隶属函数法对 109 个品种的 6 个性状指标进行标准化处理,使其定义在 $[0,1]$ 之间,计算如式(3)所示。

$$U_{ij} = \frac{X_{ij} - X_{j\min}}{X_{j\max} - X_{j\min}} \tag{3}$$

式中,U_{ij} 为隶属函数值;X_{ij} 为品种 i 在指标 j 的测定值;$X_{j\max}$ 与 $X_{j\min}$ 为试验材料指标的最大值和最小值[15]。

将标准化的数值使用 DPS 进行主成分分析,算出各主成分因子得分,将各指标带入得出各主成分得分,用贡献率求得各主成分权重,最终得出每份品种的综合得分。

2 结果与分析

2.1 描述性统计分析

2.1.1 遗传多样性分析

作物品种的遗传多样性是作物遗传改良的基础。育种工作者通过对优异品种资源的挖掘,针对性地选择具有优良性状的亲本,进而培育出整合 2 个亲本优点的后代品种[16-17]。由表 1 可以看出,109 个大豆品种各农艺性状的遗传多样性指数在 2.596 4 ~ 2.869 2 之间,平均为 2.740 3,说明各性状间具有丰富的多样性。产量的变异系数为 20.10%,在 6 个农艺性状中最大,其次为株高和百粒重,变异系数最小的是蛋白质含量,仅为 6.79%。说明供试品种的产量、株高和百粒重的变异程度较大,具有较大的品种改良潜力,而蛋白质含量变异系数最小,在供试品种间差异不大,遗传较为稳定。总体来看各品种间变异系数较大,遗传多样性指数也高,具有丰富的遗传多样性。

表 1　大豆各农艺性状表型分析

项目	生育期 /d	蛋白质含量 /%	脂肪含量 /%	产量 /(kg·hm⁻²)	株高 /cm	百粒重 /g
均值	111.64	39.70	21.49	2 404.20	80.36ᶜ	19.65
最大值	126.50	46.22	39.20	3 531.00	130.00ᶜ	35.00
最小值	85.00	22.46	17.19	1 513.50	37.50ᶜ	15.00
变异系数/%	7.01	6.79	10.82	20.10	16.04	12.23
变异幅度	41.50	23.76	22.01	2 017.50	92.50	20.00
标准偏差	7.83	2.69	2.33	483.30	12.89	2.40
遗传多样性指数(H')	2.650 9	2.704 4	2.957 8	2.596 4	2.662 9	2.869 2

2.1.2 相关性分析

由表 2 可以看出,各性状间有不同程度的相关性,以极显著关系居多。生育期与产量、株高和脂肪含量呈正相关关系,并且都为极显著相关,与蛋白质和百粒重呈极显著负相关。产量除与蛋白质呈负相关外,与其他指标都呈正相关关系,表明在生产过程中大豆产量会受到其他性状的影响,培育高产大豆品种时需要综合多方面因素进行考量。株高与脂肪含量和百粒重为负相关关系,与其他性状都为正相关。蛋白质含量与脂肪含量呈极显著负相关,且与百粒重呈正相关。脂肪含量仅与生育期和产量为正相关关系,与其他性状均为负相关关系。蛋白质含量和脂肪含量作为大豆 2 个重要的品质性状,两者之间的负相关性也说明了同一大豆品种中两者共同提升的难度很大,蛋脂双高大豆品种选育还没有较大的突破,应根据实际的生产需求着重培育高蛋白大豆品种和高油大豆品种。

表 2　109 份大豆品种各性状的相关性分析

指标	生育期	蛋白质含量	脂肪含量	产量	株高	百粒重
生育期	1					
蛋白质含量	-0.282 5**	1				
脂肪含量	0.281 9**	-0.784 9**	1			
产量	0.550 9**	-0.146 7	0.240 1*	1		
株高	0.480 8**	0.001 7	-0.044 4	0.302 0**	1	
百粒重	-0.301 5**	0.199 0*	-0.136 0	0.015 5	-0.179 4	1

注:*和**分别表示在 $P<0.05$ 和 $P<0.01$ 水平下显著和极显著差异。

2.1.3　品质性状改变趋势

通过统计每年审定大豆品种的蛋白质与脂肪含量(质量分数)可以得到,内蒙古自治区审定大豆品种蛋白质含量在逐年上升,增长幅度不是很大(图 1),而基于蛋白质含量与脂肪含量所呈现的负相关关系,脂肪含量在逐年下降,表明两者共同提升的难度很大。这就需要在改良大豆品质时着重改良其某个单独的品质性状,通过选育多类型的大豆品种(高油大豆、高蛋白大豆等)来满足人们的日常需要。

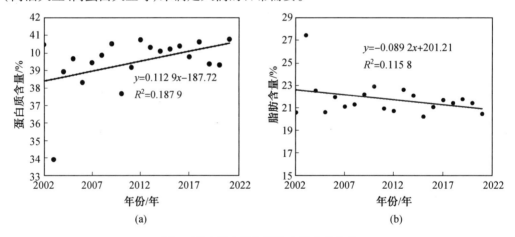

图 1　蛋白质含量与脂肪含量变化趋势

2.2　主成分分析与 TOPSIS 分析

2.2.1　主成分分析

主成分分析是能将复杂的多个指标转化为简洁的少量综合性指标的分析方法。所得的指标即保持原有信息又彼此独立[18]。对 109 个大豆品种的 6 个性状进行主成分分析,根据特征值大于1的原则选取前3个主成分,累计贡献率为79.98%(表3)。在第1主成分中,荷载量大且数值为正值的是生育期因子和脂肪含量因子,贡献率为38.15%。第2主成分荷载量大且为正值的是蛋白质含量因子和株高因子,贡献率为25.13%。第3主成分中荷载量大为正值的是百粒重因子,贡献率为16.7%,与大豆的产量性状有关,说明在大豆高产品种选育时要优先考虑百粒重大的品种作为亲本。

表3　农艺性状与品质性状的主成分分析

性状	PC1	PC2	PC3
生育期	0.52	0.32	−0.01
蛋白质含量	−0.46	0.50	0.09
脂肪含量	0.47	−0.51	0.08
产量	0.43	0.28	0.33
株高	0.29	0.54	0.05
百粒重	−0.16	−0.13	0.94
特征值	2.289 1	1.508 0	1.001 5
累计贡献率/%	38.15	63.28	79.98
贡献率权重	0.48	0.31	0.21

将109个大豆品种的各项性状带入主成分因子得分中,算出各品种的主成分得分。第1、2、3主成分得分如式(4)~(6),$X_1 \sim X_6$分别代表生育期、蛋白质含量、脂肪含量、产量、株高、百粒重。

$$S_1 = 0.52X_1 - 0.46X_2 + 0.47X_3 + 0.43X_4 + 0.29X_5 - 0.16X_6 \tag{4}$$

$$S_2 = 0.32X_1 - 0.50X_2 - 0.51X_3 + 0.28X_4 + 0.54X_5 - 0.13X_6 \tag{5}$$

$$S_3 = -0.01X_1 + 0.09X_2 + 0.08X_3 + 0.33X_4 + 0.05X_5 + 0.94X_6 \tag{6}$$

利用3个主成分贡献率权重创建用于筛选优秀品种的评价指标S,如式(7)所示,S值越高表明该品种的综合性状越好。

$$S = 0.48S_1 + 0.31S_2 + 0.21S_3 \tag{7}$$

通过将各品种综合得分(S)进行排序,排名前10位的品种分别是厚豆1号、蒙科豆4号、蒙科豆10号、蒙科豆5号、蒙科豆6号、蒙科豆12、赤豆一号、蒙科豆1号、黑农72和赤豆5号。

2.2.2 主成分分析与TOPSIS分析排名对比

TOPSIS法是用于有限方案多目标决策分析的一种常用方法,基于归一化后的原始矩阵,找出其最优方案和最劣方案,并通过计算评价对象与两者间的距离获得各评价对象与最优方案的相对接近程度,以此作为评价优劣的依据[19]。各列最大、最小值构成的最优、最劣序列记为$Z^+ = (Z_{\max 1}, Z_{\max 2}, Z_{\max 3}, \cdots, Z_{\max m})$和$Z^- = (Z_{\min 1}, Z_{\min 2}, Z_{\min 3}, \cdots, Z_{\min m})$,第$i$个评价与最优方案、最劣方案的距离计算如式(8)、(9)所示,第i个评价对象与最优方案的相近程度C_i计算如式(9)所示。

$$D_i^+ = \sqrt{\sum_{j=1}^{m} (Z_{\max j} - Z_{ij})^2} \tag{8}$$

$$D_i^- = \sqrt{\sum_{j=1}^{m}(Z_{\min j}-Z_{ij})^2} \qquad (9)$$

$$C_i = \frac{D_i^-}{(D_i^+ + D_i^-)} \qquad (10)$$

通过 TOPSIS 法综合评价分析后,结合 TOPSIS 综合得分(C)对全部品种进行排序,排名前 10 位的品种为蒙科豆 1 号、兴豆 7 号、赤豆 5 号、兴豆 8 号、蒙科豆 5 号、厚豆 1 号、蒙科豆 6 号、龙黄 36、黑农 72 和蒙科豆 10 号。对比 2 种综合评价方法所得的综合排名(表 4)可以发现,所有品种中厚豆 1 号、蒙科豆 10 号、蒙科豆 5 号、蒙科豆 6 号、蒙科豆 1 号、黑农 72 和赤豆 5 号 7 个品种均表现较好,可在内蒙古自治区大豆育种中作为优良亲本进行利用。

表 4　主成分-TOPSIS 对比排名

名次	S 数值	S 品种名	C 数值	C 品种名	名次	S 数值	S 品种名	C 数值	C 品种名
1	0.868 4	厚豆 1 号	0.759 5	蒙科豆 1 号	56	0.520 3	登科 11 号	0.319 4	富中豆 1
2	0.863 9	蒙科豆 4 号	0.755 9	兴豆 7 号	57	0.520 2	登科 8 号	0.312 4	蒙豆 15 号
3	0.862 1	蒙科豆 10 号	0.755 6	赤豆 5 号	58	0.515 5	登科 10 号	0.311 6	黑农 55 号
4	0.856 6	蒙科豆 5 号	0.749 9	兴豆 8 号	59	0.513 6	金杉 5 号	0.308 5	鑫兴 3 号
5	0.843 5	蒙科豆 6 号	0.741 0	蒙科豆 5 号	60	0.506 3	庆鑫 2 号	0.308 2	蒙豆 11 号
6	0.834 2	蒙科豆 12	0.726 9	厚豆 1 号	61	0.501 7	蒙豆 42	0.304 8	札幌绿
7	0.824 2	赤豆一号	0.710 7	蒙科豆 6 号	62	0.492 0	鑫兴 6 号	0.302 7	蒙豆 35 号
8	0.813 3	蒙科豆 1 号	0.707 0	龙黄 36	63	0.491 9	蒙豆 45	0.293 3	蒙豆 9 号
9	0.793 2	黑农 72	0.694 3	黑农 72	64	0.490 4	富中豆 1	0.292 4	蒙豆 34 号
10	0.780 4	赤豆 5 号	0.690 6	蒙科豆 10 号	65	0.487 0	登科 14 号	0.277 6	疆莫豆 1 号
11	0.773 2	赤豆 4 号	0.672 3	蒙科豆 4 号	66	0.482 4	鑫兴 1 号	0.271 2	蒙豆 33 号
12	0.770 1	兴豆 7 号	0.670 3	蒙科豆 12	67	0.481 2	甘豆 2 号	0.266 0	蒙豆 42
13	0.747 6	兴豆 8 号	0.596 3	赤豆三号	68	0.480 8	登科 4 号	0.263 9	鑫兴 6 号
14	0.746 7	赤豆三号	0.569 5	蒙科豆 3 号	69	0.473 4	登科 13 号	0.263 5	蒙豆 25 号
15	0.741 6	蒙豆 10 号	0.521 4	赤豆 4 号	70	0.463 0	登科 5 号	0.260 6	蒙豆 20 号
16	0.727 4	中作 962	0.513 3	黑农 59	71	0.460 5	登科 6 号	0.259 0	疆莫豆 2 号
17	0.722 6	蒙科豆 2 号	0.508 8	蒙科豆 2 号	72	0.456 6	疆莫豆 1 号	0.250 8	蒙豆 38 号
18	0.720 5	龙黄 36	0.504 3	中作引 1 号	73	0.452 4	蒙豆 14 号	0.248 7	蒙豆 19 号
19	0.710 9	蒙科豆 3 号	0.500 5	顺豆 2 号	74	0.446 7	蒙豆 35 号	0.245 2	甘豆 5 号
20	0.707 9	中作引 1 号	0.488 8	中黄 901	75	0.443 5	蒙豆 20 号	0.227 9	登科 14 号
21	0.664 4	蒙豆 30 号	0.469 6	登科 9 号	76	0.442 3	登科 7 号	0.217 2	鑫兴 1 号
22	0.657 4	顺豆 2 号	0.468 8	中作 962	77	0.435 4	蒙豆 26 号	0.209 4	蒙豆 36 号
23	0.656 7	蒙豆 13 号	0.451 3	登科 15 号	78	0.432 3	龙达 2 号	0.204 6	蒙豆 37 号

名次	S 数值	S 品种名	C 数值	C 品种名	名次	S 数值	S 品种名	C 数值	C 品种名
24	0.649 1	蒙豆 50	0.444 6	蒙豆 12 号	79	0.430 6	蒙豆 21 号	0.204 6	登科 13 号
25	0.637 4	蒙豆 824	0.439 0	蒙豆 50	80	0.429 1	蒙豆 9 号	0.203 4	中黄 35
26	0.623 2	黑农 76	0.431 4	黑龙 501	81	0.424 9	蒙豆 18 号	0.203 2	蒙豆 45
27	0.623 0	蒙豆 12 号	0.429 1	赤豆一号	82	0.423 7	昊宇 1 号	0.203 1	登科 4 号
28	0.619 3	圣豆 15	0.427 8	蒙豆 43	83	0.422 1	合丰 40	0.196 1	庆鑫 2 号
29	0.609 3	绥农 30	0.427 6	黑龙 502	84	0.421 8	疆莫豆 2 号	0.191 7	登科 3 号
30	0.606 0	蒙豆 43	0.427 4	蒙豆 48	85	0.421 6	北国 919	0.188 5	登科 7 号
31	0.604 1	黑龙 502	0.426 1	黑农 76	86	0.415 9	呼北豆 1 号	0.183 2	蒙豆 24 号
32	0.603 9	黑农 59	0.425 7	蒙豆 46	87	0.412 4	蒙豆 34 号	0.173 0	兴豆 5 号
33	0.603 7	登科 9 号	0.425 2	中黄 909	88	0.411 2	蒙豆 44	0.171 6	蒙豆 7 号
34	0.598 5	蒙豆 39 号	0.421 5	蒙豆 824	89	0.410 1	登科 3 号	0.162 8	蒙豆 44
35	0.594 8	黑农 55 号	0.421 2	鑫丰 16	90	0.390 0	蒙豆 36 号	0.158 2	龙达 2 号
36	0.592 7	鑫丰 16	0.416 9	中黄 911	91	0.380 3	甘豆 5 号	0.148 8	合丰 40
37	0.589 9	中黄 901	0.411 3	登科 10 号	92	0.379 6	蒙豆 17 号	0.144 0	蒙豆 14 号
38	0.587 8	蒙豆 25 号	0.409 1	蒙豆 39 号	93	0.376 6	蒙豆 11 号	0.139 4	蒙豆 32 号
39	0.583 5	登科 12 号	0.404 8	蒙科豆 9 号	94	0.373 9	蒙豆 38 号	0.134 4	蒙豆 17 号
40	0.579 7	登科 15 号	0.403 1	登科 12 号	95	0.370 2	晨环 1 号	0.131 6	兴抗线 1 号
41	0.572 6	黑龙 501	0.399 3	圣豆 15	96	0.369 9	蒙豆 16 号	0.130 2	天源一号
42	0.572 1	蒙豆 49	0.399 1	丰豆 2 号	97	0.360 6	大农 1 号	0.129 1	呼北豆 1 号
43	0.571 3	丰豆 2 号	0.379 1	登科 11 号	98	0.341 2	蒙豆 28 号	0.120 5	晨环 1 号
44	0.570 4	兴抗线 1 号	0.371 8	甘豆 2 号	99	0.339 2	天源二号	0.119 6	金杉 1 号
45	0.568 1	蒙豆 48	0.368 5	绥农 30	100	0.336 5	蒙豆 19 号	0.116 0	蒙豆 18 号
46	0.562 3	中黄 909	0.368 0	蒙豆 13 号	101	0.299 9	蒙豆 37 号	0.113 8	蒙豆 26 号
47	0.561 0	蒙豆 33 号	0.366 1	蒙豆 10 号	102	0.292 7	蒙豆 32 号	0.111 3	蒙豆 31 号
48	0.559 0	中黄 911	0.365 8	蒙豆 30 号	103	0.287 0	蒙豆 7 号	0.109 1	蒙豆 16 号
49	0.551 0	蒙豆 24 号	0.363 2	登科 5 号	104	0.277 0	金杉 1 号	0.104 2	蒙豆 28 号
50	0.550 7	蒙豆 46	0.356 0	登科 6 号	105	0.263 6	天源一号	0.100 8	蒙豆 21 号
51	0.537 1	蒙科豆 9 号	0.348 3	北国 919	106	0.261 7	札幌绿	0.100 8	圣地 168
52	0.534 6	中黄 35	0.338 4	金杉 5 号	107	0.206 6	圣地 168	0.098 4	大农 1 号
53	0.534 1	兴豆 5 号	0.337 8	昊宇 1 号	108	0.187 8	蒙豆 31 号	0.096 4	登科 2 号
54	0.527 4	鑫兴 3 号	0.335 6	登科 8 号	109	0.085 6	登科 2 号	0.090 2	天源二号
55	0.522 2	蒙豆 15 号	0.328 5	蒙豆 49					

2.3　聚类分析

将大豆各项性状数据进行标准化处理后进行聚类分析[20]（图2），在欧氏距离为15处可将109份品种分为5类。第Ⅰ类包含20份大豆品种，以蒙科豆系列品种为主，主要特点是具有较高的产量和百粒重，并且这20个品种的综合指标排名无论是在主成分分析还是在TOPSIS分析中都排在前列，可作为内蒙古自治区的优良品种加以推广利用。第Ⅱ类包含49份品种，产量较高，生育期适中，但是蛋白质含量与脂肪含量等品质性状不够突出。第Ⅲ类包含31份，普遍生育期大于均值，并且有较高的产量和较小的百粒重，多为结荚密集类型。第Ⅳ类包含8份大豆品种，特点是具有较矮的株高和较短的生育期，并且其蛋白质含量和脂肪含量均排在109份品种的前列。本次聚类分析中，第Ⅴ类仅有登科2号，具有极短的生育期(85 d)，在无霜期短的地区进行选育推广则优势明显。

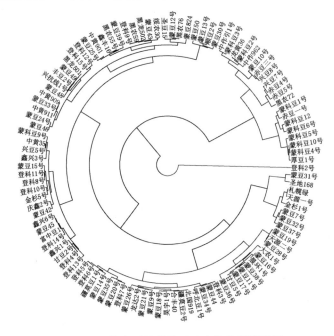

图2　109份大豆品种基于6个性状的聚类图

在本次聚类分析中，划分为第Ⅰ类的大豆品种的综合性状最好，其中一部分品种为内蒙古自治区农牧业科学研究院育成品种蒙科豆系列，大多数品种的选育亲本来自黑龙江和吉林(表5)。还有一部分品种为赤峰市农业科学研究院育成的赤豆品系，而赤豆一号、赤豆三号和赤豆4号具有相同的选育亲本——农家品种稀植四号，也来源于东北三省。

表5　第 I 类群相关品种的选育信息

品种	选育亲本（♀/♂）	品种	选育亲本（♀/♂）
赤豆一号	农家品种稀植四号	蒙科豆 3 号	吉林 30 号/吉育 47
赤豆三号	公交 9210-11/赤豆一号	蒙科豆 4 号	绥农 14/吉育 47
赤豆 4 号	东农 42/赤豆一号	蒙科豆 5 号	意 3/吉林 30 号
赤豆 5 号	吉育 71 号/合丰 39 号	蒙科豆 6 号	合丰 47 号/九农 25 号
蒙科豆 1 号	绥农 4 号/东农 47 号	蒙科豆 10 号	垦鉴 23 号/吉育 82 号
蒙科豆 2 号	宝丰 7 号/东农 42 号	蒙科豆 12	吉林 30/兴豆 5 号
中作引 1 号	意大利乌迪内大学 Fabio	厚豆 1 号	吉林 35 变异株
中作 962	钴 60 辐射处理的杂抗 6/鲁豆 4 后代	黑农 72	黑农 63/哈 5337
兴豆 7 号	春优 439/合 99-718	龙黄 36	改良品系哈 06-22/黑河 43 号
兴豆 8 号	丰豆 2 号/北豆 21	蒙豆 10 号	克 86-19/黑河 5 号

3　讨论

3.1　遗传资源

内蒙古自治区是全国大豆主产区之一,对其现有大豆品种进行综合分析对了解本地区品种类型及亲本选配时提供参考。内蒙古自治区大豆品种类型十分多样,遗传性广,在本研究中,109 大豆品种的遗传多样性指数在 2.596 4 ~ 2.869 2 之间,具有较高的育种潜力。大豆的性状间存在不同程度的相关性,影响了大豆种质资源的高效研究和利用。本研究表明,生育期与单产、株高和脂肪含量呈正相关关系,并且都为极显著相关,与蛋白质和百粒重呈极显著负相关,但是百粒重仅与产量和蛋白质含量呈现正相关关系,分析是因为受到各品种的单株荚数和主茎节数的影响,出现了相悖的结果。

3.2　品质改良

研究结果显示蛋白质含量变异系数仅为 6.79%,在所有性状的变异系数中最低,并且脂肪含量的变异系数排在倒数第 3 位,这是由于大豆蛋白质含量性状是典型的数量性状,在受到环境因素影响的同时也伴随着遗传效应的作用,并且其遗传规律也很复杂[21]。表明内蒙古自治区大豆品种的蛋白质含量和脂肪含量的遗传较为稳定,也说明目前内蒙古自治区的大豆品种在品质上并没有很大的改变,如何使大豆的品质进一步提升仍是现在育种工作者亟待解决的问题。

3.3　品种筛选

优良的农作物品种在农业生产中发挥着重要作用,可推进农业的可持续发展[22]。笔者通过主成分分析将6个性状指标简化为3个主成分,累计贡献率达79.98%,并且运用主成分得分和权重构建优良品种的评价方程,可用于确定品种综合性状的优劣。通过主成分分析与TOPSIS分析的综合得分排名筛选出的7个优良大豆品种综合性状在109个品种中表现最优,在一定意义上代表了内蒙古自治区现有大豆育种水平,并且可在进行新品种选育或品种更新时作为优良亲本加以利用。

通过聚类分析将109份大豆品种分为5类,第Ⅰ类群的大豆产量较高,具有良好的综合性状。第Ⅱ类具有适中的生育期、较高的产量,但是其品质性状不够突出。第Ⅲ类产量高而百粒重小,多为结荚密集类型。矮秆高产农作物的推广导致的第一次绿色革命为株型利用的典型代表,有研究表明株高在一定范围内对大豆产量的增加有一定的影响。而第Ⅳ类株高较矮,因此可在大豆高产培育中发挥一定的作用。第Ⅴ类仅有登科2号,具有极短的生育期,可在无霜期短的地区进行极早熟大豆品种的选育与推广。

3.4 种质资源

引进优良种质和改良地方品种是提升一个地区育种水平的重要措施[23]。内蒙古自治区主产区位于其东部四盟(呼伦贝尔市、兴安盟、通辽市和赤峰市),具有丰富的大豆种质资源。在"十三五"期间,内蒙古自治区许多优质大豆品种得以推广利用,形成了现在呼伦贝尔、兴安盟推广黑龙江"黑河"系列、内蒙古自治区自主选育的"登科""蒙豆"系列为主的早熟、高蛋白、高油新品种;通辽市、赤峰市以"赤豆""蒙科豆"系列中熟品种为主,吉林省"吉育"系列品种为辅的大豆种植格局[24]。在本研究聚类分析结果中,划分为第Ⅰ类的大豆品种的综合性状最佳,大部分品种的选育亲本来源于和内蒙古自治区同处于北方春大豆区的黑龙江省和吉林省。赤峰市农业科学研究院育成的赤豆品系中,"赤豆一号""赤豆三号""赤豆4号"具有相同的选育亲本,也是来源于黑龙江省的地方品种。由此可见这2个省区为内蒙古自治区大豆品种选育提供了很大的帮助,这也凸显内蒙古自治区对本地农家品种利用还有一定的欠缺,还需加大对地方品种的研究与应用,以加快内蒙古自治区大豆育种的工作进程。

4 结论

内蒙古自治区的大豆品种类别多样,具有丰富的遗传多样性。通过对内蒙古自治区审定大豆品种进行综合分析后发现,依据109个大豆品种相关性状的不同将其分为5类,每一类大豆品种都有独特的优良性状,并且通过建立用于评价优良品种的数据模型,筛选出多个优良品种,可根据各品种的性状在内蒙古自治区适宜地区进行大规模的推广种植。通过分析优良品种亲本来源可以发现,大部分品种的亲本均来自与内蒙古自治区相邻的黑龙江省和吉林省,导致内蒙古自治区地方农家品种的利用率低下,造成了一定的资源浪费,还需将开发优良地方品种与引进优良品种相结合,从多个途径助力内蒙古自治区大豆育种工作。

内蒙古自治区大豆育种工作虽然在不断地发展进步,但是通过对各大豆品种品质性状进行分析,发现所有育成品种总体来说蛋白质含量较低,并且脂肪含量呈逐年下降趋势,高油、高蛋白品种较少,表明大豆品质育种仍是目前内蒙古自治区大豆育种工作亟待突破的育种目标。

参 考 文 献

[1]杜晓燕.中美大豆产业发展比较分析及其启示[J].经济研究导刊,2016(8):127-128.

[2]胡欣然,张玉梅,陈志钢.中国大豆产业应对国际风险因素的对策模拟研究[J].华中农业大学学报:社会科学版,2021(6):35-43.

[3]李军林,陈萌,崔琳.境内外大豆期货价格对现货价格的影响研究:基于价格联动的视角[J].西北大学学报:哲学社会科学版,2021,51(4):34-42.

[4]王燕平,宗春美,孙晓环,等.东北春大豆种质资源表型分析及综合评价[J].植物遗传资源学报,2017,18(5):837-845,859.

[5]黄婷,张思亲,王治中,等.基于灰色关联度、DTOPSIS与模糊概率法的玉米姊妹系综合评价[J].分子植物育种,2023,21(15):5199-5212.

[6]王向东,甄胜虎,张凤琴.甜糯玉米全生育期抗旱性鉴定指标的筛选与评价[J].玉米科学,2021,29(5):41-49.

[7]黄禹翕,赵雨潼,高佳昕,等.盐碱胁迫下甜高粱生理生化指标及综合评价方法的研究进展[J].新农业,2021(18):45-47.

[8]刘艳,王宝祥,邢运高,等.水稻品种资源苗期耐盐性评价指标分析[J].江苏农业科学,2021,49(17):75-79.

[9]代希茜,赵银月,詹和明,等.云南省夏大豆种质资源表型鉴定和综合评价模型构建[J].植物遗传资源学报,2018,19(5):830-845.

[10]徐泽俊,齐玉军,邢兴华,等.黄淮海大豆种质农艺与品质性状分析及综合评价[J].植物遗传资源学报,2022,23(2):468-480.

[11]李灿东,郭泰,王志新,等.黑龙江省中东部地区主栽大豆品种产量指标筛选及评价[J].作物杂志,2021(2):45-51.

[12]刘歆,杨芳,邓军波,等.江汉平原大豆品系表型分析及综合评价[J].作物杂志,2021(5):57-63.

[13]张雪婷,杨文雄,曹东.甘肃省近年来育成冬小麦品种农艺性状的区域表现及遗传多样性分析[J].麦类作物学报,2016,36(11):1464-1473.

[14]李晶,南铭.俄罗斯和乌克兰引进冬小麦在我国西北地区的农艺性状表现和遗传多样性分析[J].作物杂志,2019(5):9-14.

[15]李文略,陈常理,骆霞虹,等.浙江红麻资源表型性状的遗传多样性分析[J].作物杂志,2022(1):50-55.

[16]马国江,马靖福,张沛沛,等.128份抗旱冬小麦新品系农艺性状遗传多样性分析[J].甘肃农业大学学报,2021,56(3):37-44.

[17]李敏,关博文,杨学,等.大豆种质资源遗传多样性分析[J].农业科技通讯,2021(11):4-8.

[18]刘翔宇,刘祖昕,加帕尔,等.基于主成分与灰色关联分析的甜高粱品种综合评价

[J].新疆农业科学,2016,53(1):99-107.

[19]安东,来兴发,邓建强,等.TOPSIS法评价南方大豆品种在黄土高原地区的饲用潜力[J].草地学报,2019,27(6):1710-1717.

[20]李琼,常世豪,舒文涛,等.黄淮海地区夏大豆(南片)46份大豆品种(系)农艺性状综合分析[J].新疆农业科学,2021,58(10):1765-1774.

[21]魏荷,王金社,卢为国.大豆籽粒蛋白质含量分子遗传研究进展[J].中国油料作物学报,2015,37(3):394-400.

[22]张继芬,张薇.粮食作物优良品种的引进及推广对策[J].世界热带农业信息,2021(9):79-80.

[23]汪媛媛,邓军波,杨芳,等.黄淮海大豆新品种(系)在江汉平原的引种表现[J].湖北农业科学,2019,58(24):43-48.

[24]李丽君,王雪娇,苏二虎,等.内蒙古自治区"十三五"时期大豆生产与品种选育回顾[J].园艺与种苗,2021,41(3):82-84.